国家自然科学基金项目研究专著

滴灌施肥马铃薯水肥高效利用理论与技术

张富仓　王海东　范军亮　李志军　等　著

U0249394

科学出版社

北　京

内 容 简 介

本书围绕我国北方沙土区马铃薯种植中水肥高效利用方面的科学和技术问题，探索利用滴灌水肥一体化技术有效调控马铃薯农田水分和养分状况，以及在马铃薯提质增产基础上大幅度提高水分和养分利用效率的机理和方法。本书共 10 章，包括滴灌施肥水肥供应对马铃薯生长、产量及水肥利用的影响与效应评价，肥料运筹对马铃薯生长及养分吸收的影响，滴灌量、滴灌频率和施肥量对马铃薯生长及养分吸收的影响，种植模式和施肥量对马铃薯产量及养分吸收的影响，施钾量、钾肥种类和滴灌量对马铃薯生长的影响及水钾互作效应，滴灌量和生物炭施用量对马铃薯农田土壤性质及生长的影响等内容。

本书可供从事农田灌溉、水肥管理等专业研究与推广的技术人员和大专院校相关专业师生阅读参考。

图书在版编目（CIP）数据

滴灌施肥马铃薯水肥高效利用理论与技术/张富仓等著. —北京：科学出版社, 2024.6
ISBN 978-7-03-077468-2

Ⅰ.①滴… Ⅱ.①张… Ⅲ.①马铃薯–肥水管理 Ⅳ.①S532.05

中国国家版本馆 CIP 数据核字(2024)第 007485 号

责任编辑：李秀伟　白　雪／责任校对：杨　赛
责任印制：肖　兴／封面设计：无极书装

科 学 出 版 社 出版

北京东黄城根北街 16 号
邮政编码：100717
http://www.sciencep.com

北京市金木堂数码科技有限公司印刷
科学出版社发行　各地新华书店经销

*

2024 年 6 月第 一 版　开本：720×1000　1/16
2024 年 6 月第一次印刷　印张：24 3/4
字数：500 000
定价：**328.00 元**
(如有印装质量问题，我社负责调换)

著 者 名 单

第 1 章　　王海东　　张富仓　　范军亮　　李志军

第 2 章　　高　月　　张富仓　　李志军　　胡文慧

第 3 章　　焦婉如　　张富仓　　范军亮　　李志军

第 4 章　　侯翔皓　　张富仓　　范军亮　　李志军

第 5 章　　王　英　　严富来　　张富仓　　李志军

第 6 章　　胡文慧　　张富仓　　范军亮　　李志军

第 7 章　　毕丽霏　　张富仓　　范军亮　　李志军

第 8 章　　张少辉　　张富仓　　范军亮　　李志军

第 9 章　　孙　鑫　　张富仓　　杨　玲　　张少辉

第 10 章　　杨　玲　　张富仓　　孙　鑫　　张少辉

前　言

水是生物生存之源，是农业生产发展的必要条件，肥料是农业增产高产的重要保障。据统计，近 30 年来，我国农业灌溉年均用水量基本维持在约 3400 亿 m^3，占全社会用水总量的 56%左右。占全国耕地面积约 50%的灌溉面积，生产了全国总量 75%的粮食和 90%以上的经济作物。灌溉对粮食增产的直接贡献率约为36.27%，灌溉农业成为我国农业生产的主力军和保障国家食物安全的基石。2023年我国农田灌溉水有效利用系数为 0.576，每立方米灌溉水的产粮数大约是 1.58kg，远低于发达国家水平。我国化肥年施用总量在 5400 万吨左右，虽然居世界首位，但平均化肥利用率仅为 30%，远低于发达国家水平。发展高效节水灌溉和施肥技术，提高水肥资源综合利用效率，是保障农业水安全和食物安全的重要途径。

现代农业是以科技进步为主要增长动力，低投入、高产出、高效益、集约化经营的可持续发展的农业。高效灌溉和施肥技术的研究及规模化应用为现代农业的发展提供了强有力的技术支撑。水肥一体化技术一致被认为是农业现代化的重要标志，已经被许多发达国家广泛应用在农业生产中。以色列 90%以上耕地应用水肥一体化，美国是微灌面积最大的国家，灌溉农业中 60%的马铃薯、25%的玉米、33%的果树均采用水肥一体化。近年来，我国的水肥一体化技术研究和示范应用得到了快速发展，应用面积达 1.5 亿亩[①]，水肥一体化是"资源节约型、环境友好型"农业的"一号技术"。

马铃薯综合用途广泛，营养价值丰富，粮、菜、饲兼用，是世界第四大粮食作物。据联合国粮食及农业组织统计，截至 2023 年，世界上有 159 个国家和地区种植马铃薯，总面积达 2000 万公顷，总产量 3 亿多吨。中国是世界马铃薯第一生产大国，年种植面积 8000 多万亩，且多分布在西北、西南等经济欠发达地区，对促进这些地区农民持续增收发挥着重要作用。我国大部分马铃薯种植区土质较砂，适宜于马铃薯块茎生长，但土壤持水保肥能力差，与其他灌溉技术相比，滴灌水肥一体化技术更能保证有效提高作物产量和水肥资源的高效利用。

自 2016 年开始，我们承担了国家自然科学基金项目"滴灌施肥条件下马铃薯水肥耦合效应及供水供肥模式"（51579211）和陕西省科技统筹创新工程计划重大项目"马铃薯等作物高效节水灌溉技术集成与示范应用"（2016KTZDNY-01-02），

[①] 1 亩≈666.67m²

对滴灌马铃薯水肥一体化技术进行了较为系统的研究。集成上述项目的研究成果，撰写了本专著。全书共 10 章：第 1 章、第 2 章基于马铃薯农田蒸散量，分析了滴灌水肥一体化条件下不同水肥管理措施对马铃薯生长、生理、产量、品质、养分吸收及土壤水分养分动态变化的影响，提出有利于马铃薯节水节肥高效生产的灌溉施肥制度和模式。第 3 章结合生育期内马铃薯块茎的发育特点，按需肥量前期（苗期+块茎形成期）少、中后期（块茎膨大期+淀粉积累期）多的特点，研究了滴灌水肥一体化条件下不同生育期施肥比例对马铃薯的生长和养分吸收等的影响。苗期-块茎形成期-块茎膨大期-淀粉积累期施肥比例为 0-20%-55%-25%时更有利于马铃薯中后期生长，干物质累积及氮素、磷素、钾素的吸收，并可提高产量和水分利用效率及降低深层土壤中的养分含量。第 4 章分析了滴灌频率和施肥量对马铃薯生长、产量和养分吸收等的影响，提出基于高产高效生产的灌溉施肥优化模式。第 5 章分析了滴灌频率和滴灌量对马铃薯产量、品质及水分利用等的影响，提出马铃薯高产高效优质生产的灌溉制度。第 6 章分析了种植模式（起垄种植、垄上覆膜垄沟种植、垄沟种植、平作）和施肥量对马铃薯生长、产量及品质等的影响，结果表明起垄种植是适宜榆林风沙区马铃薯种植的种植模式。第 7 章分析了生育期土壤水下限调控和施肥对马铃薯生长、品质和水肥利用的影响，综合马铃薯生长、品质、产量和水肥利用效率，提出了马铃薯生育期土壤水分调控指标和优质高产的最优水肥组合。第 8 章分析了马铃薯的水钾互作效应，提出了马铃薯获得高产、吸收最多钾素、取得较优品质的灌溉施钾模式。第 9 章分析了钾肥种类（KNO_3、K_2SO_4 和 KCl）和滴灌量对滴灌马铃薯生长和水肥利用等的影响，基于理想点法（TOPSIS）和熵权法对马铃薯水钾互作效应进行了综合评价分析，提出了适宜马铃薯生长的钾肥类型和滴灌量。第 10 章分析了滴灌量和生物炭施用量对沙土性质和马铃薯生长等的影响，提出了有利于提高沙土碳汇、保水保肥、马铃薯生长和产量的灌溉制度与生物炭施用量。本书为马铃薯滴灌水肥一体化生产实践提供了理论与技术支撑。基于多年研究成果，我们在 *Field Crops Research*、*Agricultural Water Management*、《农业机械学报》、《植物营养与肥料学报》、《应用生态学报》、《中国农业科技导报》等国内外期刊发表论文 50 余篇，部分论文在学术界产生了一定的影响。

本书由张富仓、王海东、范军亮、李志军等著，全书由张富仓审定统稿。

国家自然科学基金项目和陕西省科技统筹创新工程计划重大项目的支持为研究工作的开展提供了经费保障。感谢榆林市农业科学研究院原院长常勇研究员、副院长陈占飞研究员，薯类作物研究所所长方玉川正高级农艺师、孙利军农艺师。西北农林科技大学陈勤教授、陈越副教授等在试验过程中提供试验场地、优质种源和技术指导。本研究得到了西北农林科技大学水利与建筑工程学院、中国旱区节水农业研究院、旱区农业水土工程教育部重点实验室、农业农村部作物高效用水重点实验室有关领导和专家的指导与帮助。在此一并表示衷心感谢。

　　在本书的撰写过程中，我们力求数据准确可靠、分析全面透彻、论述科学合理、观点客观明确，既考虑全书的逻辑性和系统性，又兼顾各章的相对独立性和完整性，以方便读者阅读。限于作者水平，书中可能存在疏漏和不当之处，敬请同行专家批评指正。

张富仓

2023 年 8 月

目　　录

第1章 滴灌施肥条件下马铃薯水肥耦合效应与评价

1.1 概　述

联合国粮农组织把马铃薯列为世界第四大粮食作物,我国农业农村部也启动了马铃薯主粮化战略。马铃薯不仅是重要的粮食作物,对于应对人类未来粮食危机也具有重要意义。当前在马铃薯水肥管理过程中普遍存在盲目过量灌溉施肥的问题,这不仅会造成水资源和肥料的严重浪费,还会对作物的养分吸收、产量和品质等产生不良影响。全球普遍承认水肥一体化灌溉技术可以显著提升作物的水肥利用效率,该技术已被经济发达和水资源短缺的国家大范围采用。滴灌、喷灌和自动控制技术已被广泛地应用于以色列的温室蔬菜和大田作物的栽培灌溉中。美国微灌范围最广,其3/5的马铃薯和1/4的玉米都运用了水肥一体化技术。喷灌和微灌面积在英国、德国及法国等国家已超过总灌溉面积的4/5。虽然我国的节水灌溉工程范围正在逐年增加,喷、微灌和低压管道灌溉范围逐年扩大,水肥一体化技术也被大范围推广使用,其已涵盖了东北、华北、西北和南方大部分地区,但与国外一些国家相比还有很大距离。马铃薯对水与肥感应比较灵敏,在我国北方地区的马铃薯栽培过程中,大田种植的灌溉与施肥方式仍以地面灌溉和土施为主,特别是马铃薯适种的沙土地区,土壤保水保肥性较差,水肥利用效率不高。本章通过大田滴灌水肥一体化技术,研究不同水肥管理措施对滴灌马铃薯生长、生理、产量、品质、水肥吸收利用及根区土壤水分养分迁移分布的影响,为马铃薯水肥一体化技术提供理论和技术支持。

1.2 试验设计与方法

1.2.1 试验区概况

大田试验于2018~2019年马铃薯生长季5~10月在陕西省榆林市西北农林科技大学马铃薯试验站(北纬38°23′、东经109°43′)进行。该试验站位于干旱半干旱地区,属于温带大陆性季风气候,海拔为1050m,年≥10℃的积温为2847~4147℃,年日照时数与辐射总量大,年平均降水量与气温分别为371mm和8.6℃,无霜期为167d。该区域地势平坦,土壤质地为沙壤土,pH为8.1。2018年,0~

40cm 土层土壤容重为 1.57g/cm³，田间持水量为 17.60%（质量含水量），铵态氮含量为 18.49mg/kg，硝态氮含量为 12.97mg/kg，速效磷含量为 6.08mg/kg，速效钾含量为 93.66mg/kg。2019 年，0～40cm 土层土壤容重为 1.58g/cm³，田间持水量为 15.63%（质量含水量），铵态氮含量为 22.04mg/kg，硝态氮含量为 7.59mg/kg，速效磷含量为 5.47mg/kg，速效钾含量为 101.65mg/kg。

1.2.2 试验设计

试验设滴灌量和施肥量 2 个因素，滴灌量根据作物蒸散量（crop evapotranspiration，ET_c）分别设置为 60% ET_c（W_1）、80% ET_c（W_2）和 100% ET_c（W_3）；施肥量（N-P_2O_5-K_2O）分别设置为 0kg/hm²（F_0）、100kg/hm²-40kg/hm²-150kg/hm²（F_1）、150kg/hm²-60kg/hm²-225kg/hm²（F_2）、200kg/hm²-80kg/hm²-300kg/hm²（F_3）和 250kg/hm²-100kg/hm²-375kg/hm²（F_4），N、P_2O_5 及 K_2O 的比例为 1：0.4：1.5，共 15 个处理。各处理均重复 3 次，小区长为 10m，宽为 5.4m。

滴灌频率为 8d 一灌，供试作物为马铃薯"紫花白"，马铃薯播种日期分别为 2018 年 5 月 3 日和 2019 年 5 月 14 日；收获日期分别为 2018 年 9 月 15 日和 2019 年 9 月 26 日。马铃薯种植模式为机械起垄种植，行距 90cm，株距 24cm，种植深度 10cm 左右，出苗后进行机械覆土，覆土后垄高 40cm。

每行马铃薯上布设一条 16mm 的薄壁迷宫式滴灌带，滴头流量为 2L/h，滴头间距为 30cm。滴灌施肥采用 1/4-1/2-1/4 模式，即前 1/4 水量灌清水，中间 1/2 打开施肥罐施肥，后 1/4 再灌清水冲洗，每个小区用水表控制滴灌量。氮肥选用尿素（含 46% N），磷肥选用磷酸二铵（含 18% N，46% P_2O_5），钾肥选用硝酸钾（含 13.5% N，46% K_2O）。除灌出苗水外，每次在灌水中期将肥料随水滴施，灌水前一天将肥料溶解于 15L 的小型施肥罐中。苗期和块茎形成期施 20%，块茎膨大期施 55%，淀粉积累期施 25%。并通过 FAO56-彭曼公式及马铃薯作物系数计算不同生育期的滴灌量。

参考作物蒸散量 ET_0（mm/d）计算公式（Allen et al.，1998）：

$$ET_0 = \frac{0.408\Delta(R_n - G) + \gamma\dfrac{900u_2(e_s - e_a)}{T + 273}}{\Delta + \gamma(1 + 0.34u_2)} \tag{1-1}$$

$$ET_c = K_c \cdot ET_0 \tag{1-2}$$

式中，R_n 为净辐射[MJ/(m²·d)]；G 为土壤热通量[MJ/(m²·d)]；γ 为湿度计常数（kPa/℃）；Δ 为饱和水汽压与温度关系曲线的斜率（kPa/℃）；T 为日平均温度，以摄氏度（℃）表示；u_2 为在地面以上 2m 高处的风速（m/s）；e_s 为空气饱和水汽压（kPa）；e_a 为空气实际水汽压（kPa）。ET_c 为作物需水量；K_c 为作物系数。马铃薯生育期

内作物系数 K_c，苗期取值为 0.5，块茎形成期为 0.8，块茎膨大期为 1.2，淀粉积累期为 0.95，成熟期为 0.75。灌溉施肥过程见图 1-1。

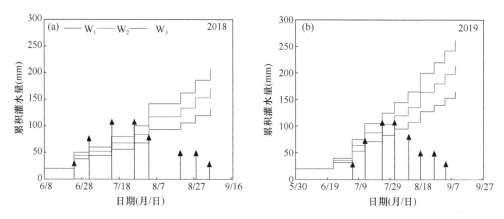

图 1-1　2018 年和 2019 年马铃薯生育期内灌溉施肥过程

箭头长度由短到长分别代表总施肥量的 5%、10%、15% 和 20%

1.2.3　观测指标与方法

1. 生长指标

各试验小区随机取样 3 株，分别测定马铃薯播种后 45d、60d、80d、100d、120d 和 135d 的株高、叶面积和干物质累积量。

1）叶面积指数（LAI）：用打孔法测定叶面积，并计算叶面积指数。

$$叶面积指数 = 叶片总面积 \div 所占土地面积 \tag{1-3}$$

2）干物质累积量：将植物样分解，洗净，并用吸水纸吸干表面的水分。在 105℃ 条件下杀青 30min 后置于 75℃ 下烘至恒重，测定叶、茎、根和块茎干物质量，精确至 0.01g。

2. 叶绿素相对含量（SPAD）

在马铃薯的各个生育期，每个小区内选取有代表性的马铃薯植株 10 株，使用手持式叶绿素仪测定马铃薯叶片中叶绿素相对含量。

3. 产量及其构成要素

各试验小区随机挖取 3 块长 2m、宽 1.8m 的马铃薯称取总质量后计算公顷产量。选取有代表性的马铃薯 10 株，称取各单株马铃薯每个块茎的质量，计算单株产量、商品薯重（单个块茎大于 75g）和大薯重（单个块茎大于 150g）。

4. 品质

成熟期在每个小区选取 3 株马铃薯的块茎鲜样带回，测定马铃薯的淀粉、还原性糖、维生素 C 含量。采用碘比色法测定淀粉含量；采用 3,5-二硝基水杨酸比色法测定还原性糖含量；采用滴定法测定维生素 C 含量。

5. 叶面积持续期（leaf area duration，LAD，$(m^2 \cdot d)/m^2$）

马铃薯叶面积持续期的计算公式为：

$$LAD = 0.5 \times (LAI_2 + LAI_1) \times (T_2 - T_1) \tag{1-4}$$

式中，LAI_1 和 LAI_2 为 T_1、T_2 时刻的叶面积指数。

6. 净同化率（net assimilation rate，NAR）

马铃薯叶片净同化率的计算公式为：

$$NAR = [(\ln LAI_2 - \ln LAI_1)/(LAI_2 - LAI_1)] \times [(M_2 - M_1)/(T_2 - T_1)] \tag{1-5}$$

式中，M_1、M_2 分别为 T_1、T_2 时刻的干物质量（kg/hm^2）。

7. 土壤水分和养分

采用取土烘干法测定土壤含水量，在马铃薯各生育期内使用土钻在滴头下，垂直滴头水平方向 15cm 和 30cm 处取土，每 20cm 土层取一土样，取 5 层至 100cm。所取土样一部分运用烘干法测定土壤质量含水量；另一部分用于测定土壤养分，并在部分试验处理下埋设 EM50 数据采集器监测土壤表层以下 10cm、20cm、30cm、50cm 和 70cm 处体积含水量日变化。土壤硝态氮和速效磷含量用 SEAL-AA3 连续流动分析仪（Auto Analyzer-III，德国 Bran Luebbe 公司）进行测定；速效钾用原子吸收分光光度计（HITACHI Z-2000，日本日立公司）测定。

8. 植株养分

将各生育期马铃薯各器官的干物质磨碎，过 0.5mm 筛，并用浓 H_2SO_4-H_2O_2 消煮，全氮采用凯氏定氮仪测定，全磷采用连续流动分析仪测定，全钾采用原子吸收分光光度计测定。

9. 耗水量

作物耗水量 ET（mm）计算公式为（Oweis et al. 2011）：

$$ET = P + U + I - D - R - \Delta W \tag{1-6}$$

式中，P 为降水量（mm）；U 为地下水补给量（mm）；I 为滴灌量（mm）；D 为深层渗漏量（mm）；R 为径流量（mm）；ΔW 为试验初期和末期土壤水分变化量（mm）。由于试验区地下水埋藏较深，地势平坦，且滴灌湿润深度较浅，U、D

和 R 均忽略不计。有效降水量 $P_0 = aP$，其中 a 为降水有效利用系数。当某次降水量 $P < 5\text{mm}$ 时，$a = 0$；当某次降水量为 $5\text{mm} \leqslant P \leqslant 50\text{mm}$ 时，$a = 0.8 \sim 1.0$，本研究取值为 1.0；当某次降水量 $P > 50\text{mm}$ 时，$a = 0.7 \sim 0.8$，本研究取值为 0.75（郭元裕，1986）。故式（1-6）可简化为：

$$ET = P_0 + I - \Delta W \qquad (1\text{-}7)$$

10. 水分利用效率与灌溉水分利用效率

水分利用效率（WUE）和灌溉水分利用效率（IWUE）的计算公式为：

$$\text{WUE} = Y / 10ET \qquad (1\text{-}8)$$
$$\text{IWUE} = Y / 10I \qquad (1\text{-}9)$$

式中，Y 为作物产量（kg/hm^2）；I 为作物全生育期内的滴灌量（mm）。

11. 氮素、磷素、钾素利用效率

氮素、磷素、钾素利用效率（kg/kg）的计算公式为（Ierna et al.，2011）：

$$\text{NUE} = Y / F_N \qquad (1\text{-}10)$$
$$\text{PUE} = Y / F_P \qquad (1\text{-}11)$$
$$\text{KUE} = Y / F_K \qquad (1\text{-}12)$$

式中，F_N、F_P、F_K 分别为收获期植株的氮、磷、钾的累积量（kg/hm^2）。

12. 肥料偏生产力

肥料偏生产力（partial factor productivity，PFP，kg/kg）的计算公式为（Ierna et al.，2011）：

$$\text{PFP} = Y / F_T \qquad (1\text{-}13)$$

式中，F_T 为投入的 N、P_2O_5 和 K_2O 的总量（kg/hm^2）。

13. 肥料农学利用效率

肥料农学利用效率（agronomy fertilizer use efficiency，AFUE，kg/kg）的计算公式为：

$$\text{AFUE} = (Y - Y_0) / F_T \qquad (1\text{-}14)$$

式中，Y_0 为不施肥处理的产量。

14. 肥料利用效率

肥料利用效率（fertilizer use efficiency，FUE，%）的计算公式为：

$$\text{FUE} = (F_U - F_0) / F_T \qquad (1\text{-}15)$$

式中，F_U 为施肥处理下马铃薯收获期养分吸收量（kg/hm^2）；F_0 为不施肥处理下马铃薯收获期养分吸收量（kg/hm^2）。

用 Excel 对不同处理指标先取小区内平均值,然后用 SPSS 18.0 软件对 3 个及 3 个以上重复的值进行方差分析,如果差异显著(P<0.05),则进行 Duncan's 新复极差法。用 Origin 8.0 和 SigmaPlot 12.0 软件作图。

1.3 滴灌水肥管理对马铃薯生长、生理、产量和品质的影响

亏缺或过量灌溉均不利于马铃薯的生长(Woli et al.,2016;Saue and Kadaja,2014)。干旱对植物的伤害主要在于细胞缺水破坏内部活性氧(ROS)及自由基(•O_2^-、H_2O_2、•OH 等)的代谢平衡,最典型的是膜脂过氧化作用会产生丙二醛(MDA),并作用于膜蛋白,产生孔隙,使膜系统受损,代谢失调,最终导致细胞死亡(王西瑶等,2009)。合理地增加氮、磷、钾施用量有利于提高马铃薯的干物质累积量、净光合速率及品质,但过量施肥会起抑制作用(陈华等,2016)。不施氮肥或严重亏水均会显著影响作物的净光合速率,而适量的节水节肥不仅能节约农业成本,且相比于充分灌水施肥,作物也能达到较好的净光合速率(李静等,2016)。赵欢等(2013)研究表明,与不施肥相比,不同的肥料组合可以显著提高马铃薯的株高、茎粗和商品率,高量缓释肥配合有机肥施用的效果最佳。

1.3.1 生长、生理指标

1. 叶面积指数

图 1-2 为 2018 年和 2019 年不同滴灌灌水水平和施肥水平下马铃薯播种后 45d、60d、80d、100d、120d 和 135d 叶面积指数(LAI)动态变化规律。表 1-1 为不同滴灌灌水水平和施肥水平下马铃薯 LAI 高斯单峰拟合结果,$y = y_0 + a \times \exp\{-0.5 \times [(x - x_0) / b]\}$,其中 y 为干物质累积量指标模拟值,a 为生育期内指标最大值,b 为指标相对变化速率,x 为播种后天数,x_0 为指标达最大值时的播后时间,y_0 为峰的纵向偏移量。

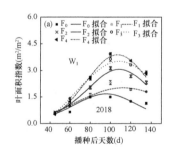
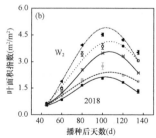
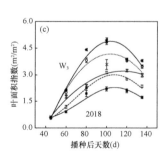

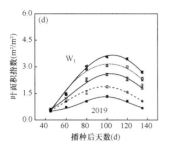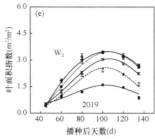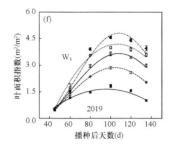

图 1-2   2018 年和 2019 年不同滴灌施肥水平对马铃薯叶面积指数的影响

表 1-1   2018 年和 2019 年不同滴灌施肥水平下马铃薯叶面积指数与播种后天数高斯单峰拟合

灌水水平	施肥水平	数值				
		a	b	x_0	y_0	R^2
2018						
	W₁ F₀	1.45	29.54	95.82	0.23	0.882
	F₁	2.22	48.19	112.66	−0.20	0.982
	F₂	2.68	29.70	108.54	0.38	0.980
	F₃	4.20	41.20	108.63	−0.68	0.997
	F₄	3.90	31.24	107.06	−0.02	0.998
	W₂ F₀	1.87	28.77	102.74	0.26	0.990
	F₁	2.74	41.50	107.47	−0.34	0.988
	F₂	3.42	30.68	106.71	0.14	0.997
	F₃	4.85	38.84	107.20	−0.71	0.997
	F₄	6.48	38.54	103.25	−1.57	0.986
	W₃ F₀	1.99	32.62	108.03	0.29	0.983
	F₁	3.30	37.82	107.56	−0.30	0.994
	F₂	447.88	664.56	116.26	−444.67	0.988
	F₃	4860.55	1517.99	103.62	−4856.38	0.963
	F₄	11.62	61.17	103.89	−6.73	0.930
2019						
	W₁ F₀	0.89	23.68	98.61	0.42	0.979
	F₁	2.44	41.31	97.75	−0.55	0.997
	F₂	2.98	39.22	103.65	−0.37	0.989
	F₃	2319.74	1186.26	102.23	−2316.58	0.958
	F₄	6.37	52.26	105.16	−2.71	0.995
	W₂ F₀	1.30	32.50	102.87	0.30	0.879
	F₁	2.67	32.10	102.61	−0.10	0.993
	F₂	3.46	37.66	106.29	−0.38	0.997
	F₃	5.42	48.51	105.95	−1.95	0.994
	F₄	1058.35	778.81	104.43	−1054.87	0.999

续表

灌水水平	施肥水平	数值				
		a	b	x_0	y_0	R^2
2019	W$_3$					
	F$_0$	11937.71	3870	95.72	−11936.06	0.820
	F$_1$	5.24	53.01	103.77	−2.37	0.999
	F$_2$	5.81	50.19	107.99	−2.14	0.994
	F$_3$	10095.16	2302.80	106.84	−10100	0.992
	F$_4$	6.28	41.49	108.18	−1.47	0.975

在各生育期，当施肥水平相同时，LAI 随着滴灌量的增加而增加，表现为 W$_3$＞W$_2$＞W$_1$。在播种后 45d，各处理的 LAI 相差不明显。随着生育期的推进，LAI 先增大后减小，在 100d 左右达到最大值。与不施肥 F$_0$ 相比，在低灌水水平 W$_1$ 条件下，施肥水平 F$_1$、F$_2$、F$_3$ 和 F$_4$ 的 LAI 在 2018 年分别增高了 57.07%、108.94%、128.00% 和 159.63%；在 2019 年分别增高了 40.45%、91.99%、128.66% 和 165.74%。在灌水水平 W$_2$ 条件下，施肥水平 F$_1$、F$_2$、F$_3$ 和 F$_4$ 的 LAI 在 2018 年分别增高了 47.74%、73.93%、85.16% 和 130.89%；在 2019 年分别增高了 50.67%、88.90%、112.44% 和 113.64%。在灌水水平 W$_3$ 条件下，施肥水平 F$_1$、F$_2$、F$_3$ 和 F$_4$ 的 LAI 在 2018 年分别增高了 37.77%、41.68%、113.64% 和 118.30%；在 2019 年分别增高了 55.54%、98.12%、116.90% 和 148.63%。

由表 1-1 可知，各处理高斯单峰函数拟合的决定系数 R^2 均在 0.82 以上，拟合效果较好。参数 $y_0 + a$ 可看作马铃薯生育期内叶面积指数 LAI 的最大值，x_0 可看作 LAI 最大值出现的时间。2018 年 x_0 处于 95.82～116.26，2019 年处于 95.72～108.18，2018 年 LAI 最大值出现的时间最晚的处理为 W$_3$F$_2$，2019 年为处理 W$_3$F$_4$。

2. 叶面积持续期

表 1-2 为不同滴灌灌水水平和施肥水平下各生长阶段马铃薯叶面积持续期（LAD），LAD 表示单位种植面积上作物所有叶面积累计光合时间。由表 1-2 可知，2018 年和 2019 年灌水水平和施肥水平对各生长阶段的 LAD 均有极显著影响（$P<0.01$）。在 2018 年，水肥交互作用对 100～120d、120～135d 的 LAD 无显著影响（$P>0.05$），对 45～60d、60～80d 和 80～100d 的 LAD 有极显著影响（$P<0.01$）。在 2019 年，水肥交互作用对 60～80d、100～120d 和 120～135d 的 LAD 无显著影响（$P>0.05$），对 45～60d（$P<0.01$）、80～100d（$P<0.05$）的 LAD 有显著影响。

在各生长阶段，当灌水水平相同时，施肥处理的 LAD 显著高于不施肥处理 F$_0$ 的，并且总体上随着施肥量的增加而增加，但在 2019 年播种后 60d 以后，当灌水水平为 W$_2$ 时，施肥处理 F$_3$ 和 F$_4$ 之间的 LAD 无显著差异。当施肥水平相同时，

充分灌水水平 W_3 的 LAD 显著高于灌水水平 W_1 和 W_2，表现为 $W_1 < W_2 < W_3$。

表 1-2　2018 年和 2019 年不同滴灌施肥水平下马铃薯各生育阶段叶面积持续期

[$(m^2 \cdot d)/m^2$]

灌水水平	施肥水平	2018 年叶面积持续期					2019 年叶面积持续期				
		45~60d	60~80d	80~100d	100~120d	120~135d	45~60d	60~80d	80~100d	100~120d	120~135d
W_1	F_0	9.04i	21.44j	29.90k	27.54i	18.06k	9.15h	17.93g	24.05j	24.10l	13.11m
	F_1	12.20fg	26.18i	39.27ij	42.26g	27.79i	11.87f	26.13h	34.40h	34.61j	19.88k
	F_2	12.73ef	30.73g	51.59g	57.95e	37.75g	13.92cd	35.15f	48.50f	48.94h	31.58i
	F_3	15.00d	40.14d	62.49de	69.55d	46.27e	14.63bc	43.07d	59.27d	60.64e	39.88f
	F_4	13.20e	37.70e	64.66d	74.77c	47.96d	15.41b	45.18c	66.00c	70.07c	46.13d
W_2	F_0	10.41h	25.11i	37.09j	38.77h	23.65j	10.46g	21.31i	28.17i	30.70k	17.52l
	F_1	12.05fg	30.14gh	46.97h	49.64f	30.94h	10.85g	31.54g	45.76g	46.26i	28.80j
	F_2	13.65e	37.96e	60.15ef	67.95d	42.59f	13.3de	35.35f	53.37e	58.33f	37.76g
	F_3	15.82d	48.96c	72.86c	77.36c	52.27c	15.24b	46.99b	66.12c	66.16d	43.56e
	F_4	18.17c	58.12b	84.53b	87.48a	58.29a	16.81a	48.58b	64.62c	66.53d	44.27e
W_3	F_0	11.41g	28.58h	41.46i	42.96g	28.97i	12.52ef	26.56h	33.18h	34.08j	19.41k
	F_1	13.02ef	34.28f	53.67g	58.87e	38.65g	13.62d	37.07e	52.27e	54.43g	34.70h
	F_2	17.99c	41.49d	59.71df	68.22d	47.17de	15.04b	44.57cd	66.03c	70.87c	48.27c
	F_3	19.09b	58.21b	86.59b	86.24b	54.24b	17.13a	53.03a	75.40b	78.85b	56.19b
	F_4	20.55a	65.51a	93.71a	88.31a	57.53a	15.42b	54.45a	84.79a	89.79a	62.74a
显著性检验											
灌水		**	**	**	**	**	**	**	**	**	**
施肥		**	**	**	**	**	**	**	**	**	**
灌水×施肥		**	**	**	ns	ns	**	ns	*	ns	ns

注：*表示差异显著（$P < 0.05$）；**表示差异极显著（$P < 0.01$）；ns 表示差异不显著（$P > 0.05$）。下同

随着生育期的推进，LAD 先增大后减小，在 100~120d 阶段达到最大值，与不施肥 F_0 相比，在低灌水水平 W_1 条件下，施肥水平 F_1、F_2、F_3 和 F_4 的 LAD 在 2018 年分别增高了 53.45%、110.42%、152.54% 和 171.50%；在 2019 年分别增高了 43.61%、103.07%、151.62% 和 190.75%。在灌水水平 W_2 条件下，施肥水平 F_1、F_2、F_3 和 F_4 的 LAD 在 2018 年分别增高了 28.05%、75.29%、99.57% 和 125.67%；在 2019 年分别增高了 50.71%、90.02%、115.52% 和 116.75%。在灌水水平 W_3 条件下，施肥水平 F_1、F_2、F_3 和 F_4 的 LAD 在 2018 年分别增高了 37.04%、58.81%、100.71% 和 105.57%；在 2019 年分别增高了 59.69%、107.94%、131.34% 和 163.45%。

3. 收获期干物质累积量

由图 1-3 可知，在 2018 年和 2019 年灌水、施肥及水肥交互作用均对收获期

马铃薯总干物质累积量有极显著影响（$P<0.01$）。在收获期，马铃薯块茎占的干物质比重最大，在 2018 年占到 63.60%～74.76%，2019 年为 65.51%～81.97%。茎秆所占比重在 2018 年为 11.28%～19.32%，2019 年为 8.00%～16.03%。叶片所占比重在 2018 年为 11.37%～16.23%，2019 年为 8.12%～16.74%。根所占比重最小，2018 年为 2.14%～3.05%，2019 年为 1.43%～2.3%。

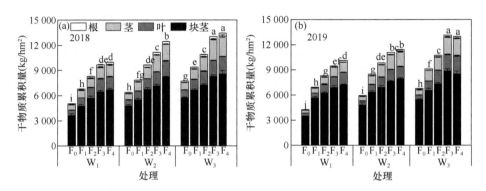

图 1-3 2018 年和 2019 年不同滴灌施肥水平对马铃薯收获期干物质累积量的影响
不同小写字母表示差异显著（$P<0.05$）。下同

2018 年和 2019 年，当施肥水平相同时，总干物质累积量随着滴灌量的增加而增加，灌水水平 W_1 的总干物质累积量显著低于灌水水平 W_3 和 W_2，表现为 $W_1<W_2<W_3$。在不施肥 F_0 条件下，与低灌水水平 W_1 相比，W_2 和 W_3 的干物质累积量在 2018 年分别增大了 26.41%和 52.72%，在 2019 年分别增大了 30.93%和 49.33%。当施肥水平为 F_1 时，与低灌水水平 W_1 相比，W_2 和 W_3 的干物质累积量在 2018 年分别增大了 15.59%和 38.48%，在 2019 年分别增大了 22.47%和 31.67%。当施肥水平为 F_2 时，与低灌水水平 W_1 相比，W_2 和 W_3 的干物质累积量在 2018 年分别增大了 16.15%和 31.42%，在 2019 年分别增大了 18.51%和 29.35%。当施肥水平为 F_3 时，与低灌水水平 W_1 相比，W_2 和 W_3 的干物质累积量在 2018 年分别增大了 15.42%和 34.82%，在 2019 年分别增大了 16.96%和 38.72%。当施肥水平为 F_4 时，与低灌水水平 W_1 相比，W_2 和 W_3 的干物质累积量在 2018 年分别增大了 24.84%和 34.81%，在 2019 年分别增大了 12.76%和 28.13%。2018 年和 2019年，在亏缺灌溉条件下，干物质总量随着施肥量的增加而增加。在充分灌水水平 W_3 条件下，施肥处理 F_3 和 F_4 的干物质之间无显著差异。

4. 生育期总干物质累积量动态变化及 Logistic 函数拟合

图 1-4 为 2018 年和 2019 年不同滴灌灌水水平和施肥水平下马铃薯播种后 45d、60d、80d、100d、120d 和 135d 干物质总量动态变化规律。各处理在 45d 以后逐渐出现差异，随着生育期的推进呈现"慢—快—慢"的增长规律，各生育期

干物质累积量表现为随着滴灌量的增加而增加。

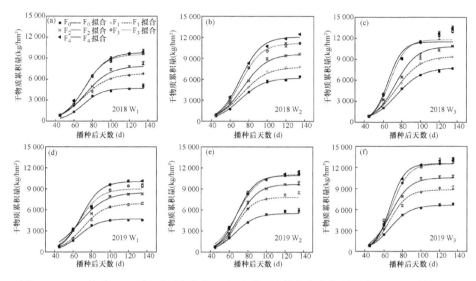

图 1-4　2018 年和 2019 年不同滴灌施肥水平对马铃薯各生育期总干物质累积量的影响

表 1-3 为不同滴灌灌水水平和施肥水平下马铃薯干物质总量 Logistic 函数拟合结果。各处理 Logistic 函数拟合的决定系数 R^2 均在 0.97 以上，均达到极显著水平（$P<0.01$）。t_1 为干物质快速累积期的起始时间，在 2018 年介于播种后 51.92～57.62d，最早出现在处理 W_1F_1；在 2019 年介于播种后 48.91～56.30d，最早出现在处理 W_1F_2；两年之间相差 3d 左右，各处理之间相差 7d 左右。t_2 为干物质快速累积期的截止时间，在 2018 年介于播种后 75.29～91.53d，在 2019 年介于播种后 75.88～86.13d。V_M 为干物质最大生长速率，在 2018 年介于 111.25～362.56kg/(hm²·d)，在 2019 年介于 126.17～390.37kg/(hm²·d)。t_m 为干物质最大生长速率出现时间，在 2018 年介于播种后 64.85～74.29d，在 2019 年介于播种后 64.45～70.54d。G_T 为 t_1 到 t_2 时间内干物质平均增长速率，在 2018 年介于 97.54～317.89kg/(hm²·d)，在 2019 年介于 110.62～342.27kg/(hm²·d)。在 2018 年和 2019 年处理 W_3F_4 的 t_1 到 t_2 时间内干物质平均增长速率最大。

表 1-3　2018 年和 2019 年马铃薯总干物质累积量与播种后天数的 Logistic 函数拟合

灌水	施肥	t_1 (d)	t_2 (d)	t_m (d)	V_M[kg/(hm²·d)]	G_T[kg/(hm²·d)]	回归方程	R^2	P
2018 W_1	F_0	55.88	83.94	69.91	111.25	97.54	$y=4\,741.42/(1+706.97e^{-0.093\,9t})$	0.992	<0.000 1
	F_1	51.92	88.30	70.11	122.68	107.57	$y=6\,777.96/(1+160.15e^{-0.072\,4t})$	0.999	<0.000 1
	F_2	55.60	91.19	73.40	149.15	130.77	$y=8\,059.86/(1+228.77e^{-0.074\,0t})$	0.999	<0.000 1
	F_3	56.42	86.37	71.39	209.68	183.85	$y=9\,536.48/(1+533.25e^{-0.088\,0t})$	0.999	<0.000 1
	F_4	56.62	87.77	72.20	207.50	181.93	$y=9\,816.44/(1+447.82e^{-0.084\,6t})$	0.996	<0.000 1

灌水	施肥	t_1(d)	t_2(d)	t_m(d)	V_M[kg/(hm²·d)]	G_T[kg/(hm²·d)]	回归方程	R^2	P
	F_0	53.48	87.15	70.31	119.53	104.80	$y=6\,111.64/(1+244.85e^{-0.078\,2t})$	0.999	<0.000 1
	F_1	54.38	90.52	72.45	141.63	124.18	$y=7\,772.12/(1+196.53e^{-0.072\,9t})$	0.995	<0.000 1
W_2	F_2	56.79	90.72	73.75	186.80	163.78	$y=9\,625.08/(1+306.59e^{-0.077\,6t})$	0.990	<0.000 1
	F_3	56.78	86.13	71.45	249.82	219.04	$y=11\,135.15/(1+609.31e^{-0.089\,7t})$	0.999	<0.000 1
2018	F_4	56.33	85.78	71.05	269.68	236.45	$y=12\,062.20/(1+574.92e^{-0.089\,4t})$	0.996	<0.000 1
	F_0	56.04	92.53	74.29	140.88	123.52	$y=7\,806.90/(1+213.18e^{-0.072\,2t})$	0.999	<0.000 1
	F_1	56.33	91.00	73.66	179.39	157.29	$y=9\,444.11/(1+269.62e^{-0.076\,0t})$	0.996	<0.000 1
W_3	F_2	57.62	88.29	72.96	232.71	204.04	$y=10\,839.00/(1+526.10e^{-0.085\,9t})$	0.996	<0.000 1
	F_3	55.90	80.07	67.99	323.99	291.32	$y=11\,893.95/(1+1\,648.92e^{-0.109\,0t})$	0.999	<0.000 1
	F_4	54.40	75.29	64.85	362.56	317.89	$y=11\,501.76/(1+3\,556.88e^{-0.126\,1t})$	0.998	<0.000 1
	F_0	53.02	75.88	64.45	131.64	115.42	$y=4\,706.76/(1+435.33e^{-0.091\,4t})$	0.998	<0.000 1
	F_1	54.94	86.13	70.54	147.21	129.08	$y=6\,901.81/(1+389.23e^{-0.084\,8t})$	0.999	<0.000 1
W_1	F_2	48.91	86.60	67.75	149.47	131.06	$y=8\,480.29/(1+119.32e^{-0.070\,9t})$	0.973	<0.000 1
	F_3	53.43	84.84	69.13	201.13	176.35	$y=9\,014.71/(1+433.67e^{-0.090\,3t})$	0.970	<0.000 1
	F_4	55.22	82.62	68.92	241.57	211.81	$y=10\,073.67/(1+749.18e^{-0.096\,0t})$	0.994	<0.000 1
	F_0	52.57	81.81	67.19	126.17	110.62	$y=5\,497.45/(1+458.94e^{-0.092\,0t})$	0.998	<0.000 1
	F_1	55.62	80.18	67.90	209.77	183.92	$y=7\,814.51/(1+1\,503.56e^{-0.107\,9t})$	0.999	<0.000 1
2019 W_2	F_2	56.30	84.14	70.22	231.97	203.39	$y=9\,685.04/(1+735.15e^{-0.094\,0t})$	0.999	<0.000 1
	F_3	53.58	84.97	69.27	231.90	203.33	$y=11\,099.60/(1+448.55e^{-0.088\,6t})$	0.998	<0.000 1
	F_4	55.73	82.73	69.23	270.89	237.51	$y=10\,932.92/(1+1\,155.88e^{-0.103\,1t})$	0.997	<0.000 1
	F_0	52.66	84.31	68.49	143.77	126.06	$y=6\,615.02/(1+402.03e^{-0.090\,4t})$	0.999	<0.000 1
	F_1	53.92	80.97	67.44	221.82	194.49	$y=8\,797.62/(1+961.45e^{-0.103\,8t})$	0.995	<0.000 1
W_3	F_2	53.10	82.08	67.59	247.22	216.76	$y=10\,519.54/(1+581.39e^{-0.095\,5t})$	0.990	<0.000 1
	F_3	56.17	80.79	68.48	338.91	297.15	$y=12\,496.23/(1+1\,630.58e^{-0.108\,7t})$	0.999	<0.000 1
	F_4	55.78	76.88	66.33	390.37	342.27	$y=12\,513.69/(1+3\,932.94e^{-0.124\,8t})$	0.999	<0.000 1

5. 群体净同化率

净同化率（NAR）是指单位叶面积在单位时间内产生的净同化物产量，反映叶片的净同化效率。图 1-5 为 2018 年和 2019 年不同滴灌灌水水平和施肥水平下马铃薯群体 NAR 动态变化规律。表 1-4 为不同滴灌灌水水平和施肥水平下马铃薯群体净同化率指数函数（$y = a \times b^x$）拟合结果。各处理指数函数拟合的决定系数 R^2 均在 0.84 以上，均达到显著水平（$P<0.05$）。在 2018 年和 2019 年，从播种后 60d 到 135d，各处理的 NAR 均呈下降趋势，单位叶面积在单位时间内产生的净同化物产量呈指数递减，且各处理之间的差异逐渐缩小。在 2018 年和 2019 年播

种后 60d，当施肥水平相同时，灌水水平 W_3 的 NAR 较高；在播种后 80d，当施肥水平相同时，灌水水平 W_2 的 NAR 较高；在 2018 年播种后 100d，当施肥水平相同时，灌水水平 W_2 的 NAR 较高；但在 2019 年播种后 100d，在低肥处理条件下，灌水水平 W_1 的 NAR 较高。在马铃薯生长前期充分灌水处理 W_3 的单位叶面积在单位时间内产生的净同化物产量较高，后期有所放缓。

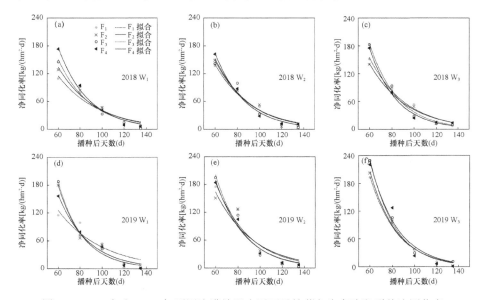

图 1-5　2018 年和 2019 年不同滴灌施肥水平下马铃薯各生育阶段群体净同化率

表 1-4　2018 年和 2019 年不同滴灌施肥水平下马铃薯群体净同化率拟合

灌水水平	施肥水平	a		b		R^2	
		2018	2019	2018	2019	2018	2019
W_1	F_1	559.62	555.08	0.974	0.976	0.928**	0.842*
	F_2	774.68	2328.99	0.971	0.958	0.955**	0.964**
	F_3	1135.41	2621.23	0.967	0.957	0.959**	0.989**
	F_4	1578.42	1410.73	0.964	0.964	0.984**	0.974**
W_2	F_1	882.94	1356.88	0.970	0.967	0.959**	0.909**
	F_2	1079.37	993.21	0.968	0.970	0.958**	0.847*
	F_3	1037.75	2119.45	0.968	0.961	0.930**	0.957**
	F_4	1585.05	1828.29	0.963	0.963	0.985**	0.973**
W_3	F_1	1016.02	2243.82	0.969	0.960	0.968**	0.992**
	F_2	876.22	2542.80	0.970	0.959	0.982**	0.984**
	F_3	2068.73	3398.20	0.961	0.956	0.987**	0.988**
	F_4	2206.64	2737.07	0.959	0.959	0.991**	0.947**

注：a、b 为指数函数的系数

6. 叶绿素相对含量（SPAD）

在 2018 年和 2019 年，灌水和施肥及水肥交互作用均对马铃薯叶片 SPAD 值有极显著影响（$P<0.01$）。2018 年，在低灌水水平 W_1 条件下，施肥水平 F_3 和 F_4 之间的 SPAD 值无显著差异，但显著高于其他三个施肥水平。在中等灌水水平 W_2 条件下，F_3 和 F_4 之间的 SPAD 值无显著差异，但显著高于 F_0、F_1 与 F_2。在充分灌水水平 W_3 条件下，施肥水平 F_3 和 F_4 之间的 SPAD 值无显著差异，施肥水平 F_1 和 F_2 之间的 SPAD 值也无显著差异，但均显著高于不施肥 F_0。在不施肥 F_0 和施肥水平 F_1 与 F_2 条件下，低灌水水平 W_1 的 SPAD 值显著低于灌水水平 W_2 和 W_3；施肥水平 F_3 条件下，高灌水水平 W_3 的 SPAD 值显著高于其他两个灌水水平；施肥水平 F_4 条件下，三个灌水水平的 SPAD 值无显著差异（图 1-6）。

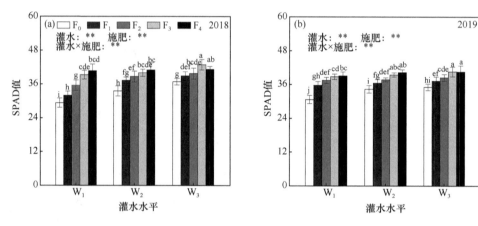

图 1-6 2018 年和 2019 年不同滴灌施肥水平对马铃薯叶片 SPAD 值的影响

2019 年，在低灌水水平 W_1 条件下，施肥水平 F_3 和 F_4 之间的 SPAD 值无显著差异，施肥水平 F_2 和 F_3 之间的 SPAD 值也无显著差异，但施肥水平 F_4 显著高于施肥水平 F_2。在中等灌水水平 W_2 和充分灌水水平 W_3 条件下，施肥水平 F_3 和 F_4 之间的 SPAD 值无显著差异，但显著高于其他三个施肥水平。在各施肥水平下，灌水水平 W_2 和 W_3 的 SPAD 值无显著差异；在施肥水平 F_0、F_1、F_3 和 F_4 条件下，低灌水水平 W_1 的 SPAD 值显著低于充分灌水水平 W_3（图 1-6）。

1.3.2 产量

在 2018 年和 2019 年，灌水和施肥对马铃薯块茎产量有极显著影响（$P<0.01$），但水肥交互作用对产量无显著影响（$P>0.05$）。2018 年，在低灌水水平 W_1 条件下，与不施肥 F_0 相比，施肥水平 F_1、F_2、F_3 和 F_4 分别增长了 42.35%、59.14%、

75.85%和 91.15%，各施肥水平之间的产量存在显著差异；在中等灌水水平 W_2 条件下，与不施肥 F_0 相比，施肥水平 F_1、F_2、F_3 和 F_4 分别增长了 28.59%、47.87%、58.03%和 76.00%；在充分灌水水平 W_3 条件下，与不施肥 F_0 相比，施肥水平 F_1、F_2、F_3 和 F_4 分别增长了 25.32%、34.55%、57.77%和 62.58%。在各施肥水平下，与低灌水水平 W_1 相比，灌水水平 W_2 的产量分别提高了 26.14%、13.94%、17.20%、13.36%和 16.14%；灌水水平 W_3 的产量分别提高了 49.63%、31.72%、26.51%、32.24%和 27.26%（表 1-5）。2019 年，在低灌水水平 W_1 条件下，与不施肥 F_0 相比，施肥水平 F_1、F_2、F_3 和 F_4 分别增长了 55.38%、78.68%、96.96%和 113.18%，各施肥水平之间的产量存在显著差异；在中等灌水水平 W_2 条件下，与不施肥 F_0 相比，施肥水平 F_1、F_2、F_3 和 F_4 分别增长了 45.90%、75.70%、98.68%和 112.23%；在充分灌水水平 W_3 条件下，与不施肥 F_0 相比，施肥水平 F_1、F_2、F_3 和 F_4 分别增长了 45.72%、65.93%、89.76%和 95.32%。在各施肥水平下，与低灌水水平 W_1 相比，灌水水平 W_2 的产量分别提高了 15.77%、8.71%、13.84%、16.79%和 15.26%；灌水水平 W_3 的产量分别提高了 33.87%、25.55%、24.32%、28.98%和 22.66%。

表 1-5　2018 年和 2019 年不同滴灌量和施肥量对马铃薯产量及其构成要素的影响

灌水水平	施肥水平	块茎产量（kg/hm²）		单株产量（g/株）		商品薯（g/株）		大薯重（g/株）	
		2018	2019	2018	2019	2018	2019	2018	2019
W₁	F₀	21 269i	19 633k	533.92j	471.11h	423.77g	395.53h	212.39f	166.09j
	F₁	30 277g	30 506h	737.45h	691.83f	641.94f	618.31f	437.21e	393.84gh
	F₂	33 848f	35 080g	814.4fg	775.31e	790.67e	693.71e	547.52d	463.27ef
	F₃	37 402de	38 669f	928.54e	869.05d	849.71d	799.36d	641.43c	505.19de
	F₄	40 656cd	41 853de	955.10e	906.97d	887.12d	783.45d	632.61c	536.89d
W₂	F₀	26 829h	22 730j	663.70i	558.98g	588.85f	512.97g	374.70e	332.00i
	F₁	34 499ef	33 162gh	857.86f	793.80e	795.63e	688.67e	596.4cd	444.41fg
	F₂	39 671cd	39 935ef	940.54e	923.70d	872.87d	776.16d	655.9c	501.84def
	F₃	42 398c	45 160c	1 035.54c	1 023.99bc	991.95bc	847.11c	772.13b	647.72c
	F₄	47 219b	48 239b	1 135.21b	1 082.12b	1 031.51b	911.18b	825.46b	823.70b
W₃	F₀	31 825fg	26 283i	769.08gh	675.18f	635.72f	621.09f	374.42e	356.70hi
	F₁	39 882cd	38 299f	977.68de	925.98d	879.82d	790.32d	650.18c	550.09d
	F₂	42 820c	43 612cd	1 010.48cd	996.93c	971.59c	896.81b	796.07b	791.23b
	F₃	50 209ab	49 875ab	1 202.2a	1 151.27a	1 155.98a	1 019.81a	931.20a	886.27a
	F₄	51 740a	51 335a	1 231.39a	1 176.78a	1 202.45a	1 045.97a	919.71a	879.55a
显著性检验									
灌水		116.42**	114.46**	212.16**	132.42**	237.17**	242.55**	133.38**	266.77**
施肥		149.47**	317.05**	271.66**	204.08**	351.89**	328.89**	205.34**	275.39**
灌水×施肥		0.81	0.88	1.54	0.91	3.68**	2.04	2.46*	15.20**

在 2018 年和 2019 年，块茎产量随着施肥量和滴灌量的增加而增加，处理 W_3F_4 的产量最高。但在充分灌水水平 W_3 条件下，施肥水平 F_3 和 F_4 之间的产量无显著差异。处理 W_2F_4 与 W_3F_3 之间产量也无显著差异。

在 2018 年和 2019 年，灌水和施肥对马铃薯单株产量有极显著影响（$P<0.01$），但水肥交互作用对单株产量无显著影响（$P>0.05$）。在 2018 年和 2019 年，灌水和施肥对马铃薯商品薯有极显著影响（$P<0.01$），但在 2019 年水肥交互作用对商品薯无显著影响（$P>0.05$），在 2018 年有极显著影响（$P<0.01$）。在 2018 年和 2019 年，灌水和施肥对马铃薯大薯重有极显著影响（$P<0.01$），在 2018 年水肥交互作用对大薯重有显著影响（$P<0.05$），在 2019 年有极显著影响（$P<0.01$）（表 1-5）。

在 2018 年和 2019 年，低灌水水平 W_1 和充分灌水水平 W_3 条件下，施肥水平 F_3 和 F_4 之间的单株产量、商品薯和大薯重无显著差异，但显著高于其他三个施肥水平；在中等灌水水平 W_2 条件下，在 2018 年，施肥水平 F_4 的单株产量显著高于其他施肥水平，但在 2019 年施肥水平 F_3 和 F_4 之间的单株产量无显著差异。在同一施肥水平下，单株产量、商品薯和大薯重随着滴灌量的增加而增加，灌水水平 W_3 的单株产量、商品薯和大薯重显著高于其他两个灌水水平。

1.3.3 品质

在 2018 年和 2019 年，灌水、施肥及水肥交互作用对马铃薯淀粉含量、还原性糖含量和维生素 C 含量有极显著影响（$P<0.01$）（表 1-6）。

表 1-6 2018 年和 2019 年不同滴灌量和施肥量对马铃薯品质的影响

灌水水平	施肥水平	淀粉含量（%）		还原性糖含量（%）		维生素 C 含量（mg/100g 鲜薯）	
		2018	2019	2018	2019	2018	2019
W_1	F_0	13.06j	13.15h	0.689a	0.648a	11.05i	11.2l
	F_1	13.66h	13.53g	0.650b	0.632b	13.40g	13.72i
	F_2	13.99fg	14.04f	0.619c	0.589d	14.3f	14.67h
	F_3	14.37de	14.63cd	0.553e	0.532g	15.46e	15.51fg
	F_4	14.17ef	14.28ef	0.584d	0.546f	15.12e	15.18g
W_2	F_0	13.11ij	13.52g	0.656b	0.618c	12.21h	12.21k
	F_1	13.84gh	14.09f	0.603c	0.568e	15.27e	14.67h
	F_2	14.15ef	14.52cde	0.576d	0.544f	16.65d	15.85ef
	F_3	14.63bc	14.97b	0.526f	0.531g	17.96b	16.8d
	F_4	14.27de	14.59cd	0.554e	0.533g	17.21c	16.07e
W_3	F_0	13.33i	13.63g	0.609c	0.589d	13.18g	13.27j
	F_1	14.16ef	14.44de	0.538ef	0.534g	17.58bc	16.02e

灌水水平	施肥水平	淀粉含量（%）		还原性糖含量（%）		维生素 C 含量（mg/100g 鲜薯）	
		2018	2019	2018	2019	2018	2019
W$_3$	F$_2$	14.98a	15.28a	0.471h	0.501i	19.11a	18.98a
	F$_3$	14.76ab	15.05ab	0.501g	0.515h	18.63a	18.03b
	F$_4$	14.51cd	14.78bc	0.522f	0.519h	17.92b	17.19c
显著性检验							
灌水		48.56**	79.15**	306.60**	495.94**	483.37**	634.10**
施肥		141.41**	124.90**	210.48**	519.01**	430.17**	755.42**
灌水×施肥		4.12**	4.43**	13.06**	40.23**	12.19**	20.42**

2018 年，在低灌水水平 W$_1$ 条件下，与不施肥 F$_0$ 相比，施肥水平 F$_1$、F$_2$、F$_3$ 和 F$_4$ 的淀粉含量分别增长了 4.59%、7.12%、10.03% 和 8.50%，施肥水平 F$_3$ 和 F$_4$ 的淀粉含量无显著差异，但显著高于其他施肥水平；在中等灌水水平 W$_2$ 条件下，与不施肥 F$_0$ 相比，施肥水平 F$_1$、F$_2$、F$_3$ 和 F$_4$ 的淀粉含量分别增长了 5.57%、7.93%、11.59% 和 8.85%；在充分灌水水平 W$_3$ 条件下，与不施肥 F$_0$ 相比，施肥水平 F$_1$、F$_2$、F$_3$ 和 F$_4$ 的淀粉含量分别增长了 6.23%、12.38%、10.73% 和 8.85%。在各施肥水平下，与低灌水水平 W$_1$ 相比，灌水水平 W$_2$ 的淀粉含量分别提高了 0.38%、1.32%、1.14%、1.81% 和 0.71%；灌水水平 W$_3$ 的淀粉含量分别提高了 2.07%、3.66%、7.08%、2.71% 和 2.40%。2019 年，在低灌水水平 W$_1$ 条件下，与不施肥 F$_0$ 相比，施肥水平 F$_1$、F$_2$、F$_3$ 和 F$_4$ 的淀粉含量分别增长了 2.89%、6.77%、11.25% 和 8.59%，施肥水平 F$_3$ 的淀粉含量显著高于其他施肥水平；在中等灌水水平 W$_2$ 条件下，与不施肥 F$_0$ 相比，施肥水平 F$_1$、F$_2$、F$_3$ 和 F$_4$ 的淀粉含量分别增长了 4.22%、7.40%、10.72% 和 7.91%；在充分灌水水平 W$_3$ 条件下，与不施肥 F$_0$ 相比，施肥水平 F$_1$、F$_2$、F$_3$ 和 F$_4$ 的淀粉含量分别增长了 5.94%、12.11%、10.42% 和 8.44%。在各施肥水平下，与低灌水水平 W$_1$ 相比，灌水水平 W$_2$ 的淀粉含量分别提高了 2.81%、4.14%、3.42%、2.32% 和 2.17%；灌水水平 W$_3$ 的淀粉含量分别提高了 3.65%、6.73%、8.83%、2.87% 和 3.50%。

2018 年，在低灌水水平 W$_1$ 条件下，与不施肥 F$_0$ 相比，施肥水平 F$_1$、F$_2$、F$_3$ 和 F$_4$ 的还原性糖含量分别降低了 5.66%、10.16%、19.74% 和 15.24%，施肥水平 F$_3$ 的还原性糖显著低于其他施肥水平；在中等灌水水平 W$_2$ 条件下，与不施肥 F$_0$ 相比，施肥水平 F$_1$、F$_2$、F$_3$ 和 F$_4$ 的还原性糖含量分别降低了 8.08%、12.20%、19.82% 和 15.55%；在充分灌水水平 W$_3$ 条件下，与不施肥 F$_0$ 相比，施肥水平 F$_1$、F$_2$、F$_3$ 和 F$_4$ 的还原性糖含量分别降低了 11.66%、22.66%、17.73% 和 14.29%。在各施肥水平下，与低灌水水平 W$_1$ 相比，灌水水平 W$_2$ 的还原性糖含量分别降低了 4.79%、

7.23%、6.95%、4.88%和5.14%；灌水水平 W_3 的还原性糖含量分别降低了11.61%、17.23%、23.91%、9.40%和10.62%。2019年，在低灌水水平 W_1 条件下，与不施肥 F_0 相比，施肥水平 F_1、F_2、F_3 和 F_4 的还原性糖含量分别降低了2.47%、9.10%、17.90%和15.74%；在中等灌水水平 W_2 条件下，与不施肥 F_0 相比，施肥水平 F_1、F_2、F_3 和 F_4 的还原性糖含量分别降低了8.09%、11.97%、14.08%和13.75%；在充分灌水水平 W_3 条件下，与不施肥 F_0 相比，施肥水平 F_1、F_2、F_3 和 F_4 的还原性糖含量分别降低了9.34%、14.94%、12.56%和11.88%。在各施肥水平下，与低灌水水平 W_1 相比，灌水水平 W_2 的还原性糖含量分别降低了4.63%、10.13%、7.64%、0.19%和2.38%；灌水水平 W_3 的还原性糖含量分别降低了9.10%、15.51%、14.94%、3.20%和4.95%。

2018年，在低灌水水平 W_1 条件下，与不施肥 F_0 相比，施肥水平 F_1、F_2、F_3 和 F_4 的维生素C含量分别增长了21.27%、29.41%、39.91%和36.83%，施肥水平 F_3 和 F_4 的维生素C含量无显著差异，但显著高于其他施肥水平；在中等灌水水平 W_2 条件下，与不施肥 F_0 相比，施肥水平 F_1、F_2、F_3 和 F_4 的维生素C含量分别增长了25.06%、36.36%、47.09%和40.95%；在充分灌水水平 W_3 条件下，与不施肥 F_0 相比，施肥水平 F_1、F_2、F_3 和 F_4 的维生素C含量分别增长了33.38%、44.99%、41.35%和35.96%。在各施肥水平下，与低灌水水平 W_1 相比，灌水水平 W_2 的维生素C含量分别提高了10.50%、13.96%、16.43%、16.17%和13.82%；灌水水平 W_3 的维生素C含量分别提高了19.28%、31.19%、33.64%、20.50%和18.52%。2019年，在低灌水水平 W_1 条件下，与不施肥 F_0 相比，施肥水平 F_1、F_2、F_3 和 F_4 的维生素C含量分别增长了22.50%、30.98%、38.48%和35.54%，施肥水平 F_3 的维生素C含量显著高于其他施肥水平；在中等灌水水平 W_2 条件下，与不施肥 F_0 相比，施肥水平 F_1、F_2、F_3 和 F_4 的维生素C含量分别增长了20.15%、29.81%、37.59%和31.61%；在充分灌水水平 W_3 条件下，与不施肥 F_0 相比，施肥水平 F_1、F_2、F_3 和 F_4 的维生素C含量分别增长了20.72%、43.03%、35.87%和29.54%。在各施肥水平下，与低灌水水平 W_1 相比，灌水水平 W_2 的维生素C含量分别提高了9.02%、6.92%、8.04%、8.32%和5.86%；灌水水平 W_3 的维生素C含量分别提高了18.48%、16.76%、29.38%、16.25%和13.24%。

1.3.4　经济效益

由表1-7可以看出，2018年和2019年毛收益介于21 269～51 740元/hm² 和19 633～51 335元/hm²，最高毛收益水平和最低毛收益水平相比增幅分别为143.26%和161.47%；净收益最低分别为9743元/hm² 和7973元/hm²，最高分别为34 753元/hm² 和34 124元/hm²，净收益差异达3～5倍。2018年和2019年的低水

表 1-7　2018 年和 2019 年不同滴灌量和施肥量对马铃薯经济效益的影响

灌水水平	施肥水平	水费（元/hm²）		化肥投入（元/hm²）		毛收益（元/hm²）		净收益（元/hm²）	
		2018	2019	2018	2019	2018	2019	2018	2019
W_1	F_0	526.4	660.8	0	0	21 269	19 633	9 743	7 973
	F_1	526.4	660.8	2 065	2 065	30 277	30 506	16 685	16 780
	F_2	526.4	660.8	3 098	3 098	33 848	35 080	19 224	20 321
	F_3	526.4	660.8	4 130	4 130	37 402	38 669	21 745	22 877
	F_4	526.4	660.8	5 163	5 163	40 656	41 853	23 967	25 029
W_2	F_0	675.2	854.4	0	0	26 829	22 730	15 154	10 875
	F_1	675.2	854.4	2 065	2 065	34 499	33 162	20 759	19 243
	F_2	675.2	854.4	3 098	3 098	39 671	39 935	24 898	24 983
	F_3	675.2	854.4	4 130	4 130	42 398	45 160	26 593	29 176
	F_4	675.2	854.4	5 163	5 163	47 219	48 239	30 381	31 222
W_3	F_0	824	1 048	0	0	31 825	26 283	20 001	14 235
	F_1	824	1 048	2 065	2 065	39 882	38 299	25 993	24 186
	F_2	824	1 048	3 098	3 098	42 820	43 612	27 899	28 466
	F_3	824	1 048	4 130	4 130	50 209	49 875	34 255	33 697
	F_4	824	1 048	5 163	5 163	51 740	51 335	34 753	34 124

处理 W_1 水费支出仅比高水处理 W_3 的分别节省 297.6 元/hm² 和 387.2 元/hm²，水费支出在总投入中所占比例很小，但滴灌量的减少会造成很大的净收益损失，这也是农户节水意愿不强的主要因素。2018 年和 2019 年在同等滴灌量条件下，净收益随着化肥投入的增加而增大，但施肥水平 F_3 和 F_4 之间的净收益差异不大。

1.3.5　主成分分析

对马铃薯的产量构成要素及品质进行主成分分析，其中还原性糖含量取倒数，在 2018 年和 2019 年大田试验过程中马铃薯产量构成要素及品质变化趋势一致，并且数据较为接近，取 2018 年和 2019 年各指标的均值，对各处理优劣做进一步综合分析。

对各因子进行 KMO 检验和 Bartlett's 球形度检验，KMO 检验系数＞0.5，Bartlett's 球形度检验 P＜0.05 时，分析才有结构效度，才能进行因子分析。本研究中 KMO 统计量为 0.870，大于 0.5，Bartlett's 球形度检验显著性小于 0.05（表 1-8），故产量构成要素及品质因子适合用于主成分分析，将各因子进行标准化。

表 1-8   KMO 检验和 Bartlett's 球形度检验

KMO 检验	Bartlett's 球形度检验		
	近似卡方	自由度	显著性
0.870	182.492	15	0.000

表 1-9 给出了产量构成要素及品质指标特征值的方差贡献率和累积贡献率，一般并不提取全部主成分，而根据累积贡献率达到 85%原则筛选主成分。第一项特征值的累积贡献率为 94.963%＞85%，涵盖了大部分信息，所以确定提取 1 个主成分，且对应的特征值 $\lambda = 5.698$。

表 1-9   马铃薯产量构成要素及品质指标影响因素的方差与方差分析

成分	初始特征值			提取平方和载入		
	合计	方差百分比（%）	累积方差（%）	合计	方差百分比（%）	累积方差（%）
1	5.698	94.963	94.963	5.698	94.963	94.963
2	0.222	3.704	98.667			
3	0.035	0.588	99.255			
4	0.022	0.365	99.620			
5	0.018	0.306	99.926			
6	0.004	0.074	100.000			

通过计算，可知主成分表达式如下：

第一主成分：$F_1 = -0.408X_1 + 0.410X_2 + 0.410X_3 + 0.407X_4 + 0.411X_5 + 0.403X_6$

根据综合评价函数，计算综合得分，结果见表 1-10，综合得分越高，表明处理越优。

表 1-10   基于主成分分析的不同水肥处理下马铃薯产量构成要素及品质的综合评价

灌水处理	施肥处理	综合得分	排名
	F_0	−4.60	15
	F_1	−2.35	13
W_1	F_2	−1.07	11
	F_3	0.40	7
	F_4	0.09	9
	F_0	−3.25	14
	F_1	−0.81	10
W_2	F_2	0.38	8
	F_3	1.81	4
	F_4	1.79	5

续表

灌水处理	施肥处理	综合得分	排名
	F_0	−2.30	12
	F_1	0.76	6
W_3	F_2	2.90	3
	F_3	3.29	1
	F_4	2.96	2

表 1-10 表明在同一施肥水平下，灌水水平 W_1 下品质最差，当灌水水平相同时，F_3 处理的品质最优，F_0 处理的最差。排名前三名分别是 W_3F_3、W_3F_4 和 W_3F_2 处理，排名最靠后的是 W_1F_0 处理。说明在本试验条件下，F_3 处理较有利于提高马铃薯的品质。

1.4　滴灌水肥管理对马铃薯养分吸收及利用的影响

合理施肥是保证马铃薯高产优质的基础，氮、磷、钾是马铃薯正常生长发育的三大必需营养元素。氮是蛋白质、核酸、磷脂的基本构成元素之一，也是组成叶绿素、酶和多种维生素的重要元素，在维持作物的生命活动、提高产量与品质方面具有非常重要的作用（周洪华，2006）。缺失氮素会导致马铃薯植株矮小、生长缓慢、茎秆细弱、叶片呈淡绿色至黄绿色、光合能力降低（陈子俊，1994）。磷是植物细胞中能量物质腺苷三磷酸（ATP）和遗传物质的主要成分，是作物发育、繁殖所必需的化学元素，同时也以多种方式参与植物体内各种生理生化过程，对促进植物的新陈代谢、生长发育具有重要的作用（梁艳琼等，2015）。钾肥充足时，可增强马铃薯的抗寒和抗病性，植株生长健壮，茎秆坚实，可以延迟叶片衰老；钾素缺失会使马铃薯的茎叶过早干缩，严重降低马铃薯的产量（张西露等，2010）。本章分析不同灌溉施肥组合下马铃薯各器官的氮、磷、钾的动态累积和分配，建立滴灌施肥条件下的水肥与马铃薯氮、磷、钾累积及利用的数量关系，为肥料高效管理提供数据支持和理论依据。

1.4.1　氮素吸收

1. 各器官氮素吸收量

由图 1-7 可知，随着生育期的推进，马铃薯氮累积吸收量先增大后降低。在 2018 年，播种后 45d，各灌溉施肥水平下马铃薯的氮累积吸收量为 11.6～23.6kg/hm^2，约占全生育期总氮累积吸收量的 10%。各器官中氮素主要存在于叶片中，占马铃薯植株总氮累积吸收量的 70%，其次是茎秆，约占 20%，而根系氮累积吸收量约占全株的 10%。

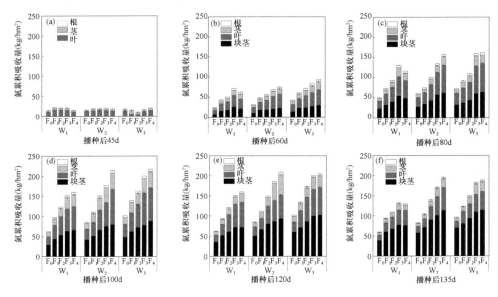

图 1-7　2018 年不同滴灌施肥水平下各生长阶段马铃薯各器官氮累积吸收量

在播种后 60d，各灌溉施肥水平下氮累积吸收量为 24.4～94.5kg/hm²。在同一施肥水平下，氮累积吸收量随着滴灌量的增加而增加，表现为 W₃>W₂>W₁。在相同灌水水平下，氮累积吸收量随着施肥量的增加均有不同程度的增加，各施肥处理间差异显著。与上一时期相比，叶片和茎秆中氮累积吸收量所占比例变化不大，而马铃薯块茎内氮累积吸收量所占比例开始上升，叶片所占比例最大，占全株氮累积吸收量的 38%～45%；其次是块茎，占 29%～38%；再次是茎秆，占 16%～22%；最小的是根系，占 5%～8%。

在播种后 80d，各处理氮累积吸收量为 49.9～162.0kg/hm²。在同一施肥水平下，氮累积吸收量随着滴灌量的增加而增加。在各灌水水平下，氮累积吸收量随着施肥量的增加而增加，各施肥处理间差异显著；在低灌水水平 W₁ 条件下，与不施肥 F₀ 相比，施肥水平 F₁、F₂、F₃ 和 F₄ 的氮累积吸收量分别增长了 46.46%、85.19%、160.62% 和 132.41%；在中等灌水水平 W₂ 条件下，与不施肥 F₀ 相比，施肥水平 F₁、F₂、F₃ 和 F₄ 的氮累积吸收量分别增长了 24.67%、67.46%、124.54% 和 163.26%；在充分灌水水平 W₃ 条件下，与不施肥 F₀ 相比，施肥水平 F₁、F₂、F₃ 和 F₄ 的氮累积吸收量分别增长了 25.98%、50.02%、119.82% 和 123.38%。与上一时期相比，叶片中氮累积吸收量所占比例变化不大，而块茎氮累积吸收量所占比例开始上升，占全株氮累积吸收量的 37%～45%。

在播种后 100d，各处理氮累积吸收量为 63.2～217.1kg/hm²。当施肥量相同时，充分灌水水平 W_3 的氮累积吸收量最大，W_1 的最小。与灌水水平 W_1 相比，灌水水平 W_2 的氮累积吸收量分别增加了 35.41%、13.68%、22.47%、16.18% 和 34.42%；灌水水平 W_3 的氮累积吸收量分别增加了 44.50%、38.09%、26.17%、27.07% 和 26.97%。在各灌水水平下，氮累积吸收量随着施氮量的增加而上升。在灌水水平 W_1 条件下，与不施肥 F_0 相比，施肥水平 F_1、F_2、F_3 和 F_4 的氮累积吸收量分别增长了 54.01%、94.85%、140.80% 和 152.09%；在中等灌水水平 W_2 条件下，与不施肥 F_0 相比，施肥水平 F_1、F_2、F_3 和 F_4 的氮累积吸收量分别增长了 29.29%、76.22%、106.59% 和 150.24%；在充分灌水水平 W_3 条件下，与不施肥 F_0 相比，施肥水平 F_1、F_2、F_3 和 F_4 的氮累积吸收量分别增长了 37.71%、60.56%、97.51% 和 114.33%。与上一时期相比，由于蛋白质活化造成氮素转移，叶片和茎秆中氮累积吸收量所占比例略有下降，而马铃薯块茎中的氮累积吸收量所占比例继续上升。

在播种后 120d，随着叶片的老化脱落，叶片和茎秆中氮累积吸收量所占比例继续下降，各处理氮累积吸收量为 62.6～205.2kg/hm²。而块茎氮累积吸收量所占比例继续上升，表现为块茎＞叶片＞茎秆＞根系，分别占全株氮累积吸收量的 45%～59%、24%～39%、12%～24% 和 2%～3%。

在播种后 135d，随着养分的转运、叶片的脱落，叶片和茎秆中氮累积吸收量所占比例继续下降，各处理氮累积吸收量为 59.9～188.9kg/hm²。而块茎氮累积吸收量所占比例继续上升，占全株氮累积吸收量的 58%～73%，其次是叶片，占全株氮累积吸收量的 16%～29%，茎秆占 9%～12%，根系占 2%～3%。在同一施肥水平下，氮累积吸收量随着滴灌量的增加而增加。在同一灌水水平下，氮累积吸收量随着施肥量的增加而增加。

由图 1-8 可知，在 2019 年，播种后 45d，各灌溉施肥水平下马铃薯的氮累积吸收量差异不大，为 8.8～15.6kg/hm²。各器官中叶片的氮素含量最多，占马铃薯植株总氮累积吸收量的 64%～75%，其次是茎秆，占 15%～27%，而根系氮累积吸收量占全株的 7%～13%。

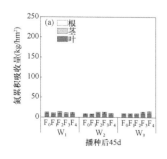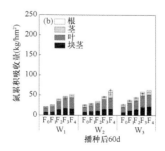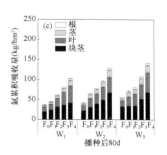

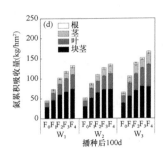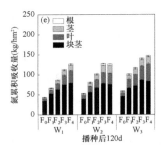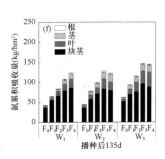

图1-8　2019年不同滴灌施肥水平下各生长阶段马铃薯各器官氮累积吸收量

在播种后 60d，马铃薯快速增长，各灌溉施肥水平下氮累积吸收量为 21.4～63.3kg/hm²。在同一灌水水平下，氮累积吸收量随着施肥量的增加均有不同程度的增加，各施肥处理间差异显著。在低灌水水平 W_1 条件下，与不施肥 F_0 相比，施肥水平 F_1、F_2、F_3 和 F_4 的氮累积吸收量分别增长了 22.48%、89.23%、121.17% 和 144.18%；在中等灌水水平 W_2 条件下，与不施肥 F_0 相比，施肥水平 F_1、F_2、F_3 和 F_4 的氮累积吸收量分别增长了 12.90%、32.89%、77.87% 和 133.21%；在充分灌水水平 W_3 条件下，与不施肥 F_0 相比，施肥水平 F_1、F_2、F_3 和 F_4 的氮累积吸收量分别增长了 37.00%、60.60%、108.52% 和 122.97%。与上一时期相比，马铃薯块茎内氮累积吸收量所占比例开始上升，占 26%～37%；叶片所占比例有所下降，但仍最大，占全株氮累积吸收量的 45%～51%；茎秆占 9%～24%；最小的是根系，占 5%～8%。

在播种后 80d，各处理氮累积吸收量为 37.2～141.5kg/hm²。在同一施肥水平下，氮累积吸收量随着滴灌量的增加而增加。与灌水水平 W_1 相比，灌水水平 W_2 的氮累积吸收量分别增加了 12.14%、42.13%、27.47%、18.69% 和 25.80%；灌水水平 W_3 的氮累积吸收量分别增加了 44.98%、40.97%、23.79%、27.10% 和 30.13%。在各灌水水平下，氮累积吸收量随着施肥量的增加而增加，各施肥处理间差异显著。与上一时期相比，随着养分的转运，叶片和茎秆中的氮累积吸收量下降，而块茎氮累积吸收量所占比例继续上升，占全株氮累积吸收量的 43%～58%。

在播种后 100d，各灌溉施肥水平下氮累积吸收量为 45.5～167.2kg/hm²。当灌水水平相同时，施肥量越大，氮累积吸收量越大。在低灌水水平 W_1 条件下，与不施肥 F_0 相比，施肥水平 F_1、F_2、F_3 和 F_4 的氮累积吸收量分别增长了 61.80%、124.28%、160.86% 和 192.65%；在中等灌水水平 W_2 条件下，与不施肥 F_0 相比，施肥水平 F_1、F_2、F_3 和 F_4 的氮累积吸收量分别增长了 69.21%、111.66%、144.22% 和 160.02%；在充分灌水水平 W_3 条件下，与不施肥 F_0 相比，施肥水平 F_1、F_2、F_3 和 F_4 的氮累积吸收量分别增长了 62.79%、114.04%、132.96% 和 156.75%。与上一时期相比，由于蛋白质活化造成氮素转移，叶片和茎秆中氮累积吸收量所占比例继续下降，而马铃薯块茎中的氮累积吸收量所占比例继续上升，占全株氮累积吸收量的 47%～63%。

在播种后 120d，各灌溉施肥水平氮累积吸收量为 44.0～147.9kg/hm²。块茎氮累积吸收量所占比例继续上升，占全株氮累积吸收量的 56%～79%。叶片所占比例继续下降，占全株氮累积吸收量的 12%～22%；茎秆占全株氮累积吸收量的 6%～16%；最小的是根系，占全株氮累积吸收量 2%～3%。

在播种后 135d，各灌溉施肥水平氮累积吸收量为 43.0～146.2kg/hm²，块茎约占全株氮累积吸收量达到了 61%～85%，叶片约占全株氮累积吸收量的 8%～26%，茎秆占 5%～13%，根系占 1%～3%。当灌水水平相同时，施肥量越大，氮累积吸收量越大。在同一施肥水平下，氮累积吸收量随着滴灌量的增加而增加。

2. 各生育期氮累积吸收量动态变化及 Logistic 函数拟合

图 1-9 为 2018 年和 2019 年不同滴灌灌水水平和施肥水平下马铃薯播种后 45d、60d、80d、100d、120d 和 135d 氮累积吸收量动态变化规律。各处理在 45d 以后逐渐出现差异，随着生育期的推进呈现"慢—快—慢"的增长规律。各生育期氮累积吸收量表现为随着滴灌量的增加而增加。

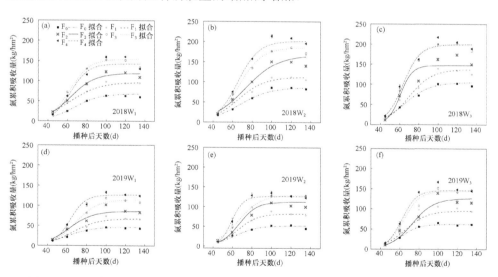

图 1-9　2018 年和 2019 年不同滴灌施肥水平对马铃薯各生育期总氮累积吸收量的影响

表 1-11 为马铃薯氮累积吸收量 Logistic 函数拟合结果。各处理拟合函数的决定系数 R^2 均在 0.93 以上，均达到极显著水平（$P < 0.01$）。t_1 为氮素快速累积期的起始时间，在 2018 年介于播种后 42.32～53.38d，最早出现在处理 W_1F_1；在 2019 年介于播种后 42.09～57.78d，最早出现在处理 W_1F_0；两年之间相差 4d 左右，各

处理之间相差 7~15d。t_2 为氮素快速累积期的截止时间，在 2018 年介于播种后 68.97~95.05d，在 2019 年介于播种后 67.28~87.96d。V_M 为氮累积吸收量最大生长速率，在 2018 年介于 1.29~5.75kg/(hm²·d)，在 2019 年介于 0.89~5.28kg/(hm²·d)。t_m 为氮累积吸收量最大生长速率出现时间，在 2018 年介于播种后 60.54~73.00d，在 2019 年介于播种后 59.17~72.87d。G_T 为 t_1 到 t_2 时间内氮累积吸收量平均增长速率，2018 年介于 1.13~5.05kg/(hm²·d)，2019 年介于 0.78~4.63kg/(hm²·d)。

表 1-11 2018 年和 2019 年马铃薯植株氮累积吸收量与播种后天数的 Logistic 函数拟合

灌水水平	施肥水平	t_1 (d)	t_2 (d)	t_m (d)	V_M[kg/(hm²·d)]	G_T[kg/(hm²·d)]	回归方程	R^2	P
	F₀	49.76	84.35	67.06	1.29	1.13	$y=67.81/(1+165.10e^{-0.076\,2t})$	0.989	<0.000 1
	F₁	42.32	83.07	62.69	1.56	1.36	$y=96.35/(1+57.50e^{-0.064\,6t})$	0.998	<0.000 1
W₁	F₂	46.85	80.01	63.43	2.37	2.07	$y=119.15/(1+154.15e^{-0.079\,4t})$	0.991	<0.000 1
	F₃	49.55	76.24	62.90	3.81	3.34	$y=154.38/(1+495.37e^{-0.098\,7t})$	0.997	<0.000 1
	F₄	51.27	75.17	63.22	3.92	3.44	$y=142.28/(1+1\,061.90e^{-0.110\,2t})$	0.965	<0.000 1
	F₀	46.59	87.71	67.15	1.39	1.21	$y=86.51/(1+73.83e^{-0.064\,1t})$	0.992	<0.000 1
	F₁	47.57	83.66	65.61	2.05	1.79	$y=112.10/(1+120.19e^{-0.073\,0t})$	0.967	<0.000 1
2018 W₂	F₂	50.95	95.05	73.00	2.50	2.19	$y=167.17/(1+78.22e^{-0.059\,7t})$	0.977	<0.000 1
	F₃	52.21	82.20	67.20	4.07	3.57	$y=185.52/(1+366.18e^{-0.087\,8t})$	0.996	<0.000 1
	F₄	51.52	79.65	65.58	4.72	4.14	$y=201.53/(1+463.75e^{-0.093\,6t})$	0.993	<0.000 1
	F₀	47.83	82.99	65.41	1.97	1.73	$y=105.15/(1+134.29e^{-0.074\,9t})$	0.985	<0.000 1
	F₁	53.38	85.80	69.59	2.79	2.45	$y=137.55/(1+285.34e^{-0.081\,2t})$	0.989	<0.000 1
W₃	F₂	52.12	68.97	60.54	5.75	5.05	$y=147.22/(1+12\,901.66e^{-0.156\,3t})$	0.967	<0.000 1
	F₃	51.75	75.11	63.43	5.63	4.94	$y=199.85/(1+1\,274.41e^{-0.112\,7t})$	0.989	<0.000 1
	F₄	51.64	75.61	63.63	5.48	4.80	$y=199.28/(1+1\,088.66e^{-0.109\,9t})$	0.984	<0.000 1
	F₀	42.09	76.26	59.17	0.89	0.78	$y=45.97/(1+95.69e^{-0.077\,1t})$	0.968	<0.000 1
	F₁	48.54	83.05	65.80	1.28	1.12	$y=67.09/(1+151.77e^{-0.076\,3t})$	0.995	<0.000 1
W₁	F₂	46.06	78.25	62.16	1.76	1.54	$y=86.03/(1+161.81e^{-0.081\,8t})$	0.973	<0.000 1
	F₃	53.81	83.43	68.62	2.55	2.23	$y=114.63/(1+447.26e^{-0.088\,9t})$	0.986	<0.000 1
	F₄	52.36	73.10	62.73	4.01	3.52	$y=126.30/(1+2\,886.24e^{-0.127\,0t})$	0.998	<0.000 1
	F₀	47.77	77.76	62.76	1.14	1.00	$y=51.74/(1+247.60e^{-0.087\,8t})$	0.931	<0.000 1
	F₁	52.34	78.96	65.65	2.02	1.77	$y=81.80/(1+662.82e^{-0.099\,0t})$	0.992	<0.000 1
2019 W₂	F₂	55.00	79.08	67.04	3.06	2.69	$y=112.09/(1+1\,528.75e^{-0.109\,4t})$	0.995	<0.000 1
	F₃	51.19	81.89	66.54	2.80	2.45	$y=130.32/(1+301.34e^{-0.085\,4t})$	0.998	<0.000 1
	F₄	51.49	67.28	59.39	5.28	4.63	$y=126.53/(1+20\,034.23e^{-0.166\,8t})$	0.999	<0.000 1
	F₀	48.54	73.16	60.85	1.65	1.45	$y=61.87/(1+670.38e^{-0.107\,0t})$	0.993	<0.000 1
	F₁	50.14	80.81	65.48	2.04	1.79	$y=95.18/(1+276.37e^{-0.085\,9t})$	0.972	<0.000 1
W₃	F₂	57.78	87.96	72.87	2.75	2.42	$y=126.24/(1+578.13e^{-0.087\,3t})$	0.981	<0.000 1
	F₃	52.65	74.74	63.70	4.29	3.76	$y=143.73/(1+1\,992.07e^{-0.119\,3t})$	0.996	<0.000 1
	F₄	51.84	72.09	61.97	4.74	4.16	$y=145.76/(1+3\,171.33e^{-0.130\,1t})$	0.994	<0.000 1

图 1-10 为不同滴灌灌水水平和施肥水平下马铃薯氮累积吸收速率。马铃薯氮累积吸收速率随着生育期的推进呈现单峰曲线"慢—快—慢"的增长规律。在 2018 年，马铃薯氮累积吸收速率随着滴灌量的增大而增大，最大值出现在处理 W_3F_2。在 2019 年，除施肥处理 F_4 以外，马铃薯氮累积吸收速率亦随着滴灌量的增大而增大，马铃薯氮累积吸收速率最大值出现在处理 W_2F_4。

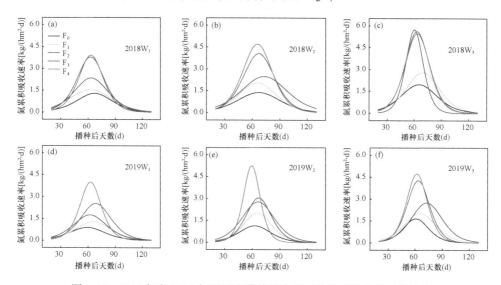

图 1-10　2018 年和 2019 年不同滴灌施肥水平下马铃薯氮累积吸收速率

1.4.2 磷素吸收

1. 各器官磷素吸收量

图 1-11 为 2018 年马铃薯各生长阶段各器官的磷累积吸收量。在 2018 年，播种后 45d，各灌溉施肥水平下马铃薯的磷累积吸收量差异不大，为 $1.9\sim2.5kg/hm^2$，各器官中磷素主要存在于叶片中，占马铃薯植株总磷累积吸收量的 47%～56%，其次是茎秆，占 25%～40%，根系磷累积吸收量占全株的 12%～17%。

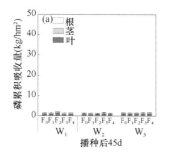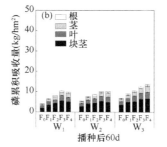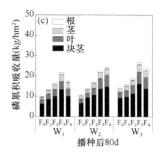

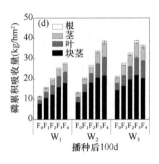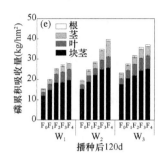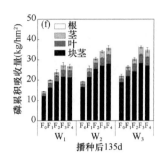

图1-11 2018年不同滴灌施肥水平下各生长阶段马铃薯各器官磷累积吸收量

在播种后60d,各灌溉施肥水平下磷累积吸收量为4.1~13.5kg/hm²。在同一施肥水平下,磷累积吸收量随着滴灌量的增加而增加,表现为$W_3>W_2>W_1$。在相同灌水水平下,磷累积吸收量随着施肥量的增加均有不同程度的增加,各施肥处理间差异显著。与上一时期相比,叶片和茎秆中磷累积吸收量所占比例下降,而马铃薯块茎内磷累积吸收量所占比例开始上升,占全株磷累积吸收量的46%~56%,叶片占22%~27%,茎秆占15%~23%,根系占5%~9%。

在播种后80d,各处理磷累积吸收量为9.9~26.8kg/hm²。当施肥量相同时,随着滴灌量的增加,磷累积吸收量越大。在灌水水平W_1和W_3条件下,磷累积吸收量随着施肥量的增加先增大后减小,各施肥处理间差异显著;在灌水水平W_2条件下,磷累积吸收量随着施肥量的增加而增大。在低灌水水平W_1条件下,与不施肥F_0相比,施肥水平F_1、F_2、F_3和F_4的磷累积吸收量分别增长了37.22%、64.90%、118.95%和76.72%;在中等灌水水平W_2条件下,与不施肥F_0相比,施肥水平F_1、F_2、F_3和F_4的磷累积吸收量分别增长了29.22%、58.73%、113.45%和127.13%;在充分灌水水平W_3条件下,与不施肥F_0相比,施肥水平F_1、F_2、F_3和F_4的磷累积吸收量分别增长了12.11%、33.18%、89.43%和67.31%。与上一时期相比,叶片中磷累积吸收量所占比例变化不大,占全株磷累积吸收量的16%~24%,而块茎中磷累积吸收量所占比例开始上升,占全株磷累积吸收量的57%~63%。

在播种后100d,各处理磷累积吸收量为11.6~38.9kg/hm²。在低灌水水平W_1条件下,与不施肥F_0相比,施肥水平F_1、F_2、F_3和F_4的磷累积吸收量分别增长了36.57%、74.12%、118.27%和139.10%;在中等灌水水平W_2条件下,与不施肥F_0相比,施肥水平F_1、F_2、F_3和F_4的磷素分别增长了52.05%、98.20%、150.17%和187.16%;在充分灌水水平W_3条件下,与不施肥F_0相比,施肥水平F_1、F_2、F_3和F_4的磷累积吸收量分别增长了29.81%、53.59%、82.30%和71.97%。与上一时期相比,马铃薯块茎中的磷累积吸收量所占比例继续上升。

在播种后120d,随着叶片的老化脱落,叶片和茎秆中磷累积吸收量所占比例继续下降，各处理磷累积吸收量为 15.4～39.8kg/hm²。而块茎磷累积吸收量所占比例继续上升，表现为块茎＞叶片＞茎秆＞根系，分别约占全株磷累积吸收量的 64%～77%、11%～19%、8%～13%和 2%～3%。

在播种后 135d，随着养分的转运、叶片的脱落，叶片和茎秆中磷累积吸收量所占比例继续下降，各处理磷累积吸收量为 14.4～36.5kg/hm²。而块茎磷累积吸收量所占比例继续上升，占全株磷累积吸收量的 77%～86%，其次为叶片，占全株磷累积吸收量的 7%～13%，茎秆占 4%～9%，根系占 1%～2%。在低灌水水平 W_1 条件下，与不施肥 F_0 相比，施肥水平 F_1、F_2、F_3 和 F_4 的磷累积吸收量分别增长了 38.18%、63.85%、88.42%和 85.00%；在中等灌水水平 W_2 条件下，与不施肥 F_0 相比，施肥水平 F_1、F_2、F_3 和 F_4 的磷累积吸收量分别增长了 34.02%、59.58%、78.23%和 86.64%；在充分灌水水平 W_3 条件下，与不施肥 F_0 相比，施肥水平 F_1、F_2、F_3 和 F_4 的磷累积吸收量分别增长了 20.61%、38.81%、66.98%和 59.26%。

图 1-12 为 2019 年马铃薯各生长阶段各器官的磷累积吸收量。在 2019 年，播种后 45d，各灌溉施肥水平下马铃薯的磷累积吸收量为 1.4～2.1kg/hm²，各器官中叶片占马铃薯植株总磷累积吸收量的 51%～59%，其次是茎秆，占 25%～31%，根系磷累积吸收量占全株的 16%～23%。

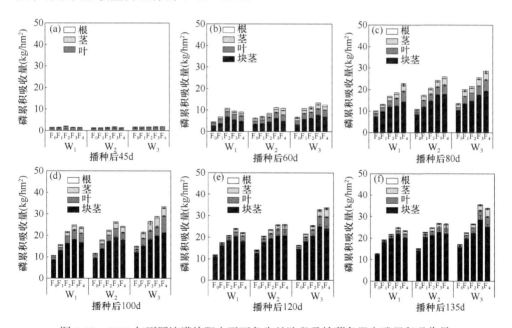

图 1-12　2019 年不同滴灌施肥水平下各生长阶段马铃薯各器官磷累积吸收量

在播种后 60d，各灌溉施肥水平下磷累积吸收量为 4.5～13.4kg/hm²。在同一施肥水平下，磷累积吸收量随着滴灌量的增加而增加，表现为 $W_3＞W_2＞W_1$。在相同灌水水平下，磷累积吸收量随着施肥量的增加先增大后减小，各施肥处理间差异显著。在低灌水水平 W_1 条件下，与不施肥 F_0 相比，施肥水平 F_1、F_2、F_3 和 F_4 的磷累积吸收量分别增长了 52.55%、139.34%、110.98% 和 101.57%；在中等灌水水平 W_2 条件下，与不施肥 F_0 相比，施肥水平 F_1、F_2、F_3 和 F_4 的磷累积吸收量分别增长了 11.14%、34.07%、75.02% 和 70.92%；在充分灌水水平 W_3 条件下，与不施肥 F_0 相比，施肥水平 F_1、F_2、F_3 和 F_4 的磷累积吸收量分别增长了 58.84%、70.06%、97.46% 和 83.28%。块茎中磷累积吸收量占全株磷累积吸收量的 44%～63%，叶片占 22%～29%，茎秆占 8%～19%，根系占 6%～10%。

在播种后 80d，各处理磷累积吸收量为 10.1～28.6kg/hm^2。当施肥量相同时，随着滴灌量的增加，磷累积吸收量越大。在低灌水水平 W_1 条件下，与不施肥 F_0 相比，施肥水平 F_1、F_2、F_3 和 F_4 的磷累积吸收量分别增长了 30.25%、67.28%、82.82% 和 124.57%；在中等灌水水平 W_2 条件下，与不施肥 F_0 相比，施肥水平 F_1、F_2、F_3 和 F_4 的磷累积吸收量分别增长了 59.50%、90.16%、122.69% 和 137.58%；在充分灌水水平 W_3 条件下，与不施肥 F_0 相比，施肥水平 F_1、F_2、F_3 和 F_4 的磷累积吸收量分别增长了 48.05%、58.25%、87.87% 和 110.93%。与上一时期相比，叶片中磷累积吸收量所占比例变化不大，占全株磷累积吸收量的 12%～21%，而块茎中磷累积吸收量所占比例继续上升，占全株磷累积吸收量的 63%～77%。

在播种后 100d，各处理磷累积吸收量为 10.7～33.3kg/hm^2。在低灌水水平 W_1 条件下，与不施肥 F_0 相比，施肥水平 F_1、F_2、F_3 和 F_4 的磷累积吸收量分别增长了 47.76%、104.29%、132.34% 和 123.33%；在中等灌水水平 W_2 条件下，与不施肥 F_0 相比，施肥水平 F_1、F_2、F_3 和 F_4 的磷素分别增长了 52.93%、92.00%、124.10% 和 107.35%；在充分灌水水平 W_3 条件下，与不施肥 F_0 相比，施肥水平 F_1、F_2、F_3 和 F_4 的磷累积吸收量分别增长了 42.81%、75.75%、91.25% 和 120.90%。与上一时期相比，马铃薯块茎中的磷累积吸收量所占比例继续上升。

在播种后 120d，随着叶片的老化脱落，叶片和茎秆中磷累积吸收量所占比例继续下降，各处理磷累积吸收量为 11.8～33.7kg/hm^2。块茎中磷累积吸收量占全株磷累积吸收量的 71%～92%，叶片占 4%～16%，茎秆占 4%～11%，根系占 1%～2%。

在播种后 135d，各处理磷累积吸收量为 12.8～35.6kg/hm^2。块茎中磷累积吸收量占全株磷累积吸收量的 75%～94%，叶片占 3%～14%，茎秆占 2%～10%，根系占 1%～2%。在低灌水水平 W_1 条件下，与不施肥 F_0 相比，施肥水平 F_1、F_2、F_3 和 F_4 的磷累积吸收量分别增长了 50.44%、70.57%、94.27% 和 83.71%；在中等灌水水平 W_2 条件下，与不施肥 F_0 相比，施肥水平 F_1、F_2、F_3 和 F_4 的磷累积吸收量分别增长了 49.18%、62.76%、75.57% 和 73.77%；在充分灌水水平 W_3 条件下，与不施肥 F_0 相比，施肥水平 F_1、F_2、F_3 和 F_4 的磷累积吸收量分别增长了 32.03%、55.55%、107.98% 和 98.00%。

2. 磷累积吸收量动态变化及 Logistic 函数拟合

图 1-13 为 2018 年和 2019 年不同滴灌灌水水平和施肥水平下马铃薯播种后 45d、60d、80d、100d、120d 和 135d 磷累积吸收量动态变化规律。各处理在 45d 以后逐渐出现差异，随着生育期的推进呈现"慢—快—慢"的增长规律。各生育期磷累积吸收量表现为随着滴灌量的增加而增加。

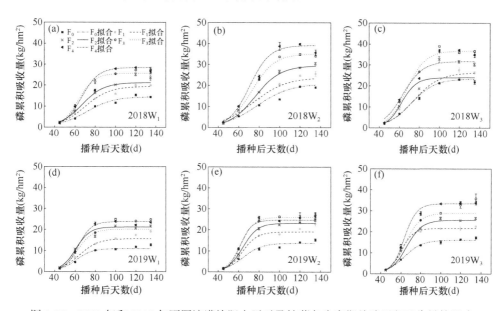

图 1-13　2018 年和 2019 年不同滴灌施肥水平对马铃薯各生育期总磷累积吸收量的影响

表 1-12 为不同滴灌灌水水平和施肥水平下马铃薯磷累积吸收量 Logistic 函数拟合结果。各处理 Logistic 函数拟合的决定系数 R^2 均在 0.91 以上，均达到极显著水平（$P<0.01$）。t_1 为磷素快速累积期的起始时间，在 2018 年介于播种后 49.93～59.64d，最早出现在处理 W_3F_4；在 2019 年介于播种后 50.25～55.35d，最早出现在处理 W_1F_0；各处理之间相差 4d 左右。t_2 为磷素快速累积期的截止时间，在 2018 年介于播种后 72.15～99.34d，在 2019 年介于播种后 68.25～76.79d。V_M 为磷累积吸收量最大生长速率，在 2018 年介于 0.27～0.98kg/(hm²·d)，在 2019 年介于 0.34～1.30kg/(hm²·d)。t_m 为磷累积吸收量最大生长速率出现时间，在 2018 年介于播种后 62.11～78.07d，在 2019 年介于播种后 60.04～65.72d。G_T 为 t_1 到 t_2 时间内磷累积吸收量平均增长速率，在 2018 年介于 0.23～0.86kg/(hm²·d)，在 2019 年介于 0.30～1.14kg/(hm²·d)。

图 1-14 为不同滴灌灌水水平和施肥水平下马铃薯磷累积吸收速率。马铃薯磷累积吸收速率随着生育期的推进亦呈现单峰曲线"慢—快—慢"的增长规律。在

2018 年，马铃薯磷累积吸收速率随着滴灌量的增大而增大，磷累积吸收速率最大值出现在处理 W_3F_3。在 2019 年，马铃薯磷累积吸收速率最大值出现在处理 W_3F_4。

表 1-12　2018 年和 2019 年马铃薯植株磷累积吸收量与播种后天数的 Logistic 函数拟合

	灌水水平	施肥水平	t_1（d）	t_2（d）	t_m（d）	V_M[kg/(hm²·d)]	G_T[kg/(hm²·d)]	回归方程	R^2	P
		F_0	53.18	89.16	71.17	0.27	0.23	$y=14.58/(1+183.07e^{-0.073\,2t})$	0.997	<0.000 1
		F_1	53.67	85.76	69.71	0.40	0.35	$y=19.47/(1+305.30e^{-0.082\,1t})$	0.998	<0.000 1
	W_1	F_2	52.42	81.03	66.72	0.49	0.43	$y=21.22/(1+465.86e^{-0.092\,1t})$	0.999	<0.000 1
		F_3	52.80	73.92	63.36	0.80	0.70	$y=25.68/(1+2\,700.28e^{-0.124\,7t})$	0.999	<0.000 1
		F_4	55.22	77.71	66.47	0.83	0.73	$y=28.39/(1+2\,396.41e^{-0.117\,1t})$	0.998	<0.000 1
		F_0	56.81	99.34	78.07	0.32	0.28	$y=20.88/(1+125.96e^{-0.061\,9t})$	0.994	<0.000 1
		F_1	52.81	95.88	74.34	0.37	0.32	$y=23.97/(1+94.33e^{-0.061\,2t})$	0.960	<0.000 1
2018	W_2	F_2	59.64	92.41	76.02	0.59	0.52	$y=29.45/(1+451.07e^{-0.080\,4t})$	0.995	<0.000 1
		F_3	58.27	87.79	73.03	0.79	0.69	$y=35.22/(1+674.69e^{-0.089\,2t})$	0.997	<0.000 1
		F_4	57.52	83.71	70.61	0.98	0.86	$y=39.16/(1+1\,212.22e^{-0.106\,6t})$	0.991	<0.000 1
		F_0	55.91	87.57	71.74	0.49	0.43	$y=23.46/(1+390.97e^{-0.083\,2t})$	0.998	<0.000 1
		F_1	57.69	91.57	74.63	0.51	0.45	$y=26.38/(1+330.84e^{-0.077\,7t})$	0.991	<0.000 1
	W_3	F_2	52.07	72.15	62.11	0.79	0.69	$y=24.02/(1+3\,463.21e^{-0.131\,2t})$	0.970	<0.000 1
		F_3	55.15	79.85	67.50	0.98	0.86	$y=36.66/(1+1\,337.93e^{-0.106\,7t})$	0.981	<0.000 1
		F_4	49.93	76.76	63.35	0.78	0.68	$y=31.73/(1+502.72e^{-0.098\,2t})$	0.915	<0.000 1
		F_0	50.25	71.22	60.73	0.34	0.30	$y=10.97/(1+2\,061.60e^{-0.125\,7t})$	0.991	<0.000 1
		F_1	51.57	76.79	64.18	0.41	0.36	$y=15.75/(1+816.31e^{-0.104\,5t})$	0.994	<0.000 1
	W_1	F_2	51.14	69.76	60.45	0.75	0.66	$y=21.22/(1+5\,171.42e^{-0.141\,5t})$	0.992	<0.000 1
		F_3	52.72	71.78	62.25	0.70	0.61	$y=20.15/(1+5\,447.57e^{-0.138\,2t})$	0.997	<0.000 1
		F_4	54.11	71.58	62.84	0.90	0.79	$y=23.84/(1+12\,982.27e^{-0.150\,7t})$	0.999	<0.000 1
		F_0	51.91	76.30	64.10	0.37	0.32	$y=13.70/(1+1\,015.35e^{-0.108\,0t})$	0.981	<0.000 1
		F_1	53.88	73.27	63.57	0.65	0.57	$y=19.09/(1+5\,637.86e^{-0.135\,9t})$	0.994	<0.000 1
2019	W_2	F_2	54.27	73.75	64.01	0.79	0.69	$y=23.24/(1+5\,734.44e^{-0.135\,2t})$	0.998	<0.000 1
		F_3	53.14	70.77	61.95	0.97	0.85	$y=26.04/(1+10\,492.50e^{-0.149\,4t})$	0.999	<0.000 1
		F_4	53.71	69.00	61.36	1.06	0.93	$y=24.74/(1+38\,772.77e^{-0.172\,2t})$	0.998	<0.000 1
		F_0	51.45	75.36	63.41	0.44	0.39	$y=16.10/(1+1\,082.14e^{-0.110\,2t})$	0.996	<0.000 1
		F_1	51.83	68.25	60.04	0.87	0.76	$y=21.57/(1+15\,278.62e^{-0.160\,5t})$	0.999	<0.000 1
	W_3	F_2	55.35	76.10	65.72	0.81	0.71	$y=25.55/(1+4\,189.37e^{-0.126\,9t})$	0.994	<0.000 1
		F_3	54.68	74.42	64.55	0.96	0.84	$y=28.78/(1+5\,488.66e^{-0.133\,4t})$	0.999	<0.000 1
		F_4	54.88	71.81	63.34	1.30	1.14	$y=33.38/(1+19\,105.05e^{-0.155\,6t})$	0.999	<0.000 1

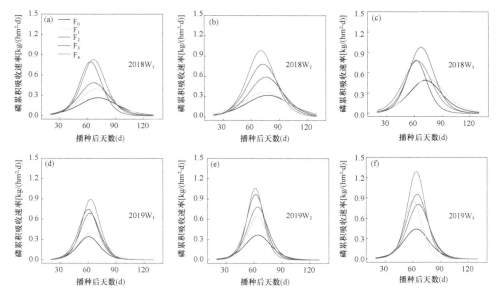

图 1-14　2018 年和 2019 年不同滴灌施肥水平下马铃薯磷累积吸收速率

1.4.3　钾素吸收

1. 各器官钾素吸收量

图 1-15 为 2018 年马铃薯各生长阶段各器官的钾累积吸收量。在 2018 年，播种后 45d，各灌溉施肥水平下马铃薯的钾累积吸收量为 $20.1 \sim 28.4 kg/hm^2$，各器官中叶片中钾累积吸收量占马铃薯植株总钾累积吸收量的 33%～46%，茎秆占 39%～52%，根系占 11%～20%。

在播种后 60d，各灌溉施肥水平下钾累积吸收量为 $45.0 \sim 165.7 kg/hm^2$。在相同灌水水平下，钾累积吸收量随着施肥量的增加均有不同程度的增加，各施肥处理间差异显著。在低灌水水平 W_1 条件下，与不施肥 F_0 相比，施肥水平 F_1、F_2、F_3 和 F_4 的钾累积吸收量分别增长了 48.23%、78.50%、124.37% 和 127.86%；在中

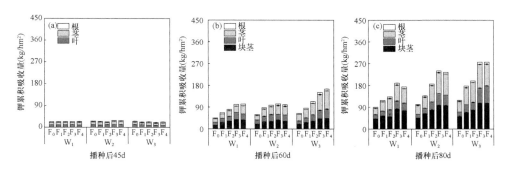

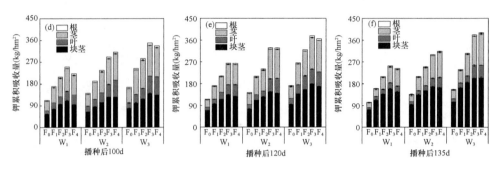

图 1-15　2018 年不同滴灌施肥水平下各生长阶段马铃薯各器官钾累积吸收量

等灌水水平 W_2 条件下，与不施肥 F_0 相比，施肥水平 F_1、F_2、F_3 和 F_4 的钾累积吸收量分别增长了 49.03%、66.96%、75.95% 和 70.81%；在充分灌水水平 W_3 条件下，与不施肥 F_0 相比，施肥水平 F_1、F_2、F_3 和 F_4 的钾累积吸收量分别增长了 34.21%、76.51%、136.51% 和 158.78%。与上一时期相比，叶片和茎秆中钾累积吸收量所占比例下降，而马铃薯块茎内钾累积吸收量所占比例开始上升，占全株钾累积吸收量的 26%～40%，叶片占 21%～29%，茎秆占 27%～46%，根系占 5%～8%。

在播种后 80d，各处理钾累积吸收量为 89.6～276.4kg/hm²。在低灌水水平 W_1 条件下，与不施肥 F_0 相比，施肥水平 F_1、F_2、F_3 和 F_4 的钾累积吸收量分别增长了 31.77%、48.53%、111.54% 和 94.86%；在中等灌水水平 W_2 条件下，与不施肥 F_0 相比，施肥水平 F_1、F_2、F_3 和 F_4 的钾累积吸收量分别增长了 34.70%、82.91%、136.33% 和 130.53%；在充分灌水水平 W_3 条件下，与不施肥 F_0 相比，施肥水平 F_1、F_2、F_3 和 F_4 的钾累积吸收量分别增长了 50.66%、67.88%、133.72% 和 133.74%。叶片中钾累积吸收量占全株钾累积吸收量的 15%～26%，而块茎中钾累积吸收量所占比例开始上升，占全株钾累积吸收量的 38%～46%。

在播种后 100d，各处理钾累积吸收量为 112.4～349.3kg/hm²。块茎中钾累积吸收量占全株钾累积吸收量的 40%～49%，叶片占 13%～22%，茎秆占 34%～42%，根系占 2%～3%。

在播种后 120d，随着叶片的老化脱落，叶片和茎秆中钾累积吸收量所占比例继续下降，各处理钾累积吸收量为 116.0～378.1kg/hm²。块茎中钾累积吸收量占全株钾累积吸收量的 43%～60%，叶片占 10%～19%，茎秆占 26%～36%，根系约占 2%。

在播种后 135d，各处理钾累积吸收量为 103.7～390.8kg/hm²。块茎中钾累积吸收量占全株钾累积吸收量的 52%～70%，叶片占 7%～14%，茎秆占 20%～33%，根系占 1%～2%。在低灌水水平 W_1 条件下，与不施肥 F_0 相比，施肥水平 F_1、F_2、F_3 和 F_4 的钾累积吸收量分别增长了 54.42%、101.36%、144.21% 和 133.77%；在中等灌水水平 W_2 条件下，与不施肥 F_0 相比，施肥水平 F_1、F_2、F_3 和 F_4 的钾素分别增长了 54.23%、83.91%、121.56%和 131.84%;在充分灌水水平 W_3 条件下,与不施肥 F_0 相比,施肥水平 F_1、F_2、F_3 和 F_4 的钾累积吸收量分别增长了 51.70%、95.12%、143.57%和 149.19%。

图 1-16 为 2019 年马铃薯各生长阶段各器官的钾累积吸收量。在 2019 年,播种后 45d,各灌溉施肥水平下马铃薯的钾累积吸收量为 18.0～26.0kg/hm²,各器官中叶片中钾累积吸收量占马铃薯植株总钾累积吸收量的 34%～44%,茎秆占 39%～52%,根占 12%～20%。

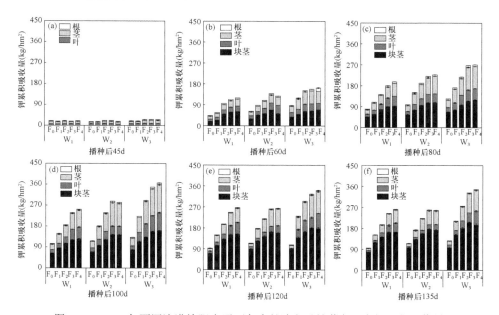

图 1-16　2019 年不同滴灌施肥水平下各生长阶段马铃薯各器官钾累积吸收量

在播种后 60d,各灌溉施肥水平下钾累积吸收量为 43.7～163.4kg/hm²。在低灌水水平 W_1 条件下,与不施肥 F_0 相比,施肥水平 F_1、F_2、F_3 和 F_4 的钾累积吸收量分别增长了 29.11%、119.94%、159.17%和 175.34%;在中等灌水水平 W_2 条件下,与不施肥 F_0 相比,施肥水平 F_1、F_2、F_3 和 F_4 的钾累积吸收量分别增长了 40.43%、75.05%、121.50%和 104.82%;在充分灌水水平 W_3 条件下,与不施肥 F_0 相比,施肥水平 F_1、F_2、F_3 和 F_4 的钾累积吸收量分别增长了 37.70%、74.16%、80.24%和 86.63%。叶片和茎秆中钾累积吸收量所占比例下降,而马铃薯块茎内钾累积吸收量所占比例开始上升,占全株钾累积吸收量的 40%～52%,叶片占 18%～28%,茎秆占 24%～37%,根系占 3%～9%。

在播种后 80d,各处理钾累积吸收量为 79.1～271.0kg/hm²。在低灌水水平 W_1 条件下,与不施肥 F_0 相比,施肥水平 F_1、F_2、F_3 和 F_4 的钾累积吸收量分别增长了 37.69%、80.48%、128.57%和 149.07%;在中等灌水水平 W_2 条件下,与不施肥

F_0 相比，施肥水平 F_1、F_2、F_3 和 F_4 的钾累积吸收量分别增长了 54.21%、94.75%、124.82% 和 131.69%；在充分灌水水平 W_3 条件下，与不施肥 F_0 相比，施肥水平 F_1、F_2、F_3 和 F_4 的钾累积吸收量分别增长了 38.75%、76.12%、115.60% 和 118.47%。叶片中钾累积吸收量占全株钾累积吸收量的 14%~22%，而块茎中钾累积吸收量所占比例开始上升，占全株钾累积吸收量的 42%~56%。

在播种后 100d，各处理钾累积吸收量为 104.4~365.9kg/hm²。块茎中钾累积吸收量占全株钾累积吸收量的 44%~61%，叶片占 12%~21%，茎秆占 23%~36%，根系占 2%~3%。

在播种后 120d，各处理钾累积吸收量为 92.8~342.0kg/hm²。块茎中钾累积吸收量占全株钾累积吸收量的 52%~83%，叶片占 7%~15%，茎秆占 12%~29%，根系占 1%~2%。

在播种后 135d，各处理钾累积吸收量为 95.0~347.5kg/hm²。块茎中钾累积吸收量占全株钾累积吸收量的 56%~83%，叶片占 6%~17%，茎秆占 10%~26%，根系占 1%~2%。在低灌水水平 W_1 条件下，与不施肥 F_0 相比，施肥水平 F_1、F_2、F_3 和 F_4 的钾累积吸收量分别增长了 59.84%、106.76%、157.25% 和 175.82%；在中等灌水水平 W_2 条件下，与不施肥 F_0 相比，施肥水平 F_1、F_2、F_3 和 F_4 的钾素分别增长了 50.66%、93.58%、124.73% 和 123.25%；在充分灌水水平 W_3 条件下，与不施肥 F_0 相比，施肥水平 F_1、F_2、F_3 和 F_4 的钾累积吸收量分别增长了 67.24%、117.91%、162.60% 和 173.99%。

2. 钾累积吸收量动态变化及 Logistic 函数拟合

图 1-17 为 2018 年和 2019 年不同滴灌灌水水平和施肥水平下马铃薯播种后 45d、60d、80d、100d、120d 和 135d 钾累积吸收量动态变化规律。随着生育期的推进呈现"慢—快—慢"的增长规律。各生育期钾累积吸收量亦表现为随着滴灌量的增加而增加。

表 1-13 为不同滴灌灌水水平和施肥水平下马铃薯钾累积吸收量 Logistic 函数拟合结果。各处理 Logistic 函数拟合的决定系数 R^2 均在 0.94 以上，均达到极显著水平（$P<0.01$）。t_1 为钾素快速累积期的起始时间，在 2018 年介于播种后 48.35~

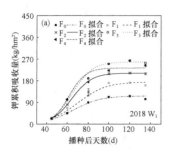
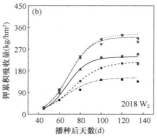
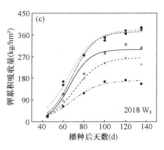

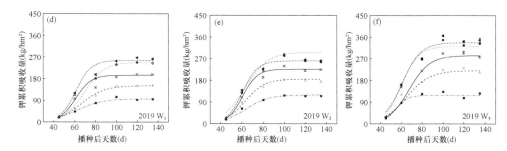

图 1-17　2018 年和 2019 年不同滴灌施肥水平下马铃薯全生育期内钾累积吸收量动态变化 Logistic 函数拟合

表 1-13　**2018 年和 2019 年马铃薯植株钾累积吸收量与播种后天数的 Logistic 函数拟合**

灌水水平	施肥水平	t_1(d)	t_2(d)	t_m(d)	V_M[kg/(hm²·d)]	G_T[kg/(hm²·d)]	回归方程	R^2	P
	F_0	48.93	83.00	65.97	2.25	1.97	$y=116.52/(1+164.10e^{-0.077\,3t})$	0.986	<0.000 1
	F_1	52.31	87.81	70.06	3.24	2.84	$y=174.51/(1+181.02e^{-0.074\,2t})$	0.999	<0.000 1
W_1	F_2	52.24	76.93	64.58	5.64	4.94	$y=211.04/(1+982.83e^{-0.106\,7t})$	0.999	<0.000 1
	F_3	52.76	77.68	65.22	6.83	5.99	$y=258.69/(1+984.94e^{-0.105\,7t})$	0.995	<0.000 1
	F_4	51.52	72.22	61.87	7.40	6.49	$y=232.73/(1+2\,626.47e^{-0.127\,3t})$	0.997	<0.000 1
	F_0	48.35	82.64	65.49	2.91	2.55	$y=151.39/(1+153.12e^{-0.076\,8t})$	0.999	<0.000 1
	F_1	54.91	90.77	72.84	3.99	3.50	$y=217.18/(1+210.80e^{-0.073\,5t})$	0.998	<0.000 1
2018 W_2	F_2	54.25	80.57	67.41	5.98	5.25	$y=239.15/(1+851.04e^{-0.100\,1t})$	0.997	<0.000 1
	F_3	55.37	84.44	69.91	7.52	6.60	$y=332.13/(1+562.72e^{-0.090\,6t})$	0.998	<0.000 1
	F_4	55.03	82.88	68.96	7.58	6.64	$y=320.57/(1+678.97e^{-0.094\,6t})$	0.998	<0.000 1
	F_0	50.70	85.88	68.29	3.21	2.81	$y=171.43/(1+166.24e^{-0.074\,9t})$	0.988	<0.000 1
	F_1	55.29	87.17	71.23	5.50	4.83	$y=266.41/(1+360.10e^{-0.082\,6t})$	0.993	<0.000 1
W_3	F_2	53.62	78.95	66.29	7.80	6.84	$y=300.10/(1+985.38e^{-0.104\,0t})$	0.960	<0.000 1
	F_3	49.35	81.97	65.66	7.71	6.76	$y=381.78/(1+200.48e^{-0.080\,7t})$	0.991	<0.000 1
	F_4	54.35	82.63	68.49	8.70	7.63	$y=373.66/(1+589.78e^{-0.093\,2t})$	0.974	<0.000 1
	F_0	45.98	77.65	61.82	2.01	1.76	$y=96.52/(1+171.03e^{-0.083\,2t})$	0.993	<0.000 1
	F_1	51.09	80.53	65.81	3.38	2.97	$y=151.19/(1+361.20e^{-0.089\,5t})$	0.995	<0.000 1
W_1	F_2	50.95	70.42	60.68	6.58	5.77	$y=194.54/(1+3\,665.80e^{-0.135\,2t})$	0.995	<0.000 1
	F_3	56.42	81.88	69.15	6.42	5.63	$y=248.36/(1+1\,278.14e^{-0.103\,4t})$	0.999	<0.000 1
	F_4	51.17	70.52	60.85	8.69	7.62	$y=255.38/(1+3\,963.16e^{-0.136\,2t})$	0.982	<0.000 1
2019	F_0	49.29	77.42	63.36	2.80	2.45	$y=119.50/(1+376.96e^{-0.093\,6t})$	0.993	<0.000 1
	F_1	50.70	74.89	62.80	5.03	4.41	$y=184.90/(1+933.58e^{-0.108\,9t})$	0.992	<0.000 1
W_2	F_2	51.46	69.69	60.58	8.16	7.15	$y=225.76/(1+6\,343.27e^{-0.144\,5t})$	0.997	<0.000 1
	F_3	48.76	77.23	63.00	6.87	6.02	$y=297.00/(1+339.43e^{-0.092\,5t})$	0.972	<0.000 1
	F_4	50.92	69.95	60.43	9.02	7.90	$y=260.53/(1+4\,291.13e^{-0.138\,4t})$	0.979	<0.000 1

续表

灌水水平	施肥水平	t_1 (d)	t_2 (d)	t_m (d)	V_M[kg/(hm²·d)]	G_T[kg/(hm²·d)]	回归方程	R^2	P
2019 W₃	F₀	46.52	61.62	54.07	5.18	4.54	$y=118.72/(1+12\,468.96e^{-0.174\,4t})$	0.945	<0.000 1
	F₁	50.08	79.78	64.93	4.90	4.30	$y=220.94/(1+317.11e^{-0.088\,7t})$	0.949	<0.000 1
	F₂	54.39	80.63	67.51	7.11	6.24	$y=283.53/(1+876.06e^{-0.100\,4t})$	0.989	<0.000 1
	F₃	49.53	71.12	60.32	9.81	8.60	$y=321.59/(1+1\,573.18e^{-0.122\,0t})$	0.980	<0.000 1
	F₄	48.75	72.75	60.75	9.25	8.11	$y=337.11/(1+785.94e^{-0.109\,8t})$	0.942	<0.000 1

55.37d，最早出现在处理 W_2F_0；在 2019 年介于播种后 45.98～56.42d，最早出现在处理 W_1F_0；各处理之间相差 7～11d。t_2 为钾素快速累积期的截止时间，在 2018 年介于播种后 72.22～90.77d，在 2019 年介于播种后 61.62～81.88d。V_M 为钾累积吸收量最大生长速率，在 2018 年介于 2.25～8.70kg/(hm²·d)，在 2019 年介于 2.01～9.81kg/(hm²·d)。t_m 为钾累积吸收量最大生长速率出现时间，在 2018 年介于播种后 61.87～72.84d，在 2019 年介于播种后 54.07～69.15d。G_T 为 t_1 到 t_2 时间内钾累积吸收量平均增长速率，在 2018 年介于 1.97～7.63kg/(hm²·d)，在 2019 年介于 1.76～8.60kg/(hm²·d)。

图 1-18 为不同滴灌灌水水平和施肥水平下马铃薯钾累积吸收速率。马铃薯钾累积吸收速率随着生育期的推进亦呈现单峰曲线"慢—快—慢"的增长规律。在 2018 年，马铃薯钾累积吸收速率随着滴灌量的增大而增大，钾累积吸收速率最大值出现在处理 W_3F_4。在 2019 年，马铃薯钾累积吸收速率最大值出现在处理 W_3F_3。

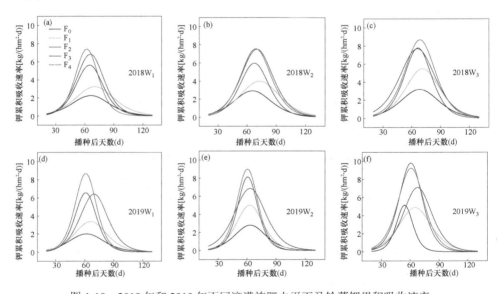

图 1-18　2018 年和 2019 年不同滴灌施肥水平下马铃薯钾累积吸收速率

1.4.4　养分利用效率

如表 1-14 所示，在 2018 年和 2019 年，灌水、施肥和水肥交互作用对马铃薯氮素利用效率有极显著影响（$P<0.01$）。在 2018 年，在灌水水平 W_1 条件下，施肥水平 F_1、F_2 和 F_4 之间的氮素利用效率无显著差异，但显著高于施肥水平 F_3；在灌水水平 W_2 条件下，施肥水平 F_1 的氮素利用效率显著高于其他三个施肥水平；在灌水水平 W_3 条件下，施肥水平 F_2、F_3 和 F_4 之间的氮素利用效率无显著差异，但显著低于施肥水平 F_1。在 2019 年，在灌水水平 W_1 和 W_3 条件下，施肥水平 F_1 的氮素利用效率显著高于其他三个施肥水平；而在灌水水平 W_2 条件下，施肥水平 F_1 和 F_2 之间的氮素利用效率无显著差异，但显著高于施肥水平 F_3 和 F_4。

表 1-14　2018 年和 2019 年不同滴灌量和施肥量对马铃薯氮素、磷素和钾素利用效率的影响

（kg/kg）

灌水水平	施肥水平	氮素利用效率		磷素利用效率		钾素利用效率	
		2018	2019	2018	2019	2018	2019
W_1	F_1	321.71a	468.77a	1517.03a	1589.10bcde	189.01a	200.82a
	F_2	309.92a	421.79b	1433.56abc	1614.56abcde	162.14bc	178.53abc
	F_3	281.5b	358.83ef	1376.40abcd	1557.97cde	147.71de	158.15d
	F_4	312.23a	337.68f	1526.16a	1782.36ab	167.65b	159.68d
W_2	F_1	329.79a	427.57b	1346.71bcd	1452.88de	165.02b	191.10ab
	F_2	283.19b	401.31bcd	1298.77cd	1602.38bcde	159.06bcd	178.88abc
	F_3	247.56c	351.60ef	1243.48d	1673.42abc	141.06ef	174.24c
	F_4	240.83c	392.23cd	1324.28cd	1815.97a	150.10cde	187.49abc
W_3	F_1	318.87a	409.58bc	1512.58a	1696.27abc	167.66b	180.50abc
	F_2	285.52b	377.12de	1411.35abc	1643.14abcd	139.95ef	157.89d
	F_3	274.1b	340.95f	1373.85abcd	1404.24e	131.47f	149.69d
	F_4	273.86b	355.00ef	1488.04ab	1521.17cde	132.38f	147.78d
显著性检验							
灌水		17.96**	9.38**	13.53**	1.57	30.66**	28.12**
施肥		33.851**	52.50**	4.64**	3.51*	32.77**	25.33**
灌水×施肥		5.40**	5.77**	0.15	4.27**	2.34	3.65*

在 2018 年，灌水和施肥对马铃薯磷素利用效率有极显著影响（$P<0.01$），但水肥交互作用对磷素利用效率无显著影响（$P>0.05$）。在 2019 年，灌水对马铃薯磷素利用效率无显著影响（$P>0.05$），施肥对磷素利用效率有显著影响（$P<0.05$），而水肥交互作用对磷素利用效率有极显著影响（$P<0.01$）。在 2018 年，在三个灌水水平下，施肥水平 F_1、F_2、F_3 和 F_4 之间的磷素利用效率均无显著差异。在 2019

年，在灌水水平 W_1 和 W_3 条件下，施肥水平 F_1、F_2 和 F_4 之间的磷素利用效率无显著差异。

在 2018 年和 2019 年，灌水和施肥对马铃薯钾素利用效率有极显著影响（$P<0.01$）；但在 2018 年水肥交互作用对马铃薯钾素利用效率无显著影响（$P>0.05$）；在 2019 年水肥交互作用对马铃薯钾素利用效率有显著影响（$P<0.05$）。在 2018 年，在灌水水平 W_1 和 W_3 条件下，施肥水平 F_1 的钾素利用效率显著高于其他三个施肥水平。在 2019 年，在灌水水平 W_1 条件下，施肥水平 F_1 和 F_2 之间的钾素利用效率无显著差异，但显著高于施肥水平 F_3 和 F_4；在灌水水平 W_2 条件下，施肥水平 F_1、F_2 和 F_4 之间的钾素利用效率无显著差异，施肥水平 F_2、F_3 和 F_4 之间的钾素利用效率无显著差异；在灌水水平 W_3 条件下，施肥水平 F_2、F_3 和 F_4 之间的钾素利用效率无显著差异，但显著低于施肥水平 F_1。

1.4.5 肥料利用效率

如表 1-15 所示，在 2018 年和 2019 年，灌水、施肥和水肥交互作用对马铃薯肥料利用效率（FUE）有极显著影响（$P<0.01$）。

表 1-15　2018 年和 2019 年不同滴灌量和施肥量对马铃薯肥料利用效率、肥料偏生产力、肥料农学利用效率的影响

灌水水平	施肥水平	肥料利用效率（%）		肥料偏生产力（kg/kg）		肥料农学利用效率（kg/kg）	
		2018	2019	2018	2019	2018	2019
W_1	F_1	33.18g	29.44i	104.40c	105.19c	31.06a	37.49ab
	F_2	37.65ef	34.62g	77.81e	80.64ef	28.92a	35.51ab
	F_3	40.58cd	39.01f	64.49g	66.67g	27.81a	32.82ab
	F_4	30.54h	35.69g	56.08h	57.73h	26.74a	30.65b
W_2	F_1	35.15fg	34.14g	118.96b	114.35b	26.45a	35.97ab
	F_2	41.99cd	39.64ef	91.2d	91.81d	29.52a	39.55ab
	F_3	46.28b	41.28de	73.10ef	77.86f	26.84a	38.67ab
	F_4	42.58c	31.98h	65.13g	66.54g	28.12a	35.19ab
W_3	F_1	39.48de	42.26d	137.53a	132.07a	27.78a	41.43a
	F_2	48.61b	48.94b	98.44c	100.26c	25.28a	39.83ab
	F_3	56.33a	53.33a	86.57d	85.99de	31.70a	40.68ab
	F_4	46.85b	44.17c	71.37f	70.81g	27.47a	34.55ab
显著性检验							
灌水		197.70**	536.86**	124.07**	76.88**	0.09	2.65
施肥		95.68**	151.70**	426.66**	298.98**	0.11	1.64
灌水×施肥		10.36**	14.06**	3.92**	2.17	0.60	0.37

在三个灌水水平下，马铃薯肥料利用效率随着施肥量的增加先增大后减小，施肥水平 F_3 的肥料利用效率显著高于其他三个施肥水平，马铃薯肥料利用效率与施肥量之间呈二次抛物线关系（图 1-19）；在同一施肥水平下，马铃薯肥料利用效率随着滴灌量的增加而增大；在 2018 年，与灌水水平 W_1 相比，灌水水平 W_2 的肥料利用效率分别增加了 5.94%、11.53%、14.05% 和 39.42%；灌水水平 W_3 的肥料利用效率分别增加了 19.00%、29.11%、38.81% 和 53.41%。在 2019 年，与灌水水平 W_1 相比，灌水水平 W_3 的肥料利用效率分别增加了 43.55%、41.36%、36.71% 和 23.76%。

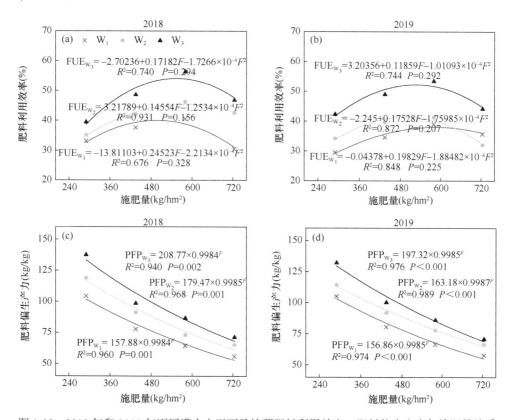

图 1-19　2018 年和 2019 年不同灌水水平下马铃薯肥料利用效率、肥料偏生产力与施肥量关系

在 2018 年和 2019 年，灌水和施肥对马铃薯肥料偏生产力（PFP）有极显著影响（$P < 0.01$）；水肥交互作用在 2018 年对马铃薯肥料偏生产力有极显著影响（$P < 0.01$），在 2019 年对肥料偏生产力无显著影响（$P > 0.05$）。

在三个灌水水平下，马铃薯肥料偏生产力随着施肥量的增加而减小，与施肥量之间呈指数递减关系，且拟合精度较高（图 1-19）。施肥水平 F_1 的肥料偏生产力显著高于其他三个施肥水平。在灌水水平 W_1 条件下，与施肥水平 F_1 相比，施

肥水平 F_2、F_3 和 F_4 的肥料偏生产力在 2018 年分别降低了 25.47%、38.23% 和 46.28%；在 2019 年分别降低了 23.34%、36.62% 和 45.12%。在灌水水平 W_2 条件下，与施肥水平 F_1 相比，施肥水平 F_2、F_3 和 F_4 的肥料偏生产力在 2018 年分别降低了 23.34%、38.55% 和 45.28%；在 2019 年分别降低了 19.71%、31.91% 和 41.81%。在灌水水平 W_3 条件下，与施肥水平 F_1 相比，施肥水平 F_2、F_3 和 F_4 的肥料偏生产力在 2018 年分别降低了 28.42%、37.05% 和 48.11%；在 2019 年分别降低了 24.09%、34.89% 和 46.38%。在同一施肥水平下，马铃薯肥料偏生产力随着滴灌量的增加而增大；灌水水平 W_3 的肥料偏生产力显著高于灌水水平 W_2，并且显著高于灌水水平 W_1，表现为 $W_3 > W_2 > W_1$。

在 2018 年和 2019 年，灌水、施肥和水肥交互作用对马铃薯肥料农学利用效率均无显著影响（$P > 0.05$）。在 2018 年各处理之间肥料农学利用效率均无显著差异。在 2019 年，在各灌水水平下，各施肥处理之间肥料农学利用效率亦无显著差异。在 2018 年处理 W_3F_3 的肥料农学利用效率最大，为 31.70kg/kg，而在 2019 年，肥料农学利用效率最大值出现在处理 W_3F_1，为 41.43kg/kg。

1.5 滴灌水肥管理对马铃薯根区土壤水分及养分分布的影响

土壤是植物生长的基础，是供给植物生长所需要的水、肥、气、热的主要源泉，土壤水是马铃薯吸收水分的主要来源，是马铃薯正常生长发育的必要条件（张海霞等，2013）。土壤可为马铃薯生长直接或间接地提供养分，可以满足马铃薯对除氮、磷、钾以外的多种矿质元素的吸收（王祎，2012）。土壤剖面的养分运移和灌溉施肥方式与土壤结构息息相关，合理的滴灌施肥策略有利于改善作物的生长环境与养分供应（陈康等，2011）。农作物要高产，必须施用化肥，特别是氮、磷、钾肥，但过量施肥不仅不能增产，反而会对环境造成危害，使土壤板结，污染作物与地下水，造成地表水体富营养化（聂云，2000）。过量施肥与不合理灌溉极易导致土壤含水量大于田间持水量，进而发生深层水分渗漏和硝态氮淋失，加剧土壤环境恶化，影响作物生长（向友珍，2017）。杨海波等（2018）对马铃薯主产区阴山北麓马铃薯田内土壤氮素收支情况进行了研究，发现阴山北麓灌溉马铃薯田内的氮肥处于盈余状态，投入量远大于需求量，氮素淋失风险高，急需氮素优化管理。磷素在土壤中比较稳定且不易移动，但过量磷肥投入和不合理的灌溉方式会很大程度地增加磷素淋失风险（王宁娟，2014）。孙洪仁等（2018）研究得出我国马铃薯土壤全氮第 1~7 级丰缺指标依次为 0~0.37g/kg、0.37~0.53g/kg、0.53~0.76g/kg、0.76~1.08g/kg、1.08~1.55g/kg、1.55~2.22g/kg 和 >2.22g/kg；土壤速效钾（NH₄OAc-K）第 1～6 级丰缺指标依次为＞307mg/kg、182～307mg/kg、120～182mg/kg、72～120mg/kg、31～72mg/kg 和＜31mg/kg。毕经伟等（2003）研究还发现风沙土的土壤水渗漏量和硝态氮淋失大于黄潮土。本节对陕北沙土区不同水肥处理条件下马铃薯根区土壤含水量、硝态氮、速效磷和速效钾的分布特征进行分析，可为改善土壤性质、优化马铃薯灌溉施肥制度提供理论依据。

1.5.1　硝态氮

图 1-20 为 2018 年和 2019 年马铃薯收获期土壤各土层硝态氮累积量。在各土层，硝态氮累积量大体上随着施肥量的增大而增大。在 2018 年，灌水水平 W_1 条件下，在 0～20cm 土层内，与不施肥 F_0 相比，施肥水平 F_1、F_2、F_3 和 F_4 的硝态氮累积量分别增大了 65.94%、99.46%、115.51% 和 205.86%；在 20～40cm 土层内，分别增大了 80.00%、77.20%、123.52% 和 137.31%；在 40～60cm 土层内，分别增大了 29.33%、82.69%、87.05% 和 144.52%；在 60～80cm 土层内，分别增大了 7.19%、47.91%、61.87% 和 101.58%；在 80～100cm 土层内，分别增大了 1.28%、20.41%、54.39% 和 83.25%；在 0～100cm 土层内，与不施肥 F_0 相比，施肥水平 F_1、F_2、F_3 和 F_4 的总硝态氮累积量分别增大了 41.86%、69.27%、92.97% 和 139.50%。

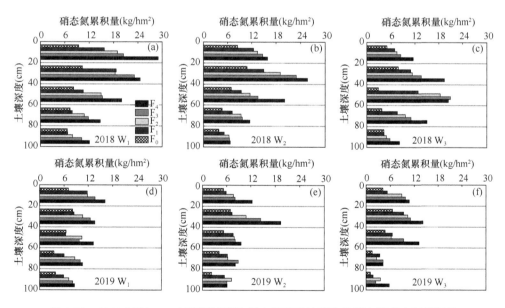

图 1-20　2018 年和 2019 年不同滴灌施肥水平下马铃薯收获期土壤硝态氮累积量

灌水水平 W_2 条件下，在 0～20cm 土层内，与不施肥 F_0 相比，施肥水平 F_1、F_2、F_3 和 F_4 的硝态氮累积量分别增大了 46.79%、58.91%、73.09% 和 87.52%；在

20~40cm 土层内，分别增大了 38.32%、75.94%、111.78%和 137.23%；在 40~60cm 土层内，分别增大了 35.35%、66.36%、94.57%和 188.99%；在 60~80cm 土层内，分别增大了 53.48%、99.55%、106.07%和 146.29%；在 80~100cm 土层内，分别增大了 35.16%、66.48%、69.78%和 74.18%；在 0~100cm 土层内，与不施肥 F_0 相比，施肥水平 F_1、F_2、F_3 和 F_4 的总硝态氮累积量分别增大了 41.48%、72.00%、93.51%和 129.74%。

灌水水平 W_3 条件下，在 0~20cm 土层内，与不施肥 F_0 相比，施肥水平 F_1、F_2、F_3 和 F_4 的硝态氮累积量分别增大了 38.07%、48.77%、67.70%和 131.07%；在 20~40cm 土层内，分别增大了 40.08%、45.45%、74.38%和 149.17%；在 40~60cm 土层内，分别增大了 338.01%、526.57%、614.39%和 596.68%；在 60~80cm 土层内，分别增大了 100.84%、154.06%、193.28%和 299.72%；在 80~100cm 土层内，分别增大了 0.25%、13.76%、34.40%和 88.45%；在 0~100cm 土层内，与不施肥 F_0 相比，施肥水平 F_1、F_2、F_3、F_4 的总硝态氮累积量分别增大了 78.77%、116.86%、151.06%和 213.33%。

在 2019 年，灌水水平 W_1 条件下，在 0~20cm 土层内，与不施肥 F_0 相比，施肥水平 F_1、F_2、F_3 和 F_4 的硝态氮累积量分别增大了 65.80%、66.38%、92.46%和 126.67%；在 20~40cm 土层内，分别增大了 4.22%、30.87%、53.83%和 67.68%；在 40~60cm 土层内，分别增大了 –1.82%、60.10%、49.83%和 103.48%；在 60~80cm 土层内，分别增大了 71.26%、147.01%、185.03%和 201.80%；在 80~100cm 土层内，分别增大了 50.54%、83.06%、107.53%和 119.35%；在 0~100cm 土层内，与不施肥 F_0 相比，施肥水平 F_1、F_2、F_3 和 F_4 的总硝态氮累积量分别增大了 32.14%、67.02%、85.33%和 113.11%。

灌水水平 W_2 条件下，在 0~20cm 土层内，与不施肥 F_0 相比，施肥水平 F_1、F_2、F_3 和 F_4 的硝态氮累积量分别增大了 12.82%、47.34%、55.03%和 136.49%；在 20~40cm 土层内，分别增大了 5.87%、55.64%、108.50%和 179.60%；在 40~60cm 土层内，分别增大了 45.27%、50.41%、54.94%和 82.51%；在 60~80cm 土层内，分别增大了 49.49%、51.02%、114.72%和 96.95%；在 80~100cm 土层内，分别增大了 140.74%、216.20%、166.20%和 169.44%；在 0~100cm 土层内，与不施肥 F_0 相比，施肥水平 F_1、F_2、F_3 和 F_4 的总硝态氮累积量分别增大了 36.52%、67.18%、91.58%和 133.43%。

灌水水平 W_3 条件下，在 0~20cm 土层内，与不施肥 F_0 相比，施肥水平 F_1、F_2、F_3 和 F_4 的硝态氮累积量分别增大了 26.02%、110.49%、132.38%和 156.23%；在 20~40cm 土层内，分别增大了 42.21%、58.03%、68.85%和 116.72%；在 40~60cm 土层内，分别增大了 38.11%、31.94%、96.88%和 179.65%；在 60~80cm 土层内，分别增大了 127.80%、72.43%、181.07%和 182.48%；在 80~100cm 土层内，

分别增大了 57.14%、224.76%、118.10%和 424.76%；在 0～100cm 土层内，与不施肥 F_0 相比，施肥水平 F_1、F_2、F_3 和 F_4 的总硝态氮累积量分别增大了 45.41%、74.77%、103.24%和 166.64%。

1.5.2　速效磷

图 1-21 为 2018 年和 2019 年马铃薯收获期土壤各土层速效磷累积量。在各土层，速效磷累积量大体上随着施肥量的增加而增大。在 2018 年，灌水水平 W_1 条件下，在 0～20cm 土层内，与不施肥 F_0 相比，施肥水平 F_1、F_2、F_3 和 F_4 的速效磷累积量分别增大了 83.35%、107.64%、134.18%和 148.87%；在 20～40cm 土层内，分别增大了 9.88%、12.66%、54.84%和 69.22%；在 40～60cm 土层内，分别增大了 25.34%、25.95%、51.14%和 73.90%；在 60～80cm 土层内，分别增大了 8.74%、5.88%、34.66%和 58.51%；在 80～100cm 土层内，分别增大了 24.80%、30.24%、27.84%和 51.84%；在 0～100cm 土层内，与不施肥 F_0 相比，施肥水平 F_1、F_2、F_3 和 F_4 的总速效磷累积量分别增大了 33.03%、40.36%、66.66%和 85.53%。

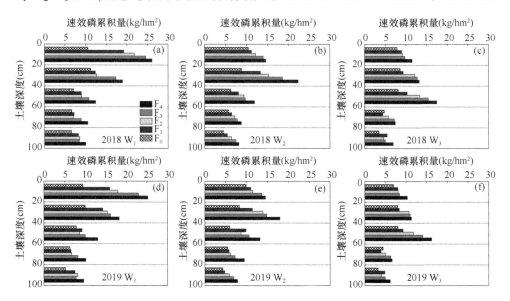

图 1-21　2018 年和 2019 年不同滴灌施肥水平下马铃薯收获期土壤速效磷累积量

灌水水平 W_2 条件下，在 0～20cm 土层内，与不施肥 F_0 相比，施肥水平 F_1、F_2、F_3 和 F_4 的速效磷累积量分别增大了 6.97%、16.31%、33.60%和 39.19%；在 20～40cm 土层内，分别增大了 51.28%、73.75%、111.23%和 154.09%；在 40～60cm 土层内，分别增大了 29.09%、50.09%、54.73%和 89.67%；在 60～80cm 土层内，分别增大了 12.04%、25.18%、35.95%和 52.37%；在 80～100cm 土层内，分别增

大了 18.75%、40.97%、64.58%和80.09%；在 0～100cm 土层内，与不施肥 F_0 相比，施肥水平 F_1、F_2、F_3 和 F_4 的总速效磷累积量分别增大了 24.01%、40.85%、60.63%和83.50%。

灌水水平 W_3 条件下，在 0～20cm 土层内，与不施肥 F_0 相比，施肥水平 F_1、F_2、F_3 和 F_4 的速效磷累积量分别增大了 13.97%、17.00%、24.51%和47.30%；在 20～40cm 土层内，分别增大了 8.26%、42.05%、49.56%和54.57%；在 40～60cm 土层内，分别增大了 27.24%、65.95%、90.65%和116.02%；在 60～80cm 土层内，分别增大了 –7.96%、20.35%、50.44%和54.87%；在 80～100cm 土层内，分别增大了 56.67%、29.70%、42.73%和98.18%；在 0～100cm 土层内，与不施肥 F_0 相比，施肥水平 F_1、F_2、F_3 和 F_4 的总速效磷累积量分别增大了 17.10%、37.51%、53.14%和72.70%。

在 2019 年，灌水水平 W_1 条件下，在 0～20cm 土层内，与不施肥 F_0 相比，施肥水平 F_1、F_2、F_3 和 F_4 的速效磷累积量分别增大了 68.91%、90.10%、142.61%和167.05%；在 20～40cm 土层内，分别增大了 41.61%、53.18%、60.78%和82.00%；在 40～60cm 土层内，分别增大了 17.68%、9.99%、27.46%和65.63%；在 60～80cm 土层内，分别增大了 3.53%、6.37%、30.64%和59.28%；在 80～100cm 土层内，分别增大了 43.17%、56.79%、48.62%和82.83%；在 0～100cm 土层内，与不施肥 F_0 相比，施肥水平 F_1、F_2、F_3 和 F_4 的总速效磷累积量分别增大了 37.41%、46.28%、67.34%和95.73%。

灌水水平 W_2 条件下，在 0～20cm 土层内，与不施肥 F_0 相比，施肥水平 F_1、F_2、F_3 和 F_4 的速效磷累积量分别增大了 11.12%、15.66%、37.70%和45.95%；在 20～40cm 土层内，分别增大了 37.01%、67.63%、77.99%和115.62%；在 40～60cm 土层内，分别增大了 66.07%、46.05%、78.44%和122.74%；在 60～80cm 土层内，分别增大了 6.28%、13.06%、32.79%和73.38%；在 80～100cm 土层内，分别增大了 10.86%、36.01%、60.76%和82.11%；在 0～100cm 土层内，与不施肥 F_0 相比，施肥水平 F_1、F_2、F_3 和 F_4 的总速效磷累积量分别增大了 26.25%、35.88%、56.84%和85.46%。

灌水水平 W_3 条件下，在 0～20cm 土层内，与不施肥 F_0 相比，施肥水平 F_1、F_2、F_3 和 F_4 的速效磷累积量分别增大了 14.91%、15.49%、20.31%和48.26%；在 20～40cm 土层内，分别增大了 5.10%、35.02%、38.88%和42.52%；在 40～60cm 土层内，分别增大了 15.51%、47.50%、76.27%和103.03%；在 60～80cm 土层内，分别增大了 –11.56%、13.23%、41.09%和48.56%；在 80～100cm 土层内，分别增大了 50.55%、22.02%、52.58%和90.11%；在 0～100cm 土层内，与不施肥 F_0 相比，施肥水平 F_1、F_2、F_3 和 F_4 的总速效磷累积量分别增大了 12.46%、29.30%、46.21%和65.58%。

1.5.3　速效钾

图 1-22 为 2018 年和 2019 年马铃薯收获期土壤各土层速效钾累积量。在各土层，速效钾累积量大体上随着施肥量的增加而增大。在 2018 年，0～100cm 土层内，在灌水水平 W_1 条件下，与不施肥 F_0 相比，施肥水平 F_1、F_2、F_3 和 F_4 的总速效钾累积量分别增大了 10.19%、12.27%、15.14% 和 22.23%。在灌水水平 W_2 条件下，与不施肥 F_0 相比，施肥水平 F_1、F_2、F_3 和 F_4 的总速效钾累积量分别增大了 8.86%、10.90%、13.82% 和 19.85%。在灌水水平 W_3 条件下，与不施肥 F_0 相比，施肥水平 F_1、F_2、F_3 和 F_4 的总速效钾累积量分别增大了 7.22%、10.62%、14.07% 和 19.30%。在不施肥 F_0 条件下，与灌水水平 W_1 相比，灌水水平 W_2 和 W_3 的总速效钾累积量分别减小了 6.85% 和 14.31%；在施肥水平 F_1 条件下，与灌水水平 W_1 相比，灌水水平 W_2 和 W_3 分别减小了 7.98% 和 16.62%；在施肥水平 F_2 条件下，与灌水水平 W_1 相比，灌水水平 W_2 和 W_3 分别减小了 7.99% 和 15.57%；在施肥水平 F_3 条件下，与灌水水平 W_1 相比，灌水水平 W_2 和 W_3 分别减小了 7.92% 和 15.10%；在施肥水平 F_4 条件下，与灌水水平 W_1 相比，灌水水平 W_2 和 W_3 分别减小了 8.66% 和 16.36%。

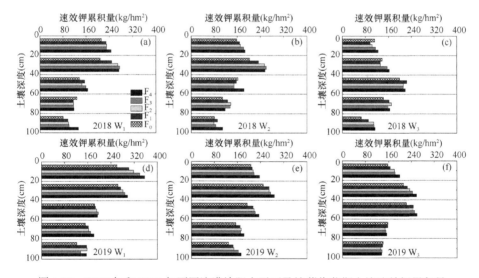

图 1-22　2018 年和 2019 年不同滴灌施肥水平下马铃薯收获期土壤速效钾累积量

在 2019 年，0～100cm 土层内，在灌水水平 W_1 条件下，与不施肥 F_0 相比，施肥水平 F_1、F_2、F_3 和 F_4 的总速效钾累积量分别增大了 10.02%、13.10%、14.95% 和 20.61%。在灌水水平 W_2 条件下，与不施肥 F_0 相比，施肥水平 F_1、F_2、F_3 和 F_4 的总速效钾累积量分别增大了 7.99%、9.47%、12.30% 和 19.28%。在灌水水平 W_3 条件下，与不施肥 F_0 相比，施肥水平 F_1、F_2、F_3 和 F_4 的总速效钾累积量分别增大了 4.85%、5.53%、8.41%和 13.00%。在不施肥 F_0 条件下,与灌水水平 W_1 相比,灌水水平 W_2 和 W_3 的总速效钾累积量分别减小了 4.80%和 9.34%;在施肥水平 F_1 条件下,与灌水水平 W_1 相比,灌水水平 W_2 和 W_3 分别减小了 6.56%和 13.59%;在施肥水平 F_2 条件下,与灌水水平 W_1 相比,灌水水平 W_2 和 W_3 分别减小了 7.86%和 15.41%;在施肥水平 F_3 条件下,与灌水水平 W_1 相比,灌水水平 W_2 和 W_3 分别减小了 7.00%和 14.50%;在施肥水平 F_4 条件下,与灌水水平 W_1 相比,灌水水平 W_2 和 W_3 分别减小了 5.85%和 15.56%。

1.5.4 水分变化

图 1-23 为 2018 年施肥水平 F_3 下,马铃薯播种 10d 后开始。各灌水水平在土壤表层下 10cm、20cm、30cm、50cm 和 70cm 处体积含水量日变化。图 1-24 为 2018 年灌水水平 W_3 下马铃薯各施肥水平土壤表层下 10cm、20cm、30cm、50cm 和 70cm 处体积含水量日变化。由于该试验区土壤表层下 0~40cm 为土质沙壤土,40cm 以下为沙土,持水能力比较低,故土壤含水量在 50cm 和 70cm 处普遍低于上层 10cm、20cm 和 30cm 处。在 2018 年马铃薯播种前期,气候干旱,20cm 和 30cm 处土壤含水量最高。在马铃薯全生育期,灌水水平 W_1 的底层 50cm 和 70cm 处土壤含水量变化幅度较小,灌水水平 W_3 的底层 50cm 和 70cm 处土壤含水量变化幅度较大。各土层含水量随着滴灌量的增加而增加,在块茎形成期和膨大期水分消耗最快,并且土壤含水量大体上随着施肥量的增加而减小。

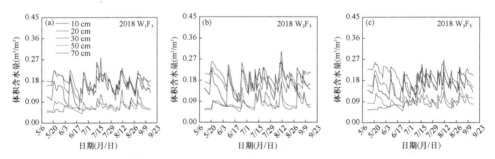

图 1-23 2018 年施肥水平 F_3 下马铃薯各灌水水平在土壤表层下 10cm、20cm、30cm、50cm 和 70cm 处体积含水量日变化

图 1-25 为 2019 年施肥水平 F_3 下,马铃薯块茎形成期开始,各灌水水平在土壤表层下 10cm、20cm、30cm、50cm 和 70cm 处体积含水量日变化。在施肥水平 F_3 下,灌水水平 W_1 和 W_2 的表层下 30cm 处土壤含水量最高,灌水水平 W_3 的土壤表层下 10cm 和 20cm 处含水量大于 W_1 和 W_2。

图 1-26 为 2019 年灌水水平 W_3 下马铃薯各施肥水平在土壤表层下 10cm、20cm、30cm、50cm 和 70cm 处体积含水量日变化。不施肥 F_0 和施肥水平 F_1 和 F_2

的表层下 30cm 处土壤含水量最高，施肥水平 F_3 和 F_4 的表层下 20cm 处土壤含水量最高。随着施肥量的增大，表层以下 30cm 处土壤含水量越来越低。

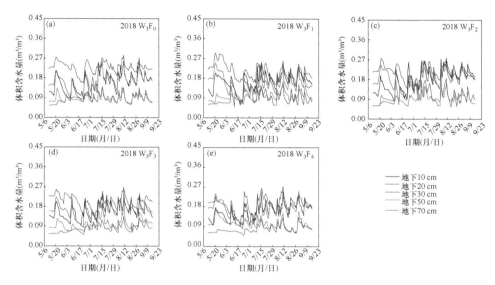

图 1-24　2018 年灌水水平 W_3 下马铃薯各施肥水平在土壤表层下 10cm、20cm、30cm、50cm 和 70cm 处体积含水量日变化

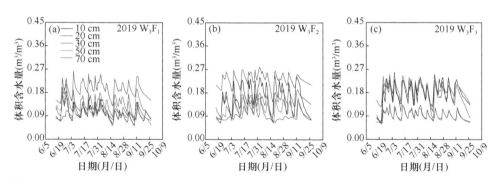

图 1-25　2019 年施肥水平 F_3 下马铃薯各灌水水平在土壤表层下 10cm、20cm、30cm、50cm 和 70cm 处体积含水量日变化

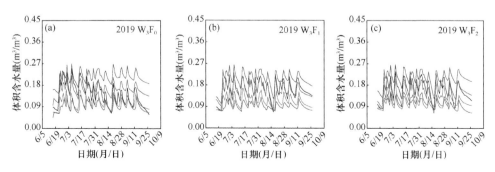

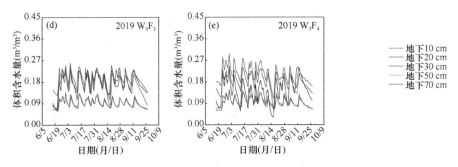

图 1-26　2019 年灌水水平 W_3 下马铃薯各施肥水平在土壤表层下 10cm、20cm、30cm、50cm 和 70cm 处体积含水量日变化

1.5.5　水分利用效率及灌溉水分利用效率

如图 1-27 所示，灌水在 2018 对水分利用效率有极显著影响（$P<0.01$），但在 2019 对水分利用效率只有显著影响（$P<0.05$）；施肥在 2018 年和 2019 年对水

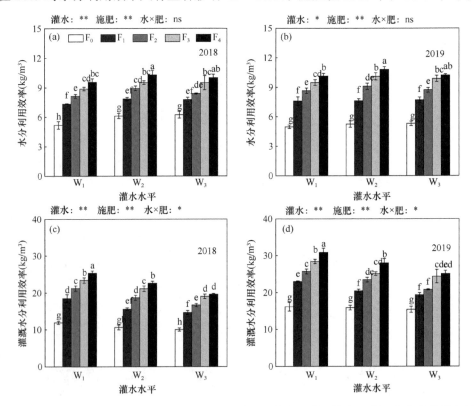

图 1-27　2018 年和 2019 年不同滴灌施肥水平对马铃薯水分利用效率和灌溉水分利用效率的影响

分利用效率均有极显著影响（$P<0.01$）；但水肥交互作用对水分利用效率无显著影响（$P>0.05$）。在 2018 年和 2019 年，在各灌水水平下，水分利用效率均随着施肥量的增加而增加，在灌水水平 W_2 条件下，施肥水平 F_4 的水分利用效率显著高于其他施肥水平；但在灌水水平 W_3 条件下，施肥水平 F_3 和 F_4 之间的水分利用效率无显著差异。2018 年，在低灌水水平 W_1 条件下，与不施肥 F_0 相比，施肥水平 F_1、F_2、F_3 和 F_4 的水分利用效率分别增长了 41.43%、56.68%、71.31% 和 84.44%；在中等灌水水平 W_2 条件下，与不施肥 F_0 相比，施肥水平 F_1、F_2、F_3 和 F_4 的水分利用效率分别增长了 28.18%、46.01%、55.59% 和 68.11%；在充分灌水水平 W_3 条件下，与不施肥 F_0 相比，施肥水平 F_1、F_2、F_3 和 F_4 的水分利用效率分别增长了 24.78%、34.74%、52.38% 和 60.58%。在同一施肥水平下，灌水水平 W_2 和 W_3 之间的水分利用效率无显著差异，在施肥水平 F_1 和 F_3 下，三个灌水水平之间的水分利用效率无显著差异，在施肥水平 F_2 和 F_4 下，灌水水平 W_1 和 W_3 之间的水分利用效率无显著差异，但灌水水平 W_1 的水分利用效率显著低于 W_2 的。

2019 年，在低灌水水平 W_1 条件下，与不施肥 F_0 相比，施肥水平 F_1、F_2、F_3 和 F_4 的水分利用效率分别增长了 52.26%、73.70%、90.25% 和 103.47%；在中等灌水水平 W_2 条件下，与不施肥 F_0 相比，施肥水平 F_1、F_2、F_3 和 F_4 的水分利用效率分别增长了 45.45%、73.22%、92.25% 和 105.63%；在充分灌水水平 W_3 条件下，与不施肥 F_0 相比，施肥水平 F_1、F_2、F_3 和 F_4 的水分利用效率分别增长了 44.96%、64.10%、85.85% 和 92.37%。在不施肥 F_0、施肥水平 F_1 和 F_2 条件下，三个灌水水平之间的水分利用效率无显著差异；在施肥水平 F_3 和 F_4 下，灌水水平 W_1 和 W_3 之间的水分利用效率无显著差异，灌水水平 W_2 和 W_3 之间的水分利用效率无显著差异，但灌水水平 W_2 的水分利用效率显著高于 W_1。

在 2018 年和 2019 年灌水和施肥对马铃薯的灌溉水分利用效率有极显著影响（$P<0.01$），而水肥交互作用对灌溉水分利用效率有显著影响（$P<0.05$）。在 2018 年和 2019 年，在各灌水水平下，灌溉水分利用效率均随着施肥量的增加而增加，在灌水水平 W_1 和 W_2 条件下，施肥水平 F_4 的灌溉水分利用效率显著高于其他 4 个施肥水平，在充分灌水水平 W_3 条件下，施肥水平 F_3 和 F_4 的灌溉水分利用效率无显著差异，但显著高于其他施肥水平。在各施肥水平下，灌溉水分利用效率均随着滴灌量的增加而降低，灌水水平 W_1 的灌溉水分利用效率显著高于其他灌水水平。

2018 年，在低灌水水平 W_1 条件下，与不施肥 F_0 相比，施肥水平 F_1、F_2、F_3 和 F_4 的灌溉水分利用效率分别增长了 42.35%、59.14%、75.85% 和 91.15%；在中等灌水水平 W_2 条件下，与不施肥 F_0 相比，施肥水平 F_1、F_2、F_3 和 F_4 的灌溉水分利用效率分别增长了 28.59%、47.87%、58.03% 和 76.00%；在充分灌水水平 W_3 条件下，与不施肥 F_0 相比，施肥水平 F_1、F_2、F_3 和 F_4 的灌溉水分利用效率分别增长了 25.32%、34.55%、57.77%和 62.58%。2019 年，在低灌水水平 W_1 条件下，与不施肥 F_0 相比，施肥水平 F_1、F_2、F_3 和 F_4 的灌溉水分利用效率分别增长了 55.38%、78.67%、96.95%和 113.17%；在中等灌水水平 W_2 条件下，与不施肥 F_0 相比，施肥水平 F_1、F_2、F_3 和 F_4 的灌溉水分利用效率分别增长了 45.90%、75.70%、98.68%和 112.23%；在充分灌水水平 W_3 条件下，与不施肥 F_0 相比，施肥水平 F_1、F_2、F_3 和 F_4 的灌溉水分利用效率分别增长了 45.72%、65.93%、89.76%和 95.31%。

1.6 水肥耦合效应综合评价

产量与经济效益是农民种地耕作追求的目标，但其缺少一个精确的灌溉施肥管理模式。而滴灌量和施肥量对马铃薯的产量影响很大。低水、低肥不利于高产的获得，这就使农民认为增加灌溉和施肥量是降低减产减收风险的重要保证。但过量灌溉不仅水分利用效率不高，还会使肥料淋失，产生农田面源污染。而且化肥用量过多还会造成成本的增加，肥料资源的浪费，也会使土壤结构变差。水肥利用效率是我们研究节水农业作物水肥高效利用的重要指标，在缺水地区，高水平的水肥利用效率是农业得以持续发展的关键所在。品质是马铃薯工艺生产及食用性的重要指标，淀粉含量直接关系到马铃薯的淀粉加工，而还原性糖含量与马铃薯贮藏性能及油炸薯片、薯条中致癌成分丙烯酰胺的含量息息相关。所以本节以马铃薯经济效益、品质、水肥利用效率和环境效益为目标来进行优化分析。

1.6.1 层次分析法确定指标权重

1. 建立综合性能评价指标体系

以综合性能评价指标体系为基础，根据马铃薯各要素间的关系，自上而下分成 4 个层次：最高层为目标层，即滴灌施肥条件下马铃薯水肥耦合效应；第 2 层为评价目标层的准则层，包括马铃薯的经济效益、品质、水肥利用效率和环境效益；第 3 层为评价要素的具体指标层；最底层为方案层，即不同的滴灌灌水施肥处理。综合评价指标体系如图 1-28 所示。

2. 构造比较判断矩阵

判断矩阵是针对上一层次中某一评价要素而言的本层次中各评价指标之间的相互重要程度（邢立文等，2019）。根据各评价指标相互之间的重要程度构造两两比较判断矩阵（蒋光昱等，2019）。

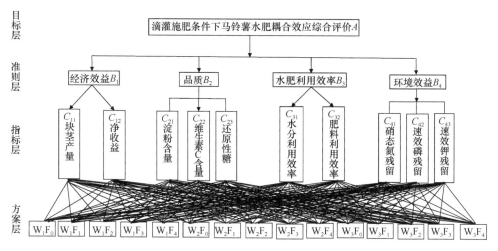

图 1-28　马铃薯水肥耦合效应综合性能评价指标体系

$$\boldsymbol{B} = (b_{ij})_{n \times n} = \begin{bmatrix} b_{11} & b_{12} & \cdots & b_{1n} \\ b_{21} & b_{22} & \cdots & b_{2n} \\ \vdots & \vdots & \vdots & \vdots \\ b_{n1} & b_{n2} & \cdots & b_{nn} \end{bmatrix} \tag{1-16}$$

$$b_{ij} > 0, b_{ji} = \frac{1}{b_{ij}}, b_{ii} = 1$$

式中，b_{ij} 表示对目标层而言，准则层 B_i 和 B_j 哪个更为重要，其值采用表 1-16 中 "1~9" 标度方法确定；n 为准则层指标个数。

表 1-16　各层次评分标准 "1~9" 及其倒数标度方法

标度值	相对重要程度	说明
1	同等重要	两个评价要素对目标的贡献相同
3	稍微重要	一个评价要素比另一个评价要素稍微重要
5	明显重要	一个评价要素比另一个评价要素明显重要
7	强烈重要	一个评价要素比另一个评价要素强烈重要
9	极端重要	一个评价要素比另一个评价要素极端重要
2、4、6、8	两相邻程度中间值	需折中时使用

3. 计算指标权重

准则层指标 B_i 的归一化权重系数 W_{B_i} 计算公式为：

$$W_{B_i} = \frac{\sqrt[n]{M_i}}{\sum\limits_{i=1}^{n}\sqrt[n]{M_i}}, M_i = \prod_{j=1}^{n} b_{ij} \qquad (1\text{-}17)$$

式中，M_i 为 A-B 判断矩阵各行乘积。同理，计算 B_1-C_1、B_2-C_2、B_3-C_3、B_4-C_4 判断矩阵准则层内部归一化权重系数 W_{cik}，并乘以相应的准则层指标 B_i 的归一化权重系数 W_{B_i}，得到相对目标层的总权重矩阵 A = (0.121, 0.362, 0.056, 0.009, 0.023, 0.078, 0.078, 0.091, 0.091, 0.091)（表 1-17 至表 1-22）。

表 1-17　A-B 判断矩阵及准则层权重

准则	经济效益 B_1	品质 B_2	水肥利用效率 B_3	环境效益 B_4	权重
经济效益 B_1	1	5	3	2	0.483
品质 B_2	1/5	1	1/2	1/3	0.088
水肥利用效率 B_3	1/3	2	1	1/2	0.156
环境效益 B_4	1/2	3	2	1	0.273

表 1-18　B_1-C_1 判断矩阵

指标	块茎产量 C_{11}	净收益 C_{12}	权重
块茎产量 C_{11}	1	1/3	0.250
净收益 C_{12}	3	1	0.750

表 1-19　B_2-C_2 判断矩阵

指标	淀粉含量 C_{21}	维生素 C 含量 C_{22}	还原性糖 C_{23}	权重
淀粉含量 C_{21}	1	5	3	0.637
维生素 C 含量 C_{22}	1/5	1	1/3	0.105
还原性糖 C_{23}	1/3	3	1	0.258

表 1-20　B_3-C_3 判断矩阵

指标	水分利用效率 C_{31}	肥料利用效率 C_{32}	权重
水分利用效率 C_{31}	1	1	0.500
肥料利用效率 C_{32}	1	1	0.500

表 1-21　B_4-C_4 判断矩阵

指标	硝态氮残留 C_{41}	速效磷残留 C_{42}	速效钾残留 C_{43}	权重
硝态氮残留 C_{41}	1	1	1	0.333
速效磷残留 C_{42}	1	1	1	0.333
速效钾残留 C_{43}	1	1	1	0.333

4. 一致性检验

在层次分析法中，为保证结果可靠，在计算归一化权重系数之后，应用一致

表 1-22　各评价指标权重值

准则层	权重	指标层	权重
经济效益 B_1	0.483	块茎产量 C_{11}	0.121
		净收益 C_{12}	0.362
品质 B_2	0.088	淀粉含量 C_{21}	0.056
		维生素 C 含量 C_{22}	0.009
		还原性糖 C_{23}	0.023
水肥利用效率 B_3	0.156	水分利用效率 C_{31}	0.078
		肥料利用效率 C_{32}	0.078
环境效益 B_4	0.273	硝态氮残留 C_{41}	0.091
		速效磷残留 C_{42}	0.091
		速效钾残留 C_{43}	0.091

性指标（CI）对该项目的优先顺序有无逻辑性混乱进行一致性检验，一般认为，$CI<0.10$，可能无逻辑性混乱，计算得到的各指标权重值可以接受。为了度量不同阶判断矩阵是否具有满意的一致性，因 1、2 阶矩阵总具有完全一致性，所以当阶数大于 2 时需用随机一致性比率（CR）对判断矩阵进行一致性检验，当 $CR<0.10$，认为判断矩阵具有满意的一致性，否则需要对判断矩阵进行调整。

$$CI = \frac{\lambda_{\max} - n}{n - 1}$$

$$\lambda_{\max} = \sum_{i=1}^{n} \lambda_i \Big/ n$$

$$\lambda_i = \sum_{j=1}^{n} b_{ij} W_j \Big/ W_i \qquad (1\text{-}18)$$

$$CR = \frac{CI}{RI}$$

式中，λ 为判断矩阵特征根；W_i 与 W_j 分别为各指标层对应的权重值；RI 为平均一致性随机指标（表 1-23）。

表 1-23　平均一致性随机指标值

矩阵阶数	1	2	3	4	5	6	7	8	9	10
RI	0	0	0.58	0.9	1.12	1.24	1.32	1.41	1.45	1.49

经一致性检验，各判断矩阵 CI 与 CR 均小于 0.10，各判断矩阵具有满意的一致性，指标的优先顺序无逻辑性混乱。

1.6.2　模糊综合评价

模糊综合评价是以模糊数学为基础，因能够根据隶属度理论实现评价的定性—定量—定性之间的转化而被广泛应用（蒋光昱等，2019；吴书悦等，2014）。本研究将模糊综合评价用于定量指标的评价。

设定评价指标的评价标准：评价对象的评价指标集设为 $X = \{x_1, x_2, ..., x_n\}$；评价等级集设为 $E = \{e_1, e_2, ..., e_m\}$。

为将不同量纲的评价指标无量纲化，根据国内外已有的研究成果和本研究的具体情况，确定各评价指标的评价标准（表 1-24），将评价指标的实际值与标准值进行比较，使各指标无量纲化（吴书悦等，2014）。本研究设 10 个评价指标，5 个综合性能等级"优异、优良、中等、较差、极差"，故 $n=10$、$m=5$。对于正向指标，数值越大越优，对于逆向指标则相反，越小越优。

表 1-24　马铃薯水肥耦合效应评价指标体系中各指标评价标准

指标	类型	优异	优良	中等	较差	极差
块茎产量 C_{11}（kg/hm^2）	正	45 000	40 000	35 000	30 000	25 000
净收益 C_{12}（元）	正	30 000	25 000	20 000	15 000	10 000
淀粉含量 C_{21}（%）	正	15	14	13	12	11
维生素 C 含量 C_{22}（mg/100g 鲜薯）	正	19	17	15	13	11
还原性糖 C_{23}（%）	逆	0.2	0.3	0.4	0.5	0.6
水分利用效率 C_{31}（kg/m^3）	正	10	9	8	7	6
肥料利用效率 C_{32}（%）	正	55	50	45	40	35
硝态氮残留 C_{41}（kg/hm^2）	逆	40	60	80	100	120
速效磷残留 C_{42}（kg/hm^2）	逆	40	80	160	240	320
速效钾残留 C_{43}（kg/hm^2）	逆	400	600	800	1 000	1 200

表 1-25 为马铃薯水肥耦合效应模糊综合评价结果，可知在 2018 年和 2019 年处理 W_2F_4、W_3F_2、W_3F_3 和 W_3F_4 均表现优异，处于优异水平，处理 W_1F_4、W_2F_2 和 W_3F_1 均处于优良水平，处理 W_1F_2 和 W_2F_1 均处于中等水平，处理 W_1F_1 处于较差水平，处理 W_1F_0 处于极差水平。而处理 W_2F_3 在 2018 年表现优良，在 2019 年表现优异。

表 1-25　马铃薯水肥耦合效应模糊综合评价结果

年份	处理	模糊综合评价结果向量 B					评级	评分	排名
		优异	优良	中等	较差	极差			
2018	W_1F_0	0.168	0.032	0.127	0.0002	**0.672**	极差	2.024	15
	W_1F_1	0.057	0.161	0.246	**0.434**	0.101	较差	2.639	13
	W_1F_2	0.048	0.149	**0.588**	0.156	0.060	中等	2.969	12
	W_1F_3	0.044	0.358	**0.465**	0.121	0.012	中等	3.301	9
	W_1F_4	0.074	**0.560**	0.113	0.154	0.099	优良	3.356	8
	W_2F_0	0.181	0.046	0.112	**0.410**	0.242	较差	2.487	14

年份	处理	模糊综合评价结果向量 B					评级	评分	排名
		优异	优良	中等	较差	极差			
2018	W_2F_1	0.129	0.166	**0.578**	0.028	0.099	中等	3.200	10
	W_2F_2	0.076	**0.714**	0.140	0.053	0.017	优良	3.778	7
	W_2F_3	0.304	**0.491**	0.177	0.022	0.006	优良	4.065	5
	W_2F_4	**0.610**	0.108	0.197	0.073	0.012	优异	4.231	4
	W_3F_0	0.181	0.084	**0.470**	0.103	0.144	中等	3.002	11
	W_3F_1	0.253	**0.517**	0.110	0.102	0.017	优良	3.888	6
	W_3F_2	**0.460**	0.390	0.133	0.016	0.000	优异	4.295	3
	W_3F_3	**0.720**	0.190	0.067	0.022	0.000	优异	4.607	1
	W_3F_4	**0.648**	0.132	0.197	0.018	0.005	优异	4.400	2
2019	W_1F_0	0.181	0.009	0.056	0.083	**0.671**	极差	1.946	15
	W_1F_1	0.150	0.061	0.217	**0.435**	0.137	较差	2.652	12
	W_1F_2	0.106	0.209	**0.493**	0.045	0.148	中等	3.078	10
	W_1F_3	0.134	**0.482**	0.193	0.111	0.081	优良	3.476	9
	W_1F_4	0.150	**0.640**	0.018	0.031	0.161	优良	3.587	8
	W_2F_0	0.181	0.029	0.057	0.130	**0.603**	极差	2.056	14
	W_2F_1	0.180	0.058	**0.442**	0.223	0.098	中等	2.999	11
	W_2F_2	0.205	**0.596**	0.008	0.166	0.026	优良	3.787	6
	W_2F_3	**0.683**	0.125	0.021	0.143	0.029	优异	4.289	3
	W_2F_4	**0.654**	0.150	0.004	0.054	0.138	优异	4.128	5
	W_3F_0	0.181	0.036	0.072	**0.389**	0.322	较差	2.364	13
	W_3F_1	0.158	**0.467**	0.226	0.141	0.008	优良	3.627	7
	W_3F_2	**0.503**	0.346	0.066	0.085	0.000	优异	4.266	4
	W_3F_3	**0.746**	0.124	0.033	0.094	0.003	优异	4.515	1
	W_3F_4	**0.696**	0.112	0.065	0.120	0.007	优异	4.371	2

注：加粗数字代表 5 个综合性能等级中最大值

　　为做进一步分析，将语义学标度（优异、优良、中等、较差、极差）进行量化，得到各处理综合评分，并对其进行排名。

　　在 2018 年和 2019 年，处理 W_3F_3 均排名第一，处理 W_3F_4 排名第二，处理 W_3F_2 与 W_2F_3 分别排第三；从经济效益、品质、水肥利用效率和环境效益角度综合考虑评价，陕北风沙区最佳的灌溉施肥组合为滴灌量为充分灌水水平 $100\% ET_c$，施肥量（N-P₂O₅-K₂O）为 200kg/hm²-80kg/hm²-300kg/hm²。此结果可以为陕北地区马铃薯水肥管理提供参考。

1.7 讨　　论

1.7.1 水肥耦合对马铃薯生长、生理、产量和品质的影响

灌水是影响马铃薯生长的重要因素之一，马铃薯株高、生物量和叶面积指数随滴灌量的增加而增加（Lahlou and Ledent，2005；Kashyap and Panda，2003）。Camargo 等（2015）也发现当灌水水平为 100%作物蒸散量时，马铃薯的叶面积指数和总干物质累积量最大。陈瑞英（2011）研究发现随着生育期的推进，叶面积指数呈单峰曲线变化，干物质累积量呈 "S" 形曲线变化。本研究的结果与前人研究结果相一致。Yuan 等（2003）研究表明在遮雨棚下，马铃薯的产量和商品薯均随着滴灌量的增加而增加。Onder 等（2005）和 Badr 等（2012）也研究指出水分亏缺会显著减少产量及其构成要素。张富仓等（2017）研究指出马铃薯的块茎产量和经济效益随着滴灌量的增大而增大。本研究也发现，在同一施肥水平下，单株产量、商品薯、大薯重和经济效益随着滴灌量的增加而增加，灌水水平 W_3 的单株产量、商品薯、大薯重和经济效益显著高于其他两个灌水水平。

康小华（2012）在黄土高原的雨养农业区，通过大田试验发现马铃薯的株高、叶片数、单株结薯数和产量均随着施钾量的增高先增大后减小。但刘凡（2014）通过盆栽试验发现，马铃薯的叶片和块茎干物质随着滴灌量和施钾量的提高而升高，但随着施氮量和施磷量的提高呈先增大后减小的趋势。万书勤等（2016）和冯志文等（2017）研究也发现马铃薯的株高、茎粗、叶面积指数及干物质累积量随着施肥量的增加呈现出先增大后减小的趋势；在内蒙古沙土区当施肥量为当地推荐施肥量（390kg/hm^2-150kg/hm^2-465kg/hm^2，N-P$_2$O$_5$-K$_2$O）的 85%时马铃薯生物量达到最大；而在柴达木盆地的微咸水灌溉条件下，施肥量为当地推荐施肥量的 70%更有利于马铃薯的生长。Zhou 等（2018）发现在丹麦地区块茎鲜重和商品薯随着施氮量（0~180kg/hm^2）的增加而增加。Ierna 等（2011）指出在地中海气候区，马铃薯的最佳灌溉施肥策略为低水 50%蒸散量，中肥（N-P$_2$O$_5$-K$_2$O）100kg/hm^2-50kg/hm^2-150kg/hm^2；相较于高水高肥，既可以保证产量，也可以节水节肥。李勇等（2013）研究发现在温室栽培条件下，当 N 施用量为 240kg/hm^2、P$_2$O$_5$ 为 165kg/hm^2、K$_2$O 为 210kg/hm^2 时可以获得较高的块茎产量、干物质和经济系数。但张小静等（2013）研究表明在西北干旱地区 180kg/hm^2-300kg/hm^2-120kg/hm^2（N-P$_2$O$_5$-K$_2$O）为最佳施肥量，可以显著提高马铃薯的商品率和产量。Zewide 等（2016）发现在埃塞俄比亚西南部 Masha 地区，施 N 165kg/hm^2、P 60kg/hm^2 更有利于马铃薯的生长，可以提高全氮和土壤速效磷含量。本研究发现

当滴灌量相同时，马铃薯的生长指标、产量、单株薯重和商品薯均随着施肥量的增加而增加，但在灌水水平 W_3 条件下，施肥水平 F_3 和 F_4 之间的产量无显著差异。此种差异可能是由气候、土壤结构、试验场景不同引起的。

净同化率（NAR）是衡量作物光合能力的一个重要指标。成强生和李庆生（2005）研究表明在油菜各生育阶段，油菜群体与个体的净同化率变化规律一致，在越冬期最低，在越冬前和越冬后各出现了一个高峰期。李培岭和张富仓（2011）研究发现棉花群体净同化率在不同沟灌方式条件下可以用高斯单峰模型模拟且精度较高。侯玉虹等（2012）研究指出玉米的净同化率在拔节期和灌浆期各出现一个单峰曲线，且灌浆期低于拔节期。吴立峰（2015）等指出水肥处理后，棉花的净同化率呈现递减规律，其变化规律可以用指数函数描述。本研究所得结果与吴立峰（2015）相似，发现在滴灌施肥条件下，马铃薯的净同化率（NAR）呈指数降低规律，且拟合精度较高。梁潇（2012）研究发现马铃薯各时期的叶绿素含量 SPAD 值均随着施氮量的增加而增加。陈百翠等（2014）研究也指出马铃薯 SPAD 值与施氮量、施钾量均呈显著正相关。本研究也得到了类似结论。

灌水、施肥及水肥交互作用对马铃薯淀粉含量、还原性糖含量和维生素 C 含量有极显著影响，淀粉含量和维生素 C 含量随施肥量的增加先增大后减小。这与前人研究结果一致，Li 等（2015）研究发现与不施钾肥相比，施用钾肥后淀粉含量可以提高 0.4%，还原性糖含量降低 0.2%，商品率提高 4.9%。王秀康等（2017）也发现施肥量对马铃薯品质有显著影响，在一定范围内，随着施肥量的增加，马铃薯块茎的淀粉含量、维生素 C 含量及还原性糖含量均升高，但施肥量过多，品质和质量分级有所下降；240kg/hm^2-180kg/hm^2-300kg/hm^2（N-P$_2$O$_5$-K$_2$O）为最佳施肥组合。毕丽霏等（2020）研究也指出淀粉含量和维生素 C 含量在中等施肥水平下取得最大值，施肥过多品质有所下降。

主成分分析是考察多个变量间相关性的一种多元统计方法，已被广泛应用于耕地质量评价（夏建国等，2000）、企业经营（梁琪，2005）、水质评价（方红卫等，2009）、灌区灌溉用水效率评价（李浩鑫等，2015）等领域。王秀康等（2017）和毕丽霏等（2020）通过主成分分析对马铃薯的品质进行了综合评价。向友珍（2017）通过主成分分析法甄别了影响甜椒品质的主要因子，对甜椒果实品质进行了综合评价。本研究通过主成分分析对马铃薯的产量构成要素及品质进行了综合评价，发现当施肥水平相同时，灌水水平 W_1 下品质最差，当灌水水平相同时，F_3 处理的品质最优，F_0 处理的品质最差。

1.7.2   水肥耦合对马铃薯养分吸收及利用的影响

马铃薯现蕾开花期为养分累积吸收高峰期（张朝春等，2005）。在马铃薯生育前期，各器官的钾累积吸收量主要集中在地上部，之后主要向块茎中分配和积累，在成熟期块茎中钾累积吸收量超过60%（卢建武等，2013；孙磊等，2013）。张西露等（2010）研究指出在马铃薯的结薯期，氮、磷、钾在全生育期的分配量占比达25%、34%和34%，在各器官中的分配以块茎为主，占72%，而茎叶只占28%。刘向梅（2013）研究表明在马铃薯收获期，各器官中氮、磷、钾累积吸收量以块茎最高，根最低，马铃薯干物质累积量和氮、磷、钾累积量随生育期的推进而增加，累积趋势均呈"S"形曲线变化。段玉等（2014）研究指出马铃薯吸收的氮、磷、钾前期主要供给叶片等同化器官，在收获时约70%的氮素、80%的磷素和75%的钾素转运到了块茎中，马铃薯氮、磷、钾吸收积累量呈现慢—快—慢"S"形曲线生长变化，在出苗后大约60d，养分累积吸收量达到最大，之后逐渐变慢。赵欢等（2015）研究发现马铃薯钾累积吸收量变化动态符合Logistic方程曲线拟合。本研究也发现在马铃薯生育前期，氮、磷、钾主要集中在叶片中，随着生育期的推进，氮、磷、钾累积吸收量呈现慢—快—慢"S"形曲线生长变化规律，在收获期，氮、磷、钾主要集中在块茎中，表现为块茎＞叶片＞茎秆＞根系；养分累积速率最大值出现在马铃薯播种后60～70d。

增加灌溉施肥量有利于作物对氮、磷、钾的吸收（方栋平等，2016；邢英英等，2014；秦欣等，2012；房祥吉等，2010）。陈瑞英（2011）研究表明增加滴灌量与施氮量均有利于增加马铃薯氮和磷的累积吸收，并且各器官中氮素含量均随着施氮量的增加而增大。高月（2017）研究也发现马铃薯植株氮、磷、钾吸收量随滴灌量的增加而增大，但随着施肥量的增加先增大后减小。本研究所得结论与陈瑞英（2011）相似，马铃薯各器官的氮、磷、钾累积量均随着滴灌量的增加而增加，施肥有利于增加植株的养分吸收。

研究表明黄瓜、棉花、马铃薯等作物的肥料偏生产力均随着施肥量的增加而降低（Wang et al., 2019a, 2019b；梁锦秀等，2015；吴立峰，2015）。侯翔皓等（2019）研究发现马铃薯低肥处理的肥料偏生产力比中肥和高肥处理分别高出了45.67%和78.99%。高月（2017）研究得出马铃薯肥料偏生产力随着滴灌量的增加而增加，随着施肥量的增加而降低。梁潇等（2013）研究指出氮肥利用率及生产效率均随施氮量的增加而递减。吴晓红等（2016）研究指出磷肥的农学效率和肥料偏生产力显著高于氮肥和钾肥。刘向梅（2013）研究发现马铃薯的氮肥农学利用率集中在区间12.3～50.3kg/kg。赵欢等（2015）研究表明钾肥农学效率与钾肥利用率均随着钾肥施用量的增加先增大后减小。本研究得到的结果与前人相似，也发现马铃薯的肥料利用效率和肥料偏生产力均随着滴灌量的增加而增加；磷素利用效率显著高于氮素和钾素；随着施肥量的增加，肥料偏生产力呈指数递减，肥料利用效率先增大后减小，呈二次抛物线性关系。

1.7.3　水肥耦合对马铃薯根区土壤水分及养分分布的影响

灌水对土壤硝态氮累积有显著影响，土壤硝态氮累积量在高灌水水平下变化比低灌水水平下大（叶优良等，2004）。冯兆忠等（2004）研究发现大的降雨或灌溉后，硝态氮淋失量随着施氮量的增加而显著增加。夏腾霄（2015）研究指出在膜下滴灌条件下，当马铃薯滴灌量为 1650m³/hm²、1950m³/hm² 和 2250m³/hm² 时，20～60cm 土层内硝态氮含量高于其他处理，在最大灌水（2250m³/hm²）处理下，硝态氮出现了淋失。邢英英等（2015）研究发现在滴灌施肥条件下，土壤中硝态氮含量随着施肥量的增加而增加，随着滴灌量的增加而降低。高月（2017）研究表明在土壤剖面内，各土层中马铃薯硝态氮、速效磷和速效钾含量随着施肥量的增大而增加，随着剖面内土壤深度的加深，呈现表面聚集现象，土壤剖面内速效钾含量最大，速效磷含量最小。张皓等（2019）研究得出马铃薯土壤中速效钾含量随着施钾量的增大而增加。本研究也发现在 0～100cm 土层内，当施肥水平相同时，由于流失和植物吸收，硝态氮、速效磷、速效钾含量随着滴灌量的增加而减小，在垂直深度上，随着滴灌量的增加硝态氮、速效磷、速效钾向下运移；硝态氮、速效磷、速效钾的淋失量也随着滴灌量的增加而增大；当灌水水平相同时，硝态氮、速效磷、速效钾累积量随着施肥量的增大而增大。高肥处理获得高产的同时增大了养分残留与流失的风险，对环境效益不利。

张朝巍等（2011）研究指出马铃薯生育期的耗水主要集中在 0～80cm 土层内，80cm 以下土壤含水量变化不大。马慧娥（2015）研究表明土壤含水量在苗期与土层的深度呈正相关关系，在现蕾期、开花期和淀粉积累期表现为先增大后减小的趋势。本研究发现在陕北风沙区，土壤含水量在 40cm 以下普遍低于上层。在播种前期气候干旱，20cm 和 30cm 处土壤含水量最高。在马铃薯全生育期，低灌水水平 W₁ 的底层 50cm 和 70cm 处土壤含水量变化幅度较小，灌水水平 W₃ 的底层 50cm 和 70cm 处土壤含水量变化幅度较大。各土层含水量随着滴灌量的增加而增加，在块茎形成期和膨大期水分消耗最快，并且土壤含水量大体上随着施肥量的增加而减小。

宋娜等（2013）研究发现西北旱区马铃薯的耗水量和水分利用效率随着施氮量（0～270kg/hm²）的增加呈抛物线趋势变化。高月（2017）研究发现水分利用效率随着滴灌量的增加而减小，随着施肥量的增加先增大后减小。而赵杰等（2018）研究表明在平原地区，当滴灌量相同时，马铃薯的耗水量和水分利用效率随着施氮量（0～225kg/hm²）的增加先增加后趋于稳定，高灌水水平下马铃薯的耗水量和水分利用效率高于低灌水水平。毕丽霏等（2020）研究指出马铃薯水分利用效率随着滴灌量的增加先增大后减小。本研究发现在同一灌水水平下，耗水量、水

分利用效率和灌溉水分利用效率均随着施肥量的增加而增加，但在灌水水平 W_3
条件下，施肥水平 F_3 和 F_4 之间的水分利用效率和灌溉水分利用效率无显著差异；
在同一施肥水平下，随着滴灌量的增加，马铃薯耗水量变大，但灌溉水分利用效
率降低，水分利用效率随着滴灌量的增加先增大后减小。这与毕丽霏等（2020）
结论相似，但不同于高月（2017），此种差异可能是由降雨等气候因素或土壤质地
等不同引起的。

1.7.4 水肥管理模式优选

层次分析法、模糊综合评价等已被广泛应用于电力、交通、校园环境、工程
等领域的方案优选与评价（晏雨婵等，2019；穆永铮等，2015；徐学军和张虎，
2011；夏颜志等，2009）。吴书悦等（2014）通过层次分析法与模糊综合评价对南
京区域用水总量情况进行了评价。蒋光昱等（2019）通过层次分析法与模糊综合
评价对西北典型节水灌溉技术的性能进行了评级。邢立文等（2019）利用熵权-
模糊层次分析法对痕灌条件下温室草莓的水肥管理进行了优化。本章将层次分析
法与模糊综合评价相结合对陕北榆林风沙区马铃薯的水肥耦合效应进行了综合评
价，从马铃薯的经济效益、品质、水肥利用效率及环境效益等角度综合考虑，通
过最大隶属度的分析方法发现在陕北风沙区处理 W_2F_4、W_3F_2、W_3F_3 和 W_3F_4 均表
现优异，但经过评分排名，最佳的灌溉施肥组合为滴灌量为充分灌水水平 100%
ET_c，施肥量（N-P_2O_5-K_2O）为 200kg/hm^2-80kg/hm^2-300kg/hm^2，各目标最优。良
好的水分、养分吸收是作物高产的基础，高水肥处理提高了马铃薯的叶面积指数、
光合能力，增加了干物质的积累及养分的吸收，从而为马铃薯的高产优质打下了
基础，但施肥量过高使产量增加受限，增加了土壤化肥残留与淋溶量，对环境不
利。水分和养分胁迫虽然有利于提高马铃薯的水肥生产力，但对马铃薯的生长产
生了一定的限制，不利于最后产量的形成。

1.8 结　　论

本研究采用滴灌施肥模式，以马铃薯"紫花白"为试验研究对象，2018 年和
2019 年设置滴灌量、施肥量 2 个因素，其中滴灌量包括 3 个水平，施肥量包括 5
个水平；2 年试验均采用完全组合设计，研究不同滴灌施肥组合对马铃薯植株的
生长、生理、块茎品质、产量、干物质累积、养分吸收转运、水肥利用效率、土
壤养分及水分运移动态的影响。应用主成分分析法、层次分析法与模糊综合评价
相结合的方法对马铃薯水肥耦合效应进行了评价，寻求马铃薯高产、优质、高效
及减少土壤养分残留的最佳灌溉施肥管理模式，结果如下。

1）产量及其构成要素、叶面积指数（LAI）、干物质累积量及品质之间呈显著正相关关系；叶面积指数呈单峰曲线变化，干物质累积量呈"S"形曲线变化，净同化率（NAR）呈指数降低规律；当施肥量相同时，马铃薯的叶面积指数、叶面积持续期、干物质累积量、产量、单株薯重、商品薯重、淀粉含量、维生素 C 含量和净收益均随滴灌量的增加而增加。当滴灌量相同时，马铃薯的叶面积指数、干物质累积量、产量、单株薯重、商品薯、大薯重和净收益均随着施肥量的增加而增加；淀粉含量和维生素 C 含量随着施肥量的增加先增大后减小，SPAD 值在充分灌溉条件下随着施肥量的增加先增大后减小；但在充分灌水水平 W_3 条件下，施肥水平 F_3 和 F_4 之间的产量及其构成要素、净收益和 SPAD 值均无显著差异。通过主成分分析对马铃薯的产量构成要素及品质进行了综合评价，当施肥水平相同时，灌水水平 W_1 下品质最差，当灌水水平相同时，F_3 处理的品质最优，F_0 处理的品质最差。

2）马铃薯生育前期，氮、磷、钾主要集中在叶片中，随着生育期的推进，氮、磷、钾累积吸收量呈现慢—快—慢"S"形曲线生长变化规律，在收获期，氮、磷、钾主要集中在块茎中，表现为块茎＞叶片＞茎秆＞根系；养分累积速率最大值出现在马铃薯播种后 60～70d。马铃薯各器官的氮、磷、钾累积量均随着滴灌量的增加而增加，施肥和灌水均有利于增加植株对养分的吸收。

3）当施肥水平相同时，马铃薯的肥料利用效率和肥料偏生产力均随着滴灌量的增加而增加；磷素利用效率显著高于氮素和钾素；在同一施肥水平下，随着施肥量的增加，肥料偏生产力呈指数递减，肥料利用效率先增大后减小，呈二次抛物线性关系。

4）在 0～100cm 土层内，当施肥水平相同时，由于流失和植物吸收，硝态氮、速效磷、速效钾含量随着滴灌量的增加而减小，在垂直深度上，随着滴灌量的增加硝态氮、速效磷、速效钾向下运移；硝态氮、速效磷、速效钾的淋失量也随着滴灌量的增加而增大；当灌水水平相同时，硝态氮、速效磷、速效钾累积量随着施肥量的增大而增大；不施肥 F_0 条件下，硝态氮、速效磷、速效钾含量分布随着水平距离的增大而增大，滴头下 0cm 处的硝态氮、速效磷、速效钾含量最低；并且在灌水水平 W_1 和 W_2 条件下，硝态氮、速效磷、速效钾含量分布随着垂直深度的增加而减小。在施肥水平 F_1、F_2、F_3 和 F_4 条件下，硝态氮、速效磷、速效钾含量分布随着水平距离的增大而减小，滴头下 0cm 处的硝态氮、速效磷、速效钾含量最高。高肥处理获得高产的同时增大了养分残留与流失的风险，对环境效益不利。

5）在陕北风沙区，土壤含水量在 40cm 以下普遍低于上层。在播种前期气候干旱，20cm 和 30cm 处土壤含水量最高。在马铃薯全生育期，低灌水水平 W_1 的底层 50cm 和 70cm 处土壤含水量变化幅度较小，灌水水平 W_3 的底层 50cm 和 70cm

处土壤含水量变化幅度较大。各土层含水量随着滴灌量的增加而增加，在块茎形成期和膨大期水分消耗最快，并且土壤含水量大体上随着施肥量的增加而减小。当滴灌量相同时，随着施肥量的增加，耗水量、水分利用效率和灌溉水分利用效率均增加，但当灌水水平为 W_3 时，施肥水平 F_3 和 F_4 之间的水分利用效率和灌溉水分利用效率无显著差异；当施肥量相同时，随着滴灌量的增加，马铃薯耗水量变大，但灌溉水分利用效率降低，水分利用效率随着滴灌量的增加先增大后减小。

6）基于层次分析法与模糊综合评价相结合的方法对陕北榆林风沙区马铃薯的水肥耦合效应进行了综合评价，从马铃薯的经济效益、品质、水肥利用效率及环境效益等角度综合考虑，发现在陕北风沙区处理 W_2F_4、W_3F_2、W_3F_3 和 W_3F_4 均表现优异，但经过评分排名，最佳的灌溉施肥组合为充分灌水水平 W_3（100% ET_c），施肥量（N-P_2O_5-K_2O）F_3（200kg/hm^2-80kg/hm^2-300kg/hm^2）。

参 考 文 献

毕经伟, 张佳宝, 陈效民, 等. 2003. 农田土壤中土壤水渗漏与硝态氮淋失的模拟研究. 灌溉排水学报, 22(6): 23-26.

毕丽霏, 张富仓, 王海东, 等. 2020. 水肥调控对滴灌马铃薯生长、品质及水肥利用的影响. 干旱地区农业研究, 38(1): 155-165.

陈百翠, 魏峭嵘, 石瑛, 等. 2014. SPAD 值在马铃薯氮素营养诊断和推荐施肥中的研究与应用. 吉林农业科学, (4): 26-30.

陈华, 刘孟君, 刘如霞. 2016. 不同施肥水平对菜用马铃薯农艺性状及营养品质的影响. 西北农业学报, 25(2): 220-226.

陈康, 邓兰生, 涂攀峰, 等. 2011. 不同水肥调控措施对马铃薯种植土壤养分运移的影响. 广东农业科学, 38(20): 51-54.

陈瑞英. 2011. 水氮互作对马铃薯产量和氮素吸收利用特性的影响. 内蒙古农业大学硕士学位论文.

陈子俊. 1994. 马铃薯缺素症的矫治. 农家科技, (12): 20-21.

成强生, 李庆生. 2005. 油菜群体净同化率变化规律的研究. 安徽农业科学, (1): 19-20.

段玉, 张君, 李焕春, 等. 2014. 马铃薯氮磷钾养分吸收规律及施肥肥效的研究. 土壤, 46(2): 212-217.

方栋平, 吴立峰, 张富仓, 等. 2016. 灌水量和滴灌施肥方式对温室黄瓜产量和养分吸收的影响. 灌溉排水学报, 35(11): 34-41.

方红卫, 孙世群, 朱雨龙, 等. 2009. 主成分分析法在水质评价中的应用及分析. 环境科学与管理, 34(12): 152-154.

房祥吉, 姜远茂, 彭福田, 等. 2010. 灌水量对盆栽平邑甜茶生长与 ^{15}N 吸收、利用和损失的影响. 水土保持学报, 24(6): 76-78+122.

冯兆忠, 王效科, 冯宗炜, 等. 2004. 干旱地区灌溉农业土壤 NO_3^--N 淋溶特征的研究//中国生态学会. 生态学与全面·协调·可持续发展: 中国生态学会第七届全国会员代表大会论文摘要荟萃. 绵阳: 中国生态学会.

冯志文, 康跃虎, 万书勤, 等. 2017. 滴灌施肥对内蒙古沙地马铃薯生长和水肥利用的影响. 干旱地区农业研究, 35(5): 242-249.

高月. 2017. 榆林沙土区不同水肥供应对马铃薯生长和水肥利用的影响. 西北农林科技大学硕士学位论文.

郭元裕. 1986. 农田水利学. 2 版. 北京: 水利电力出版社.

侯翔皓, 张富仓, 胡文慧, 等. 2019. 灌水频率和施肥量对滴灌马铃薯生长、产量和养分吸收的影响. 植物营养与肥料学报, 25(1): 85-96.

侯玉虹, 陈传永, 胡小凤, 等. 2012. 春玉米群体净同化率(NAR)动态变化特征及定量化分析. 玉米科学, (): 71-76.

蒋光昱, 王忠静, 索滢. 2019. 西北典型节水灌溉技术综合性能的层次分析与模糊综合评价. 清华大学学报(自然科学版), 59(12): 981-989.

康小华. 2012. 不同施钾水平对马铃薯生长发育、产量、品质及土壤养分的影响. 甘肃农业大学硕士学位论文.

李浩鑫, 邵东国, 尹希, 等. 2015. 基于主成分和 Coupla 函数的灌溉用水效率评价方法. 农业工程学报. (11): 96-102.

李静, 李志军, 张富仓, 等. 2016. 水氮供应对温室黄瓜叶绿素含量及光合速率的影响. 干旱地区农业研究, 34(5): 198-204.

李培岭, 张富仓. 2011. 不同沟灌方式下根区水氮调控对棉花群体生理指标的影响. 农业工程学报, 27(2): 38-45.

李勇, 吕典秋, 胡林双, 等. 2013. 不同氮磷钾配比对马铃薯原原种的产量、干物质含量和经济系数的影响. 中国马铃薯, (5): 288-292.

梁锦秀, 郭鑫年, 张国辉, 等. 2015. 氮磷钾肥配施对宁南旱区马铃薯产量和水分利用效率的影响. 中国农学通报, 31: 49-55.

梁琪. 2005. 企业经营管理预警: 主成分分析在 logistic 回归方法中的应用. 管理工程学报, 19(1): 100-103.

梁潇. 2012 施氮对膜下滴灌不同品种马铃薯氮素吸收积累及利用效率的影响. 内蒙古农业大学硕士学位论文.

梁潇, 张胜, 蒙美莲, 等. 2013. 追氮对膜下滴灌马铃薯氮素吸收积累规律及利用效率的影响. 中国马铃薯, (1): 42-47.

梁艳琼, 吴伟怀, 李锐, 等. 2015. 热带作物根际土壤解磷微生物筛选鉴定及其生防效果评价// 中国植物保护学会. 中国植物保护学会 2015 年学术年会论文集. 长春: 中国植物保护学会.

刘凡. 2014. 干旱区马铃薯膜下滴灌条件下水肥耦合效应研究. 西北农林科技大学硕士学位论文.

刘向梅. 2013. 氮磷钾施用量及施用时期对马铃薯干物质和养分积累分配的影响. 东北农业大学硕士学位论文.

卢建武, 邱慧珍, 张文明, 等. 2013. 半干旱雨养农业区马铃薯干物质和钾素积累与分配特性. 应用生态学报, 24(2): 423-430.

马慧娥. 2015. 宁夏干旱区马铃薯膜下滴灌水肥耦合试验研究. 宁夏大学硕士学位论文.

穆永铮, 鲁宗相, 乔颖, 等. 2015. 基于多算子层次分析模糊评价的电网安全与效益综合评价指标体系. 电网技术, 39(1): 23-28.

聂云. 2000. 过量施肥氮肥和磷肥对环境的危害. 耕作与栽培, (4): 43.

秦欣, 刘克, 周顺利. 2012. 华北地区冬小麦节水栽培氮吸收利用特征研究. 中国农业科技导报, 14(5): 96-101.

宋娜, 王凤新, 杨晨飞, 等. 2013. 水氮耦合对膜下滴灌马铃薯产量、品质及水分利用的影响. 农业工程学报, 29(13): 98-105.

孙洪仁, 江丽华, 张吉萍, 等. 2018. 中国马铃薯土壤氮磷钾丰缺指标与适宜施肥量. 中国农学通报, 36(5): 78-85.

孙磊, 刘向梅, 谷浏涟, 等. 2013. 施氮时期对马铃薯钾积累分配及块茎级别的影响. 作物杂志, (2): 100-103.

佟长福, 郭克贞, 赵淑银, 等. 2008. 基于层次分析法的牧区节水灌溉示范工程生态效益评价. 干旱地区农业研究, 26(2): 139-143.

万书勤, 汪然, 康跃虎, 等. 2016. 微咸水滴灌施肥灌溉对马铃薯生长和水肥利用的影响. 灌溉排水学报, 35(7): 1-7.

王宁娟. 2014. 不同开垦年限对农田黑土磷素形态及有效性的影响. 东北农业大学硕士学位论文.

王西瑶, 朱涛, 邹雪, 等. 2009. 缺磷胁迫增强了马铃薯植株的耐旱能力. 作物学报, 35(5): 875-883.

王秀康, 杜常亮, 邢金金, 等. 2017. 基于施肥量对马铃薯块茎品质影响的主成分分析. 分子植物育种, 15(5): 2003-2008.

王祎. 2012. 清水县耕层主要养分空间变异与肥力等级研究. 甘肃农业大学硕士学位论文.

吴立峰. 2015. 新疆棉花滴灌施肥水肥耦合效应与生长模拟研究. 西北农林科技大学博士学位论文.

吴书悦, 杨雨曦, 彭宜蔷, 等. 2014. 区域用水总量控制模糊综合评价研究. 南水北调与水利科技, 12(4): 92-97.

吴晓红, 曾路生, 李俊良, 等. 2016. 膜下滴灌不同施肥处理对马铃薯产量和品质及肥料利用率的影响. 华北农学报, 31(5): 193-198.

夏建国, 李廷轩, 邓良基, 等. 2000. 主成分分析法在耕地质量评价中的应用. 西南农业学报, 13(2): 51-55.

夏腾霄. 2015. 不同灌水量对膜下滴灌马铃薯生长及根区水、硝态氮运移规律影响. 内蒙古农业大学硕士学位论文.

夏颜志, 李建华, 杨秀娟, 等. 2009. 校园环境质量的模糊综合评价. 科技信息, (2): 75-77.

向友珍. 2017. 滴灌施肥条件下温室甜椒水氮耦合效应研究. 西北农林科技大学博士学位论文.

邢立文, 崔宁博, 董娟, 等. 2019. 基于熵权-模糊层次分析法的痕灌草莓水肥效应评价. 排灌机械工程学报, 37(9): 815-821.

邢英英, 张富仓, 张燕, 等. 2014. 膜下滴灌水肥耦合促进番茄养分吸收及生长. 农业工程学报, 30(21): 70-80.

邢英英, 张富仓, 张燕, 等. 2015. 滴灌施肥水肥耦合对温室番茄产量, 品质和水氮利用的影响. 中国农业科学, 48(4): 713-726.

徐学军, 张虎. 2011. 模糊综合评价法在引江济巢工程引水线路优选中的应用. 水资源与水工程学报, (3): 140-142+145.

晏雨婵, 白璐, 武奇生, 等. 2019. 基于多指标模糊综合评价的交通拥堵预测与评估. 计算机应用研究, 36(12): 3697-3700+3704.

杨海波, 杨海明, 孙国梁, 等. 2018. 阴山北麓节水灌溉马铃薯田氮素平衡研究. 北方农业学报, 46(5): 54-60.

杨虹. 2000. 用层次分析法综合评价自然生态环境质量. 辽宁城乡环境科技, (6): 49-50.

叶优良, 李隆, 张福锁, 等. 2004. 灌溉对大麦/玉米带田土壤硝态氮累积和淋失的影响. 农业工程学报, 20(5): 105-109.

张朝春, 江荣风, 张福锁, 等. 2005. 氮磷钾肥对马铃薯营养状况及块茎产量的影响. 中国农学通报, 21(9): 279-283.

张朝巍, 董博, 郭天文, 等. 2011. 补充灌溉对半干旱区马铃薯产量和水分利用效率的影响. 甘肃农业科技, 31(5): 7-10.

张富仓, 高月, 焦婉如, 等. 2017. 水肥供应对榆林沙土马铃薯生长和水肥利用效率的影响. 农业机械学报, 48(3): 270-278.

张海霞, 李美娜, 付增娟, 等. 2013. 土壤条件对马铃薯种植的影响. 吉林农业, (12): 48-49.

张皓, 周丽敏, 申双和, 等. 2019. 不同钾肥施用量对马铃薯产量、品质及土壤质量的影响. 江苏农业科学, 47(11): 116-119.

张西露, 刘明月, 伍壮生, 等. 2010. 马铃薯对氮、磷、钾的吸收及分配规律研究进展. 中国马铃薯, 24(4): 237-241.

张小静, 陈富, 袁安明, 等. 2013. 氮磷钾施肥水平对西北干旱区马铃薯生长及产量的影响. 中国马铃薯, (4): 222-225.

赵欢, 芶久兰, 何佳芳, 等. 2015. 钾肥对马铃薯干物质积累、钾素吸收及利用效率的影响. 西南农业学报, (2): 206-211.

赵欢, 刘海, 何佳芳, 等. 2013. 不同肥料组合对马铃薯产量、生物性状和土壤肥力的影响. 贵州农业科学, (12): 110-114.

赵杰, 张凯, 杨亚东, 等. 2018. 膜下滴灌施氮对马铃薯产量和水氮利用效率的影响//中国农学会耕作制度分会. 中国农学会耕作制度分会 2018 年度学术年会论文摘要集. 哈尔滨: 中国农学会耕作制度分会.

周洪华. 2006. 离体培养下氮素浓度对小麦籽粒蛋白质和 mRNA 差异表达影响的研究. 石河子大学硕士学位论文.

Allen R G, Pereira L S, Raes D, et al. 1998. Crop Evapotranspiration: Guidelines for Computing Crop Water Requirements. Irrigation and Drainage Paper No 56. Rome: Food and Agriculture Organization of the United Nations (FAO).

Badr M A, El-Tohamy W A, Zaghloul A M. 2012. Yield and water use efficiency of potato grown under different irrigation and nitrogen levels in an arid region. Agricultural Water Management, 110: 9-15.

Camargo D C, Montoya F, Córcoles J I, et al. 2015. Modeling the impacts of irrigation treatments on potato growth and development. Agricultural Water Management, 150: 119-128.

Ierna A, Pandino G, Lombardo S, et al. 2011. Tuber yield, water and fertilizer productivity in early potato as affected by a combination of irrigation and fertilization. Agricultural Water Management. 101: 35-41.

Kashyap P S, Panda R K. 2003. Effect of irrigation scheduling on potato crop parameters under water stress conditions. Agricultural Water Management, 59: 49-66.

Lahlou O, Ledent J F. 2005. Root mass and depth, stolons and roots formed on stolons in four cultivars of potato under water stress. European Journal of Agronomy, 22: 159-173.

Li S T, Duan Y, Guo T W, et al. 2015. Potassium management in potato production in northwest region of China. Field Crops Research, 174: 48-54.

Onder S, Caliskan M E, Onder D, et al. 2005. Different irrigation methods and water stress effects on potato yield and yield components. Agricultural Water Management, 73(1): 73-86.

Oweis T Y, Farahani H J, Hachum A Y. 2011. Evapotranspiration and water use of full and deficit irrigated cotton in the Mediterranean environment in northern Syria. Agricultural Water Management, 98(8): 1239-1248.

Saaty T L. 1977. A scaling method for priorities on hierarchical structures. Journal of Mathematical Psychology, 15(3): 234-281.

Saue T, Kadaja J. 2014. Water limitations on potato yield in estonia assessed by crop modelling. Agricultural & Forest Meteorology, 194: 20-28.

Sun H Y, Wang S F, Hao X M. 2017. An improved analytic hierarchy process method for the evaluation of agricultural water management in irrigation districts of north China. Agricultural Water Management, 179: 324-337.

Wang H D, Li J, Cheng M H, et al. 2019a. Optimal drip fertigation management improves yield, quality, water and nitrogen use efficiency of greenhouse cucumber. Scientia Horticulturae, 243: 357-366.

Wang H D, Wang X K, Bi L F, et al. 2019b. Multi-objective optimization of water and fertilizer management for potato production in sandy areas of northern China based on TOPSIS. Field Crops Research, 240: 55-68.

Woli P, Hoogenboom G, Alva A. 2016. Simulation of potato yield, nitrate leaching, and profit margins as influenced by irrigation and nitrogen management in different soils and production regions. Agricultural Water Management, 171: 120-130.

Yuan B Z, Nishiyama S, Kang Y H. 2003. Effects of different irrigation regimes on the growth and yield of drip-irrigated potato. Agricultural Water Management, 63(3): 153-167.

Zadeh L A. 1976. A fuzzy-algorithmic approach to the definition of complex or imprecise concepts. International Journal of Man-Machine Studies, 8(3): 249-291.

Zewide I, Mohammed A, Tades S T. 2016. Potato (*Solanum tuberosum* L.) growth and tuber quality, soil nitrogen and phosphorus content as affected by different rates of nitrogen and phosphorus at Masha district in southwestern Ethiopia. International Journal of Agricultural Research, 11(3): 95-104.

Zhou Z J, Plauborg F, Liu F L, et al. 2018. Yield and crop growth of table potato affected by different split-N fertigation regimes in sandy soil. European Journal of Agronomy, 92: 41-50.

第 2 章　水肥供应对马铃薯生长、产量及水肥利用的影响

2.1　概　　述

北方地区气候干旱，降水量少，而且降水在时空分布上还不均匀，造成作物生长期内不可避免地出现水分亏缺。水分不足必然影响土壤养分的运移和植物水分的吸收，从而对产量产生不利影响。因此，生育期内适当供水将是适应旱地农业、提高作物产量的有效措施。马铃薯是继水稻、小麦和玉米之后的世界第四大农作物，特别是在陕西，由于土质和气候条件，适合大面积种植马铃薯，且经济效益显著，也是北方旱区的主要粮食作物之一。马铃薯是一种对水肥要求较高的作物，因此水和肥是影响马铃薯生长发育的重要因素。目前我国北方马铃薯种植区，大田灌溉方式仍是大水漫灌和土壤撒施肥料，水肥利用效率极低。虽然国内在近几年开始有少量滴灌施肥对马铃薯生长影响的研究报道（宋娜等，2013；井涛等，2012；邓兰生等，2009），但在缺水的北方马铃薯种植区，研究马铃薯作物的水肥耦合效应，对节水节肥及提高马铃薯的产量和品质有十分重要的作用和意义。本研究针对陕西榆林地区马铃薯种植现状，探索滴灌施肥供应模式对马铃薯作物在不同水肥处理条件下的生长发育、根系活力、光合速率、产量、水分利用效率（WUE）及养分迁移和吸收等指标的影响，提出马铃薯同步灌溉施肥条件下的最佳灌溉施肥指标及相应的灌溉施肥技术参数与供水供肥模式，促进水分养分耦合利用效率的提高，达到以肥调水、以水促肥的增产增效的目的。

2.2　试验设计与方法

2.2.1　试验区概况

试验于 2015 年 6 月到 10 月在陕西省榆林市西北农林科技大学马铃薯试验站进行。试验地区位于北纬 38°23′、东经 109°43′。试验站海拔为 1050m，年平均气温为 8.6℃，年平均降水量为 371mm。园区内试验土壤 0~20cm 土层为沙质层，20~40cm 土层为淤泥层，40~60cm 土层为沙质层，60~80cm 土层为淤泥层，80~100cm 土层为沙质层。0~20cm 土壤的基本性状为：有机质含量为 5.05g/kg，全

氮含量为 0.38g/kg，速效磷含量为 13.95mg/kg，速效钾含量为 87mg/kg，土壤 pH 为 8.1。

2.2.2 试验设计

本试验设置滴灌量和施肥量两个因素。滴灌量设置 3 个灌水水平：W_1（60% ET_c）、W_2（80% ET_c）和 W_3（100% ET_c）。施肥量设置 3 个施肥水平：$N_1P_1K_1$（100kg/hm²-40kg/hm²-150kg/hm²）、$N_2P_2K_2$（175kg/hm²-60kg/hm²-225kg/hm²）和 $N_3P_3K_3$（250kg/hm²-80kg/hm²-300kg/hm²）。试验共 9 个处理（表 2-1），每个处理重复 3 次，共 27 个小区。小区长 26m、宽 1.7m，面积 44.2m²。相邻处理均间隔 1m，试验地两端设置保护行。

表 2-1 马铃薯滴灌量与施肥量两因素试验方案

处理	滴灌量	施肥量（N-P₂O₅-K₂O）（kg/hm²）	
1		$N_1P_1K_1$	100-40-150
2	W_1（60% ET_c）	$N_2P_2K_2$	175-60-225
3		$N_3P_3K_3$	250-80-300
4		$N_1P_1K_1$	100-40-150
5	W_2（80% ET_c）	$N_2P_2K_2$	175-60-225
6		$N_3P_3K_3$	250-80-300
7		$N_1P_1K_1$	100-40-150
8	W_3（100% ET_c）	$N_2P_2K_2$	175-60-225
9		$N_3P_3K_3$	250-80-300

供试马铃薯品种为榆林当地主栽品种"紫花白"，是我国目前种植面积较大的品种之一。与其他品种相比，具有生育期短、块茎膨大早而快、植株生长速度快、块茎耐贮藏等特点，且耐旱耐涝、抗病性较强。马铃薯于 2015 年 6 月 20 日播种，播种深度 8～10cm，于 10 月 2 日收获。试验种植方式为机械起垄，垄宽 0.85m，株距 20cm，密度为 58 830 株/hm²。滴灌施肥系统中的管道、施肥罐（15L）、水表和滴灌管（管径 16mm，滴头间距 30cm）等均为市售材料。肥料采用尿素（N 46.4%）、磷酸二铵（N 18%，P_2O_5 46%）和硝酸钾（N 13.5%，K_2O 46%）。滴灌施肥时先将肥料溶于水，然后通过施肥罐进行滴灌施肥。滴灌量通过水表控制，每个小区装有独立的水表和阀门。

马铃薯全生育期内共灌水 10 次，施肥 8 次，灌水和施肥频率均为 7d 一次。滴灌施肥从第二次灌水开始，每次等量施加 $N_1P_1K_1$（12.5kg/hm²-5kg/hm²-18.75kg/hm²）、$N_2P_2K_2$（21.875-7.5-28.125kg/hm²）和 $N_3P_3K_3$（31.25-10-37.5kg/hm²）。滴灌施肥采用肥料利用效率高的 1/4-1/2-1/4 模式，即前 1/4 时间灌清水，中间 1/2

时间打开施肥罐施肥，后 1/4 时间再灌清水冲洗，灌溉水利用系数为 0.95（栗岩峰等，2006）。

示范园区内设有自动气象站，并通过 FAO56-彭曼公式及马铃薯作物系数计算不同生育期的滴灌量（Allen et al.，1998），计算公式见第 1 章式（1-1）和式（1-2）。W_1、W_2 和 W_3 灌水总量分别为 151.58mm、202.11mm 和 252.65mm，生育期总降水量为 159.4mm（表 2-2）。

表 2-2　马铃薯生育期内参考作物蒸散量（ET_0）、作物系数（K_c）、作物需水量（ET_c）及滴灌量

灌水次数	灌水日期	ET_0（mm）	K_c	ET_c（mm）	W_1（mm）	W_2（mm）	W_3（mm）
1	7 月 16 日	31.67	0.4	12.67	7.60	10.14	12.67
2	7 月 23 日	37.83	0.5	18.91	11.35	15.13	18.91
3	7 月 31 日	39.19	0.5	19.60	11.76	15.68	19.60
4	8 月 07 日	33.15	0.8	26.52	15.91	21.21	26.52
5	8 月 14 日	27.39	0.8	21.92	13.15	17.53	21.92
6	8 月 21 日	36.47	1.2	43.77	26.26	35.02	43.77
7	8 月 28 日	34.91	1.2	41.89	25.13	33.51	41.89
8	9 月 04 日	32.89	0.95	31.24	18.75	24.99	31.24
9	9 月 11 日	19.04	0.95	18.09	10.85	14.47	18.09
10	9 月 18 日	24.05	0.75	18.04	10.82	14.43	18.04
总计		316.59		252.65	151.58	202.11	252.65

2.2.3　观测指标与方法

1. 生长指标

各试验小区随机取样，分别测定马铃薯苗期、块茎形成期、块茎膨大期、淀粉积累期和成熟期的株高和叶面积指数。株高用卷尺测定；叶面积用打孔法测定，叶面积指数 = 叶片总面积 ÷ 所占土地面积。成熟期在各小区随机挖取 3 株完整马铃薯，测定地上部分和地下部分的干物质累积量，包括叶、茎、根和块茎。在 105℃ 条件下杀青 30min 后，置于 75℃ 条件下烘干至恒重，精确至 0.01g。马铃薯根系和块茎杀青前需用清水洗净，并用吸水纸吸干其表面的水分。

对于马铃薯干物质累积量的模拟采用高斯单峰分布模型（Feng et al.，2007），公式见 1.3.1 节。干物质累积量转运计算公式如下：

营养器官（根/茎/叶）花前贮藏干物质转运量 = 开花期干重 - 成熟期干重；

花后块茎干物质累积量 = 成熟期块茎干重 - 营养器官花前贮藏干物质转运量 - 开花期块茎干重；

对块茎干重的贡献率（%）= 花前贮藏干物质转运量（或花后块茎积累量）÷ 成熟期块茎干重。

2. 产量

各试验小区随机挖取单位面积的马铃薯称取总重量计算产量，并称取各单株马铃薯每个块茎的重量计算单株薯重、大薯重（单个块茎大于 150g）和商品薯重（单个块茎大于 75g）。

水分利用效率：水分利用效率（kg/m³）= 作物产量（kg/hm²）÷ 作物全生育期内的耗水量（mm）。

肥料偏生产力：肥料偏生产力（kg/kg）= 作物产量（kg/hm²）÷ 作物全生育期投入 N、P_2O_5 和 K_2O 的总量（kg/hm²）。

3. 植株养分吸收

在马铃薯生育期内采集植物样品，分为根、茎、叶、块茎取样，每个处理选 3 株，称完鲜重后放入干燥箱在 105℃下杀青 0.5h，75℃恒温干燥至恒重，用电子天平称量干物质累积量。所有植物样品均干燥后粉碎过 0.5mm 筛，用浓 H_2SO_4-H_2O_2 消煮，消煮液用于养分的测定：全氮和全磷用 SEAL-AA3 连续流动分析仪测定（Auto Analyzer-Ⅲ，德国 Bran Luebbe 公司），全钾用原子吸收分光光度计（Z-2000 系列）测定。

相关计算公式如下：

各器官氮（磷/钾）吸收量（kg/hm²）= 各器官全氮（磷/钾）含量 × 干物质累积量 × 种植密度

各器官氮（磷/钾）分配比例（%）= 各器官全氮（磷/钾）吸收量 ÷ 植株氮（磷/钾）总吸收量 ×100%

氮（磷/钾）素利用效率（kg/kg）= 产量 ÷ 植株总氮（磷/钾）吸收量

氮（磷/钾）素吸收效率（kg/kg）= 植株总氮（磷/钾）吸收量 ÷ 氮（磷/钾）养分投入

4. 土壤养分

土壤样品采用土钻法获取，沿着滴灌管滴头的方向取点，于成熟期用土钻取土，每 20cm 取土一次，测定土壤深度为 0～100cm，鲜样取回后捏碎，经风干后混匀过 2mm 筛。称取 5g 风干土样，用 50mL 的氯化钾溶液（2mol/L）浸提振荡 0.5h 后过滤，用连续流动分析仪测定土壤中硝态氮含量；用 0.5mol/L $NaHCO_3$ 溶液和无磷活性炭浸提（干土 2.5g，土液比 1∶20），用流动分析仪测定土壤中速效磷的含量；用 1mol/L 的中性 NH_4OAc（pH 7）溶液（干土 5g，土液比 1∶10）浸提,用原子吸收分光光度计（HITACHI Z-2000,日本日立公司）测定土壤中速效钾的含量。

采用 Excel 进行数据整理、SPSS 22.0 统计分析软件进行方差分析,多重比较采用 Duncan's 新复极差法（$P<0.05$ 为显著性水平）。运用 Origin 8.0 软件作图。

2.3 水肥供应对马铃薯生长、产量和经济效益的影响

近些年来,国内外许多学者就马铃薯作物的产量和品质提高的滴灌或施肥技术进行了大量的研究,大多集中在不同种植方式（秦军红等,2013）、不同灌溉量及灌溉方式（黄仲冬等,2010；Ahmadi et al.,2010）、施肥方式（张绪成等,2016,于显枫等,2016）、氮磷钾施肥水平（张小静等,2013）,以及滴灌施肥条件下单因素水肥耦合对马铃薯的产量和养分利用效率的影响等。Badr 等（2013）通过马铃薯 4 个灌水水平和氮素水平的交互作用,确定了马铃薯适宜的水氮用量。何建勋等（2016）通过进行马铃薯水肥耦合盆栽试验,建立了马铃薯生长量与产量的关系方程。结果表明,单因素水肥耦合对马铃薯产量和水分养分利用效率有显著的影响。但是有关马铃薯水肥耦合模式下氮、磷、钾用量的研究不足。袁安明和张小静（2012）发现不合理的氮、磷、钾用量会导致地上部薯秧徒长,地下部薯块发育不良,品质较差,增加生产成本。李勇等（2013a）发现合理的氮、磷、钾用量可以显著增加马铃薯的茎粗和分枝数,进而提高马铃薯的产量。尹梅等（2016）发现在少耕覆盖模式下,合理的氮、磷、钾用量可以提高肥料利用效率高,增加产量效益。Radouani 和 Lauer（2015）通过培养基研究了不同氮、磷、钾用量对马铃薯生长的影响,发现合理的氮、磷、钾用量可以显著提高马铃薯块茎质量。但将滴灌和施肥技术相结合的研究较少。因此,科学的马铃薯水肥管理已成为榆林沙土区的一项重要突出问题。

2.3.1 株高和叶面积指数

表 2-3 为不同水肥供应对马铃薯株高和叶面积指数的影响,从中可看出滴灌量和施肥量对马铃薯株高和叶面积指数均有极显著影响（$P<0.01$）。但水肥交互作用在后期对马铃薯株高和叶面积指数的影响不显著。不同水肥耦合处理条件下,马铃薯的株高随生育期的延长而增加。苗期各处理株高增加最快,且各处理之间存在显著差异,高水高肥（$W_3N_3P_3K_3$）处理株高明显大于其他处理,说明马铃薯苗期对水肥需求较大,增加灌溉施肥有利于植株的生长。在块茎形成期时,其生长规律与苗期无显著差别。在块茎膨大期时,高肥（$N_3P_3K_3$）处理下株高增长减慢（0.61cm/d）,与中肥（$N_2P_2K_2$）处理无显著差异。在淀粉积累期和成熟期时,

中肥（$N_2P_2K_2$）处理下的株高明显大于高肥（$N_3P_3K_3$）处理，高水中肥（$W_3N_2P_2K_2$）处理株高达到最大值 69.02cm。马铃薯全生育内随着滴灌量的增加，株高显著增加，W_3 处理平均株高比 W_2 和 W_1 高 4.14%和 10.09%，说明充分灌溉有助于植株株高的增加；在滴灌量相同时，$N_2P_2K_2$ 处理平均株高比 $N_1P_1K_1$ 和 $N_3P_3K_3$ 高 12.21%和 6.94%，说明少量施肥不利于植株株高的生长，过多施肥反而抑制植株株高的增加。

表 2-3   不同水肥供应对马铃薯株高和叶面积指数的影响

生长指标	灌溉施肥处理		全生育期				
			苗期	块茎形成期	块茎膨大期	淀粉积累期	成熟期
株高（cm）	$N_1P_1K_1$	W_1	18.17f	32.35e	41.55e	48.42g	54.23h
		W_2	20.57e	35.19d	44.70d	51.55f	57.52g
		W_3	24.14cd	39.77c	47.42c	54.47de	60.87e
	$N_2P_2K_2$	W_1	22.61d	38.96c	49.95b	55.40cd	61.39de
		W_2	24.23cd	39.59c	50.90ab	59.03b	66.23b
		W_3	26.19b	41.35b	52.12a	61.75a	69.02a
	$N_3P_3K_3$	W_1	21.42e	36.39d	46.29c	53.03ef	59.08f
		W_2	25.23bc	40.26cd	49.43b	56.72c	62.57d
		W_3	28.54a	43.92a	52.33a	58.48b	64.43c
显著性检验							
	灌水		134.728**	130.896**	78.895**	77.248**	137.233**
	施肥		83.820**	96.608**	160.298**	116.325**	204.459**
	灌水×施肥		5.096**	11.611**	5.772**	0.327	1.830
叶面积指数	$N_1P_1K_1$	W_1	0.25f	0.61f	2.10e	4.45f	3.98e
		W_2	0.29e	0.66e	2.21de	4.74ef	4.24de
		W_3	0.35c	0.75de	2.40cd	5.01de	4.48cde
	$N_2P_2K_2$	W_1	0.31d	0.73cd	2.47bc	5.05cde	4.59bcd
		W_2	0.34c	0.74bc	2.57abc	5.45cde	4.86bcd
		W_3	0.37b	0.78bc	2.59abc	5.70bcd	5.07abcd
	$N_3P_3K_3$	W_1	0.31de	0.69bc	2.33ab	4.85bc	4.38abc
		W_2	0.36bc	0.76b	2.49a	5.12ab	4.65ab
		W_3	0.40a	0.83a	2.60a	5.33a	4.82a
显著性检验							
	灌水		105.138**	43.320**	13.258**	21.687**	8.770**
	施肥		56.119**	30.115**	25.303**	30.530**	14.352**
	灌溉×施肥		3.101*	2.920	1.032	0.190	0.023

注：*表示差异显著（$P<0.05$）；**表示差异极显著（$P<0.01$）。下同

马铃薯的叶面积指数随着生育期的推进，呈现先增加后减小的趋势，在淀粉积累期叶面积指数达到最大值。叶面积指数随着滴灌量的增加显著增加，在高水（W_3）处理下达到最大。马铃薯叶面积指数随着施肥量增加的呈现先增大后减小

的趋势。在苗期和块茎形成期时，马铃薯叶面积指数在高肥（$N_3P_3K_3$）处理下达到最大。在块茎膨大期时，中肥（$N_2P_2K_2$）处理与高肥（$N_3P_3K_3$）处理的马铃薯叶面积指数无显著差异。在淀粉积累期和成熟期时，马铃薯叶面积指数在中肥（$N_2P_2K_2$）处理下达到最大，但各处理之间无显著差异。

2.3.2 茎粗

表 2-4 为不同水肥供应对马铃薯茎粗的影响，从表中可看出滴灌量和施肥量对马铃薯株高和叶面积指数均有极显著影响（$P < 0.01$）。不同水肥耦合处理条件下，马铃薯的茎粗随生育期的延长而增加。苗期各处理茎粗增加最快，且各处理之间存在显著差异，高水高肥（$W_3N_3P_3K_3$）处理下茎粗明显大于其他处理，说明马铃薯苗期对水肥需求较大，增加灌溉施肥有利于植株的生长。在块茎形成期，其生长规律与苗期无显著差别。在块茎膨大期，高肥（$N_3P_3K_3$）处理下茎粗增长减慢，与中肥（$N_2P_2K_2$）处理无显著差异。在淀粉积累期和成熟期时，中肥（$N_2P_2K_2$）处理下的茎粗明显大于高肥（$N_3P_3K_3$）处理，高水中肥（$W_3N_2P_2K_2$）处理下茎粗达到最大值 21.60cm。马铃薯全生育内随着滴灌量的增加，茎粗显著增加，W_3 处理平均茎粗比 W_2 和 W_1 高 4.26%和 10.21%，说明充分灌溉有助于植株茎粗的增加；在滴灌量相同时，$N_2P_2K_2$ 处理平均茎粗比 $N_1P_1K_1$ 和 $N_3P_3K_3$ 高 12.22%和 4.52%，说明少量施肥不利于植株茎粗的增加，过多施肥反而抑制植株茎粗的增加。

表 2-4　不同水肥供应对马铃薯茎粗的影响

灌溉施肥处理		茎粗（cm）				
		苗期	块茎形成期	块茎膨大期	淀粉积累期	成熟期
$N_1P_1K_1$	W_1	6.24e	11.44d	14.56f	18.95h	16.96f
	W_2	7.20d	12.33c	15.64e	20.13g	18.05e
	W_3	8.61bc	13.76b	16.66cd	21.28de	19.06cd
$N_2P_2K_2$	W_1	7.86c	12.90b	17.44abc	21.47cde	19.35cd
	W_2	8.41c	13.86b	17.81ab	23.15b	20.64b
	W_3	9.20b	14.52ab	18.27a	24.17a	21.60a
$N_3P_3K_3$	W_1	7.42d	12.73c	16.26de	20.63ef	18.55de
	W_2	8.81bc	14.11b	17.30bc	21.88cd	19.81bc
	W_3	9.91a	15.34a	18.31a	22.55bc	20.43b
显著性检验						
灌水		84.441**	41.416**	35.239**	40.091**	54.094**
施肥		42.259**	23.497**	68.172**	58.529**	79.858**
灌溉×施肥		2.961*	0.927	2.190	0.475	0.252

2.3.3 干物质累积量

水分和养分与作物的干物质累积量存在密切关系，图 2-1 为成熟期不同水肥组合处理下的马铃薯干物质累积量。从滴灌量和施肥量的耦合效应看，以高水中肥（$W_3N_2P_2K_2$）处理干物质累积量最大，平均为 278.65g/株；低水低肥（$W_1N_1P_1K_1$）处理干物质累积量最小，平均为 217.77g/株。整体上，在同一施肥水平下，高水（W_3）处理马铃薯干物质累积量大于中水和低水（W_2 和 W_1）处理，W_3 处理平均干物质累积量比 W_2 和 W_1 高 5.20%和 10.41%，说明随着滴灌量的增加，马铃薯干物质累积量有增加的趋势。在同一灌水水平下，中肥（$N_2P_2K_2$）处理马铃薯干物质累积量大于低肥和高肥（$N_1P_1K_1$ 和 $N_3P_3K_3$）处理，$N_2P_2K_2$ 处理平均干物质累积量比 $N_1P_1K_1$ 和 $N_3P_3K_3$ 高 12.46%和 4.74%，说明过多施肥抑制了马铃薯干物质的积累。

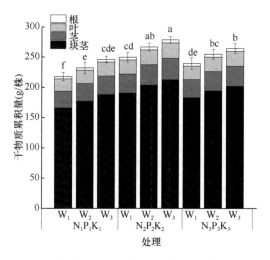

图 2-1　水肥耦合处理对马铃薯干物质累积量的影响

不同小写字母表示差异显著（$P<0.05$）。下同

2.3.4 干物质累积量转运

块茎干物质累积量主要源于开花前块茎的干物质累积量、花后块茎干物质积累和同化产物向块茎的输入（刘星等，2014）。由表 2-5 可知，当施肥量相同时，各处理的干物质转运量对块茎的贡献率均表现为 $W_3>W_2>W_1$（高水中肥处理 $W_3N_2P_2K_2$ 除外），花期前块茎积累量对块茎的贡献率表现为 $W_3>W_2>W_1$（高水中肥处理 $W_3N_2P_2K_2$ 除外）；当滴灌量相同时，各处理的干物质转运量对块茎的贡献率均表现为 $N_3P_3K_3>N_1P_1K_1>N_2P_2K_2$，开花后干物质累积量对块茎的贡献率均

表现为 $N_2P_2K_2>N_3P_3K_3>N_1P_1K_1$；这说明，花期前（苗期和块茎形成期）滴灌量和施肥量增大更有利于花后干物质的转运和花期前块茎的迅速形成；开花后各处理块茎积累量存在随着块茎膨大期施肥量的增加而先增大后减小的趋势，其中块茎积累量最大为 $W_3N_2P_2K_2$ 处理，$W_1N_1P_1K_1$ 处理最小；开花后块茎积累迅速，积累量达到 75%以上，其次是源于花前积累量，而干物质转运量对最终块茎的积累量影响最小。

表 2-5　不同水肥供应对马铃薯贮藏干物质转运量及花后和花期前块茎积累量的影响

灌溉施肥处理		营养器官贮藏干物质转运量（g/株）	贮藏干物质转运量对块茎的贡献（%）	开花后块茎干物质积累量（g/株）	开花后干物质积累量对块茎的贡献率（%）	花期块茎干物质积累量（g/株）	花期前干物质积累量对块茎的贡献率（%）
$N_1P_1K_1$	W_1	5.98	4.00	144.97	81.86	21.13	14.14
	W_2	7.08	4.44	154.38	81.27	22.78	14.29
	W_3	11.28	6.67	162.51	78.30	25.42	15.03
$N_2P_2K_2$	W_1	5.95	2.84	166.69	85.79	23.83	11.37
	W_2	6.94	3.24	178.17	84.79	25.61	11.97
	W_3	7.20	3.08	185.82	85.45	26.84	11.47
$N_3P_3K_3$	W_1	7.66	3.99	159.43	83.77	23.53	12.25
	W_2	10.76	5.28	168.11	81.93	26.08	12.79
	W_3	14.92	7.04	173.32	79.57	28.35	13.39

　　综上结果表明，进入块茎膨大期后块茎干物质累积量迅速增大，对产量起主要作用，块茎膨大期及淀粉积累期适量的施肥量和较大滴灌量有利于马铃薯干物质的积累及较高产量的获得。不同灌水水平和施肥水平对马铃薯干物质累积量转运的影响均达到显著水平（$P<0.05$）。

2.3.5　干物质累积量变化趋势

　　对于马铃薯干物质累积量的模拟采用高斯单峰分布模型（Feng et al.，2007）。图 2-2 分别为不同滴灌量和施肥量下马铃薯干物质累积量的变化趋势。表 2-6 为马铃薯干物质累积量的模型模拟参数计算值。由表 2-6 可以看出，参数 a、b、T_0 的标准差基本在 15%以下，R^2 在 0.98 以上，说明模型参数稳定且模拟精度高。由图 2-2 可以看出，马铃薯干物质累积量变化趋势从苗期至成熟期呈现"S"形，即前期慢，中后期快，末期慢。

　　当施肥量相同时，马铃薯干物质累积量变化趋势表现为：$W_3>W_2>W_1$；当滴灌量相同时，马铃薯干物质累积量前期变化趋势表现为：$N_3P_3K_3>N_2P_2K_2>N_1P_1K_1$，马铃薯干物质累积量中后期变化趋势表现为：$N_2P_2K_2>N_3P_3K_3>N_1P_1K_1$；

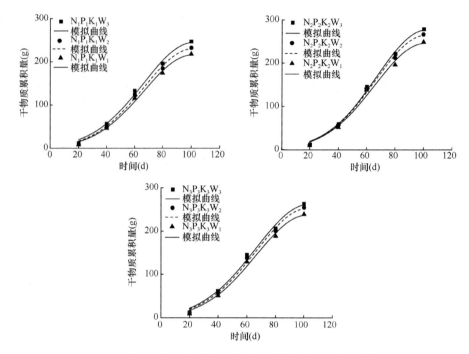

图 2-2　不同水肥供应对马铃薯干物质累积量变化趋势的影响

表 2-6　不同水肥供应下马铃薯干物质累积量模型参数

处理		数值				标准差		
		a（g）	b（g/d）	T_0（d）	R^2	a	b	T_0
$N_1P_1K_1$	W_1	216.19	35.31	101.55	0.990	9.56	3.84	5.59
	W_2	230.55	35.69	101.91	0.989	10.78	4.05	5.94
	W_3	244.52	36.55	102.65	0.990	11.78	4.14	6.17
$N_2P_2K_2$	W_1	246.94	35.70	101.48	0.982	14.58	5.20	7.54
	W_2	264.88	35.47	101.83	0.990	11.64	3.80	5.55
	W_3	277.32	35.63	102.34	0.993	11.00	3.37	4.99
$N_3P_3K_3$	W_1	237.63	35.96	102.18	0.987	12.35	4.49	6.62
	W_2	252.99	36.72	102.93	0.988	13.37	4.52	6.77
	W_3	262.45	37.60	103.54	0.985	16.01	5.21	7.90

说明充分灌溉有利于马铃薯干物质的积累，施肥量过大刚开始表现为有利于马铃薯干物质的积累，但在后期反而抑制了马铃薯干物质的积累；从滴灌量和施肥量的耦合效应看，高水中肥（$W_3N_2P_2K_2$）处理更有利于马铃薯干物质的积累，取得最大值。当滴灌量相同时，马铃薯干物质累积量模型参数 a 随施肥量变化：由 $N_1P_1K_1$ 处理到 $N_2P_2K_2$ 处理，W_1、W_2、W_3 分别提高 14.22%、14.89%、13.41%，

由 $N_2P_2K_2$ 处理到 $N_3P_3K_3$ 处理，分别提高 3.77%、4.49%、5.36%；当施肥量相同时，随滴灌量变化：由 W_1 处理到 W_2 处理，$N_1P_1K_1$、$N_2P_2K_2$、$N_3P_3K_3$ 分别提高 6.64%、7.26%、6.46%；由 W_3 处理到 W_2 处理，分别提高 6.06%、4.70%、3.74%。

2.3.6　产量和水分利用效率

由图 2-3 可以看出，高水中肥（$W_3N_2P_2K_2$）处理产量最大，平均为 59 394.98kg/hm^2，其次为中水中肥（$W_2N_2P_2K_2$）处理，平均为 57 551.18kg/hm^2，低水低肥（$W_1N_1P_1K_1$）处理最小，平均为 43 939.05kg/hm^2。随滴灌量的增加，马铃薯产量表现为 $W_3>W_2>W_1$，W_3 处理平均产量比 W_2 和 W_1 高 4.98% 和 13.20%；随施肥量的增加，马铃薯产量表现为 $N_2P_2K_2>N_3P_3K_3>N_1P_1K_1$，$N_2P_2K_2$ 处理平均产量比 $N_3P_3K_3$ 和 $N_1P_1K_1$ 高 6.37% 和 16.37%。经方差分析可知，灌水水平和施肥水平对马铃薯产量有极显著影响（$P<0.01$），灌溉施肥交互作用对马铃薯产量有显著影响（$P<0.05$）。总体上可以看出，水分利用效率最大值出现在 W_1 处理，而水分利用效率最小值出现在 W_3 处理，说明随滴灌量的增加，水分利用效率表现为 $W_1>W_2>W_3$，呈下降的趋势，低水处理的水分利用效率更高，W_1 处理的平均水分利用效率比 W_2 和 W_3 处理高 5.83% 和 13.05%。各处理中，$W_1N_2P_2K_2$ 处理水分利用效率最高，平均达到 16.51kg/m^3，$W_3N_1P_1K_1$ 处理水分利用效率最低，平均仅为 12.20kg/m^3，各处理之间的水分利用效率差异显著（$P<0.05$）。

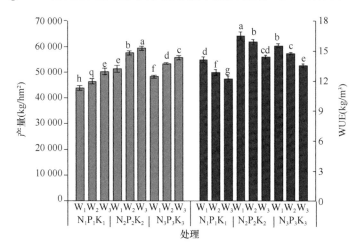

图 2-3　不同水肥供应对马铃薯产量和水分利用效率（WUE）的影响

2.3.7　块茎质量

利用 SPSS 22.0 软件对不同水肥组合对马铃薯单株块茎、大块茎和商品薯的多因素方差分析列于表 2-7，结果表明高水中肥（$W_3N_2P_2K_2$）处理的单株块茎质量、大块茎质量和商品薯重达到最大值，平均为 1009.71g、760.66g 和 899.51g。在同一施肥水平下，随着滴灌量的增大，马铃薯块茎有增大的趋势。W_3 处理平均单株块茎质量比 W_2 和 W_1 高 4.98% 和 13.19%，W_3 处理平均大块茎质量比 W_2 和 W_1 高 10.30% 和 18.82%，W_3 处理平均商品薯重比 W_2 和 W_1 高 6.13% 和 12.45%，说明马铃薯块茎对水分的需求量较大。在同一灌水水平下，$N_2P_2K_2$ 处理平均单株块茎质量比 $N_1P_1K_1$ 和 $N_3P_3K_3$ 高 16.37% 和 6.37%，$N_2P_2K_2$ 处理平均大块茎质量比 $N_1P_1K_1$ 和 $N_3P_3K_3$ 高 43.97% 和 11.77%，$N_2P_2K_2$ 处理平均商品薯重比 $N_1P_1K_1$ 和 $N_3P_3K_3$ 高 22.72% 和 6.93%，说明过量施肥不利于马铃薯块茎对养分的吸收。

表 2-7　不同水肥供应对马铃薯不同级别块茎质量的影响　　　　（g）

灌溉施肥处理		单株块茎	大块茎	商品薯
$N_1P_1K_1$	W_1	746.96±15.82h	349.80±7.41i	607.76±12.88h
	W_2	789.21±16.78g	382.36±8.13h	648.32±13.79g
	W_3	854.80±20.60e	439.06±10.58g	701.31±16.90f
$N_2P_2K_2$	W_1	872.99±22.74e	610.90±15.92d	772.50±20.13d
	W_2	978.37±13.68b	720.09±10.07b	862.04±12.05b
	W_3	1009.71±12.95a	760.66±9.75a	899.51±11.54a
$N_3P_3K_3$	W_1	821.09±10.58f	567.72±7.31f	746.61±9.62e
	W_2	908.89±7.40d	593.55±4.83e	776.43±6.32d
	W_3	948.50±13.46c	679.50±9.64c	831.92±11.81c
显著性检验				
灌水		140.097**	307.674**	125.916**
施肥		222.249**	2262.795**	468.609**
灌溉×施肥		3.162*	18.032**	4.293*

通过多因素方差分析可以看出，滴灌灌水水平与施肥水平对马铃薯单株块茎、大块茎和商品薯的影响均达到极显著水平（$P < 0.01$）；水肥交互作用对大块茎也呈现极显著影响（$P < 0.01$），对单株块茎和商品薯有显著影响（$P < 0.05$）。说明适宜的灌溉施肥能促进马铃薯块茎的生长，提高大块茎率和商品率，对实现农民增收有着至关重要的作用。

2.3.8　肥料偏生产力

肥料偏生产力是反映当时土壤基础养分水平和化肥施用量综合效应的指标。由图 2-4 可以看出，高水低肥（$W_3N_1P_1K_1$）处理肥料偏生产力最大，平均为 173.39kg/kg，低水高肥（$W_1N_3P_3K_3$）处理最小，平均为 76.67kg/kg。当滴灌量相同时，马铃薯肥料偏生产力表现为 $N_1P_1K_1>N_2P_2K_2>N_3P_3K_3$；当施肥量相同时，马铃薯肥料偏生产力表现为 $W_3>W_2>W_1$，各处理之间的肥料偏生产力差异显著（$P<0.05$）。

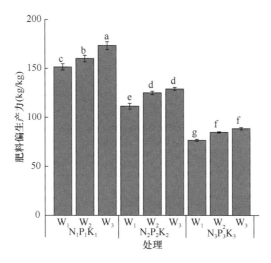

图 2-4　不同水肥供应对马铃薯肥料偏生产力的影响

2.3.9　经济效益

表 2-8 为不同水肥组合条件下马铃薯的经济效益。农资包括种子、化肥和机械费等，且表现为处理 $N_3P_3K_3>N_2P_2K_2>N_1P_1K_1$；滴灌管、水表和管道等滴灌设施费共计每公顷 12 000 元，生育期人工费共计每公顷 3000 元。马铃薯公顷产量经换算得到马铃薯亩产量，按马铃薯市场价格 1.0 元/kg 计算，得到每亩马铃薯的经济效益。经济效益与总投入的差值为纯收益，经济效益与总投入的比值为产投

表 2-8　不同水肥供应对马铃薯经济效益的影响

处理		农资（元/hm²）	设施费（元/hm²）	人工费（元/hm²）	总投入（元/hm²）	经济效益（元/hm²）	纯收益（元/hm²）	产投比
$N_1P_1K_1$	W_1	5 550	12 000	3 000	20 550	43 939h	23 389f	2.14e
	W_2	5 550	12 000	3 000	20 550	46 424g	25 874e	2.26d
	W_3	5 550	12 000	3 000	20 550	50 282e	29 732cd	2.45c
$N_2P_2K_2$	W_1	7 620	12 000	3 000	22 620	51 352e	28 732d	2.27d
	W_2	7 620	12 000	3 000	22 620	57 551b	34 931b	2.54b
	W_3	7 620	12 000	3 000	22 620	59 395a	36 775a	2.63a
$N_3P_3K_3$	W_1	9 720	12 000	3 000	24 720	48 299f	23 579f	1.95f
	W_2	9 720	12 000	3 000	24 720	53 464d	28 744d	2.16e
	W_3	9 720	12 000	3 000	24 720	55 794c	31 074c	2.26d

比。各水肥处理下，高水中肥（$W_3N_3P_3K_3$）处理的经济效益最大，为 59 395 元/hm^2，低水低肥（$W_1N_1P_1K_1$）处理的经济效益最小，为 43 939 元/hm^2。相同灌水水平下，W_3 处理平均纯收益比 W_2 和 W_1 高 8.62% 和 22.67%；相同施肥水平下，$N_2P_2K_2$ 处理平均纯收益比 $N_1P_1K_1$ 和 $N_3P_3K_3$ 高 27.56% 和 10.65%。且各处理之间纯收益和产投比具有显著差异（$P < 0.05$）。说明合理的水肥组合可以提高马铃薯的经济效益，对于促进农民的增收具有重要意义。

2.3.10 相关关系

马铃薯成熟期各水肥处理下的马铃薯产量与株高、叶面积指数和干物质累积量的相关关系见图 2-5。马铃薯产量与株高、叶面积指数和干物质累积量具有显著正相关关系（R^2 分别为 0.9454、0.7174 和 0.872），说明在当前的播种密度下，株高从 52cm 开始到 71cm，每升高 1cm 大约可以增加 1067.4kg/hm^2 的马铃薯产量；叶面积指数从 3.7 开始到 5.5，每升高 1 大约可以增加 11 230kg/hm^2 的马铃薯产量；每株干物质累积量从 210g 开始到 290g，每升高 1g 大约可以增加 243.55kg/hm^2 的马铃薯产量。且线性拟合效果株高（$R^2 = 0.9454$）＞干物质累积量（$R^2 = 0.872$）＞叶面积指数（$R^2 = 0.7174$）。由以上可知，在一定范围内通过合理调控马铃薯株高、叶面积指数及干物质累积量很有可能会获得较理想的马铃薯产量。

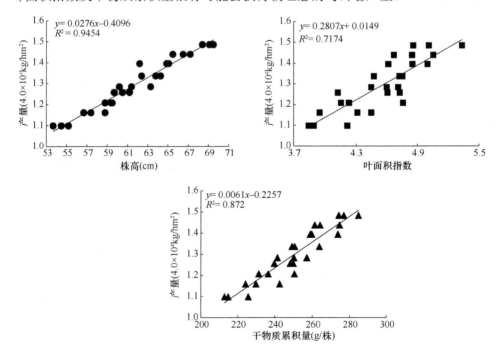

图 2-5 马铃薯产量与株高、叶面积指数和干物质累积量的相关关系

2.4　水肥供应对马铃薯养分吸收和利用的影响

前人围绕马铃薯养分吸收进行了大量研究，大多集中在种植方式（秦舒浩等，2014；吴元奇和李尧权，1998）、管理方式（Ghosh，2014；Rosen et al.，2014）、施肥方式（赵颖等，2016）等。然而有关马铃薯水肥耦合条件下，氮、磷、钾用量对马铃薯养分吸收影响的研究不足。吉玮蓉等（2013）通过研究不同施氮量对马铃薯养分吸收的影响，结果表明，在块茎形成期合理的施氮量能显著促进马铃薯地上部对养分的吸收。张吉立等（2013）通过研究不同施钾量对马铃薯养分吸收的影响，结果表明，合理的施钾量能显著促进马铃薯对养分的吸收，提高产量。Kang 等（2014）发现过量施加磷肥不利于马铃薯的养分吸收。因此，氮、磷、钾用量显著影响马铃薯的养分吸收。

2.4.1　氮素吸收

从图 2-6 可以看出，随着马铃薯的生长发育，氮累积吸收量不断增大。全生育期内各器官中氮累积吸收量表现为叶＞茎＞根，在淀粉积累期和成熟期各器官氮累积吸收量为块茎＞叶＞茎＞根。植株氮累积吸收量随滴灌量的增加而增大，随施肥量的增加呈现先增大后减小的趋势，氮素在不同器官中的分配差异较大。

苗期（图 2-6a）植株氮吸收量较少，占总吸收量的 16.18%～25.06%。块茎形成期（图 2-6b）植株氮素快速累积，占总吸收量的 46.14%～57.22%。到块茎膨大期（图 2-6c），氮累积吸收量占总吸收量的 72.17%～84.23%。氮素在马铃薯器官中的分配规律不变，比例发生了变化，茎和叶片中氮素分配比例明显变小，氮素往块茎中转移。淀粉积累期（图 2-6d）和成熟期（图 2-6e）氮素往块茎中转移的

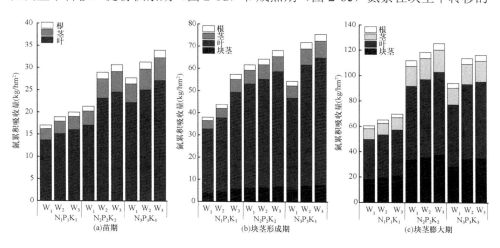

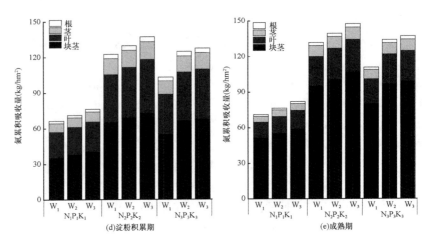

图 2-6　不同水肥供应对马铃薯各器官氮累积量及分配率变化的影响

趋势更加明显，叶片和茎所分配氮素的比例进一步下降。马铃薯氮吸收积累量呈"S"形生长曲线变化规律，即前期慢、中期快、后期又慢，吸收积累的高峰期在块茎膨大期附近，之后积累量逐渐放缓。成熟期当滴灌量相同时，$N_2P_2K_2$ 处理平均氮累积吸收量比 $N_1P_1K_1$ 和 $N_3P_3K_3$ 高 45.18%和 8.95%；同一施肥量条件下，不同灌水处理之间差异显著，W_3 处理下马铃薯平均氮累积吸收量比 W_1 和 W_2 处理高 14.36%和 4.83%。各器官中氮累积吸收量受滴灌量和施肥量的影响与整株类似，氮素分配规律没有统一的变化规律。

2.4.2　磷素吸收

相对于氮、钾而言，马铃薯的磷累积量不大，平均最大值为 41.09kg/hm² （图 2-7）。磷在马铃薯中的累积和分配与氮相似，随着生育期的延长，磷吸收量不断增大。全生育期内各器官中磷累积吸收量表现为叶>茎>根，在块茎膨大期、淀粉积累期和成熟期各器官磷累积吸收量为块茎>叶>茎>根。植株磷累积吸收量受滴灌量和施肥量影响显著。成熟期当滴灌量相同时，$N_2P_2K_2$ 处理平均磷累积吸收量比 $N_1P_1K_1$ 和 $N_3P_3K_3$ 高 41.73%和 11.25%；同一施肥量条件下，不同灌水处理之间差异显著，W_3 处理下马铃薯平均磷累积吸收量比 W_1 和 W_2 处理高 23.10% 和 9.11%。

苗期（图 2-7a）植株磷吸收量较少，占总吸收量的 5.18%～7.54%。块茎形成期（图 2-7b）植株磷素快速累积，占总吸收量的 26.43%～35.23%。到块茎膨大期（图 2-7c），磷累积吸收量占总吸收量的 52.46%～67.73%。磷素在马铃薯器官中的分配规律不变，比例发生了变化，茎和叶片中磷素分配比例明显变小，磷素往块茎中转移。淀粉积累期（图 2-7d）和成熟期（图 2-7e）磷素往块茎中转移的趋势

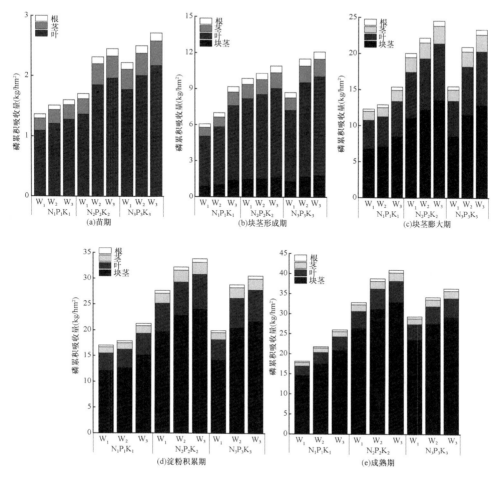

图 2-7　不同水肥供应对马铃薯各器官磷累积吸收量及分配率变化的影响

更加明显，叶片和茎所分配磷素的比例进一步下降。马铃薯磷吸收积累量也呈"S"形生长曲线变化规律，即前期慢、中期快、后期又慢，磷素吸收积累的高峰期在块茎膨大期附近，之后积累量逐渐放缓。各器官中磷累积吸收量受滴灌量和施肥量的影响与整株类似。

2.4.3　钾素吸收

图 2-8 看出，马铃薯钾素吸收量明显大于氮素和磷素吸收量，平均最大值为 205.16kg/hm^2，受灌水和施肥的影响与氮磷类似。但茎秆中钾素分配的比例与叶片相当，明显大于氮和磷，这可能与钾素促进茎维管束发育和参与光合产物的运输有关。随着生育期的延长钾吸收量不断增大，在苗期钾累积吸收和分配规律表现为叶片＞茎＞根，在块茎形成期钾累积吸收和分配规律表现为茎＞叶片＞根，

在块茎膨大期、淀粉积累期和成熟期各器官钾累积吸收量为块茎>茎>叶片>根。马铃薯钾累积吸收量受滴灌量和施肥量影响显著。成熟期当滴灌量相同时,$N_2P_2K_2$处理平均钾累积吸收量比 $N_1P_1K_1$ 和 $N_3P_3K_3$ 高 40.66%和 7.58%;同一施肥量条件下,W_3 处理下马铃薯平均钾累积吸收量比 W_1 和 W_2 处理高 11.38%和 4.31%;差异显著。

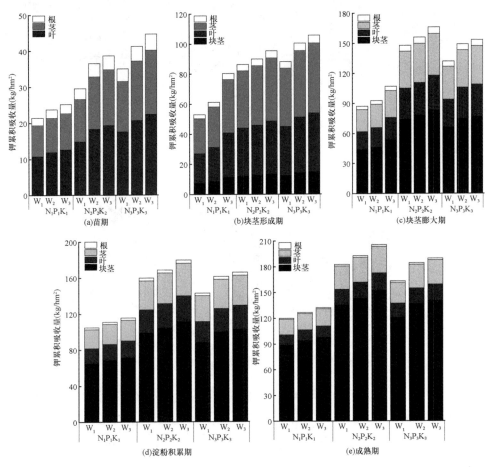

图 2-8   不同水肥供应对马铃薯各器官钾累积量及分配率变化的影响

在各个生育期内,苗期(图 2-8a)和块茎形成期(图 2-8b)钾素吸收量与氮素吸收量大体相当,块茎膨大期(图 2-8c)后植株吸钾量迅速增加,大大超过氮素吸收量,到了淀粉积累期(图 2-8d)块茎中钾素的含量平均占到总吸钾量的74.53%。这可能是由于在生育前期植株需钾量不大,到了块茎膨大期之后,由于块茎的迅速成长,植株对钾素的需求量迅速增加,并且迅速往块茎转移,这体现了钾素是马铃薯块茎的重要营养元素之一。钾吸收积累量也呈"S"形生长曲线变化，各器官中钾累积吸收规律与整株类似。

2.4.4　养分利用效率和吸收效率

滴灌施肥条件下的水肥耦合能显著增加马铃薯对养分的利用效率和吸收效率，如表 2-9 所示，灌水水平和施肥水平对马铃薯植株有显著交互作用（$P<0.05$）。灌水水平对氮、磷、钾的吸收效率均呈现极显著影响（$P<0.01$），对于磷和钾的利用效率呈极显著影响（$P<0.01$），而对氮无显著影响。施肥水平对氮、磷、钾的利用效率和吸收效率均呈现极显著影响（$P<0.01$）。灌水和施肥的交互作用在马铃薯植株对养分的利用效率和吸收效率上均有显著影响（$P<0.05$、$P<0.01$）。高水中肥（$W_3N_2P_2K_2$）处理下的氮、磷、钾的吸收效率均达到最大值为：0.84kg/kg、0.68kg/kg、0.91kg/kg。

表 2-9　不同水肥供应对马铃薯养分吸收利用的影响　　　　（kg/kg）

灌溉施肥处理		N		P_2O_5		K_2O	
		利用效率	吸收效率	利用效率	吸收效率	利用效率	吸收效率
$N_1P_1K_1$	W_1	617.34a	0.71d	2415.06a	0.45d	366.27b	0.80f
	W_2	606.93a	0.76c	2122.50b	0.55c	366.31b	0.84d
	W_3	613.06a	0.82b	1929.89c	0.65b	380.85a	0.88b
$N_2P_2K_2$	W_1	389.75d	0.75c	1559.00c	0.55c	281.37g	0.81e
	W_2	412.76c	0.80b	1477.53fg	0.65b	298.80c	0.86c
	W_3	402.51cd	0.84a	1445.47g	0.68a	289.51f	0.91a
$N_3P_3K_3$	W_1	435.80b	0.44f	1639.64d	0.37f	296.32d	0.54i
	W_2	398.90cd	0.54e	1559.52e	0.43e	290.32f	0.61h
	W_3	407.00cd	0.55e	1528.74ef	0.46d	294.51e	0.63g
显著性检验							
灌水		0.256	0.000**	0.000**	0.000**	0.000**	0.000**
施肥		0.000**	0.000**	0.000**	0.000**	0.000**	0.000**
灌溉×施肥		0.003**	0.048*	0.000**	0.000**	0.000**	0.000**

2.5　水肥供应对土壤无机养分的影响

马铃薯主粮化是新形势下保障国家粮食安全、促进农民持续增收的重大战略（卢肖平，2015）。但马铃薯的种植方式常存在施肥过量、大水漫灌等不合理的灌溉施肥现象，极易导致土壤肥料大量流失，降低植物养分吸收利用率（陈康等，2011；谢开云等，2008）。榆林地处黄土高原与毛乌素沙漠的过渡地带，土壤质地沙多土少（王春杰等，2010）。章明奎和方利平（2006）对沙土养分积累和迁移特点进行研究，发现沙土中的养分极易随水迁移，高浓度养分在短时间内即可迁移至地下水。因此，氮、磷、钾用量显著影响马铃薯土壤中养分的分布运移。

2.5.1 硝态氮

马铃薯收获期不同水肥处理下硝态氮在土壤剖面内的含量分布如图2-9所示。硝态氮是土壤中氮素的主要存在形式，由于其带负电荷而易随水分移动，是作物能够直接吸收利用的速效性氮素。由图2-9可知，不同水肥处理条件下，硝态氮均主要集中在0~40cm土层内，随土壤深度的加深硝态氮含量逐渐减小，表现出"上高下低"的趋势，具有表面聚集的特点。随着滴灌量的增加，同一深度内不同施肥处理之间硝态氮含量差异越明显；在相同灌水处理条件下，0~40cm土层中，N_3处理硝态氮含量显著高于N_2和N_1处理，40~100cm土层中硝态氮变化幅度变小。施肥量对硝态氮在土壤中分布的影响也比较明显，各土层中硝态氮含量随着施肥量的增大而增加，表明各土层硝态氮含量与施氮量呈正相关。

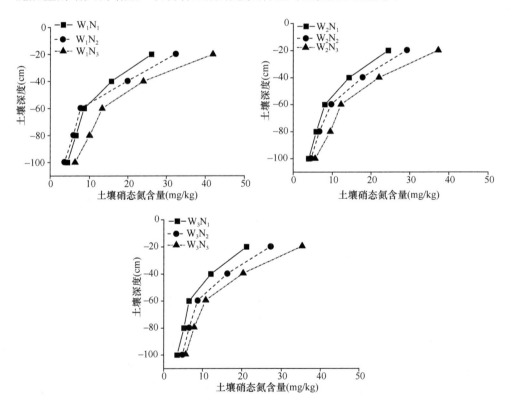

图2-9 不同水肥供应对土壤剖面硝态氮含量分布的影响

2.5.2　速效磷

马铃薯收获期不同水肥处理下速效磷在土壤剖面内的含量分布如图 2-10 所示。由图 2-10 可知，不同水肥处理条件下，土壤中速效磷含量较少，且均主要集中在 0～40cm 土层内，随土壤深度的增加速效磷含量也逐渐减小，表现出"上高下低"的趋势，具有表面聚集的特点。随着滴灌量的增加，同一深度内不同施肥处理之间速效磷含量差异越明显；在相同灌水处理条件下，0～40cm 土层中，P_3 处理速效磷含量显著高于 P_2 和 P_1 处理，40～100cm 土层中速效磷变化幅度变小。施肥量对速效磷在土壤中分布的影响也比较明显，各土层中速效磷含量随着施肥量的增大而增加，表明各土层速效磷含量与施磷量呈正相关，土壤剖面速效磷含量分布的规律与硝态氮相似。

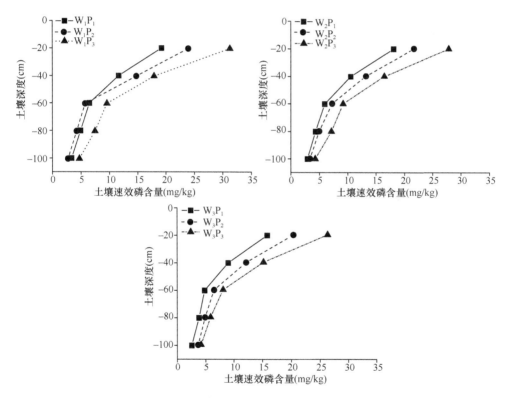

图 2-10　不同水肥供应对土壤剖面速效磷含量分布的影响

2.5.3　速效钾

马铃薯收获期不同水肥处理下速效钾在土壤剖面内的含量分布如图 2-11 所示。钾素在土壤中容易随水运移，且土壤中速效钾含量远大于硝态氮和速效磷，由图 2-11 可知，不同水肥处理条件下，速效钾均主要集中在 0~60cm 土层内，随土壤深度的加深速效钾含量逐渐减小，表现出"上高下低"的趋势，也具有表面聚集的特点。随着滴灌量的增加，同一深度内不同施肥处理之间速效钾含量差异越明显；在相同灌水处理条件下，0~60cm 土层中，K_3 处理速效钾含量显著高于 K_2 和 K_1 处理，60~100cm 土层中速效钾变化幅度变小。施肥量对速效钾在土壤中分布的影响也比较明显，各土层中速效钾含量随着施肥量的增大而增加，表明各土层速效钾含量与施钾量呈正相关，土壤剖面速效钾含量分布的规律与硝态氮和速效磷相似。

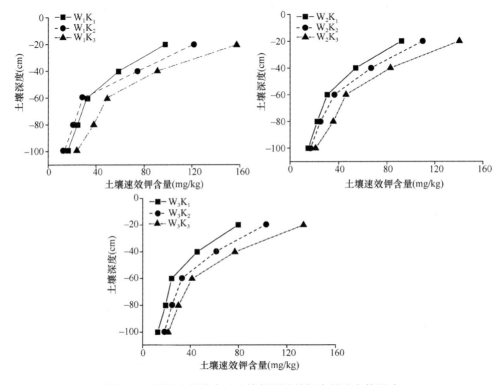

图 2-11　不同水肥供应对土壤剖面速效钾含量分布的影响

2.6　讨　　论

2.6.1　不同水肥供应模式下马铃薯生长、产量和经济效益

水和肥是农业生产中影响马铃薯生长的 2 个重要因素（Halitligil et al., 2003），协调滴灌量和氮、磷、钾用量使其关系达到最优时，可实现马铃薯高产增收的目标。通过田间试验，采用滴灌施肥条件下的水肥耦合效应模式，研究不同滴灌量

和氮、磷、钾用量下马铃薯生长的变化情况。结果表明,不同滴灌量和氮、磷、钾用量对马铃薯株高、茎粗、叶面积指数、干物质累积量均有不同程度的影响。本试验中,不同滴灌量对马铃薯生长均有显著影响,均随滴灌量的增加而增加,马铃薯生长由大到小依次表现为 W_3、W_2、W_1,这与前人的研究结果一致。江俊燕和汪有科(2008)研究表明,在同一灌水周期处理下,马铃薯株高的变化趋势是滴灌量越大,植株越高;滴灌量越大,产量越高。宋娜等(2013)研究表明,土壤湿润比越大,单株块茎质量、大块茎质量和商品薯重越大。而对于氮、磷、钾用量,马铃薯生长呈现先增大后降低的趋势,在 $N_2P_2K_2$($175kg/hm^2$-$60kg/hm^2$-$225kg/hm^2$)处理时达到最大值,与马铃薯最佳推荐施肥量一致,表明施肥过高反而对马铃薯的生长有一定的抑制作用。戴树荣(2010)通过建立二次肥料效应函数发现,马铃薯最佳施肥效益的推荐平均施肥量为 N $219.09kg/hm^2$、P_2O_5 $56.77kg/hm^2$、K_2O $267.08kg/hm^2$。Yang 等(2017)研究表明,过量施肥对马铃薯生长表现出一定的负效应。马铃薯干物质累积量进入块茎膨大期后,块茎干物质累积量迅速增大,对产量起主要作用,块茎膨大期及淀粉积累期适量的施肥量和较大滴灌量有利于马铃薯干物质的积累。马铃薯干物质累积量变化趋势从苗期至成熟期呈现"S"形,从滴灌量和施肥量的耦合效应看,高水中肥($W_3N_2P_2K_2$)处理更有利于马铃薯干物质的积累,取得最大值。因此,综合各水肥处理下的马铃薯生长趋势,高水中肥($W_3N_2P_2K_2$)能维持马铃薯较好的生长特性。

针对不同水肥供应下马铃薯产量和水分利用效率的研究较多,何华等(1999)研究表明,水与氮配合下的水分利用效率,中水中肥与低水低肥有较好的效应值,高水低肥或高肥低水配合会大幅度降低水分利用效率。王立为等(2012)研究表明,在多雨年,中肥处理既能保证较高的水分利用效率,也能保证较高的产量;少雨年采取低肥处理,正常年采取中低肥处理较适宜。本试验研究表明,在同一灌水水平下,水分利用效率随施肥水平的增加呈抛物线状,$N_1P_1K_1$ 处理处于抛物线上升阶段,$N_2P_2K_2$ 处理的水分利用效率最大,$N_3P_3K_3$ 处理处于抛物线下降阶段,这可能是由于根区养分浓度较高,不利于作物根部吸收水分。在同一施肥水平下,水分利用效率由大到小依次表现为 W_1、W_2、W_3。因此马铃薯 $N_2P_2K_2$ 和 $N_1P_1K_1$ 处理、W_1 和 W_2 处理有较好的水分利用效率,这与前人的研究结果一致。对马铃薯产量与株高、叶面积指数和干物质累积量的线性拟合表明,合理调控马铃薯适宜的株高、叶面积指数及干物质累积量可以提高马铃薯的产量。李勇等(2013a)研究表明,株高和叶面积对产量的直接通径系数为负值,这说明如果植株过高和叶面积过大,反而会降低产量。因此产量与株高、叶面积指数和干物质累积量的线性关系存在一定的范围。经济效益是科学水肥管理模式的最终目标,李书田等(2014)研究表明,不合理的施肥会降低马铃薯的经济效益,减小产投比。本试验中,$N_2P_2K_2$ 处理的经济效益最大,可能是因为 $N_3P_3K_3$ 处理的肥料施用量增加,但养分利用率不高，造成经济效益减少，该结果与前人的研究结果一致。综合各水肥处理下的马铃薯产量、水分利用效率和经济效益，高水中肥（$W_3N_2P_2K_2$）不仅能维持马铃薯较好的生长特性，提高作物的产量和经济效益，并且能保证马铃薯的水分利用效率。

2.6.2 不同水肥供应模式下马铃薯养分吸收和土壤养分

优化马铃薯水肥管理是提高马铃薯养分吸收利用的重要手段。通过田间试验，研究滴灌施肥条件下不同水肥供应对马铃薯养分吸收利用效率的变化情况，结果表明不同滴灌量和氮、磷、钾用量对马铃薯均有不同程度的影响。本试验中，不同滴灌量和氮、磷、钾用量下各生育期马铃薯全株中养分元素含量均表现为钾素含量＞氮素含量＞磷素含量，这与前人的研究结果一致（苏小娟等，2010）。随着生育期的延长，氮、磷、钾吸收量不断增大，前期氮、磷、钾累积吸收和分配规律均表现为叶片＞茎＞根，块茎膨大期以后各器官氮和磷累积量表现为块茎＞叶片＞茎＞根，钾累积量表现为块茎＞茎＞叶片＞根，成熟期块茎中氮、磷、钾平均含量占全株的72%～80%。马铃薯氮、磷、钾吸收积累量呈"S"形生长曲线变化规律，即前期慢、中期快、后期又慢，吸收积累的高峰期在块茎膨大期附近，之后积累量逐渐放缓。马铃薯的养分吸收积累特征与前人的研究结果一致。王耀科等（2015）研究发现马铃薯根、茎和叶中吸收累积的氮、磷、钾占同期总累积量的比例随生育期发展而降低，但块茎则相反，氮、磷、钾吸收累积量随生育期发展而增加，成熟期块茎中吸收累积的养分占全株的一半以上。段玉等（2014）发现马铃薯氮、磷、钾吸收积累量呈"S"形生长曲线变化规律，吸收积累的高峰期在出苗后60d左右，在收获时70%～80%的氮素、80%～90%的P_2O_5和K_2O转移到了块茎中。邓兰生等（2011）研究发现马铃薯块茎膨大期是块茎养分吸收量和吸收速率最快的时期，马铃薯在整个生长时期都有养分需求。

马铃薯氮、磷、钾累积吸收量受滴灌量和施肥量的影响显著，植株氮、磷、钾吸收量随滴灌量的增加而增大，随施肥量的增加呈现先增大后减小的趋势，且在不同器官中的分配差异较大。滴灌施肥条件下的水肥耦合能显著增加马铃薯养分吸收效率（张志伟等，2013），高水中肥处理下的氮、磷、钾吸收量均达到最大值。

土壤硝态氮、速效磷和速效钾是土壤养分的重要组成部分（梁仲锷，2016）。土壤剖面内的氮、磷、钾含量分布表现为速效钾＞硝态氮＞速效磷，随剖面内土壤深度的增加，硝态氮、速效磷和速效钾含量均逐渐减小，表现出"上高下低"的趋势，具有表面聚集的特点，这与前人的研究结果一致（史书强等，2016）。各土层中硝态氮、速效磷和速效钾含量随着施肥量的增大而增加，表明各土层中的养分含量与施肥量呈正相关。因此，过量施肥不能提高马铃薯植株的养分吸收量，适宜的滴灌量和氮、磷、钾用量既能维持马铃薯较好的养分吸收率，而且能优化土壤中养分的含量分布，从节水节肥方面综合考虑，$W_3N_2P_2K_2$ 处理（100% ET_c，175kg/hm^2-60kg/hm^2-225kg/hm^2）可作为基于试验条件下较合理的水肥组合。

2.7　结　　论

1）本研究表明，不同滴灌量和氮、磷、钾用量对马铃薯株高、茎粗、叶面积指数、干物质累积量均有不同程度的影响。本试验中，不同滴灌量对马铃薯生长均有显著影响，均随滴灌量的增加而增加，马铃薯生长由大到小依次表现为 W_3、W_2、W_1。而对于氮、磷、钾的用量，马铃薯生长呈现先增大后降低的趋势，在 $N_2P_2K_2$（175kg/hm^2-60kg/hm^2-225kg/hm^2）处理时达到最大值，表明出施肥过高反而对马铃薯的生长有一定的抑制作用。马铃薯进入块茎膨大期后，块茎干物质累积量迅速增大，对产量起主要作用。马铃薯干物质累积量变化趋势从苗期至成熟期呈现"S"形，从滴灌量和施肥量的耦合效应看，高水中肥（$W_3N_2P_2K_2$）处理更有利于马铃薯干物质的积累，取得最大值。因此，综合各水肥处理下的马铃薯生长趋势，高水中肥（$W_3N_2P_2K_2$）能维持马铃薯较好的生长特性。

2）本研究表明，在同一灌水水平下，水分利用效率随施肥水平的增加呈抛物线状，$N_1P_1K_1$ 处理处于抛物线上升阶段，$N_2P_2K_2$ 处理的水分利用效率最大，$N_3P_3K_3$ 处理处于抛物线下降阶段，可能是由于根区养分浓度较高，不利于作物根部吸收水分。在同一施肥水平下，水分利用效率由大到小依次表现为 W_1、W_2、W_3。因此马铃薯 $N_2P_2K_2$ 和 $N_1P_1K_1$ 处理、W_1 和 W_2 处理有较好的水分利用效率。对马铃薯产量与株高、叶面积指数和干物质累积量的线性拟合表明，合理调控马铃薯适宜的株高、叶面积指数及干物质累积量可以提高马铃薯的产量。且产量与株高、叶面积指数和干物质累积量的线性关系存在一定的范围。经济效益是科学水肥管理模式的最终目标，本试验中，$N_2P_2K_2$ 处理的经济效益最大。综合各水肥处理下的马铃薯产量、水分利用效率和经济效益，高水中肥（$W_3N_2P_2K_2$）不仅能维持马铃薯较好的生长特性，提高作物的产量和经济效益，并且能保证马铃薯的水分利用效率。

3）本研究表明，不同滴灌量和氮、磷、钾用量对马铃薯均有不同程度的影响。本试验中，不同滴灌量和氮、磷、钾用量下各生育期马铃薯全株中养分元素含量均表现为钾素含量＞氮素含量＞磷素含量。随着生育期的延长，氮、磷、钾吸收量不断增大，前期氮、磷、钾累积吸收和分配规律均表现为叶片＞茎＞根，块茎膨大期以后各器官氮和磷累积量表现为块茎＞叶片＞茎＞根，钾累积吸收量表现为块茎＞茎＞叶片＞根，成熟期块茎中氮、磷、钾平均含量占全株的 72%～80%。

马铃薯氮、磷、钾吸收积累量呈"S"形生长曲线变化规律，即前期慢、中期快、后期又慢，吸收积累的高峰期在块茎膨大期附近，之后积累量逐渐放缓。

马铃薯氮、磷、钾累积吸收量受滴灌量和施肥量的影响显著，植株氮、磷、钾吸收量随滴灌量的增加而增大，随施肥量的增加呈现先增大后减小的趋势，且在不同器官中的分配差异较大，高水中肥处理下的氮、磷、钾吸收量均达到最大值。

本研究表明，土壤剖面内的氮、磷、钾含量分布表现为速效钾＞硝态氮＞速效磷，随剖面内土壤深度的增加，硝态氮、速效磷和速效钾含量均逐渐减小，表现出"上高下低"的趋势，具有表面聚集的特点。各土层中硝态氮、速效磷和速效钾含量随着施肥量的增大而增加，表明各土层中的养分含量与施肥量呈正相关。施肥量相同时，各土层中硝态氮、速效磷和速效钾含量随着滴灌量的增大向土壤下层运移，有利于养分在土层中的空间分布。然而，施肥量越高，淋洗越明显，并会在湿润体横向边缘产生累积。且过量施肥既不能提高马铃薯植株的养分吸收量，还会造成成本增大和土壤板结。因此，适宜的滴灌量和氮、磷、钾用量不仅能维持马铃薯较好的养分吸收率，而且能优化土壤中养分的含量分布，从节水节肥方面综合考虑，$W_3N_2P_2K_2$ 处理可作为基于试验条件下较合理的水肥组合。

参 考 文 献

陈康, 邓兰生, 涂攀峰, 等. 2011. 不同水肥调控措施对马铃薯种植土壤养分运移的影响. 广东农业科学, 10(20): 51-54.

陈萌山, 王小虎. 2015. 中国马铃薯主食产业化发展与展望. 农业经济问题, (12): 4-10.

陈平, 杜太生, 王峰, 等. 2009. 西北旱区温室辣椒产量和品质对不同生育期灌溉调控的响应. 中国农业科学, 42(9): 3203-3208.

陈瑞英, 蒙美莲, 梁海强, 等. 2012. 不同水氮条件下马铃薯产量和氮肥利用特性的研究 中国农学通报, 28(3): 196-201.

程宪国, 汪德水, 张美荣, 等.1996. 不同土壤水分条件对冬小麦生长及养分吸收的影响. 中国农业科学, 29(4): 71-74.

戴树荣. 2010. 应用"3414"试验设计建立二次肥料效应函数寻求马铃薯氮磷钾适宜施肥量研究. 中国农学通报, 26(12): 154-159.

邓兰生, 林翠兰, 涂攀峰, 等. 2009. 滴灌施肥技术在马铃薯生产上的应用效果研究. 中国马铃薯, 23(6): 321-324.

邓兰生, 涂攀峰, 齐庆振, 等. 2011. 滴施液体肥对马铃薯产量、养分吸收积累的影响. 灌溉排水学报, 30(6): 65-68.

董鹏. 2005. 陕西农业节水灌溉中存在的问题及措施. 地下水, 27(4): 274-275.

杜建军, 李生秀, 李世清, 等. 1998. 不同肥水条件对旱地土壤供氮能力的影响 西北农业大学学报, 26(6): 1-5.

段玉, 妥德宝, 赵沛义, 等. 2008. 马铃薯施肥肥效及养分利用率的研究. 中国马铃薯, 22(4): 197-200.

段玉, 张君, 李焕春, 等. 2014. 马铃薯氮磷钾养分吸收规律及施肥肥效的研究. 土壤, 46(2): 212-217.

樊廷录. 2001. 高新技术和水资源的可持续利用. 干旱地区农业研究, 19(3): 109-113.

高虹, 宋喜娥, 姚满生, 等. 2014. 不同施肥量对马铃薯产量的影响. 山西农业大学学报, 35(1): 29-33.

高媛, 秦永林, 樊明寿. 2012. 马铃薯块茎形成的氮素营养调控. 作物杂志, (6): 14-18.

关军锋, 李广敏. 2002. 干旱条件下施肥效应及其作用机理. 中国生态农业学报, 10(1): 59-61.

何华, 陈国良, 赵世伟. 1999. 水肥配合对马铃薯水分利用效率的影响. 干旱地区农业研究, 17(2): 59-66.

何建勋, 王永哲, 邱小琮, 等. 2016. 水肥耦合条件下马铃薯生长量对产量的影响. 湖北农业科学, 55(7): 1646-1652.

黄仲冬, 齐学斌, 樊向阳, 等. 2010. 根区交替地下滴灌对马铃薯产量及水分利用效率的影响. 应用生态学报, 21(1): 79-83.

吉玮蓉, 张吉立, 孙海人, 等. 2013. 不同施氮量对马铃薯养分吸收及产量和品质的影响. 湖北农业科学, 52(21): 5159-5166.

纪瑛. 2000. 旱地农业必须走可持续发展的道路. 甘肃农业科技, (6): 23-25.

江俊燕, 汪有科. 2008. 不同灌水量和灌水周期对滴灌马铃薯生长及产量的影响. 干旱地区农业研究, 26(2): 121-125.

井涛, 樊明寿, 周登博, 等. 2012. 滴灌施氮对高垄覆膜马铃薯产量、氮素吸收及土壤硝态氮累积的影响. 植物营养与肥料学报, 18(3): 654-661.

巨晓棠, 李生秀. 1998. 土壤氮素矿化的温度水分效应. 植物营养与肥料学报, 4(1): 37-42.

李法云, 宋丽, 郑良, 等. 2001. 水肥耦合作用对土壤养分变化及春小麦生长发育的影响. 辽宁大学学报(自然科学版), 28(3): 263-267.

李久生, 张建君, 饶敏杰. 2005. 滴灌施肥灌溉的水氮运移数学模拟及试验验证. 水利学报, 36(8): 932-938.

李生秀, 李世清, 高亚军, 等. 1994. 施用氮肥对提高旱地作物利用土壤水分的作用机理和效果. 干旱地区农业研究, 12(1): 38-46.

李书田, 段玉, 陈占全, 等. 2014. 西北地区马铃薯施肥效应和经济效益分析. 中国土壤与肥料, (4): 42-26.

李勇, 吕典秋, 胡林双, 等. 2013a. 不同氮磷钾配比对马铃薯农艺性状、产量和干物质含量的影响. 中国马铃薯, 27(3): 148-152.

李勇, 吕典秋, 胡林双, 等. 2013b. 不同氮磷钾配比对马铃薯原原种的产量、干物质含量和经济系数的影响. 中国马铃薯, 27(5): 288-292.

栗岩峰, 李久生, 饶敏杰. 2006. 滴灌系统运行方式施肥频率对番茄产量与根系分布的影响. 中国农业科学, 39(7): 1419-1427.

梁仲锷. 2016. 不同施肥组合对垄沟集雨栽培马铃薯土壤养分及产量影响研究. 灌溉排水学报, 35(1): 53-58.

刘金芳. 2007. 我国农业可持续发展面临的水资源问题及对策探讨. 甘肃农业科技, (9): 27-29.

刘明池, 陈殿奎. 2006. 亏缺灌溉对樱桃番茄产量和品质的影响. 中国蔬菜, 5(6): 4-6.

刘星, 张书乐, 刘国锋, 等. 2014. 连作对甘肃中部沿黄灌区马铃薯干物质积累和分配的影响. 作物学报, 40(7): 1274-1285.

卢肖平. 2015. 马铃薯主粮化战略的意义、瓶颈与政策建议. 华中农业大学学报(社会科学版), (3): 1-7.

罗其友. 2000. 21 世纪北方旱地农业战略问题. 中国软科学, (4): 102-105.

吕殿青, 刘军, 李瑛, 等. 1995. 旱地水肥交互效应与耦合模型研究. 西北农业学报, 4(3):72-76.

吕慧峰, 王小晶, 陈怡, 等. 2010. 氮磷钾分期施用对马铃薯产量和品质的影响. 中国农学通报, 26(24): 197-200.

聂向荣. 2009. 不同氮肥水平下马铃薯品质变化及氮素营养诊断的研究. 内蒙古农业大学, 21(5): 113-119.

秦军红, 陈有君, 周长艳, 等. 2013. 膜下滴灌灌溉频率对马铃薯生长、产量及水分利用率的影响. 中国生态农业学报, 21(7): 824-830.

秦军红, 蒙美莲, 陈有君, 等. 2011. 马铃薯膜下滴灌增产效应的研究. 中国农学通报, 27(18): 204-208.

秦舒浩, 代海林, 张俊莲, 等. 2014. 沟垄覆膜对旱作马铃薯土壤养分运移及产量的影响. 干旱地区农业研究, 32(1): 38-41.

山仑. 1994. 植物水分利用效率和半干旱地区农业用水. 植物生理学通讯, 30(1): 61-66.

上官周平, 刘文兆, 徐宣斌. 1999. 旱作农田冬小麦水肥耦合增产效应. 水土保持研究, 6(3): 103-106.

沈荣开, 王康, 张瑜芳, 等. 2001. 水肥耦合条件下作物产量、水分利用和根系吸氮的试验研究. 农业工程学报, 17(5): 35-38.

盛钰, 赵成义, 贾宏涛. 2005. 水肥耦合对玉米田间土壤水分运移的影响. 干旱区地理, 28(6): 811-817.

史书强, 赵颖, 何志刚, 等. 2016. 生物有机肥配施化肥对马铃薯土壤养分运移及产量的影响. 江苏农业科学, 44(6): 154-157.

宋娜, 王凤新, 杨晨飞, 等. 2013. 水氮耦合对膜下滴灌马铃薯产量、品质及水分利用的影响. 农业工程学报, 29(13): 98-105.

苏小娟, 王平, 刘淑英, 等. 2010. 施肥对定西地区马铃薯养分吸收动态、产量和品质的影响. 西北农业学报, 19(1): 86-91.

孙景生, 刘祖贵, 张寄阳, 等. 2002. 风沙区参考作物需水量的计算. 灌溉排水, 21(2): 17-20.

孙文涛, 孙占祥, 王聪翔, 等. 2006. 滴灌施肥条件下玉米水肥耦合效应的研究. 中国农业科学, 39(3): 563-568.

滕云, 郭亚芬, 张忠学, 等. 2005. 东北半干旱区大豆水肥耦合式试验研究. 东北农业大学学报, 36(5): 639-644.

田再民, 杨立军, 冯琰, 等. 2013. 不同施肥方式对马铃薯生长及产量的影响. 西南农业学报, 26(4): 1741-1743.

汪德水. 1995. 旱地农田肥水关系原理与调控技术. 北京: 中国农业出版社.

王春杰, 朱志梅, 张仁慧, 等. 2010. 陕北榆林地区沙漠化土壤理化性质、土壤酶活性及其与植物 C, N 的关系. 水土保持通报, 5(26): 57-62.

王静怡, 陈珏颖, 刘合光. 2015. 我国马铃薯供求的影响因素及未来趋势分析. 广东农业科学,

(24): 189-193.

王立为, 潘志华, 高西宁, 等. 2012. 不同施肥水平对旱地马铃薯水分利用效率的影响. 中国农业大学学报, 17(2): 54-58.

王喜庆, 李生秀, 高亚军. 1997. 土壤水分在提高氮肥肥效中作用机制. 西北农业大学学报, 25(1): 15-19.

王耀科, 何文寿, 任然, 等. 2015. 宁夏扬黄灌区马铃薯养分吸收积累特征. 农业科学研究, 36(2): 27-32.

吴元奇, 李尧权. 1998. 种植密度和施肥对马铃薯养分吸收及土壤肥力的影响. 沈阳农业大学学报, 29(4): 310-313.

习金根, 周建斌, 赵满兴, 等. 2004. 滴灌施肥条件下不同种类氮肥在土壤中迁移转化特性的研究. 植物营养与肥料学报, 10 (4): 337-342.

谢开云, 屈冬玉, 金黎平, 等. 2008. 中国马铃薯生产与世界先进国家的比较. 世界农业, (5): 35-41.

邢英英, 张富仓, 张燕, 等. 2015. 滴灌施肥水肥耦合对温室番茄产量、品质和水氮利用的影响. 中国农业科学, 48(4): 713-726.

尹光华, 刘作新, 李桂芳, 等. 2005. 辽西半干旱区春小麦氮磷水耦合产量效应研究. 农业工程学报, 21(1): 41-45.

尹梅, 刘自成, 任齐燕, 等. 2016. 少耕覆盖与不同氮磷钾配比对马铃薯产量效益和养分利用的影响. 西南农业学报, 29(3): 595-598.

于显枫, 张绪成, 王红丽, 等. 2016. 施肥对旱地全膜覆盖垄沟种植马铃薯耗水特征及产量的影响. 应用生态学报, 27(3): 883-890.

袁安明, 张小静. 2012. 氮磷钾配比对马铃薯脱毒微型薯生长和产量的影响. 中国马铃薯, 26(4): 225-227.

翟丙年, 李生秀. 2002. 冬小麦产量的水肥耦合模型. 中国工程科学, 4(9): 69-74.

张朝春, 江荣风, 张福锁, 等. 2005. 氮磷钾肥对马铃薯营养状况及块茎产量的影响. 中国农业科学, 21(9): 279-283.

张辉, 张玉龙, 虞娜, 等. 2006. 温室膜下滴灌灌水控制下限与番茄产量、水分利用效率的关系. 中国农业科学, 39(2): 425-432.

张吉立, 焦峰, 张兴梅, 等. 2013. 不同施钾量对马铃薯养分吸收及产量、品质的影响. 河南农业科学, 42(10): 19-22.

张秋英, 刘晓冰, 金剑, 等. 2001. 水肥耦合对玉米光合特性及产量的影响. 玉米科学, 9(2): 64-67.

张西露, 汤小明, 刘明月, 等. 2010. NPK 对马铃薯生长发育、产量和品质的影响及营养动态. 安徽农业科学, 38(18): 9466-9469.

张翔宇, 李荫藩, 李霄峰, 等. 2005. 不同施肥量对马铃薯生育及产量的影响. 华北农学报, 20(z1): 142-143.

张小静, 陈富, 袁安明, 等. 2013. 氮磷钾施肥水平对西北干旱区马铃薯生长及产量的影响. 中国马铃薯, 27(4): 222-225.

张绪成, 于显枫, 王红丽, 等. 2016. 半干旱区减氮增钾、有机肥替代对全膜覆盖垄沟种植马铃薯水肥利用和生物量积累的调控. 中国农业科学, 49(5): 852-864.

张依章, 张秋英, 孙菲菲, 等. 2006. 水肥空间耦合对冬小麦光合特性的影响. 干旱地区农业研究, 24(2): 57-60.

张志伟, 梁斌, 李俊良, 等. 2013. 不同灌溉施肥方式对马铃薯产量和养分吸收的影响. 中国农学通报, 29(36): 268-272.

章明奎, 方利平. 2006. 砂质农业土壤养分积累和迁移特点的研究. 水土保持学报, 20(2): 46-49.

赵颖, 史书强, 何志刚, 等. 2016. 不同灌溉模式下新型缓释肥对马铃薯产量与土壤养分运移的影响. 江苏农业科学, 44(2): 130-132.

周娜娜, 张学军, 秦亚兵, 等. 2004. 不同滴灌量和施氮量对马铃薯产量和品质的影响. 土壤肥料, (6): 11-16.

诸葛玉平, 张玉龙, 张旭东, 等. 2004. 塑料大棚渗灌灌水下限对番茄生长和产量的影响. 应用生态学报, 15(5): 767-771.

Ahmadi S H, Andersen M N, Plauborg F, et al. 2010. Effects of irrigation strategies and soils on field-grown potatoes: gas exchange and xylem. Agricultural Water Management, (97): 1468-1494.

Allen R G, Pereira L S, Raes D, et al. 1998. Crop Evapotranspiration: Guidelines for Computing Crop Water Requirements. Irrigation and Drainage Paper No 56. Rome: Food and Agriculture Organization of the United Nations (FAO).

Badr M A. 2007. Spatial distribution of water and nutrients in root zone under surface and subsurface drip irrigation and cantaloupe yield. World Journal of Agricultural Sciences, 3(6): 747-756.

Badr M A, EI-Tohamy W A, Zaghloul A M. 2013. Yield and water use efficiency of potato grown under different irrigation and nitrogen levels in an arid region. Agricultural water management, 110: 9-15.

Bar-Yosef B, Sheikholslami M R. 1976. Distribution of water and ions in soils irrigated and fertilized from a trickle source. Soil Science Society of American Journal, 40: 575-582.

Bhat R, Sujatha S, Upadhyay A K, et al. 2007. Phosphorus and potassium distribution as influenced by fertigation in arecanut rhizosphere. Journal of Plantation Crops, 35(2): 68-72.

Chen Q F, Dai X M, Chen J S, et al. 2016. Difference between responses of potato plant height to corrected FAO-56-recommended crop coefficient and measured crop coefficient. Agricultural Science & Technology, 17(3): 551-554.

Feng X L, Lia Y X, Gu J Z, et al. 2007. Error thresholds for quasispecies on single peak Gaussian-distributed fitness landscapes. Journal of Theoretical Biology, 246(1): 28-32.

Ghosh D C. 2014. Integrated nutrient management in potato for increasing nutrient-use efficiency and sustainable productivity. Nutrient Use Efficiency: from Basics to Advances, (6): 343-355.

Halitligil M B, Onaran H, Munsuz N, et al. 2003. Drip irrigation and fertigation of potato under light-textured soils of Cappadocia region. Environmental Protection Against Radioactive Pollution, (33): 219-224.

Ierna A, Mauromicale G. 2012. Tuber yield and irrigation water productivity in early potatoes as affected by irrigation regime. Agricultural Water Management, 115: 276-284.

Ierna A, Pandino G, Lombardo S, et al. 2011. Tuber yield, water and fertilizer productivity in early potato as affected by a combination of irrigation and fertilization. Agricultural Water Management, 101: 35-41.

Kang W Q, Fan M S, Ma Z, et al. 2014. Luxury absorption of potassium by potato plants. Potato Association of America, (91): 573-578.

Radouani A, Lauer F I. 2015. Effect of NPK media concentrations on in vitro potato tuberization of cultivars Nicola and Russet Burbank. Short Communication, (92): 294-297.

Rosen C J, Kelling K A, Stark J C, et al. 2014. Optimizing phosphorus fertilizer management in potato production. American Journal of Potato Research, 91(2): 145-160.

Selim E M, Mosa A A, El-Ghamry A M. 2009. Evaluation of humic substances fertigation through surface and subsurface drip irrigation systems on potato grown under Egyptian sandy soil conditions. Agricultural Water Management, 96: 1218-1222.

Wang F X, Wu X X, Shock C C, et al.2011. Effects of drip irrigation regimes on potato tuber yield and quality under plastic mulch in arid Northwestern China. Field Crops Research, 122: 78-84.

Yang K J, Wang F X, Shock C C, et al. 2017. Potato performance as influenced by the proportion of wetted soil volume and nitrogen under drip irrigation with plastic mulch. Agricultural Water Management, 179: 260-270.

第3章 肥料运筹对滴灌施肥马铃薯生长 和养分吸收的影响

3.1 概　　述

马铃薯是粮、菜、饲、加工兼用作物，目前，马铃薯已成为继小麦、水稻、玉米之后的世界第四大粮食作物。在我国，特别是在陕西、甘肃等地，由于土质和气候条件，适合大面积种植马铃薯，且经济效益显著。肥料在保障我国粮食安全中起着不可替代的作用。马铃薯是一种对水肥要求较高的作物，目前我国北方马铃薯种植区，大田灌溉方式仍是大水漫灌和土壤撒施肥料，水肥利用效率极低。滴灌施肥是将水溶性的肥料溶于灌溉水中，随水的滴灌而发展起来的一项施肥新技术。随着现代农业的发展及土地集约化管理，滴灌施肥技术在国内外经济作物上已有广泛的研究，目前马铃薯水肥管理的众多研究中，大多以灌溉方式、施肥量或基追肥比例模式研究其对马铃薯的影响，而有关滴灌施肥条件下马铃薯施肥量在生育期如何分配研究较少，特别是缺乏不同生育期施肥分配对马铃薯的生长、土壤养分迁移和作物吸收、产量、水分利用效率的研究。本章针对榆林北部风沙地区的特定气候和土壤环境条件，以当地主栽马铃薯品种"紫花白"为研究对象，探索在一定施肥量条件下，基于马铃薯不同生育期生育特点探索生育期内施肥比例分配对马铃薯生长、生理、干物质积累、产量、灌溉水分利用效率、养分吸收和迁移的影响，提出马铃薯不同生育期最佳施肥比例和相应的技术指标参数，为指导榆林沙土地区马铃薯生产和相关研究提供理论依据和参考。

3.2 试验设计与方法

3.2.1 试验区概况

试验于 2015 年 6～10 月在陕西省榆林市西北农林科技大学马铃薯试验站(北纬 38°23′、东经 109°43′)进行，该区域属干旱半干旱大陆性季风气候，年平均降水量为 371mm，蒸发量为 1900mm，年日照时数为 2900h，年总辐射为 $606.7 \times 10^7 J \cdot m^2$，年均气温为 8.6℃，≥10℃积温为 2847～4147℃，无霜期为 167d。试验土壤为沙壤土。0～20cm 土壤有机质含量为 5.05g/kg，全氮含量为 0.38g/kg，速效磷含量为 13.95mg/kg，速效钾含量为 87mg/kg，土壤 pH 为 8.1。

3.2.2　试验设计

滴灌条件下马铃薯施肥试验处理按不同生育期施肥量占总施肥量的百分比表示，根据前期马铃薯的水肥耦合试验，确定马铃薯生育期最优化的施肥量为 175kg/hm^2-60kg/hm^2-225kg/hm^2（N-P$_2$O$_5$-K$_2$O），为研究马铃薯各生育阶段施肥比例分配对榆林风沙区马铃薯的生长、产量和水分利用的影响，将马铃薯的生育阶段（门福义，1985）划分为苗期（出苗到现蕾，7/10～7/28，月/日）、块茎形成期（现蕾到开花期，7/29～8/17）、块茎膨大期（盛花至茎叶衰老，8/18～9/6）、淀粉积累期（终花到茎叶枯萎，9/7～9/26）和成熟期（9/27～10/8）5 个生育时期，试验田 75%马铃薯植株达到某生育阶段标准时即该生育期开始日期。根据生育期内马铃薯块茎发育特点，按前期（苗期+块茎形成期，ES）少、后期（块茎膨大期+淀粉积累期，LS）多的施肥比例，即 ES：20%（T$_1$）、30%（T$_2$、T$_3$、T$_4$）、40%（T$_5$、T$_6$）、50%（T$_7$、T$_8$），对应 LS：80%、70%、60%、50%，将不同生育阶段施肥比例组合共设置 8 个施肥处理（表 3-1），每个处理重复 3 次，共 24 个小区。小区长 26m，宽 1.7m，面积 44.2m^2，随机区组排列。为了避免不同处理间的相互影响，相邻处理均间隔 1m，试验地两端设置保护行。生育期施肥随滴灌施入，不施基肥。

表 3-1　大田滴灌马铃薯生育期施肥处理

施肥处理	生育期施肥量占总施肥量的比例（%）				总施肥量（N-P$_2$O$_5$-K$_2$O）（kg/hm^2）
	苗期	块茎形成期	块茎膨大期	淀粉积累期	
T$_1$	0	20	55	25	175-60-225
T$_2$	0	30	50	20	175-60-225
T$_3$	10	20	50	20	175-60-225
T$_4$	10	20	45	25	175-60-225
T$_5$	10	20	40	20	175-60-225
T$_6$	20	20	40	20	175-60-225
T$_7$	20	30	40	10	175-60-225
T$_8$	20	30	30	20	175-60-225

试验种植方式为机械起垄，每个小区两垄，每垄种植 1 行马铃薯，垄底宽 85cm，株距 23cm，密度 51 000 株/hm^2。每个小区配备一个施肥罐（15L），每区组配有一个水表，滴灌施肥系统中输水管道、滴灌管（管径 16mm，滴头间距 30cm）和阀门等均为市售材料。马铃薯选用当地主栽品种"紫花白"，播种时间为 6 月 19 日，播种深度为 8～10cm，于 10 月 8 日收获。氮肥选用尿素（N 46%），磷肥

选用磷酸二铵（N 18%，P_2O_5 46%），钾肥选用硝酸钾（N 13.5%，K_2O 46%）。滴灌施肥时先将肥料溶于水，然后通过施肥罐进行滴灌施肥。

马铃薯滴灌量计算通过试验站气象数据，利用 FAO56-彭曼公式及马铃薯作物系数进行计算，全生育期灌水施肥次数总共 10 次，其中苗期 2 次、块茎形成期 2 次、块茎膨大期 4 次、淀粉积累期 2 次。各施肥处理生育期总滴灌量为 253.56mm，生育期总降水量为 159.4mm。滴灌施肥采用 1/4-1/2-1/4 模式，即前 1/4 的时间通过输水管灌清水，中间 1/2 的时间打开施肥罐阀门施肥，后 1/4 的时间罐清水冲洗。马铃薯施肥试验及产量测定场景见图 3-1。

图 3-1　施肥试验及产量测定场景

3.2.3　观测指标与方法

1. 滴灌量

采用 FAO56-彭曼公式与马铃薯作物系数（Chen et al.，2016）计算不同生育期的滴灌量（图 3-2）。公式见第 1 章式（1-1）和式（1-2）。灌水时间、滴灌量及生育阶段作物系数 K_c 见表 3-2。

表 3-2　试验灌水时间、滴灌量及生育阶段作物系数 K_c

生育阶段	灌水次序	灌水时间	ET_0（mm）	作物系数 K_c	ET_c（mm）
苗期	1	7/16	31.67	0.5	15.84
	2	7/23	37.83	0.5	18.92
块茎形成期	3	7/31	39.19	0.5	19.60
	4	8/9	43.45	0.8	34.76

续表

生育阶段	灌水次序	灌水时间	ET_0（mm）	作物系数 K_c	ET_c（mm）
块茎膨大期	5	8/18	38.93	0.8	31.14
	6	8/23	25.20	1.2	30.25
	7	8/28	24.34	1.2	29.21
	8	9/2	24.40	1.2	29.28
淀粉积累期	9	9/11	27.94	0.95	26.54
	10	9/18	24.05	0.75	18.04
合计			317.00		253.58

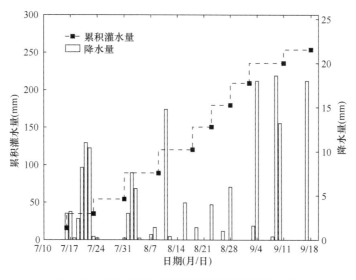

图 3-2　全生育期内各处理累积滴灌量和降水量

2. 生长、生理指标和产量

本研究于马铃薯苗期、块茎形成期、块茎膨大期、淀粉积累期和成熟期（试验田 75% 的植株达到生育期标准），在每个重复的每个小区选取 3 株具有代表性的植株（代表植株在苗期测定时用标签挂绳标记直到全生育期测定完为止，取样期间某植株一旦不能代表该小区生长状况的则重新标记代表性植株）进行测定或取样，3 次重复求平均值。成熟期收获时，在每个重复的各小区中部选取 10 株，用电子天平逐个称重进行产量测定。测定方法如下。

（1）叶面积（cm²/株）和干物质累积量（g/株）

马铃薯田间取样后带回室内，从每株上、中、下三个部位摘取新鲜叶共 80

片，用已知面积的打孔器打孔，烘干后称量干重。通过面积重量比计算马铃薯叶面积。对植株剩余叶片、茎和块茎分器官后分别称量全部鲜重，之后选取一部分混合均匀的茎、叶和块茎分别称量鲜重，然后和根一起分别装袋，在 105℃下烘干杀青 0.5h，之后再在 75℃下直至烘干，取出分别测量其干重。苗期植株各器官干物质重分器官后直接进行测定。数据计算方法是，通过干重鲜重比值计算各器官总干重，通过面积重量比计算马铃薯叶面积。

（2）土壤水分

在马铃薯播种前和收获后，在每个小区的滴灌管的滴头正下方用土钻取土（0~100cm），每 20cm 取 1 次装入对应标记铝盒。土样采用烘干法测定土壤水分，取 3 次重复平均值作为该小区的土壤含水率（%）。

（3）养分吸收

对已经烘干的马铃薯根、茎、叶和块茎的干物质分器官磨细过筛混匀后，取 0.5g 植物样，用浓 H_2SO_4-H_2O_2 消煮后，分别用凯氏定氮仪（FOSS 2300 型）测定全氮含量，用钒钼黄比色法测定全磷含量，用原子吸收分光光度计法测定全钾含量。

（4）土壤养分

在马铃薯播种前和收获后，在每个小区的滴灌管的滴头正下方用土钻取土（0~100cm），每 20cm 取 1 次装自封袋带回自然风干，磨细过筛后用 2mol/L KCl 溶液浸提（干土 5g，土液比 1:10），再用 SEAL-AA3 连续流动分析仪测定土壤中硝态氮（NO_3^--N）的含量。磨细过筛后的土壤用 0.5mol/L NaHCO$_3$ 溶液和无磷活性炭浸提（干土 2.5g，土液比 1:20），用流动分析仪测定土壤中速效磷的含量。磨细过筛后的土壤用 1mol/L 的中性 NH$_4$OAc（pH 7）溶液浸提（干土 5g，土液比 1:10），用原子吸收分光光度计（Z-2000 系列）测定土壤中速效钾的含量。

3. 计算方法

1）叶面积指数（LAI）和叶面积持续期（LAD）计算公式见第 1 章式（1-3）和式（1-4）。

2）水分利用和肥料偏生产力（PFP）计算。

作物水分利用效率（WUE）和灌溉水分利用效率（IWUE）计算公式见第 1 章式（1-8）和式（1-9）。

作物耗水量 ET 通过水量平衡法估算得到，计算公式见第 1 章式（1-6）。

3）肥料偏生产力（PFP）计算公式见第 1 章式（1-13）（Ierna et al.，2011）。

4）马铃薯氮、磷、钾累积量计算公式见第 2 章 2.2.3 节"观测指标与方法"。

5）养分转运计算公式（刘向梅等，2013）：

营养器官（根/茎/叶）花前贮藏氮（磷/钾）转运量 = 开花期氮吸收量 – 成熟期氮吸收量；

营养器官（根/茎/叶）花前贮藏氮（磷/钾）转运率（%）= 氮（磷/钾）转运量 ÷ 开花期氮（磷/钾）吸收量 × 100%；

花后块茎氮（磷/钾）积累量 = 成熟期块茎氮（磷/钾）吸收量 – 营养器官花前贮藏氮（磷/钾）转运量 – 开花期块茎氮（磷/钾）吸收量；

对块茎氮（磷/钾）累积量的贡献率（%）= 花前贮藏氮（磷/钾）转运量[或花后块茎氮（磷/钾）积累量] ÷ 成熟期块茎氮（磷/钾）吸收量。

采用 Excel 进行数据处理、SPSS 19.0 统计分析软件分析实验数据、Duncan's 新复极差法分析显著性、Origin 9.3 软件绘图。

3.3　肥料运筹对马铃薯生长和产量的影响

随着现代农业的发展及土地集约化管理，有关滴灌施肥技术在国内外经济作物上的应用已有广泛的研究。灌水技术上，周娜娜和王刚（2005）研究表明，相同滴灌量条件下，块茎产量滴灌比沟灌高 10 148.4kg/hm^2。邓兰生等（2009）研究表明滴灌施肥（不施基肥，所有肥料随水滴施）比传统灌溉施肥（基施+撒施）增产 47.39%。王雯和张雄（2015）研究了不同灌溉方式对榆林沙土区马铃薯生长和产量的影响，结果表明膜下滴灌分别比露地滴灌、交替隔沟灌、沟灌和漫灌增产 6.2%、18.3%、29.7%和 43.1%。施肥方式上，当前对滴灌追肥模式的研究尚少，大多研究集中表现为基追肥模式。霍晓兰等（2011）利用磷肥、2/3 总量氮肥和钾肥做基肥，马铃薯现蕾期追施剩余 1/3 氮钾肥，确定了 N 120kg/hm^2、P$_2$O$_5$ 67.5kg/hm^2、K$_2$O 210kg/hm^2 施肥组合为最佳增产组合。胡娟和杨永奎（2013）利用基肥追肥实验设计，得出不同时期的不同施肥比例，其中氮肥基施和齐苗时追施各占 40%，现蕾期追肥 20%，钾肥基施占 60%，齐苗和现蕾期追施各占 20%时马铃薯产量最高。吕慧峰等（2010）研究表明，分期施氮、磷、钾（基肥+苗肥+结薯肥）较常规施肥产量提高 1.4%～19.7%。王弘等（2014）试验表明在保障适量基肥氮供应时，氮肥追施时期对马铃薯产量和品质的影响比基追比例更大。王娟等（2016）研究表明马铃薯氮肥播前和块茎膨大期按 6：4 施入时比氮肥全部基施时增产效果明显。在以往马铃薯水肥管理的众多研究中，大多以灌溉方式、施肥量或基追肥比例模式研究其对马铃薯的影响，而有关滴灌施肥条件下马铃薯施肥量在生育期如何分配的研究较少，特别是缺乏不同生育期施肥分配对马铃薯的生长、产量和水分利用效率影响机制的研究。

3.3.1 叶面积指数

表 3-3 为不同施肥处理对马铃薯叶面积的影响。可以看出，随着生育期的推进马铃薯叶面积呈现先增加后减小的变化趋势，苗期植株生长缓慢，块茎形成期开始后生长速度加快，在块茎膨大期叶面积指数（LAI）达到最大值，之后又缓慢下降。苗期各处理 LAI 无显著差异。随着生育进程的推进，块茎形成期 $ES_{0.4}$-$ES_{0.5}$ 处理 LAI 明显大于 $ES_{0.2}$-$ES_{0.3}$ 处理，处理间生长规律与苗期无显著差别。马铃薯叶面积随苗期和块茎形成期总施肥比例增大而增大的趋势。而至块茎膨大期，$ES_{0.4}$-$ES_{0.5}$ 处理（T_5 处理除外）间无显著差异，$ES_{0.3}$-$ES_{0.4}$（T_2 处理除外）处理无显著差异，LAI 生长规律表现为 $ES_{0.2}$＞$ES_{0.3}$-$ES_{0.5}$，最大 LAI 出现在 T_1（$ES_{0.2}$）处理，分别比 T_2、T_3、T_4、T_5、T_6、T_7、T_8 处理高 3.58%、8.02%、8.02%、8.89%、6.04%、6.32%、6.32%，这可能是因为 T1 处理生育阶段施肥分配能更好地满足马铃薯的需肥高峰期需求。淀粉积累期 T_1 处理 LAI 最大，T_1、T_2、T_3、T_4、T_5、T_6、T_7、T_8 处理叶面积指数分别比块茎膨大期减少了 13.61%、17.69%、17.65%、19.52%、20.75%、16.01%、27.37%、16.05%。淀粉积累期和收获时除 T7 处理 LAI 降低明显外，其余各处理生长规律与块茎膨大期无显著差异。

表 3-3   不同生育期施肥比例分配对马铃薯叶面积指数的影响

处理	苗期	块茎形成期	块茎膨大期	淀粉积累期	成熟期
T_1	0.14a	1.10c	4.04a	3.49a	1.99a
T_2	0.14a	1.10c	3.90b	3.21b	1.92ab
T_3	0.14a	1.15bc	3.74d	3.08c	1.84b
T_4	0.14a	1.15bc	3.74d	3.01cd	1.85b
T_5	0.15a	1.18b	3.71d	2.94d	1.81b
T_6	0.15a	1.50a	3.81c	3.20b	1.90ab
T_7	0.14a	1.52a	3.80c	2.76e	1.69c
T_8	0.15a	1.51a	3.80c	3.19b	1.91ab

注：同列不同小写字母表示差异显著（$P<0.05$）。下同

3.3.2 叶面积持续期

表 3-4 为施肥处理对马铃薯生育阶段叶面积持续期的影响。从表 3-4 可知，不同生育期施肥比例分配条件对马铃薯总叶面积持续期和阶段叶面积持续期积累有显著影响，马铃薯生育期各处理叶面积持续期的变化趋势为先增加再降低，呈抛物线形变化趋势，其中播种到苗期叶面积持续期最小，苗期至块茎形成期增长

缓慢，块茎形成期到块茎膨大期增加迅速，在块茎膨大期至淀粉积累期达到最大值，淀粉积累期后迅速下降。在播种—苗期各施肥处理的叶面积持续期差异不显著，但是施肥处理叶面积持续期高于不施肥处理。在苗期—块茎形成期，各处理叶面积持续期的变化规律为苗期施肥比例 20%的处理＞苗期施肥比例为 10%的处理＞苗期不施肥的处理，三者的叶面积持续期达到显著差异。这说明苗期到块茎形成期，植株的叶面积持续期随着施肥量的增加而增加。在块茎形成期—块茎膨大期，各处理叶面积持续期最大值出现在苗期施肥比例为 20%的处理，其次为 T_1 处理（$ES_{0.2}$）＞T_2 处理＞苗期施肥比例为 10%处理，这说明块茎形成期开始施肥的 T_1 和 T_2 处理，在加大了块茎膨大期的施肥比例后，叶片生长迅速，获得了较大的叶面积持续期。在块茎膨大期—淀粉积累期，各处理叶面积持续期达到全生育期最大值，最大叶面积持续期出现在 T_1 处理，与其他处理差异显著，T_7 处理叶面积持续期最小，其次为 T_5 处理，与 T_1 处理相比，分别减少了 12.87%和 11.74%，其他处理无显著差异。在淀粉积累期—成熟期，马铃薯生长以块茎生长为主，各处理叶面积持续期迅速降低，各处理差异显著，T_1 处理叶面积持续期最大，T_7 处理叶面积持续期最小，T_5 处理次之，与 T_1 处理相比，分别减少了 20.20%和 13.31%。马铃薯全生育期总叶面积持续期积累表现为 T_1＞T_6、T_8＞T_2、T_7＞T_3、T_4、T_5，其中 T_6 和 T_8 处理差异不显著，T_2、T_7 处理差异不显著，T_3、T_4、T_5 处理差异不显著。可见，合理分配各时期施肥比例对马铃薯生长有显著影响，块茎形成期和块茎膨大期是马铃薯的需肥关键期。

表 3-4 各施肥处理对马铃薯叶面积持续期的影响 [$\times 10^4 (m^2 \cdot d)/hm^2$]

处理	苗期	块茎形成期	块茎膨大期	淀粉积累期	成熟期	总叶面积持续期
T_1	2.56a	11.18c	56.58ab	79.11a	24.65a	174.09a
T_2	2.57a	11.15c	54.98b	74.65b	23.06b	166.41b
T_3	2.58a	11.66b	53.86b	71.65b	22.13bc	161.87c
T_4	2.59a	11.60b	53.73b	70.86b	21.85bc	160.62c
T_5	2.60a	11.89b	53.71b	69.82bc	21.37c	159.39c
T_6	2.66a	14.85a	58.43a	73.59b	22.96b	172.48ab
T_7	2.60a	14.96a	58.53a	68.93c	19.67d	164.69b
T_8	2.64a	14.93a	58.44a	73.44b	22.97b	172.42ab

注：表中苗期指播种到苗期，块茎形成期指苗期到块茎形成期，块茎膨大期指块茎形成期到块茎膨大期，淀粉积累期指块茎膨大期到淀粉积累期，成熟期指淀粉积累期到成熟期

3.3.3 干物质累积量

图 3-3 表明，随着生育期的推进，不同施肥比例分配条件下马铃薯干物质累积量总体趋势表现为：马铃薯苗期干物质积累缓慢，块茎形成期后迅速加快，至块茎膨大期各处理的干物质累积速率达到峰值，之后积累变缓，在成熟期各处理

的干物质累积量达到最大值。苗期和块茎形成期各施肥处理干物质累积量和生长规律无明显差别,以 $ES_{0.4}$-$ES_{0.5}$ 处理干物质累积量相对较大。马铃薯干物质累积量有随着苗期和块茎形成期总施肥比例增加而增加的趋势。块茎膨大期,各处理干物质累积量表现为 $ES_{0.2}$>$ES_{0.5}$>$ES_{0.4}$>$ES_{0.3}$(T_2 处理除外),干物质累积量以 T_1($ES_{0.2}$)处理最大,分别比 T_2、T_3、T_4、T_5、T_6、T_7、T_8 高 19.69%、37.74%、41.05%、45.14%、32.88%、22.37%、27.23%;其次为 T_2($ES_{0.3}$)处理,而 T_1 和 T_2 处理的生育阶段的施肥分配特点是集中分配在块茎形成期和块茎膨大期,这可能是它们能获得较大干物质累积量的原因。至淀粉积累期,T_1、T_2、T_3、T_4、T_5、T_6、T_7、T_8 的干物质累积量分别比至膨大期减少了 52.78%、58.27%、54.08%、52.93%、52.43%、52.40%、86.48%、51.21%;这表明,进入淀粉积累期后马铃薯茎叶开始衰老,总干物质累积速率开始下降,其中以 T_7 处理累积速率下降最快。至成熟期马铃薯干物质最终积累量为 T_1>T_8>T_2>T_6>T_3>T_4>T_5>T_7,其中 T_7 处理比 T_1 处理减少了 59.76%,说明滴灌少量多次水肥时,保证马铃薯淀粉积累期的足够施肥量对稳产高产也很重要,在马铃薯快速生长期和需肥高峰期及时进行合理比例滴灌施肥并保证收获前的足够肥量供应也能获得较大的干物质累积量。

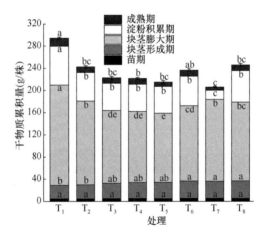

图 3-3　各施肥处理对马铃薯总干物质积累的影响

不同小写字母表示差异显著(P<0.05)。下同

3.3.4　干物质累积速率

表 3-5 为不同施肥处理对生育期马铃薯总干物质累积速率和块茎干物质累积速率的影响。从表 3-5 可以看出,马铃薯的总干物质累积速率和块茎干物质累积速率均呈先增加后减小的变化趋势,其中马铃薯总干物质的累积速率最大值出现

在块茎膨大期和淀粉积累期，而马铃薯块茎干物质的累积速率最大值出现在淀粉积累期。在马铃薯块茎形成期—开花期，总干物质累积速率显著大于块茎干物质累积速率，各处理在块茎形成期和开花期块茎干物质的累积速率占总干物质的累积速率分别为 17.50%～19.00%和 29.94%～34.32%，说明块茎形成期—开花期马铃薯的生长以根、茎、叶生长为主，且根、茎、叶的生长快于块茎的生长。块茎膨大期—成熟期，马铃薯块茎的干物质累积速率与总干物质累积速率相接近，但是小于总干物质累积速率（总干物质包括块茎和根、茎、叶），各处理在块茎膨大期、淀粉积累期和成熟期块茎干物质累积速率分别为总干物质累积速率的 63.09%～70.17%、75.76%～80.98%和 79.91%～84.13%。这说明马铃薯块茎在块茎膨大期开始后生长加快，且马铃薯生长中心开始由根、茎、叶转向块茎。

表 3-5　各施肥处理对马铃薯总干物质（PDM）和块茎干物质（TDM）累积速率的影响

[g/(株·d)]

处理	苗期		块茎形成期		开花期		块茎膨大期		淀粉积累期		成熟期	
	PDM	TDM	PDM	TDM	PDM	TDM	PDM	TDM	PDM	TDM	PDM	TDM
T_1	0.28	—	0.80	0.14	1.63	0.51	3.62	2.54	3.68	2.98	3.34	2.81
T_2	0.28	—	0.83	0.15	1.57	0.47	3.12	2.11	3.06	2.43	2.76	2.27
T_3	0.29	—	0.90	0.16	1.69	0.58	2.82	1.88	2.80	2.25	2.53	2.09
T_4	0.30	—	0.93	0.17	1.74	0.54	2.79	1.87	2.78	2.24	2.52	2.06
T_5	0.29	—	0.95	0.17	1.74	0.57	2.74	1.82	2.73	2.16	2.44	2.01
T_6	0.32	—	1.02	0.19	1.93	0.62	2.98	1.98	2.97	2.39	2.69	2.22
T_7	0.31	—	1.00	0.19	2.01	0.64	3.17	2.00	2.64	2.00	2.34	1.87
T_8	0.31	—	1.02	0.19	1.94	0.63	3.08	1.97	3.10	2.48	2.79	2.31

各施肥处理条件下，苗期总干物质累积速率无显著差异。块茎形成期—开花期，各施肥处理的总干物质累积速率随着前期（ES）施肥比例的增加而增加，苗期不施肥处理与施肥比例 20%的处理差异显著。块茎膨大期总干物质累积速率与之前规律不同，最大值出现在 T_1 处理，具体表现为 $ES_{0.2}$＞T_2、$ES_{0.5}$、T_6＞T_3、T_4、T_5 处理，其中 T_2、$ES_{0.5}$、T_6 处理差异不显著，T_3、T_4、T_5 处理差异不显著。在淀粉积累期和成熟期，各处理马铃薯的总干物质累积速率表现为 $ES_{0.2}$＞T_8＞T_2、T_6＞T_3、T_4、T_5＞T_7 处理，T_7 处理总干物质累积速率与块茎膨大期相比分别下降了 16.72%和 26.18%，在淀粉积累期，T_1 处理的总干物质累积速率达到全生育期的最大值，即 3.68g/(株·d)。在成熟期，T_7 处理的总干物质累积速率比 T_1 处理减少了 29.94%。综上所述，块茎形成期施肥 20%，块茎膨大期施肥 55%，淀粉积累期施肥 25%的处理，延长并提高了马铃薯总干物质和块茎干物质的累积速率及积累量。

各施肥处理条件下，马铃薯块茎的干物质累积速率随生育期的变化规律与总干物质类似，不同的是块茎干物质累积速率峰值出现在淀粉积累期。成熟期时，T_1 处理的块茎干物质累积速率最大，为 2.81g/(株·d)，占总干物质累积速率的

84.13%，显著高于其他处理。说明 T_1 处理更有利于马铃薯高产的形成。

3.3.5 产量

图 3-4 表明，各施肥处理对小区产量有显著影响，表现为 $ES_{0.2} > ES_{0.5}$（T_7 处理除外）$> ES_{0.4}$（T_5 处理除外）$> ES_{0.3}$（T_2 处理除外），具体为 $T_1 > T_8 > T_2 > T_6 > T_3 > T_4 > T_5 > T_7$，其中 T_1 处理产量最高，T_7 处理产量最低。$T_1 \sim T_6$ 及 T_8 处理小区产量分别较 T_7 处理增产 20.66%、8.40%、3.63%、2.68%、2.32%、7.93%、9.69%；T_2 处理施肥分配阶段与 T_1 处理类似，这可能是其能获得较大产量的原因；T_5 处理与 T_3 和 T_4 处理的生育阶段施肥分配类似，产量无显著差异；而 T_7 处理产量最低，这可能与淀粉积累期分配的较小施肥比例有关。

各施肥处理对马铃薯产量形成有显著影响（表 3-6）。各处理马铃薯的单株商品薯重变化与产量规律一致，其中 T_2、T_3、T_4、T_5、T_6、T_7、T_8 处理的马铃薯单

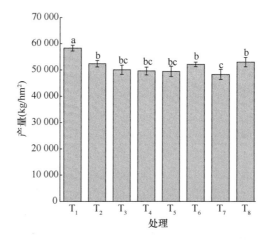

图 3-4　各生育期施肥比例分配对马铃薯产量的影响

表 3-6　各施肥处理条件下马铃薯产量构成因素

处理	单株商品薯重（g）	平均单薯重（g）	单个商品薯重（g）	单株结薯数（个）
T_1	1128.14±17.52a	268.26±11.99a	290.90±12.68a	4.28±0.24a
T_2	1011.84±14.84b	245.89±14.73abc	266.30±12.55bc	4.26±0.18a
T_3	970.22±17.37c	260.54±15.24ab	282.11±16.65ab	3.80±0.16b
T_4	952.92±18.54cd	227.84±17.85cd	251.85±9.03cd	4.33±0.24a
T_5	949.98±18.93cd	237.85±16.37bc	264.16±15.23bc	4.17±0.24ab
T_6	1001.44±12.47b	229.71±14.99cd	256.30±11.30c	4.46±0.34a
T_7	926.22±11.71d	207.21±16.46d	230.60±7.97d	4.56±0.19a
T_8	1019.45±14.73b	247.45±10.38abc	274.75±13.44abc	4.2±0.25ab

注：商品薯块茎>50g

株商品薯重量分别比 T_1 处理降低 10.31%、14.00%、15.53%、15.79%、11.23%、17.90%、9.63%。平均单薯重和单个商品薯重的规律均为 $T_1 > T_3 > T_8 > T_2 > T_5 > T_6 > T_4 > T_7$，与 T_1 处理相比，T_4 处理分别降低了 15.07% 和 13.42%，T_7 处理分别降低了 22.76% 和 20.73%；单株结薯个数为：$T_7 > T_6 > T_4 > T_1 > T_2 > T_8 > T_5 > T_3$，可见产量形成受多指标协同作用，单一指标并不能评价产量高低。

3.3.6 通径分析

对生长指标和产量的通径分析可以反映各指标对产量直接、间接的影响程度及对提高产量作用的大小（李静等，2014）。选取单株商品薯重（X_1）、平均单薯重（X_2）、单个商品薯重（X_3）、单株结薯数（X_4）作为自变量，马铃薯产量（y）为因变量，用 SPSS 软件计算实现通径分析，并得出产量与产量构成指标间的相关关系。由于一共 8 个处理，属于小样本，因此对因变量 y 进行正态检验后利用 Shapiro-Wilk 检验法输出结果，Shapiro-Wilk 统计量为 0.869，自由度为 8，显著性为 0.147（>0.05），所以因变量 y 服从正态分布，可以进行回归分析。采用逐步回归的方法建立最优回归方程：$y = 4.490 + 0.231X_1 - 0.203X_2 + 0.165X_3$，得出 X_1、X_2、X_3 对 y 的直接作用分别为：$P_{1y} = 1.042$，$P_{2y} = -0.282$，$P_{3y} = 0.223$，均达到显著水平。表 3-7 为各变量间的相关系数。从表 3-7 可知产量构成因素与产量之间相互影响，达到显著水平。间接通径系数表明了各构成因素通过其他因素对产量的间接作用。任一自变量 X_i 对 y 间接通径系数 = 相关系数（r_{ij}）× 通径系数（P_{ij}）。

表 3-7 变量间的相关系数

变量	y	X_1	X_2	X_3
y	1.00			
X_1	0.999	1.00		
X_2	0.708	0.739	1.00	
X_3	0.717	0.743	0.992	1.00

通过对表 3-8 分析可知，X_1、X_2、X_3 对产量（y）的相关系数为：$X_1 > X_3 > X_2$。单株商品薯重（X_1）对产量（y）的作用主要是直接作用，其次是通过单个商品薯重（X_3）对产量的间接作用，而通过平均单薯重（X_2）对产量的间接作用最小，且为负效应，但由于其通径系数较大，所以与产量的相关关系仍比较显著，达到 0.999。平均单薯重（X_2）通过单株商品薯重对产量的间接作用最大，其次是通过单个商品薯重对产量的间接作用，对产量的直接作用最小，且为负效应，但总体与产量的相关系数较大，为 0.708。单个商品薯重通过单株商品薯重对产量的间接作用大于其对产量的直接作用，通过平均单薯重对产量的间接作用最小，为负效

应，与产量的相关系数为 0.717。综上分析，单株商品薯重和单个商品薯重对产量的影响较大，单株商品薯重可作为衡量产量的主要指标。

表 3-8　简单相关系数的分解

自变量	与 y 的简单相关系数	通径系数	间接通径系数			
			X_1	X_2	X_3	合计
X_1	0.999	1.042	—	−0.208 72	0.165 61	−0.043 11
X_2	0.708	−0.282	0.769 90	—	0.220 98	0.990 88
X_3	0.717	0.223	0.774 35	−0.280 11	—	0.494 24

3.3.7　相关关系

图 3-5 分别为马铃薯成熟期各水肥处理下产量与叶面积指数、总干物质累积量和块茎干物质累积量的相关关系。由图 3-5 可知，马铃薯产量与叶面积指数、总干物质累积量和块茎干物质累积量具有显著正相关关系（R^2 分别为 0.7593、0.9938 和 0.9918），说明马铃薯的叶面积指数、植株总干物质累积量和块茎干物质累积量在一定程度上可以反映产量的高低。试验种植条件下，线性拟合结果显示

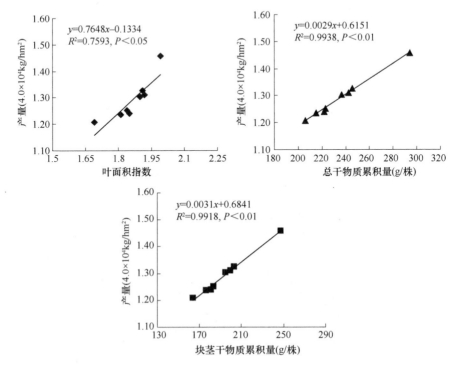

图 3-5　马铃薯产量与叶面积指数、总干物质累积量、块茎干物质累积量的相关关系

植株总干物质累积量（R^2=0.9938）和块茎干物质累积量（R^2=0.9918）对产量的影响优于叶面积指数（R^2=0.7593），当植株总干物质累积量、块茎干物质累积量和叶面积指数每增加一个单位时，马铃薯产量可以分别提高 116kg/hm^2、124kg/hm^2 和 30 592kg/hm^2。由上可知，马铃薯叶面积指数和干物质累积量，在一定范围内可以反映产量的高低，通过生育期内合理调控马铃薯叶面积指数和干物质累积量有利于马铃薯获得较高产量。

3.3.8 水分利用和肥料偏生产力

由表 3-9 可知，灌溉水分利用效率（IWUE）和水分利用效率（WUE）的最大值都出现在 T_1 处理，IWUE 最小值出现在 T_7 处理，WUE 最小值出现在 T_5 处理。不同处理的 IWUE 为 T_1>T_8>T_2>T_6>T_3>T_4>T_5>T_7，其中 T_1 处理 IWUE 值最大，为 23.00kg/m^3，分别比 T_2～T_8 处理显著增加 11.33%、16.40%、17.53%、17.89%、11.76%、20.67%、10.00%，其中 T_8、T_2、T_6 处理和 T_3、T_4、T_5 处理没有显著差异，可见马铃薯关键生育后期适量增加施肥量有利于提高 IWUE。不同处理的 WUE 为 T_1>T_6>T_8>T_2>T_3>T_4>T_7>T_5，其中 T_1 处理 WUE 最大，为 14.71kg/m^3，分别比 T_2～T_8 处理显著增加 12.98%、16.65%、18.92%、20.08%、11.69%、19.69%、12.46%，其中 T_5 和 T_7 处理没有显著差异。从耗水量来看，T_7 处理耗水量最少，T_8 处理耗水量最大，处理间没有显著差异（P<0.05）。综上可见，各处理其 IWUE 和 WUE 规律与产量类似，合理分配生育期施肥比例不仅对产量有重要影响，同时也对马铃薯水分利用效率调控有影响。

表 3-9 各施肥处理对马铃薯水分利用和肥料偏生产力（PFP）的影响

处理	滴灌量 （mm）	降水量 （mm）	耗水量 （mm）	WUE（kg/m^3）	IWUE（kg/m^3）	PFP（kg/kg）
T_1	253.56	159.40	396.36a	14.71a	23.00a	126.79a
T_2	253.56	159.40	402.30a	13.02bc	20.66b	113.91b
T_3	253.56	159.40	397.17a	12.61bcd	19.76bc	108.90bc
T_4	253.56	159.40	401.15a	12.37cd	19.57bc	107.90bc
T_5	253.56	159.40	403.78a	12.25d	19.51bc	107.52bc
T_6	253.56	159.40	396.02a	13.17b	20.58b	113.42b
T_7	253.56	159.40	393.40a	12.29d	19.06c	105.08c
T_8	253.56	159.40	405.29a	13.08b	20.91b	115.26b

肥料偏生产力（PFP）是反映当地土壤基本养分水平和化肥施用量综合效应的指标。表 3-9 表明，各施肥处理对肥料偏生产力（PFP）有显著影响，表现为 T_1>T_8>T_2>T_6>T_3>T_4>T_5>T_7。与 T_1 处理相比，T_2、T_3、T_4、T_5、T_6、T_7、T_8 处理分别平均下降 10.16%、14.11%、14.90%、15.20%、10.55%、17.12%、9.09%。

3.4 肥料运筹对马铃薯养分吸收的影响

马铃薯是高产喜肥作物，其对矿质营养需求量最多的是氮、磷、钾三要素，它们直接影响马铃薯植株的生长发育和产量、品质的形成。氮、磷、钾肥对解决马铃薯生产上出现的单产不高、总产不稳有重要的作用（Bélanger et al.，2001）。作物需要的氮、磷、钾除一小部分从土壤获得，主要是由施肥（基肥、追肥）提供；其中，马铃薯对钾肥的需要量最多，其次是氮肥，磷肥最少（陈光荣等，2009；宫占元等，2011）。土壤保肥和供肥能力及目标产量是确定马铃薯施肥量和施肥方式的关键因素。根据马铃薯养分吸收特点、产量高低及气候因素等，确定氮、磷、钾肥的施用量并在生长季节中适时追肥，合理调节茎、叶和块茎之间关系，是马铃薯块茎优质和高产的关键因素（张西露等，2010）。以往研究多是针对传统基追肥模式或单一施肥元素对马铃薯生长、养分吸收的影响，而对滴灌施肥条件下，马铃薯生育期氮、磷、钾肥分配比例对马铃薯生长及养分吸收利用的研究甚少，因此开展马铃薯生育阶段滴灌施肥比例分配研究对实现精准施肥、提高马铃薯产量和肥料利用率有重要意义。

3.4.1 氮素吸收

马铃薯生育期不同施肥比例分配调控对植株氮素吸收情况有显著影响（图 3-6）。由图 3-6a 可知，生育期不同施肥比例调控下，各处理马铃薯氮素吸收量均随马铃薯生长呈缓慢—快速—缓慢的变化趋势，同时各处理的阶段氮素吸收量的最大值均出现在块茎膨大期（图 3-6a）。马铃薯苗期、块茎形成期、块茎膨大

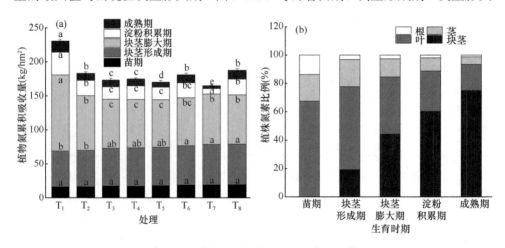

图 3-6　生育期马铃薯氮累积吸收量和器官氮素平均分配比例

期、淀粉积累期和成熟期的阶段氮素吸收量分别占全生育期氮素总吸收量的
6.88%～11.56%、23.00%～36.17%、38.63%～48.63%、4.71%～14.4%、2.58%～
7.09%。全生育期内马铃薯各器官中氮素分配比例（图 3-6b）表现为，根、茎、
叶氮素吸收比例均随生育期的推进而逐渐减少，其中根和叶在苗期比例达到最大
（18.8%和 67.5%），地上茎在块茎形成期达到最大（19.13%），从块茎膨大期开始，
氮素吸收比例表现为块茎＞叶＞茎＞根，至成熟期块茎吸收氮素比例达到最大值
（75.1%）。

　　在苗期，马铃薯以根、茎、叶生长为主，不同施肥比例分配调控下马铃薯植
株对氮素的吸收较少，其中苗期施肥比例为 0 和 10%的处理平均比施肥比例为
20%的处理的氮素吸收量减少 15.4%和 8.9%，各处理差异不显著（$P>0.05$）。在
块茎形成期，随着施肥量的增加，各处理的氮素吸收量变化趋势与苗期一致，处
理间氮累积吸收量出现显著差异（$P<0.05$）；在块茎膨大期各处理马铃薯植株氮
素阶段吸收量均达到全生育期的最大值，其中以 T_1 处理下的氮素吸收量最大
（111.96kg/hm^2），各处理氮累积吸收量表现为 $ES_{0.2}>ES_{0.5}、T_2>ES_{0.4}-ES_{0.3}$（$T_2$ 处
理除外），其中前期（ES）施肥比例在 30%和 40%的处理氮素吸收量无显著差异，
而 T_2 处理的阶段施肥分配与 T_1 处理类似，在块茎形成期开始施肥，偏重中后期
施肥供应。这说明在块茎形成期和块茎膨大期，合理调控施肥比例有利于马铃薯
植株对氮素的吸收。淀粉积累期和成熟期，不同施肥比例调控处理阶段氮素吸收
量呈明显的下降趋势，以 T_7 处理下降明显。相对于块茎膨大期，淀粉积累期和成
熟期各施肥处理条件下的马铃薯平均氮素阶段吸收量分别减少 74%和 86%。成熟
期各处理马铃薯植株氮素吸收量表现为 $ES_{0.2}>T_2、T_8（ES_{0.5}）>T_6（ES_{0.4}）>ES_{0.3}$
（T_2 处理除外）$>T_5>T_7$，其中 T_7 处理可能是由于淀粉积累期施肥比例小影响了
马铃薯后期的生长，而 T_5 处理施肥分配阶段与处理 T_3 和 T_4 类似，氮素吸收量也
无显著差异；T_2 处理与 T_1 处理均注重中后期施肥，这可能是其氮素吸收量较高的
原因。以上结果表明，马铃薯植株对氮素的吸收量随着生育期施肥比例分配的不
同而变化，但是马铃薯淀粉积累期施肥量不足不利于马铃薯植株对氮素的吸收；
块茎形成期和块茎膨大期是马铃薯植株进行氮素吸收的关键期。

3.4.2　磷素吸收

　　图 3-7 为马铃薯生育期不同施肥比例分配调控对植株磷素吸收的影响情况。
由图 3-7 可知，生育期不同施肥比例调控下，各处理马铃薯磷素吸收量与氮素吸
收量表现出类似规律，即均随马铃薯生育期延长呈现慢—快—慢的变化趋势，同
时各处理的阶段磷素吸收量的最大值亦均出现在块茎膨大期（图 3-7a）。马铃薯苗
期、块茎形成期、块茎膨大期、淀粉积累期和成熟期的阶段磷素吸收量分别占全

生育期磷素总吸收量的 3.07%～5.26%、15.15%～26.01%、39.16%～50.69%、10.81%～21.68%、7.92%～14.58%。全生育期内马铃薯各器官中磷素分配比例（图3-7b）表现为，根、茎、叶磷素吸收比例均随生育期的推进而逐渐减少，其中根和叶在苗期比例达到最大（56.91%和 19.19%），地上茎在块茎形成期达到最大（26.98%），从块茎膨大期开始，磷素吸收比例表现为块茎＞叶＞茎＞根，至成熟期块茎吸收磷素比例达到最大值（82.6%）。

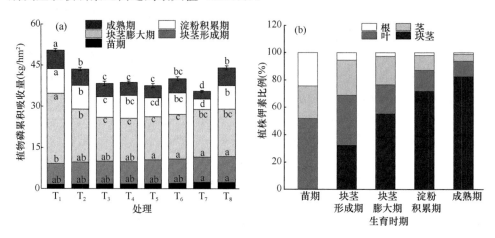

图 3-7　生育期马铃薯磷累积吸收量和器官磷素平均分配比例

在苗期，马铃薯以根、茎、叶生长为主，不同施肥比例分配调控下马铃薯植株对磷素的吸收较少，其中苗期施肥比例为 0 和 10%的处理平均比施肥比例为20%的处理的磷素吸收量减少 29.5%和 22.4%，各处理差异不显著（P＞0.05）。在块茎形成期，随着施肥量的增加，各处理的磷累积吸收量变化趋势为随着前期（ES）施肥比例的增加而变大，处理间磷累积吸收量出现显著差异（P＜0.05），具体表现为 $ES_{0.5}＞ES_{0.4}＞ES_{0.3}＞ES_{0.2}$；在块茎膨大期各处理马铃薯植株磷素阶段吸收量均达到全生育期的最大值，其中以 T_1 处理下的磷素吸收量最大（25.55kg/hm²），各处理磷素吸收量表现为 $ES_{0.2}＞ES_{0.5}、T_2＞ES_{0.4}-ES_{0.3}$（$T_2$ 处理除外），其中前期（ES）施肥比例在 30%和 40%的处理磷素吸收量无显著差异，而 T_2 处理的阶段施肥分配与 T_1 处理类似，在块茎形成期开始施肥，偏重中后期施肥供应。这说明在块茎形成期和块茎膨大期，合理调控施肥比例也有利于马铃薯植株对磷素的吸收。淀粉积累期和成熟期不同施肥比例调控处理阶段磷素吸收量呈明显的下降趋势，以 T_7 处理下降明显。相对于块茎膨大期，淀粉积累期和成熟期各施肥处理条件下的马铃薯平均磷素阶段吸收量分别减少 57.4%和 71.4%。成熟期各处理马铃薯植株磷素吸收量表现为 $ES_{0.2}＞T_2$、T_8（$ES_{0.5}$）＞T_6（$ES_{0.4}$）＞$ES_{0.3}$（T_2 处理除外）＞$T_5＞T_7$，其中 T_7 处理可能是由于淀粉积累期施肥比例小影响了马铃薯后期的生长，而 T_5 处理施肥分配阶段与 T_3 和 T_4 处理类似，磷素吸收量也无显著差异；T_2 处理与 T_1 处理均注重中后期施肥，这可能是其磷吸收量较高的原因。以上结果表明，马铃薯植株对磷素的吸收量随着生育期施肥比例分配的不同而变化，但是马铃薯淀粉积累期施肥量不足不利于马铃薯植株对磷素的吸收；块茎形成期和块茎膨大期是马铃薯植株进行磷吸收的关键期。

3.4.3　钾素吸收

马铃薯生育期不同施肥比例分配调控对植株钾吸收情况有显著影响（图 3-8）。由图 3-8 可知，生育期不同施肥比例调控下，各处理马铃薯钾累积吸收量均随马铃薯生长呈前期慢—中期快—后期慢的变化趋势，同时各处理的阶段钾累积吸收量的最大值均出现在块茎膨大期（图 3-8a）。马铃薯苗期、块茎形成期、块茎膨大期、淀粉积累期和成熟期的阶段钾累积吸收量分别占全生育期钾素总吸收量的 5.5%～11.2%、14.92%～22.32%、44.8%～53.65%、9.67%～19.58%、2.21%～8.91%。全生育期内马铃薯各器官中钾素分配比例（图 3-8b）表现为，根、茎、叶钾素吸收比例均随生育期的推进而逐渐减少，其中根和叶在苗期比例达到最大（24.3% 和 51.8%），地上茎在块茎形成期达到最大（25.7%），从块茎膨大期开始，钾素吸收比例表现为块茎＞叶＞茎＞根，至成熟期块茎吸收钾素比例达到最大值（82.5%）。

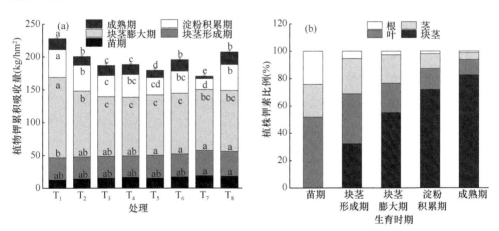

图 3-8　生育期马铃薯钾累积吸收量和器官钾素平均分配比例

在苗期，苗期施肥比例为 0 和 10% 的处理平均比施肥比例为 20% 的处理的钾累积吸收量减少 27.8% 和 14.9%，各处理差异不显著（$P>0.05$）。在块茎形成期，随着施肥量的增加，各处理的钾累积吸收量变化趋势与苗期一致，处理间钾累积吸收量出现显著差异（$P<0.05$）；在块茎膨大期各处理马铃薯植株钾阶段

吸收量均达到全生育期的最大值，其中以 T_1 处理下的钾累积吸收量最大（122.19kg/hm²），各处理钾累积吸收量表现为 $ES_{0.2} > ES_{0.5}$、$T_2 > ES_{0.4} - ES_{0.3}$（$T_2$ 处理除外），其中前期（ES）施肥比例在30%和40%的处理钾累积吸收量无显著差异，而 T_2 处理的阶段施肥分配与 T_1 处理类似，在块茎形成期开始施肥，偏重中后期施肥供应。这说明在块茎形成期和块茎膨大期，合理调控施肥比例有利于马铃薯植株对钾素的吸收。淀粉积累期和成熟期，不同施肥比例调控处理阶段钾累积吸收量呈明显的下降趋势，以 T_7 处理下降明显。相对于块茎膨大期，淀粉积累期和成熟期各施肥处理条件下的马铃薯平均钾素阶段吸收量分别减少65.8%和 85.6%。成熟期各处理马铃薯植株钾累积吸收量表现为 $ES_{0.2} > T_2$、T_8（$ES_{0.5}$）$> T_6$（$ES_{0.4}$）$> ES_{0.3}$（T_2 处理除外）$> T_5 > T_7$，其中 T_7 处理可能是由于淀粉积累期施肥比例小影响了马铃薯后期的生长，而 T_5 处理施肥分配阶段与处理 T_3 和 T_4 类似，钾素吸收量也无显著差异；T_2 处理与 T_1 处理均注重中后期施肥，这可能是其钾素吸收量较高的原因。以上结果表明，马铃薯植株对钾素的吸收量随着生育期施肥比例分配的不同而变化，但是马铃薯淀粉积累期施肥量不足不利于马铃薯植株对钾素的吸收；块茎形成期和块茎膨大期是马铃薯植株进行钾素吸收的关键期。

3.4.4 养分转运

由图 3-9 可以看出，马铃薯生育期不同施肥比例分配调控下，马铃薯植株营养器官（根、茎、叶）在开花期贮存的氮、磷、钾吸收量大于成熟期，这说明开花期后营养器官中贮存的氮、磷、钾向块茎中发生转移。成熟期块茎氮、磷、钾的吸收量均为 T_1 处理最大，T_2、T_3、T_4、T_5、T_6、T_7、T_8 处理块茎的平均氮、磷、钾吸收量比 T_1 处理分别减少了 24.80%、21.17%和 17.38%。

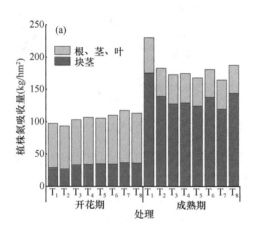
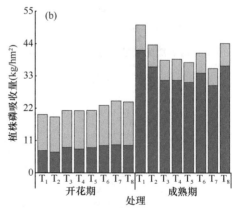

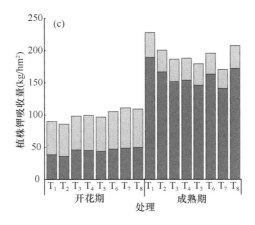

图 3-9　马铃薯开花期和成熟期营养器官（根、茎、叶）和块茎养分累积量

　　马铃薯成熟期块茎的养分吸收量一部分来自花期从土壤中吸收积累的养分，一部分来自开花后根、茎、叶（营养器官）养分向块茎的转运，还有一部分来自开花后土壤养分供应。马铃薯从块茎形成期开始后根、茎、叶和块茎并进生长，苗期至开花期，马铃薯根、茎、叶生长大于块茎生长，大部分氮、磷、钾贮存于根、茎、叶中，而块茎中养分较少（图 3-9），开花期后块茎开始迅速膨大，至成熟期 75%～80% 以上的养分贮存于块茎中。由表 3-10 可以看出，马铃薯氮、磷、钾转运量表现为氮＞钾＞磷，转移率表现为磷大于氮和钾，其中氮素和钾素转移率无显著差异。苗期施肥比例大小对马铃薯植株氮磷钾转移量、转移率和对块茎的贡献率有显著影响，其中苗期施肥比例为 20% 的处理氮、磷、钾转移量和转移率最大，苗期不施肥处理转移量和转移率最小。

表 3-10　各施肥处理对马铃薯植株氮、磷、钾转运及块茎贡献率的影响

养分	处理	营养器官养分向块茎的转移			花后块茎养分		花期块茎养分贡献率（%）
		转移量（kg/hm²）	转移率（%）	贡献率（%）	积累量（kg/hm²）	贡献率（%）	
N	T₁	13.66	19.93	7.79	132.59	75.61	16.61
	T₂	23.05	34.62	16.54	89.26	64.04	19.43
	T₃	24.86	35.52	19.43	69.75	54.53	26.04
	T₄	27.44	37.71	21.20	67.77	52.37	26.43
	T₅	27.06	38.30	21.75	62.35	50.12	28.13
	T₆	32.52	43.12	23.58	70.68	51.25	25.18
	T₇	36.08	44.52	30.12	46.92	39.18	30.70
	T₈	34.18	44.16	23.69	74.02	51.31	25.00
P₂O₅	T₁	3.62	29.39	8.69	30.49	73.14	18.16
	T₂	4.55	38.00	12.62	24.50	67.88	19.50

续表

养分	处理	营养器官养分向块茎的转移			花后块茎养分		花期块茎养分贡献率（%）
		转移量（kg/hm²）	转移率（%）	贡献率（%）	积累量（kg/hm²）	贡献率（%）	
P_2O_5	T_3	5.75	45.66	18.27	17.07	54.22	27.51
	T_4	5.86	44.75	18.60	17.53	55.64	25.76
	T_5	5.96	46.89	19.36	16.27	52.80	27.84
	T_6	6.90	50.26	20.31	17.78	52.34	27.35
	T_7	9.14	61.17	30.72	11.05	37.14	32.13
	T_8	7.17	48.50	19.70	19.86	54.55	25.75
K_2O	T_1	13.02	25.34	6.87	137.95	72.83	20.29
	T_2	16.26	32.55	9.74	114.95	68.85	21.41
	T_3	17.70	33.73	11.64	88.59	58.27	30.09
	T_4	20.14	36.91	13.09	88.81	57.73	29.18
	T_5	19.56	36.90	13.39	82.90	56.78	29.83
	T_6	25.40	43.92	15.55	90.77	55.58	28.87
	T_7	32.68	52.49	23.18	59.77	42.39	34.43
	T_8	24.33	40.92	14.12	98.39	57.10	28.78

由表 3-10 可看出，开花后块茎累积养分的贡献率＞花期块茎养分贡献率＞开花前根茎叶养分转运量对块茎的贡献率。从花后马铃薯的氮、磷、钾养分积累量看，钾的积累量＞氮的积累量＞磷的积累量，各施肥处理氮、磷、钾开花后积累量均表现为 $ES_{0.2}>T_2$、T_8（$ES_{0.5}$）＞T_6（$ES_{0.4}$）＞$ES_{0.3}$（T_2 处理除外）＞T_5＞T_7，其中 T_7 处理可能是由于淀粉积累期施肥比例小影响了马铃薯后期的生长，而 T_5 处理施肥分配阶段与处理 T_3 和 T_4 类似，养分吸收量也无显著差异，T_2 处理与 T_1 处理一样，在块茎形成期开始施肥，集中在中后期施肥，这可能是其开花后养分吸收量较高的原因。

综上所述，合理调配生育期施肥比例对马铃薯生长有显著影响。苗期+块茎形成期施肥比例大小对马铃薯植株氮磷钾转移量、转移率和对块茎的贡献率有显著影响，即其随着施肥比例的增加而增加，对开花后马铃薯根、茎、叶养分向块茎转运有一定影响，块茎形成期和块茎膨大期是马铃薯需肥和块茎生长及产量形成的关键期，合理分配块茎形成期和块茎膨大期施肥比例有利于马铃薯收获时获得较高产量。

3.5 肥料运筹对马铃薯土壤养分含量的影响

作物高产与灌溉、施肥技术等密切相关，大量浇水灌溉、过度使用化肥并不利于作物充分吸收利用，反而造成一系列的土壤环境问题。精确施肥灌溉理论和技术是解决这一问题的有效途径。近年来，国内外进行了大量有关马铃薯灌溉施肥技术的研究（Badr et al.，2012；Badr，2007；习金根等，2004）。施肥方式和施肥时间显著影响土壤养分的累积和分布。邢英英等（2015）研究得出滴灌施肥极大地减少了土壤中硝态氮的累积和分布。侯振安等（2008）研究了不同滴灌施肥方式下，一次灌溉过程中肥液的施入时间不同对土壤硝态氮分布的影响。"土壤-作物-养分"间的关系十分复杂。为取得良好的经济效益和环境效益，适应不同地区、不同作物、不同土壤和不同作物生长环境的需要，变量处方施肥是我们未来施肥的发展方向。作物不同生长期对养分的需求程度也存在很大差别，探索榆林沙土区滴灌施肥方式下马铃薯生育期施肥比例分配对马铃薯养分吸收、利用和迁移的影响十分必要。

3.5.1　养分残留累积量

由图 3-10 可知，马铃薯生育期施肥比例分配对马铃薯成熟期 0～100cm 土层内硝态氮累积总量有显著影响（图 3-10a），其中以 T_1 处理最小，较 T_7 处理减少26.92%。试验生育期施肥比例分配条件下，各施肥处理的土壤硝态氮在 0～100cm各土层的累积变化量亦有所不同。通过计算 0～100cm 各土层硝态氮累积量占整个土层累积量的比例，0～20cm 土层硝态氮累积量占 0～100cm 土层累积量的比例大体表现出随着前期（ES）施肥比例的增加而减少，具体为 T_1>T_2>T_4>T_3>T_5>T_8、T_6>T_7。随着土壤深度的增加，T_1、T_2 处理 0～100cm 硝态氮累积量比例逐渐减少。T_2、T_3、T_4 在处理 0～40cm 土层硝态氮累积量变化不大，呈现类似均匀变化的特征，60～100cm 土层硝态氮累积量又随土层的加深而逐渐减少。T_5、T_6、T_8 处理在 0～80cm 土层硝态氮累积量随着土层的增加缓慢增加，80～100cm土层中又减少。T_7 处理在 0～100cm 土层中土壤硝态氮累积量逐渐增加，表层硝态氮累积量相对较低。在 80～100cm 土层，T_7 处理的硝态氮累积量占 0～100cm土层累积量的比例，分别比 T_1、T_2、T_3、T_4、T_5、T_6 和 T_8 处理显著高 18.66%、16.44%、11.76%、12.73%、11.52%、10.43% 和 10.73%。这说明在总施肥量和滴灌量一定的条件下，马铃薯施肥比例在生育时期的分配影响了土壤硝态氮在土壤中的累积和迁移，适当加大中后期施肥比例可以减少土壤硝态氮向深层的迁移。施肥量和滴灌量一定时，T_1 处理更有利于马铃薯植株对氮素的吸收，从而使得土壤中的硝态氮含量降低。

由图 3-10 可知，马铃薯生育期施肥比例分配对马铃薯成熟期 0～100cm 土层内速效磷累积量有显著影响（图 3-10b），其中最大累积量出现在 T_7 处理，比最小累积量的 T_1 处理显著高 34.26%。试验生育期施肥比例分配条件下，各施肥处理

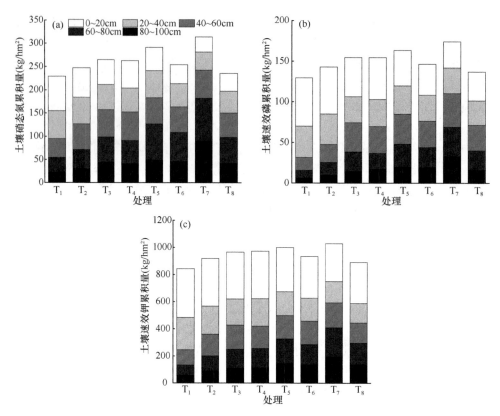

图 3-10　各施肥处理对马铃薯成熟期土壤硝态氮、速效磷和速效钾累积量的影响

的速效磷在 0～100cm 各土层的累积变化规律亦有所不同。通过计算 0～100cm 各土层速效磷累积量占整个土层累积量的比例，0～20cm 土层速效磷累积量占 0～100cm 土层累积量的比例大体表现出与土壤硝态氮类似的规律，即随着前期（ES）施肥比例的增加而减少，具体为 $T_1 > T_2 > T_4 > T_3 > T_5 > T_8$、$T_6 > T_7$。随着土壤深度的增加，$T_1$、$T_2$ 处理 0～100cm 速效磷累积比例逐渐减少。$ES_{0.3}$ 处理（T_2 处理除外）、$ES_{0.4}$ 处理和 T_8 处理在 20～60cm 土层速效磷累积比例变化不大，也呈现类似均匀变化的特征；T_7 处理的速效磷累积峰值出现在 40～60cm，表层速效磷比例相对较低，20～40cm 速效磷累积比例最低。在 80～100cm 土层，T_7 处理的硝态氮累积量占 0～100cm 土层累积量的比例，分别比 T_1、T_2、T_3、T_4、T_5、T_6 和 T_8 处理显著高 13.93%、11.77%、9.49%、7.89%、6.72%、5.48% 和 7.06%。这说明在总施肥量和滴灌量一定的条件下，马铃薯施肥比例在生育时期的分配对土壤速效磷在土壤中的累积和迁移产生了影响，适当加大中后期施肥比例可以显著增加表层土壤速效磷累积量。施肥量和滴灌量一定时，T_1 处理更有利于马铃薯植株对磷素的吸收，从而使得土壤中的速效磷含量降低。

　　由图 3-10 可知，马铃薯生育期施肥比例分配对马铃薯成熟期 0～100cm 土层内速效钾累积量有显著影响(图 3-10c)，其中以 T_1 处理最小，较 T_7 处理减少 18.2%。在 0～100cm 土层，各施肥处理的土壤速效钾累积量随土壤深度变化比例有所不同。各处理土壤速效钾主要累积在 0～40cm 土层，其次为 40～60cm 土层，80～100cm 土层中速效钾累积比例最小。处理间土壤速效钾累积量在各土层的比例变化有所不同，其中，0～100cm 土层中，$ES_{0.2}$-$ES_{0.3}$ 处理随着土壤深度的加大，各土层速效钾累积量占总累积量比例逐渐减少。$ES_{0.4}$-$ES_{0.5}$ 处理土壤速效钾在 0～20cm 土层中积累最大，20～80cm 各层速效钾累积比例变化不大，并且没有统一的变化规律。通过计算 0～100cm 各土层速效钾累积量占整个土层累积量的比例，0～20cm 土层速效钾累积量占 0～100cm 土层累积量的比例大体表现出随着前期（ES）施肥比例的增加而减少，具体为 T_1>T_2>T_4、T_3（无显著差异）>T_5、T_8、T_6（无显著差异）>T_7。在 80～100cm 土层中，T_7 处理的硝态氮累积量占 0～100cm 土层累积量的比例，分别比 T_1、T_2、T_3、T_4、T_5、T_6 和 T_8 处理显著高 12.01%、8.99%、7.32%、7.08%、4.27%、4.12% 和 3.38%。以上结果表明，在总施肥量和滴灌量一定的条件下，马铃薯施肥比例在生育时期的分配对土壤速效钾在土壤中的累积和迁移也产生了影响，适当提高中后期施肥比例可以显著增加马铃薯耕作层土壤速效钾累积量。施肥量和滴灌量一定时，T_1 处理更有利于马铃薯植株对钾素的吸收，从而使得土壤中的速效钾含量降低。

3.5.2　硝态氮

　　马铃薯收获期不同水肥处理下硝态氮在土壤剖面内的含量分布如图 3-11 所示。由图 3-11 可知，马铃薯生育期施肥比例分配条件下，各处理土壤中硝态氮含量的变化趋势不同。在 0～100cm 土层中，$ES_{0.2}$ 处理硝态氮含量随土层的增加而减少，$ES_{0.3}$ 处理硝态氮随土壤深度的增加变化特点是减少—增加—减少。$ES_{0.4}$-$ES_{0.5}$ 处理硝态氮含量则随土壤深度的增加表现为在 0～80cm 土层中缓慢增加，80～100cm 土层中又减少。0～20cm 土层中，$ES_{0.2}$-$ES_{0.3}$ 处理硝态氮含量大于 $ES_{0.4}$-$ES_{0.5}$ 处理。相对于 0～20cm 土层，$ES_{0.2}$-$ES_{0.3}$ 处理土壤硝态氮含量在 40～60cm 土层先减小后又有所增加（除 T_1 处理外），$ES_{0.4}$-$ES_{0.5}$ 处理硝态氮含量则呈缓慢增加趋势，各处理硝态氮含量差异不显著。在 60～100cm 土层中，$ES_{0.2}$-$ES_{0.3}$ 处理硝态氮含量随土层加深逐渐减少，$ES_{0.4}$-$ES_{0.5}$ 处理则是在 60～80cm 土层达到峰值后又减少。这说明在相同的滴灌量和降水条件下，前期施肥比例盈余，后期施肥比例不足时，土壤养分在沙质土地上向下迁移的可能性增加，造成作物耕作层养分的淋失。以上结果表明，增加中后期施肥比例可以增加表层硝态氮的累积，减少硝态氮向深层的淋失和迁移，T_1 处理在减少养分淋失的情况下更有利于作物养分的再利用。

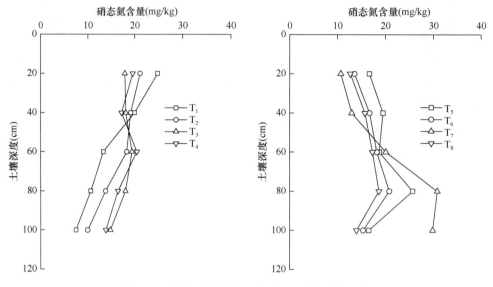

图 3-11 马铃薯成熟期土壤硝态氮垂直分布变化

3.5.3 速效磷

马铃薯收获期不同水肥处理下速效磷在土壤剖面内的含量分布如图 3-12 所示。速效磷在土壤中不易随水移动，由图 3-12 可知，各施肥处理的速效磷含量最

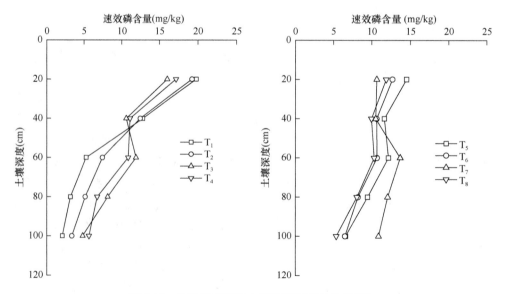

图 3-12 马铃薯成熟期土壤速效磷垂直分布变化

大值出现在 0～20cm（T_7 处理出现在 40～60cm），在 0～100cm 土层内随土壤深度增加呈现"S"形变化规律，速效磷含量主要分布在 0～40cm，其次是 40～60cm。在 0～100cm 土层中，T_1、T_2 处理速效磷含量随土层的增加而减少，其他处理速效磷含量随土壤深度的增加变化特点是减少—增加—减少。0～20cm 土层中，$ES_{0.2}$-$ES_{0.3}$ 处理硝态氮含量大于 $ES_{0.4}$-$ES_{0.5}$ 处理。20～40cm 土壤深度中，各处理速效磷累积量差异不显著。40～100cm 土层中，各处理速效磷含量变化差异显著，$ES_{0.2}$-$ES_{0.3}$ 处理的速效磷含量小于 $ES_{0.4}$-$ES_{0.5}$ 处理，其中 T_1 处理速效磷累积量最小，T_7 处理速效磷累积量最大。40～100cm 土层中，T_7 处理速效磷累积比例比 T_1 处理显著高 38.92%。以上结果表明，马铃薯生育期内合理分配施肥比例可以降低底层速效磷的累积，适当提高中后期施肥比例可以增加有利于作物的吸收利用的表层速效磷含量。

3.5.4　速效钾

马铃薯收获期不同水肥处理下速效钾在土壤剖面内的含量分布如图 3-13 所示。由图 3-13 可知，马铃薯对钾肥需求量大，生育期施肥比例分配条件下，各处理土壤中速效钾含量的变化趋势略有不同。各施肥处理的速效钾含量最大值出现在 0～20cm 土层，其中 T_7 处理的表层速效钾含量最少，比 T_1 处理减少 36.62%。0～100cm 土层内，$ES_{0.2}$-$ES_{0.3}$ 处理土壤速效钾随着土层的加深积累量逐渐减少，$ES_{0.4}$-$ES_{0.5}$ 处理在 20～40cm 土层中减少最多，在 40～100cm 土层中有增有减，变

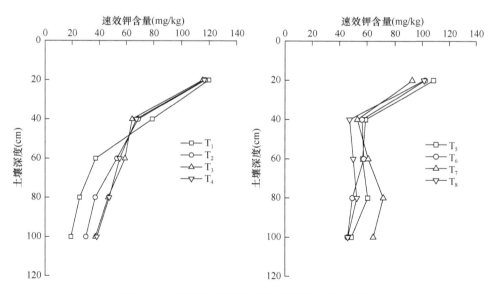

图 3-13　马铃薯成熟期土壤速效钾垂直分布变化

化不统一。20～40cm 土层中 $ES_{0.2}$-$ES_{0.3}$ 处理的速效钾累积量高于 $ES_{0.4}$-$ES_{0.5}$ 处理，在 40～100cm 土层中 T_1 处理速效钾累积量减少最大，在 60～100cm 中 T_7 处理速效钾累积量显著高于其他处理，这可能是在滴灌量相同的条件下，前期施肥比例大，超出作物吸收能力范围，后期需肥时又来不及补足，在相同的滴灌量和降水条件下，土壤养分在沙质土地上向下迁移的可能性增加。以上结果表明，马铃薯生育期内合理分配施肥比例可以降低底层速效钾的累积，适当提高中后期施肥比例可以增加有利于作物的吸收利用的表层速效钾含量。

3.6 讨　　论

3.6.1 肥料运筹对马铃薯生长、生理和产量的影响

氮、磷、钾肥的施用不但讲究用量，还要注重时期（吕慧峰等，2010；王宗权，2008）。前人研究表明马铃薯基肥+块茎膨大期追肥的增产效果明显（王娟等，2016；谷浏涟等，2013）。王弘等（2014）研究表明，氮肥追施时期比基追比例模式对产量的影响更大。近年来，国内外进行了大量关于马铃薯滴灌施肥的研究。滴灌施肥可以根据作物不同生育阶段的营养特点适时调控养分供应的比例（刘小刚等，2011），实现高产目标。Janat（2007）研究表明，滴灌施肥可以显著增加马铃薯产量。Badr 等（2012）也认为灌水、施肥及两者交互作用都对马铃薯产量及其构成有显著影响。Alva（2004）研究表明，根据各生育时期内马铃薯的需肥特点进行施肥可以提高马铃薯产量和商品薯率。Lia 等（2006）也认为分期施肥可提高马铃薯商品薯率，追肥时期不合理时产量下降。而 Joern 和 Vitosh（1995）认为生育期追肥对马铃薯增产效果不明显。张富仓等（2017）在马铃薯生育期内利用滴灌施肥水肥耦合技术将肥料平均分 8 次随水施入作物根区，研究了榆林沙土区马铃薯的水肥需求情况，收获时马铃薯产量高达 59 394.98kg/hm²。本章在田间试验条件下，利用滴灌施肥方式根据马铃薯块茎发育特点进行了马铃薯生育期间施肥比例分配试验，研究了滴灌施肥马铃薯生育阶段施肥分配比例下叶面积指数、叶面积持续期、干物质累积量、产量、水分利用和肥料偏生产力的变化情况。生育阶段施肥比例调控下，各处理叶面积指数和干物质累积量最大值均出现在块茎膨大期，生长变化规律与前人的研究结果一致（黄彩霞和施坰林，2008；张宝林等，2003）。

本实验中马铃薯叶面积指数和干物质累积量均表现为：在苗期和块茎形成期，$ES_{0.4}$-$ES_{0.5}$ 处理大于 $ES_{0.2}$-$ES_{0.3}$；在块茎膨大期时，$ES_{0.2}$ 处理大于 $ES_{0.3}$-$ES_{0.5}$ 处理；淀粉积累期和成熟期，T_7 处理叶面积指数和干物质累积量下降明显，可能是由 T_7 处理淀粉积累期滴灌施肥分配比例较小，使马铃薯后续生长受限所致。郑顺林等（2009）研究表明，马铃薯干物质累积量随块茎膨大期施肥比例的增加而增加。本

实验条件下发现，块茎形成期和膨大期是马铃薯的需肥关键期，对马铃薯后续生长有重要影响，块茎形成期开始施肥的 T_1 和 T_2 处理在块茎膨大期、淀粉积累期都获得了较高的叶面积指数、干物质累积量和干物质累积速率。对于干物质转运而言，开花后块茎积累量表现为 $ES_{0.2} > ES_{0.3}-ES_{0.5}$，块茎干物质累积主要是在花后同化作用下建立的（刘星等，2014）。$ES_{0.3}-ES_{0.5}$ 处理更有利于花后干物质的转运和块茎形成期至盛花期间块茎的迅速形成，这可能是苗期和块茎形成期施肥比例在 30%～50%时使马铃薯较早地构建了强大的营养体，为后期干物质向块茎转运提供了物质基础和保证（郑顺林等，2009）。王弘等（2014）认为膨大期以前与膨大期以后的块茎干物积累速率相比，后者对高产的贡献更大，这与本研究结果一致。

块茎干物质累积对产量起决定性作用。孙磊等（2014）认为氮肥分期施用能提高块茎干物质累积量和分配比例。吕慧峰等（2010）研究表明不同试验点不同分期比例追施氮、钾肥对马铃薯增产效果有明显差别。这说明施肥方式、施肥比例、土壤特点等不同因素，使研究结果也大不相同。刘克礼等（2003）研究表明在马铃薯单株结薯数适当的条件下，可重点提高大中薯数，以增加平均薯重，扩大群体库容量。本试验研究表明，产量变化规律为 $ES_{0.2} > ES_{0.5}$（T_7 处理除外）$> ES_{0.4}$（T_5 处理除外）$> ES_{0.3}$（T_2 处理除外），其中 T_2 处理施肥分配阶段与 T_1 处理类似，这可能是其能获得较大产量的原因；T_5 处理与 T_3 和 T_4 处理的生育阶段施肥分配类似，产量无显著差异；而 T_7 处理产量最低，可能是因为淀粉积累期分配的较小施肥比例，导致光合产物积累量减少（谷浏涟等，2013）。通径分析结果显示，单株商品薯重和单个商品薯重对产量的影响较大，可作为衡量产量的主要指标。相关分析结果显示植株总干物质累积量（$R^2=0.9938$）和块茎干物质累积量（$R^2=0.9918$）对产量的影响优于叶面积指数（$R^2=0.7593$），马铃薯的叶面积指数、植株总干物质累积量和块茎干物质累积量在一定程度上可以反映产量的高低。各处理马铃薯单株商品薯重变化规律与产量一致，而平均单薯重、单个商品薯重和单株结薯数间没有统一的变化规律，这说明产量的形成受多个构成因素的协同作用，单一指标并不能很好地评价产量高低。

有研究表明，施肥可以提高作物对土壤水分的利用量和利用效率，达到"以肥调水"的目的（张仁陟等，1999）。影响马铃薯水分利用效率的因素有很多（Fandika et al.，2016；秦军红等，2013；Ahmadi et al.，2010）。肖强等（2014）研究发现氮、磷、钾配施有利于提高马铃薯的水分利用效率；王立为等（2012）研究表明，随着施肥量的提高，耗水量也升高，但施肥量达到一定程度时耗水量开始减少；产量和耗水量的关系为产量增加、耗水量增加；反之耗水量减少。本研究表明，各处理的水分利用效率（$T_1 > T_6 > T_8 > T_2 > T_3 > T_4 > T_7 > T_5$）与各处理产量（$T_1 > T_8 > T_2 > T_6 > T_3 > T_4 > T_5 > T_7$）变化趋势类似，$T_2$、$T_6$、$T_8$、$T_7$、$T_5$

处理的两者变化趋势与王立为等（2012）的研究结果一致，T_1 处理由于关键生育期施肥比例分配较高，耗水量反而减少，也与王立力等（2012）的观点一致，而 T_3、T_4、T_5 处理产量和水分利用效率均没有显著差异，所以耗水量差异不大。此外，钱蕊等（2012）研究发现播种推迟有利于产量的提高，因此晚播是否对本实验中马铃薯收获产量产生影响有待进一步研究。

3.6.2 肥料运筹对马铃薯养分吸收和土壤养分的影响

马铃薯不同生育时期和器官中氮、磷、钾素含量表现不同。在整个生育期中，马铃薯氮素吸收、积累都表现为先增加后减少的单峰曲线变化趋势，氮素吸收速率在块茎膨大期达到峰值，而氮素累积在淀粉积累期达到最高值（李井会，2006；刘克礼等，2003）。马铃薯整个生育期中以叶片中氮素含量最高，其次为茎、块茎。随着生育期的推进，各器官中氮素含量总体呈下降的变化趋势（苏小娟等，2010；刘克礼等，2003）。

试验研究结果表明，生育期不同施肥比例调控下，各处理马铃薯氮、磷、钾素吸收量均随马铃薯生长呈缓慢—快速—缓慢的变化趋势，阶段氮、磷、钾素吸收量的最大值均出现在块茎膨大期。马铃薯生育阶段氮、磷、钾吸收量结果与前人的研究结果一致（张振贤，2003）。收获时各处理马铃薯植株氮素吸收量表现为 $ES_{0.2}>T_2$、T_8（$ES_{0.5}$）$>T_6$（$ES_{0.4}$）$>ES_{0.3}$（T_2 处理除外）$>T_5>T_7$，其中 T_7 处理可能是由于淀粉积累期施肥比例小影响了马铃薯后期的生长，而 T_5 处理施肥分配阶段与处理 T_3 和 T_4 类似，氮素吸收量也无显著差异，T_2 处理与 T_1 处理一样，注重中后期施肥，这可能是其氮素吸收量较高的原因。以上结果表明，马铃薯植株对氮素的吸收量随着生育期施肥比例分配的不同而变化，但是马铃薯淀粉积累期施肥量不足不利于马铃薯植株对氮素的吸收；块茎形成期和块茎膨大期是马铃薯植株进行氮素吸收的关键期。各施肥处理在苗期和块茎形成期，磷素吸收规律与氮素类似，表现为 $ES_{0.5}>ES_{0.4}>ES_{0.3}>ES_{0.2}$；钾素吸收规律与氮素一致。块茎膨大期—成熟期，磷钾素的吸收规律与氮素吸收规律类似。

全生育期内马铃薯各器官中氮、磷、钾素分配比例表现为，根、茎、叶氮素均随生育期的推进而逐渐减少，其中根和叶片分配比例在苗期达到最大，地上茎在块茎形成期达到最大，从块茎膨大期开始，氮素吸收比例表现为块茎＞叶＞茎＞根，至成熟期块茎吸收氮素比例达到最大值。磷、钾素的吸收规律与氮素类似。氮、磷、钾生育期累积分配规律与前人的研究结果一致（何文寿等，2014；刘克礼等，2003；高聚林等，2003）。还有研究表明，马铃薯植株茎秆磷含量除苗期稍高于叶片外均表现为叶＞块茎＞茎（白艳姝，2007）。马铃薯从出苗到成熟始终保持对磷的吸收，最大吸收速率出现于出苗 40～60d（Horneck and Rosen，2008；

Lorenz，1947；Carolus，1937），且呈单峰曲线变化或"S"形变化（何文寿等，2014；王奥，2013）。苗期、块茎膨大期、淀粉积累期磷素分配数量分别占全生育期总量的 17.5%、48.5%和 34%（卢育华，2000）。近年来，有学者研究了滴灌条件下马铃薯磷素营养特点，并得出马铃薯各阶段所吸收的磷素比例为苗期 8%、块茎形成期 26%、块茎膨大期 42%、淀粉积累期 24%（邢海峰等，2015）。马铃薯是喜钾作物，马铃薯一生中对钾的需要量都很大（伍壮生，2008）。全生育期内马铃薯全株钾素吸收积累量呈单峰曲线变化趋势，最大值在淀粉积累期，全生育期各器官中钾含量为茎>叶>块茎（刘克礼等，2003）。盛晋华等（2003）对马铃薯各器官中钾的分配进行了研究，发现各器官中钾含量随生育期推移而递减，且茎中钾含量一直高于叶片和块茎，而块茎和叶片中钾含量差异不大。

Pettersso 和 Jensén（1983）研究认为，不同施肥条件，不同作物及同一作物对钾素的吸收、积累及利用也不同。马铃薯块茎和全株钾累积吸收量都呈 Logistic 曲线变化，峰值分别出现在成熟期和成熟前 15d；叶片钾累积吸收量呈单峰曲线，现蕾后 15d 出现高峰期；块茎形成后，块茎成为钾素的贮存中心，大量钾素由营养器官向块茎转运。茎、叶和块茎中钾相对含量随生育期的推进缓慢下降，但前后生育期间的变化幅度不大（翁定河等，2010）。本研究结果表明，马铃薯生育期不同施肥比例分配调控下，马铃薯植株营养器官（根、茎、叶）在开花期贮存的氮、磷、钾吸收量大于成熟期，这说明开花期后营养器官中贮存的氮、磷、钾向块茎中发生转移。这与前人的研究结果一致。

马铃薯成熟期块茎的养分吸收量一部分来自花期从土壤中吸收积累的养分，一部分来自开花后根、茎、叶（营养器官）养分向块茎的转运，还有一部分来自开花后土壤养分供应。成熟期块茎氮、磷、钾的吸收量均为 T_1 处理最大，说明块茎形成期和块茎膨大期是马铃薯块茎需肥关键期。

马铃薯从块茎形成期开始后根、茎、叶和块茎并进生长，苗期至开花期，马铃薯根、茎、叶生长大于块茎生长，大部分氮、磷、钾贮存于根、茎、叶中，而块茎中养分较少，开花期后块茎开始迅速膨大，至成熟期 75%～80%以上的养分贮存于块茎中。这与前人的研究结果一致（Millard et al.，1989；Westermann et al.，1988）。马铃薯氮、磷、钾转运量表现为氮>钾>磷，转移率表现为磷大于氮和钾，其中氮素和钾素转移率无显著差异。

马铃薯植株氮磷钾转移量、转移率和对块茎的贡献率随着苗期施肥比例的增加而增加。开花后块茎累积养分的贡献率>花期块茎养分贡献率>开花前根茎叶养分转运量对块茎的贡献率。马铃薯对氮、磷、钾的需求量，从花后马铃薯的氮、磷、钾养分积累量看，钾>氮>磷，这与前人的研究结果一致（孙磊等，2014；陈光荣等，2009；宫占元等，2011）。各施肥处理氮、磷、钾开花后积累量均表现为 $ES_{0.2}$>T_2、T_8（$ES_{0.5}$）>T_6（$ES_{0.4}$）>$ES_{0.3}$（T_2 处理除外）>T_5>T_7，其中 T_7

处理可能是由于淀粉积累期施肥比例小影响了马铃薯后期的生长，而 T_5 处理施肥分配阶段与处理 T_3 和 T_4 类似，养分吸收量也无显著差异，T_2 处理与 T_1 处理一样，在块茎形成期开始施肥，集中在中后期施肥，这可能是其开花后养分吸收量较高的原因。

试验结果显示，马铃薯成熟期 0～100cm 土壤剖面内氮、磷、钾含量表现为土壤硝态氮＞速效钾＞速效磷；随着土层加深土壤硝态氮、速效磷和速效钾累积量有减少趋势，这与前人的研究结果一致（杨丽辉，2013）；不同时期施肥比例分配条件下土壤硝态氮、速效磷和速效钾含量主要分布在 0～60cm 土层内。0～20cm 表层土壤硝态氮、速效磷、速效钾含量随着前期（ES）施肥比例的增加而减少，0～100cm 土层土壤硝态氮、速效钾和速效磷累积量以 T_1 处理最小、T_7 处理最大。榆林沙土区滴灌施肥试验条件下，马铃薯施肥比例在生育时期的分配对土壤硝态氮、速效磷和速效钾在土壤的累积和迁移有显著影响，适当加大中后期需肥关键期施肥比例可以减少土壤硝态氮向深层的迁移，及时供给马铃薯块茎对土壤养分的吸收利用，同时在土壤耕作层固留了较多养分。榆林沙土区施肥量和滴灌量一定时，根据作物生育期特点合理分配施肥量有利于马铃薯对土壤养分的吸收利用，减少土壤养分的深层迁移，从土壤污染节肥角度综合考虑，T_1 处理更有利于马铃薯植株对氮、磷、钾素的吸收，从而使得土壤中的养分含量降低。

3.7 结 论

1）生育前期施肥对马铃薯生长和生理有一定的影响，即在块茎形成期及苗期，各处理叶面积指数、叶面积持续期均随着苗期施肥比例的增加有增大趋势；而 苗期—块茎形成期—块茎膨大期—淀粉积累期施肥比例为 0—20%/30%—55%/50%—25%/20%的 T_1/T_2 处理在块茎膨大期生长迅速，其生长和生理指标值大于其他处理或达到无显著差异。在成熟期或淀粉积累期，T_1 处理各项生长和生理指标显著大于其他处理。苗期—块茎形成期—块茎膨大期—淀粉积累期施肥比例为 20%—30%—40%—10%的 T_7 处理在块茎膨大期后生长减速，其各项生长和生理指标显著小于其他处理，并达到显著差异。综合可知，块茎形成期和块茎膨大期是马铃薯的需肥关键期，适量提高块茎形成期—膨大期施肥比例对延长和保障马铃薯后续生长有利。

2）马铃薯的总干物质累积速率和块茎干物质累积速率均呈先增加后减小的变化趋势，其中马铃薯总干物质的累积速率最大值出现在块茎膨大期和淀粉积累期，而马铃薯块茎干物质的累积速率最大值出现在淀粉积累期。在马铃薯块茎形成期—开花期，总干物质累积速率显著大于块茎干物质累积速率，马铃薯的生长以根、茎、叶生长为主，且根、茎、叶的生长快于块茎的生长。块茎膨大期—

成熟期，马铃薯块茎的干物质累积速率与总干物质累积速率相接近，但是小于总干物质累积的速率（总干物质包括了块茎和根、茎、叶），马铃薯块茎在块茎膨大期开始后生长加快，且马铃薯生长中心开始由根、茎、叶转向块茎。各施肥处理条件下，苗期总干物质累积速率无显著差异。块茎形成期—开花期，各施肥处理的总干物质累积速率随着前期（ES）施肥比例的增加而增加。块茎膨大期后总干物质累积速率与之前规律不同，最大值出现在 T_1 处理。而 T_7 处理总干物质和块茎干物质累积速率最小，与其他处理差异显著。块茎形成期施肥 20%、块茎膨大期施肥 55%、淀粉积累期施肥 25% 的处理，延长并提高了马铃薯总干物质和块茎干物质的累积速率和积累量，淀粉积累期养分供应不足使马铃薯干物质累积速率降低。各施肥处理条件下，马铃薯块茎的干物质累积速率随生育期的变化规律与总干物质类似，不同的是块茎干物质累积速率峰值出现在淀粉积累期。成熟期时，T_1 处理的块茎干物质累积速率最大。T_1 处理更有利于马铃薯高产的形成。

3）首先，各施肥处理对小区产量表现为 $ES_{0.2}$＞T_8（$ES_{0.5}$）、T_2、T_6（$ES_{0.4}$）＞$ES_{0.3}$（T_2 处理除外）＞T_5＞T_7。说明在块茎形成期和块茎膨大期，分配合理的施肥比例是马铃薯产量形成的关键因素；其次，开花前马铃薯根、茎、叶器官所累积的干物质在开花后向块茎的转运量对马铃薯产量的形成有重要影响；第三，淀粉积累期马铃薯对养分的需求不足时会对马铃薯生长造成消极影响，单纯靠前期的干物质向块茎的转运不利于马铃薯高产的形成。产量形成受多指标协同作用，单一指标并不能评价产量高低。通径分析结果显示，单株商品薯重和单个商品薯重对产量的影响较大，可作为衡量产量的主要指标。相关分析结果显示植株总干物质累积量（$R^2=0.9938$）和块茎干物质累积量（$R^2=0.9918$）对产量的影响优于叶面积指数（$R^2=0.7593$），马铃薯的叶面积指数、植株总干物质累积量和块茎干物质累积量在一定程度上可以反映产量的高低。各处理其 IWUE、WUE 和 PFP 规律与产量类似，马铃薯苗期—块茎形成期—块茎膨大期—淀粉积累期施肥比例为 0—20%—55%—25% 的 T_1 处理的 IWUE、WUE 和 PFP 显著优于其他处理。合理分配生育期施肥比例不仅对高产量有重要影响，同时对调控马铃薯水分利用效率也有影响。试验施肥处理条件下耗水量在处理间没有显著差异（$P<0.05$）。

4）生育期不同施肥比例调控下，各处理马铃薯氮、磷、钾素吸收量均随马铃薯生长呈缓慢—快速—缓慢的变化趋势，阶段氮、磷、钾素吸收量的最大值均出现在块茎膨大期。马铃薯淀粉积累期施肥量不足不利于马铃薯植株对养分的吸收；块茎形成期和块茎膨大期是马铃薯植株进行氮、磷、钾素吸收的关键期。试验条件下，生育期施肥量一定时，马铃薯苗期—块茎形成期—块茎膨大期—淀粉积累期施肥比例为 0—20%—55%—25% 的 T_1 处理更有利马铃薯养分的吸收。

马铃薯生育期不同施肥比例分配调控下，开花期后营养器官中贮存的氮、磷、钾向块茎中发生转移，至成熟期 75%～80% 以上的养分贮存于块茎中。马铃薯氮、磷、钾转运量表现为氮＞钾＞磷，其转移率为磷大于氮和钾，其中氮素和钾素转移率无显著差异。马铃薯植株氮磷钾转移量、转移率和对块茎的贡献率随苗期施肥比例的增大有增加趋势，对开花后马铃薯根、茎、叶养分向块茎转运有一定影响。开花后块茎累积养分的贡献率＞花期块茎养分的贡献率＞开花前根茎叶养分转运量对块茎的贡献率。其中，开花后 T_1 处理块茎累积养分最大，其次为 T_2 处理。从花后马铃薯的氮、磷、钾养分积累量看，钾的积累量＞氮的积累量＞磷的积累量。块茎形成期和块茎膨大期是马铃薯需肥和块茎生长及产量形成的关键期，合理分配块茎形成期和块茎膨大期施肥比例有利于马铃薯收获时获得较高产量，马铃薯苗期—块茎形成期—块茎膨大期—淀粉积累期施肥比例为 0—20%—55%—25%的 T_1 处理更有利马铃薯养分的吸收及块茎的膨大。

5）在总施肥量和滴灌量一定的条件下，马铃薯施肥比例在生育时期的分配对土壤硝态氮、速效磷和速效钾在土壤的累积和迁移有显著影响，其中在 0～100cm 土壤中，同一土壤深度土壤硝态氮、速效磷和速效钾含量均随着苗期+块茎形成期施肥比例的增大而逐渐增加，表层 0～20cm 土层中土壤硝态氮、速效磷和速效钾含量均随着苗期+块茎形成期施肥比例的增加而逐渐减小。其中苗期—块茎形成期—块茎膨大期—淀粉积累期施肥比例为 0—20%/30%—55%/50%—25%/20%的处理，其土壤中养分含量随着土壤深度的加深而逐渐减少，80～100cm 土层的养分含量显著低于其他处理。适当提高中后期施肥比例可以显著增加马铃薯耕作层土壤养分积累量。施肥量和滴灌量一定时，T_1 处理更有利于马铃薯植株对氮、磷、钾素的吸收，从而使得土壤中的养分含量降低。

参 考 文 献

白艳姝. 2007. 马铃薯养分吸收分配规律及施肥对营养品质的影响. 内蒙古农业大学博士学位论文.

陈光荣, 高世铭, 张晓艳. 2009. 施钾和补水对旱作马铃薯光合特性及产量的影响. 甘肃农大学报, 44(1): 74-78.

邓兰生, 林翠兰, 涂攀峰, 等. 2009. 滴灌施肥技术在马铃薯生产上的应用效果研究. 中国马铃薯, 23(6): 321-324.

高聚林, 刘克礼, 张宝林, 等. 2003. 马铃薯磷素的吸收、积累和分配规律. 中国马铃薯, 17(6): 199-203.

宫占元, 王艳杰, 杜吉到, 等. 2011. 植物生长调节剂对马铃薯产量商品性状的影响及经济效益分析. 黑龙江八一农垦大学学报, (2): 1-4.

谷浏涟, 孙磊, 石瑛, 等. 2013. 氮肥施用时期对马铃薯干物质积累转运及产量的影响. 土壤, 45(4): 610-615.

何文寿, 马琨, 代晓华, 等. 2014. 宁夏马铃薯氮、磷、钾养分的吸收累积特征. 植物营养与肥料学报, 20(6): 1477-1487.

侯振安, 李品芳, 吕新, 等. 2008. 不同滴灌施肥方式下棉花根区的水、盐和氮素分布. 新疆农业科学, 40(2): 57-64.

胡娟, 杨永奎. 2013. 氮·钾不同时期不同比例配施对马铃薯经济性状·产量的影响. 安徽农业科学, 41(11): 4804-4805.

黄彩霞, 施炯林. 2008. 不同灌水量对加工型马铃薯产量及生态生理指标的影响. 灌溉排水学报, 27(5): 97-99.

霍晓兰, 姬青云, 滑小赞, 等. 2011. 氮、磷、钾肥不同用量对马铃薯产量的影响. 山西农业科学, (10): 1064-1066.

李井会. 2006. 不同氮肥运筹下马铃薯氮素利用特性及营养诊断的研究. 吉林农业大学博士学位论文.

李静, 张富仓, 方栋平, 等. 2014. 水氮供应对滴灌施肥条件下黄瓜生长及水分利用的影响. 中国农业科学, (22): 4475-4487.

刘克礼, 张宝林, 高聚林, 等. 2003. 马铃薯钾素的吸收、积累和分配规律. 中国马铃薯, (4): 204-208.

刘向梅, 孙磊, 李功义, 等. 2013. 氮磷钾肥施用量及施用时期对马铃薯养分转运分配的影响. 中国土壤与肥料, (4): 59-65.

刘小刚, 张富仓, 杨启良, 等. 2011. 节水灌溉条件下作物水肥高效利用研究进展//中国农业工程学会. 中国农业工程学会 2011 年学术年会论文集. 重庆: 中国农业工程学会.

刘星, 张书乐, 刘国锋, 等. 2014. 连作对甘肃中部沿黄灌区马铃薯干物质积累和分配的影响. 作物学报, 40(7): 1274-1285.

卢育华. 2000. 蔬菜栽培学各论 北方本. 北京: 中国农业出版社.

鲁如坤. 2000. 土壤农业化学分析方法. 北京: 中国农业科技出版社.

吕慧峰, 王小晶, 陈怡, 等. 2010. 氮磷钾分期施用对马铃薯产量和品质的影响. 中国农学通报, (24): 197-200.

门福义. 1985. 马铃薯的生育时期与产量形成. 宁夏农林科技, (6): 41-45.

钱蕊, 王连喜, 李剑萍, 等. 2012. 不同播期马铃薯干物质实验与模拟的比较研究. 中国农学通报, 28(9): 127-132.

秦军红, 陈有君, 周长艳, 等. 2013. 膜下滴灌灌溉频率对马铃薯生长、产量及水分利用率的影响. 中国生态农业学报, 21(7): 824-830.

盛晋华, 刘克礼, 高聚林, 等. 2003. 旱作马铃薯钾素的吸收、积累和分配规律. 中国马铃薯, (6): 331-335.

宋小青, 欧阳竹. 2012. 1999-2007 年中国粮食安全的关键影响因素. 地理学报, 67(6): 793-803.

苏小娟, 王平, 刘淑英, 等. 2010. 施肥对定西地区马铃薯养分吸收动态、产量和品质的影响. 西北农业学报, 19(1): 86-91.

孙慧生. 2003. 马铃薯育种学. 北京: 中国农业出版社.

孙景生, 刘祖贵, 张寄阳, 等. 2002. 风沙区参考作物需水量的计算. 灌溉排水学报, 21(2): 17-20.

孙磊, 王弘, 李明月, 等. 2014. 氮磷钾肥施用量及施用时期对马铃薯干物质积累与分配的影响. 作物杂志, (1): 132-137.

王奥. 2013. 宁夏干旱半干旱区马铃薯养分吸收特点研究. 宁夏大学博士学位论文.

王弘, 孙磊, 梁杰, 等. 2014. 氮肥基追比例及追施时期对马铃薯干物质积累分配及产量的影响.

中国农学通报, 30(24): 224-230.

王娟, 谭伟军, 何小谦, 等. 2016. 半干旱区氮肥施用时期及比例对马铃薯产量的影响. 中国马铃薯, 30(5): 289-295.

王立为, 潘志华, 高西宁, 等. 2012. 不同施肥水平对旱地马铃薯水分利用效率的影响. 中国农业大学学报, 17(2): 54-58.

王雯, 张雄. 2015. 不同灌溉方式对榆林沙区马铃薯生长和产量的影响. 干旱地区农业研究, 33(4): 153-159.

王宗权. 2008. 氮肥分期施用对优质小麦产量和品质的影响. 河北农业科学, (7): 7-8.

翁定河, 李小萍, 王海勤, 等. 2010. 马铃薯钾素吸收积累与施用技术. 福建农业学报, 25(3): 319-324.

伍壮生. 2008. 氮磷钾施肥水平对马铃薯产量及品质的影响. 湖南农业大学博士学位论文.

习金根, 周建斌, 满兴, 等. 2004. 滴灌施肥条件下不同种类氮肥在土壤中迁移转化特性的研究. 植物营养与肥料学报, 10(4): 337-342.

肖强, 蒙美莲, 陈有君, 等. 2014. 肥料配施对阴山北麓旱区马铃薯产量和水分利用效率的影响. 干旱地区农业研究, 32(6): 112-118.

邢海峰, 石晓华, 杨海鹰, 等. 2015. 滴灌条件下高产马铃薯群体磷素吸收及利用特点的研究. 植物营养与肥料学报, 21(4): 987-993.

邢英英, 张富仓, 张燕, 等. 2015. 滴灌施肥水肥耦合对温室番茄产量、品质和水氮利用的影响. 中国农业科学, 48(4): 713-726.

杨丽辉. 2013. 肥料配施对马铃薯产质量、养分吸收及土壤养分的影响. 内蒙古农业大学博士学位论文.

张宝林, 高聚林, 刘克礼. 2003. 马铃薯群体光合系统参数的研究. 中国马铃薯, 17(3): 146-151.

张富仓, 高月, 焦婉如, 等. 2017. 水肥供应对榆林沙土马铃薯生长和水肥利用效率的影响. 农业机械学报, (3): 270-278.

张仁陟, 李小刚, 胡恒觉. 1999. 施肥对提高旱地农田水分利用效率的机理. 植物营养与肥料学报, 5(3): 221-226.

张西露, 刘明月, 伍壮生, 等. 2010. 马铃薯对氮、磷、钾的吸收及分配规律研究进展. 中国马铃薯, 24(4): 237-241.

张振贤. 2003. 蔬菜栽培学. 北京: 中国农业大学出版社.

郑顺林, 李国培, 杨世民, 等. 2009. 施氮量及追肥比例对冬马铃薯生育期及干物质积累的影响. 四川农业大学学报, 27(3): 270-274.

周娜娜, 王刚. 2005. 水肥耦合条件下马铃薯产量和 NO_3^--N 动态变化研究. 琼州大学学报, (5): 54-56.

Ahmadi S H, Andersen M N, Plauborg F, et al. 2010. Effects of irrigation strategies and soils on field grown potatoes: yield and water productivity. Agricultural Water Management, 97: 1923-1930.

Alva A. 2004. Potato nitrogen management. Journal of Vegetable Crop Production, 10(1): 97-132.

Badr M A. 2007. Spatial distribution of water and nutrients in root zone under surface and subsurface drip irrigation and cantaloupe yield. World Journal of Agricultural Sciences, (6): 747-756.

Badr M A, El-Tohamy W A, Zaghloul A M. 2012. Yield and water use efficiency of potato grown under different irrigation and nitrogen levels in an arid region. Agricultural Water Management, 110: 9-15.

Bélanger G, Walsh J R, Richards J E, et al. 2001. Tuber growth and biomass partitioning of two potato cultivars grown under different N fertilization rates with and without irrigation. American Journal of Potato Research, 78(2): 109-117.

Carolus R L. 1937. Chemical estimations of the weekly nutrient level of a potato crop. American Journal of Potato Research, 14(5): 141-153.

Chen Q F, Dai X M, Chen J S, et al. 2016. Difference between responses of potato plant height to corrected FAO-56-recommended crop coefficient and measured crop coefficient. Agricultural Science & Technology, 17(3): 551-554.

Fandika I R, Kemp P D, Miliner J P, et al. 2016. Irrigation and nitrogen effects on tuber yield and water use efficiency of heritage and modern potato cultivars. Agricultural Water Management, 170: 148-157.

Horneck D, Rosen C. 2008. Measuring nutrient accumulation rates of potatoes—Tools for Better Management. Better Crops with Plant Food, 92(1): 4-6.

Ierna A, Pandino G, Lombardo S, et al. 2011. Tuber yield, water and fertilizer productivity in early potato as affected by a combination of irrigation and fertilization. Agricultural Water Management, 101(1): 35-41.

Janat M. 2007. Efficiency of nitrogen fertilizer for potato under fertigation utilizing a nitrogen tracer technique. Communications in Soil Science and Plant Analysis, 38: 2401-2422.

Joern B C, Vitosh M L. 1995. Influence of applied nitrogen on potato part II: recovery and partitioning of applied nitrogen. American Journal of Potato Research, 72(2): 73-84.

Lia H, Parent L E, Karam A. 2006. Simulation modeling of soil and plant nitrogen use in a potato cropping system in the humid and cool environment. Agriculture, Ecosystems and Environment, 115(14): 248-260.

Lorenz O A. 1947. Studies on potato nutrition: BI.Chemical composition and uptake of nutrients by Kem County potatoes. American Potato Journal, 24: 281-293.

Millard P, Robinson D, Mackie-Dawson L A. 1989. Nitrogen partitioning within the potato (*Solatium tuberosum* L.) plant in relation to nitrogen supply. Annals of Botany, 63(2): 289-296..

Pettersson S, Jensén P. 1983. Variation among species and varieties in uptake and utilization of potassium. Plant and Soil, 72(2): 231-237.

Westermann D T, Kleinkopf G E, Porter L K. 1988. Nitrogen fertilizer efficiencies on potatoes. American Journal of Potato Research, 65(7): 377-386.

第4章 滴灌频率和施肥量对马铃薯生长与养分吸收的影响

4.1 概　述

马铃薯是世界上继水稻、小麦、玉米之后的第四大粮食作物,也是中国的第四大粮食作物。农业农村部数据显示,我国马铃薯种植面积和产量均占世界的1/4左右,但是单产远不及一些发达国家的生产水平。陕西省是我国马铃薯的主产区之一,特别是陕北榆林地区土光热资源丰富,昼夜温差大,年降水量400~600mm,拥有极其深厚、适宜种植的沙质黄土,是陕西省马铃薯的优势生产区。干旱缺水及水肥利用效率低是榆林马铃薯等作物高效生产的主要障碍。此外,陕北榆林马铃薯存在栽培管理粗放、灌溉与施肥技术落后、大水漫灌、肥料资源浪费、产业发展滞后等诸多问题,严重制约着马铃薯产业的健康发展。据当地调查,同样亩产3t马铃薯的条件下,大水漫灌需水400m³,移动式喷灌需水270m³,滴灌仅需水135m³,利用滴灌水肥一体化技术,肥料的施用量可减少42%,节水节肥效果显著。因此,研究马铃薯高效灌溉施肥技术,对实现该地区马铃薯节水节肥高效生产和保护土壤生态环境等具有重要理论与实际意义。

近些年来,国内外许多学者就马铃薯灌溉施肥技术对马铃薯生长、产量和水肥利用效率的影响进行了大量研究。在针对马铃薯水肥管理展开的众多研究中,多以滴灌量和施肥量作为单一因子来评价不同滴灌量及施肥量对马铃薯生产的影响,而有关水肥一体化条件下的研究报道较少。本章针对陕北榆林风沙地区的特定气候和土壤环境条件,以当地主栽马铃薯品种"紫花白"为研究对象,研究在滴灌施肥条件下,不同滴灌频率和施肥量对马铃薯生长、产量和水肥利用效率的影响,以期对滴灌马铃薯水肥进行科学的调控,为当地马铃薯高产、优质生产提供理论依据。

4.2 试验设计与方法

4.2.1 试验区概况

试验于2016年5月到10月在陕西省榆林市西北农林科技大学马铃薯试验站

中进行。试验地土质主要为沙壤土。试验地位于陕西省的最北端,北纬 38°23′、东经 109°43′,黄土高原与毛乌素沙漠的交界处,为内蒙古高原和黄土高原的过渡区。试验区海拔在 1050m 左右。试验区为典型的大陆性季风气候,昼夜温差和气温年较差都比较大,年降水量在 371mm 左右,全年平均气温为 8.6℃,全年降雨主要集中在 6 月、7 月、8 月三个月份,无霜期为 167d,气候十分适宜马铃薯的生长。

4.2.2　试验设计

大田试验以滴灌频率和施肥量两个因素为试验因子。滴灌频率设 4d（D_1）、8d（D_2）、10d（D_3）三个水平。施肥量设低（F_1）、中（F_2）、高（F_3）三个水平,其中,F_1 为 N 100kg/hm^2-P$_2$O$_5$ 40kg/hm^2-K$_2$O 150kg/hm^2;F_2 为 N 150kg/hm^2-P$_2$O$_5$ 60kg/hm^2-K$_2$O 225kg/hm^2;F_3 为 N 200kg/hm^2-P$_2$O 80kg/hm^2-K$_2$O 300kg/hm^2（表 4-1）。灌水采用统一水平,由蒸发皿法进行估算,即由 $ET_c = K_c \cdot ET_0$ 得出,其中 ET_0 为大田情况下的参考作物蒸散量,K_c 为马铃薯不同生育阶段的作物系数。本次试验共计 9 个处理,每个处理重复 3 次,小区长 27m、宽 1.8m,小区面积为 48.6m^2。

表 4-1　马铃薯滴灌间隔与施肥量二因素试验方案

处理	滴灌量	滴灌频率（d）	施肥量（N-P$_2$O$_5$-K$_2$O）（kg/hm^2）
D_1F_1			100-40-150
D_1F_2		4	150-60-225
D_1F_3			200-80-300
D_2F_1			100-40-150
D_2F_2	100% ET_c	8	150-60-225
D_2F_3			200-80-300
D_3F_1			100-40-150
D_3F_2		10	150-60-225
D_3F_3			200-80-300

试验采用机械起垄人工种植的方式,垄宽约为 90cm,株距约为 25cm,种植密度约为 45 000 株/hm^2。试验所用马铃薯品种是“紫花白”,该品种具有生长速度快、淀粉含量高的特点。试验灌溉施肥的氮、磷、钾肥分别用尿素、磷酸二铵、硝酸钾。试验时间是 2016 年 5 月 20 日至 2016 年 10 月 7 日。马铃薯按照生育期分为苗期（6 月 5 日至 6 月 28 日）、块茎形成期（6 月 29 日至 7 月 21 日）、块茎膨大期（7 月 22 日至 8 月 13 日）、淀粉积累期（8 月 14 日至 9 月 10 日）和成熟期（9 月 11 日至 10 月 3 日）。

4.2.3 观测指标与方法

马铃薯的生育期共分为 5 个阶段,分别在各个生育阶段取有代表性的植物样品进行测定,具体的观测指标如下。

1. 株高

在马铃薯的各个生育期,随机选取每个小区内能够代表小区马铃薯整体长势的植株 3 株,用米尺来测定其株高值。

2. 茎粗

在马铃薯的各个生育期,随机选取每个小区内能够代表小区马铃薯整体长势的植株 3 株,使用游标卡尺精确测量植株茎粗。

3. 叶面积指数

马铃薯叶面积采用打孔器打孔的方法测量。先用打孔器打出已知面积的叶片,烘干后与植株的叶片干物质进行比较,得出系数,使用已知面积乘以系数即植株叶面积。计算公式见第 1 章式(1-3)。

4. 叶绿素相对含量(SPAD)

在马铃薯的各个生育期,上午 9 时之后,在每个小区内随机选取能够代表马铃薯整体长势的植株 3 株,使用叶绿素仪进行马铃薯叶片中叶绿素相对含量的测定。

5. 干物质

在马铃薯的各个生育期,随机选取每个小区内能够代表马铃薯整体长势的植株 3 株,放入保鲜袋中带回实验室。洗净,用滤纸吸干,利用剪刀将马铃薯的根、茎、叶和块茎分开装入档案袋中,放入 105℃烘箱中杀青 30min,然后再于 75~80℃条件下烘干至恒重,冷却后称干重,然后使用电子天平称重测定干物质含量。

6. 产量及品质

马铃薯收获时,在每个小区内选取马铃薯长势相当的区域,选择 2 垄马铃薯,平行地挖取 1m 的距离,随机在每个小区内选取 3 个重复,进行马铃薯产量、单株产量及商品薯的测量。

马铃薯收获时,随机在每个小区选取具有代表性的 3 株马铃薯植株,分别将 3 株马铃薯所结的块茎使用保鲜袋带回实验室进行品质的测定,分别测定马铃薯块茎中的淀粉、还原性糖及维生素 C 的含量。

7. 土壤水分及养分

在马铃薯灌水施肥后，使用土钻取样的方法采集土样，在垂直方向上以 20cm 为一个梯度采集土样；在水平方向上，以滴头正下方为起点，每隔 15cm 取一个点，水平方向上共取 3 个点。将所取得土样一部分放入铝盒中密封保存，称取烘干前后的重量测定土壤在马铃薯各个生育期的土壤含水量；将另一部分土样密封带回，在阴凉处自然风干，然后带回实验室测定土壤养分含量。

8. 植物养分

马铃薯不同生育期内，随机在每个小区内选择具有代表性的植株 3 株，利用剪刀等工具将植株的根、茎、叶及块茎分开放入档案袋中，先将装有马铃薯各个器官的档案袋放入烘箱中，在 105℃下杀青 30min，然后在 75～80℃的温度下烘干至恒重。将烘干至恒重的马铃薯器官带回实验室进行养分的测定。将马铃薯各个器官充分研磨后，过 1mm 筛，经浓 H_2SO_4-H_2O_2 消煮后采用流动分析仪测定植物各个器官中的全氮和全磷含量，利用原子吸收分光光度计测定全钾的含量。

试验主要利用 Excel 对数据进行初步的处理与分析，利用 SPSS 18.0 进行数据的显著性分析，利用 Origin 8.0 软件进行图形的绘制。

4.3　滴灌频率和施肥量对马铃薯生长特性的影响

国内外学者有关不同的水肥施用对马铃薯生长指标的影响研究较多。江俊燕和汪有科（2008）通过研究发现马铃薯的株高会随着滴灌量的增加和灌水周期的减小而增加；秦军红等（2013）发现当滴灌量相同时，灌溉周期为 8d 的处理马铃薯的株高、干物质累积量、块茎淀粉含量、水分利用效率及产量均达到最大值；何文寿等（2014）研究发现，由于对马铃薯的种植环境、生育期和器官的不同，干物质累积量是不同的，同时，马铃薯干物质和养分的积累在整个生育期呈抛物线变化，先增后减，在块茎膨大期达到峰值。伴随着经济社会的迅猛发展，人们对农产品有了更高标准的要求。节水节肥、高产优产是新形势下马铃薯生产的新目标。马铃薯的生长指标（株高、茎粗、叶面积指数、SPAD 值等）在一定程度上可以有效地反映马铃薯的生长发育状况，通过研究马铃薯各个指标受不同滴灌施肥制度的影响规律，并通过比较探寻出适合马铃薯生长的滴灌施肥制度，可为马铃薯的高产优产建立理论基础。本章将分别通过马铃薯的株高、茎粗、叶面积指数和叶片中 SPAD 值在不同的滴灌施肥制度下的变化，分析其差异及变化规律。

4.3.1 株高

表 4-2 给出的是马铃薯株高随马铃薯生育期推进的变化。从表 4-2 中可以看出，在马铃薯的全生育期中，滴灌频率和施肥量对马铃薯的株高都有着极其显著的影响（$P<0.01$），而二者在马铃薯生长的前期对马铃薯的株高没有显著的交互影响。马铃薯的株高第一次取样时是在马铃薯的苗期，同一滴灌频率不同施肥量的条件下，各个处理之间差异不显著。其中，D_1 的处理株高最高，平均株高达到了 36.67cm，比 D_2 和 D_3 处理分别高出了 8.01% 和 11.36%。马铃薯的株高在滴灌频率相同的情况下与施肥量呈正相关关系。到块茎形成期时，滴灌频率与施肥量对马铃薯的株高都有着极其显著的影响（$P<0.01$），而滴灌频率和施肥量交互作用对马铃薯株高的影响不显著。从表 4-2 中可以得出，相同的施肥量下，马铃薯块茎形成期时 D_1 的处理株高最高，平均株高达到了 51.16cm，分别比 D_2 和 D_3 处理高出了 6.25% 和 12.49%；F_3 处理在滴灌频率相同的条件下，株高明显高于 F_1 和 F_2 处理，平均株高达到了 51.27cm，比 F_1 处理高出 13.05%，比 F_2 处理高出 6.44%。

表 4-2　马铃薯株高随生育期的变化　　　　　（cm）

滴灌频率（d）	施肥量	生育期及出苗天数				
		苗期	块茎形成期	块茎膨大期	淀粉积累期	成熟期
		20d	35d	55d	75d	93d
D_1	F_1	35.1±0.7bc	47.9±1.15cde	56.67±1.89e	61.73±1.19e	61.83±1.01e
	F_2	36.85±0.3ab	51.27±1.24b	61.1±1.22d	65.33±0.76d	65.67±1d
	F_3	38.05±0.9a	54.3±1.15a	65.6±1.82c	71.1±0.2c	72.07±0.87c
D_2	F_1	32.1±0.9def	46.13±2.25de	62.4±1.01d	66.7±1.61d	66.8±1.65d
	F_2	34.65±2.6cd	48.03±2.22cde	69.37±1.21b	75.07±1.32b	75.8±0.96b
	F_3	35.1±0.4bc	50.3±2.48bc	76.8±1.31a	80.93±1.91a	81.57±0.91a
D_3	F_1	31.9±0.2f	42.03±1.02f	51.67±1.2f	56.4±0.92g	57.02±0.78f
	F_2	32.6±0.5ef	45.2±1.01e	53.43±1.86f	59.27±0.85f	60.2±0.85e
	F_3	34.3±0.4cde	49.2±2.11bcd	60.83±1.53d	65.43±0.76d	65.77±0.91d
显著性检验						
滴灌频率		31.93**	24.354**	208.87**	323.92**	409.92**
施肥量		13.95**	26.39**	121.49**	197.75**	272.04**
施肥量×滴灌频率		0.45	0.64	4.35*	6.46**	9.67**

注：*表示差异显著（$P<0.05$）；**表示差异极显著（$P<0.01$）。下同

马铃薯在苗期和块茎形成期时，株高随着滴灌频率的增加而增加，说明前期频繁灌水可以增加马铃薯的株高，而且马铃薯的株高与施肥量也呈正相关。到了

块茎膨大期，滴灌频率和施肥量对马铃薯的株高有着极其显著的影响（$P<0.01$），二者交互作用对马铃薯株高的影响显著（$P<0.05$）。在马铃薯的块茎膨大期时，D_2 成为施肥量一定的条件下马铃薯株高最高的处理，平均株高为 69.52cm，比 D_1 和 D_3 处理的平均值分别高出 13.74%和 25.70%。而且株高随施肥量增加而增加，F_3 株高最高，平均株高达到了 67.74cm，比 F_1 和 F_2 处理的株高分别高出 19.03%和 10.51%。在马铃薯淀粉积累期时，滴灌频率和施肥量及二者的交互作用对马铃薯的株高都有着极其显著的影响（$P<0.01$）；在同一施肥量下，滴灌频率为 D_2 的处理仍是马铃薯株高最大的处理，平均株高为 74.23cm，比滴灌频率为 D_1 和 D_3 的处理分别高出 12.38%和 22.96%，马铃薯在相同的滴灌频率条件下，施肥量越大，株高越高。到了马铃薯生长的末期，即马铃薯的成熟期，株高与淀粉积累期相比，基本没有变化。在马铃薯的成熟期时，D_2F_3 是马铃薯株高最高的处理，株高达到了 81.57cm。

4.3.2　茎粗

图 4-1 反映的是在不同处理下，马铃薯不同生育期时茎粗的变化。由图 4-1 可知，马铃薯的茎粗在马铃薯生育期的苗期（20DAE，DAE 表示出苗后天数）、块茎形成期（35DAE）和块茎膨大期（55DAE）增长量比较大，在淀粉积累期（75DAE）和成熟期（93DAE）的增长量比较小。说明马铃薯在生长的后期，大部分养分都转移到块茎中，使得马铃薯的地上茎粗增长较慢。在马铃薯的苗期（20DAE），马铃薯的茎粗受施肥量的影响不显著。马铃薯整个生长过程中，茎粗受滴灌频率的影响达到了极显著的水平（$P<0.01$），同一施肥量下，不同滴灌频

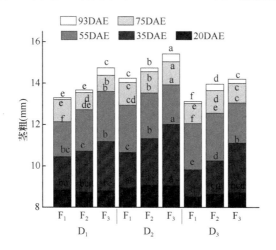

图 4-1　马铃薯茎粗随生育期的变化

不同小写字母表示差异显著（$P<0.05$）。下同

率之间马铃薯茎粗的大小关系满足：$D_2 > D_1 > D_3$。在马铃薯成熟期（93DAE）时，施肥量为 F_1 时，马铃薯成熟期茎粗最大的处理是 D_2，为 14.23mm，比 D_1 和 D_3 处理高了 4.91% 和 9.35%；施肥量为 F_2 时，D_2 处理比 D_1 和 D_3 处理高了 7.83% 和 5.69%；施肥量为 F_3 时，D_2 处理比 D_1 和 D_3 处理高了 6.52% 和 8.49%。说明滴灌频率过大或过小都不利于马铃薯茎粗的增长。

分析表明，施肥量在马铃薯苗期（20DAE）对马铃薯的茎粗没有显著的影响，但在苗期之后对马铃薯的茎粗都有着极其显著的影响。在马铃薯的成熟期时，在同一滴灌频率下，施肥量对马铃薯茎粗的影响表现为：$F_3 > F_2 > F_1$。D_1 处理下，F_3 处理比 F_1 和 F_2 处理分别高出 6.71% 和 5.88%；D_2 处理下，F_3 处理的茎粗为 15.42mm，比 F_1 和 F_2 处理高了 8.34% 和 4.59%；D_3 处理下，F_3 处理比 F_1 和 F_2 处理高出 9.19% 和 1.89%。

由方差分析可知，马铃薯的茎粗受到滴灌频率和施肥量的极显著影响（$P < 0.01$），二者对马铃薯的茎粗没有显著的交互作用（$P > 0.05$）。在本试验中，D_2F_3 处理的马铃薯茎粗最大，为 15.42mm。

4.3.3 叶面积指数

表 4-3 反映的是在不同处理下，马铃薯的叶面积指数在不同生育期的变化。从表 4-3 中可以看出，在马铃薯的全生育期内，滴灌频率对马铃薯的叶面积指数

表 4-3　马铃薯叶面积指数随生育期的变化

滴灌频率	施肥量	生育期及出苗天数				
		苗期	块茎形成期	块茎膨大期	淀粉积累期	成熟期
		20d	35d	55d	75d	93d
D_1	F_1	0.31d	0.61e	1.53de	1.44de	0.51bcd
	F_2	0.39bc	0.87bc	1.86bc	1.89ab	0.49cd
	F_3	0.49a	1.00a	1.93ab	1.95a	0.68ab
D_2	F_1	0.23e	0.57e	1.71cd	1.61cd	0.66abc
	F_2	0.34cd	0.77d	1.98ab	2.00a	0.63bc
	F_3	0.41b	0.92b	2.07a	2.08a	0.84a
D_3	F_1	0.18e	0.50f	1.37e	1.33e	0.43d
	F_2	0.30d	0.63e	1.60d	1.62bc	0.48cd
	F_3	0.34cd	0.85c	1.68cd	1.75bc	0.51bcd
显著性检验						
滴灌频率		31.52**	48.78**	26.71**	19.81**	12.15**
施肥量		62.14**	234.88**	27.32**	43.98**	6.06*
滴灌频率×施肥量		0.77	2.61	0.19	0.36	0.73

都有着极其显著的影响（$P<0.01$），施肥量在马铃薯的成熟期对马铃薯的叶面积指数有着显著的影响（$P<0.05$），在马铃薯的其他生育期，叶面积指数受到施肥量极其显著的影响（$P<0.01$），而滴灌频率和施肥量二者的交互作用在马铃薯的整个生育期中对叶面积指数的影响都不显著（$P>0.05$）。

从表 4-3 中可以看到，在马铃薯生长的前期，即苗期及块茎形成期时，在施肥量相同的条件下，不同滴灌频率下叶面积指数的大小表现为：$D_1>D_2>D_3$，说明在马铃薯生长的前期，滴灌频率越大，叶面积指数越大。在苗期时，D_1 处理的叶面积指数的平均值达到了 0.40，比 D_2 和 D_3 处理的平均值分别高了 0.07 和 0.13；在块茎形成期时，D_1 处理的平均叶面积指数为 0.83，比 D_2 和 D_3 处理高了 0.08 和 0.17；而到了马铃薯的块茎膨大期时，D_2 成为马铃薯叶面积指数最大的滴灌频率，说明在马铃薯的中后期，频繁的灌水会使马铃薯的叶面积指数增长速度降低。在块茎膨大期时，D_2 处理比 D_1 和 D_3 处理高了 0.15 和 0.37；在淀粉积累期时，D_2 处理高出 D_1 和 D_3 处理 0.14 和 0.33；在成熟期时，D_2 比 D_1 和 D_3 分别高了 0.15 和 0.24。在滴灌频率一定的条件下，从表 4-3 中可以看到，马铃薯在整个生育过程中（除成熟期）叶面积指数会受到施肥量极其显著的影响，马铃薯的叶面积指数与施肥量呈正相关。从表 4-3 中还可以看出，马铃薯的叶面积指数在其生育期的前段一直处于增长的态势，在块茎膨大期达到最大值，说明马铃薯植株中的养分在前期大部分集中在叶片中，这样有利于马铃薯光合作用形成有机物。而到了淀粉积累期后，马铃薯叶面积指数的增长量很小，有些处理的叶面积指数甚至有减小的趋势，说明在马铃薯生长的后期，植物根吸收的养分大部分都运移到了块茎中，从而使得这个时期的马铃薯叶面积指数停止增长甚至开始下降。而到了生长的末期，马铃薯叶片会发生大面积脱落，从而导致马铃薯叶面积指数下降，马铃薯叶面积指数的增长速度先增后减，峰值出现在块茎膨大期。

4.3.4　叶绿素相对含量（SPAD）

图 4-2 反映的是马铃薯叶片中 SPAD 值随马铃薯生育期的变化。本试验对马铃薯的三个生育期，即块茎形成期（35DAE）、块茎膨大期（55DAE）和淀粉积累期（75DAE）马铃薯叶片中 SPAD 值进行比较研究，分析出叶片中的叶绿素相对含量随马铃薯生育期的变化规律。从图 4-2 中可以看出，马铃薯在块茎形成期时，叶片中的 SPAD 值在施肥量一定的情况下随着滴灌频率的增加而增加，说明在块茎形成期时，增加滴灌频率可以增加叶片中的 SPAD 值。在马铃薯的块茎膨大期及淀粉积累期时，在施肥量一定的情况下，滴灌频率为 D_2 的处理马铃薯叶片中的 SPAD 值超过滴灌频率为 D_1 的处理，SPAD 值最大，说明到了块茎膨大期时，频繁的灌水会在一定程度上抑制马铃薯叶片中叶绿素的合成，但过小的滴灌频率

也会使马铃薯叶片中的叶绿素合成量下降。因此，选择适宜的滴灌频率有利于马铃薯叶片中叶绿素的合成与积累。在本试验中，马铃薯叶片中的 SPAD 值最高的滴灌频率处理是 D_2。与马铃薯块茎形成期相比，块茎膨大期叶片 SPAD 值的增长速度最快的是 D_2 处理，SPAD 值比块茎形成期增加了 10.13%，D_1 处理增加了 1.81%，D_3 增加了 4.45%。在马铃薯的整个生长过程中，当滴灌频率一定的情况下，马铃薯叶片中的 SPAD 值与施肥量呈正相关，即增加施肥有利于叶片中叶绿素的合成。

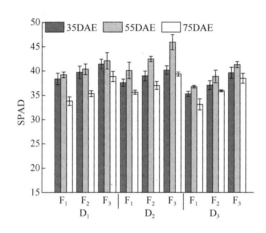

图 4-2　不同处理下马铃薯叶片 SPAD 值的变化

从图 4-2 中可以看到，在马铃薯的淀粉积累期时，马铃薯叶片中的 SPAD 值相比于马铃薯块茎膨大期时有所下降，这可能与马铃薯块茎的淀粉积累使得植株根吸收的养分大量运移至马铃薯块茎，使得流向叶片的养分下降有关。马铃薯叶片中的 SPAD 值呈现出抛物线变化，先增后减，峰值出现在块茎膨大期，此时 D_2F_3 处理的 SPAD 值最高，为 45.93。

4.4　滴灌频率和施肥量对马铃薯的产量、品质及经济效益的影响

国内外学者对水肥耦合条件对马铃薯产量及品质的影响研究较多，康跃虎等（2004）发现在一天一次的滴灌频率下，马铃薯产量、商品薯产量和水分利用效率最高；李井会（2006）通过大田试验，研究了马铃薯产量和品质与施氮量的关系，发现随着施氮量的增加马铃薯的产量和单株块茎重都呈现抛物线变化，先增后减，淀粉含量一直减小；孙继英和肖本彦（2006）研究发现马铃薯块茎中的淀粉含量主要与施肥量有关，施肥量过大会使马铃薯块茎中的淀粉含量下降；江俊燕和汪

有科（2008）研究发现，滴灌量和灌水周期对马铃薯的产量都有显著影响，马铃薯产量和块茎中淀粉含量随着灌水周期的减小而增加；陈光荣等（2008）研究发现施钾量和补水时期的交互作用对马铃薯的产量及水分利用效率有着显著的影响；杨德桦（2012）研究发现随着施氮量的增加，块茎中的维生素 C 和还原性糖含量呈抛物线变化，即先增后减；王立为等（2012）研究发现施肥量会影响马铃薯生长过程中的耗水量，而马铃薯的产量和耗水量在一定程度上会受降水量的影响，研究还发现马铃薯的产量与耗水量的相关关系呈对数型曲线；宋娜等（2013）研究发现，施氮量过多不利于马铃薯块茎中淀粉和维生素 C 的积累，也不利于产量的形成，当氮肥条件相同时，土壤湿润比对马铃薯块茎中的淀粉、维生素 C 含量及产量都有影响，其中水分利用效率随湿润比的增大而减小；王丽霞等（2013）研究发现马铃薯产量与灌溉定额呈正相关，但灌水定额对水分利用效率没有显著影响；秦军红等（2013）研究发现当滴灌量相同时，灌溉周期为 8d 的处理马铃薯的株高、干物质累积量、块茎淀粉含量、水分利用效率及产量均达到最大值。实现马铃薯的高产和优产是研究马铃薯的滴灌施肥制度的主要目的。本试验研究了不同处理下马铃薯产量和品质，通过科学的对比及系统的分析，旨在探索出可以促进马铃薯高产、优产的灌溉制度，提高马铃薯的经济效益。本章主要通过比较马铃薯的总产量、单株产量和大块茎质量来分析灌溉施肥制度对马铃薯产量的影响；通过测量比较淀粉、还原性糖及维生素 C 在马铃薯块茎中的含量，得出马铃薯块茎质量与灌水施肥制度之间的关系；最后通过比较马铃薯的投入和产出，分析其经济效益。

4.4.1　产量

表 4-4 给出的是不同滴灌施肥制度下马铃薯的不同级别块茎质量，其中质量大于 75g 的马铃薯块茎被称为商品薯。从表中可以看出，马铃薯的产量、单株产量和商品薯产量都受到滴灌频率和施肥量极其显著的影响（$P<0.01$），滴灌频率和施肥量二者的交互作用对马铃薯的产量、单株产量和商品薯产量也有极其显著的影响（$P<0.01$）。在同一滴灌频率下，施肥量越高，产量越大。在 D_1 条件下，F_3 产量最高，达到了 42 370.37kg/hm^2，比 F_1 和 F_2 分别高出了 5.29%和 2.79%；在 D_2 条件下，F_3 的产量最高，达到 44 870.37kg/hm^2，分别比 F_1 和 F_2 高出了 8.95%和 4.98%；在 D_3 的情况下，F_3 的产量最高，为 37 314.81kg/hm^2，比 F_1 和 F_2 分别高出了 24.23%和 21.09%。由此可以看出，增加施肥量是提高马铃薯产量的有效手段。

在施肥量相同的情况下，马铃薯的产量随滴灌频率的增加呈抛物线变化，在 F_1 处理下，产量的最大值出现在 D_2 处理处，为 41 185.19kg/hm^2，分别比 D_1 和

表 4-4　不同处理下马铃薯不同级别块茎质量

处理		单株产量（g/株）	商品薯（g/株）	产量（kg/hm²）
D_1	F_1	864.51±30.78d	818.69±46.17d	40 240.74±848.63d
	F_2	895.8±21.13d	846.03±15.84cd	41 222.22±509.18cd
	F_3	948.39±26.99bc	891.07±8.81bc	42 370.37±504.1bc
D_2	F_1	907.67±12.47cd	855.52±35.88cd	41 185.19±533.84cd
	F_2	986.08±38.52b	940±26.67bc	42 740.74±431.52b
	F_3	1 068.73±7.76a	1 016.75±27.19a	44 870.37±798.02a
D_3	F_1	666.35±25.39f	584.5±38.47f	30 037.04±946.62f
	F_2	721.94±28.43e	684.67±34.85e	30 814.82±416.98f
	F_3	891.48±36.65d	814.42±21.38d	37 314.81±995.87e
显著性检验				
滴灌频率		161.942**	147.275**	552.4**
施肥量		77.329**	58.041**	94.705**
滴灌频率×施肥量		6.287**	5.141**	15.587**

D_3 处理下的产量高出 2.35% 和 37.11%；在 F_2 处理下，产量最大值出现在 D_2 处理处，值为 42 740.74kg/hm²，分别比 D_1 和 D_3 处理下的产量高出了 3.68% 和 38.7%；在 F_3 处理下，产量最大值依然出现在 D_2 处理处，值为 44 870.37kg/hm²，分别比 D_1 和 D_3 处理下的产量高出了 5.9% 和 20.25%。因此可以看出，滴灌频率的选择对马铃薯的产量有着显著的影响，正确选择合适的滴灌频率会对马铃薯的产量起到一定的促进作用，在本次试验中，D_2 处理下产量最高，为最优滴灌频率。由表 4-4 可以看出，马铃薯的单株产量和商品薯产量随不同滴灌施肥制度的变化规律基本与产量的变化规律一致，在相同的滴灌频率下，马铃薯的单株产量和商品薯产量都与施肥量呈正相关，施肥量的增加会使单株产量和商品薯产量增加；马铃薯的单株产量和商品薯产量在施肥量相同的条件下，随着滴灌频率的增加先增后减，均在 D_2 处理处达到最大值，说明频繁的灌水也会抑制马铃薯单株产量和商品薯产量的增加，适宜的滴灌频率可以增加马铃薯的单株产量和商品薯产量。其中，D_2F_3 的产量、单株产量和商品薯产量均达到了最高，达到了 44 870.37kg/hm²、1068.73g/株、1016.75g/株。

4.4.2　品质

1. 滴灌频率和施肥量对马铃薯块茎中淀粉含量的影响

图 4-3a 反映的是不同处理下马铃薯块茎中的淀粉含量。由图可以看出，滴灌频率和施肥量对马铃薯块茎中的淀粉含量都有着显著的影响（$P < 0.05$），滴灌频

率和施肥量的交互作用对马铃薯块茎中的淀粉含量也有着显著的影响（$P<0.05$）。马铃薯块茎中的淀粉含量在滴灌频率相同的条件下随着施肥量的增加呈抛物线变化，先增后减，在滴灌频率为 D_1 时，F_2 处理的马铃薯块茎中淀粉含量最高，为 14.03%，比施肥量为 F_1 和 F_3 时分别高了 3.39% 和 3.57%；滴灌频率为 D_2 时，F_2 处理的马铃薯块茎中淀粉含量最高，为 14.49%，比施肥量为 F_1 和 F_3 时高出 4.62% 和 5.15%；滴灌频率为 D_3 时，F_2 处理的马铃薯块茎中淀粉含量最高，为 13.59%，比施肥量为 F_1 和 F_3 时高出了 1.27% 和 1.57%。可见马铃薯块茎中淀粉的积累量可以通过增施肥料的手段来提高，但是过多的施肥又会抑制马铃薯块茎中的淀粉含量。在本次试验中，马铃薯块茎中的淀粉含量最高的施肥量处理是 F_2。

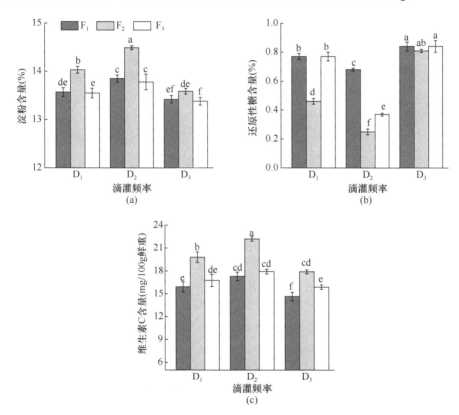

图 4-3　不同处理下马铃薯块茎中的淀粉、还原性糖和维生素 C 的含量

在相同的施肥量下，马铃薯块茎中的淀粉含量随着滴灌频率的增大先增加后减小，当施肥量为 F_1 时，马铃薯淀粉含量在滴灌频率为 D_2 含量最高，为 13.85%，比滴灌频率为 D_1 和 D_3 时分别高了 2.06% 和 3.18%；当施肥量为 F_2 时，马铃薯淀粉含量在滴灌频率为 D_2 时最高，为 14.49%，比滴灌频率为 D_1 和 D_3 时分别高出了 3.30% 和 6.62%；当施肥量为 F_3 时，马铃薯淀粉含量在滴灌频率为 D_2 时含量最

高，为 13.78%，比 D_1 和 D_3 分别高出 1.70% 和 2.94%。由此看出，马铃薯块茎中的淀粉含量满足：$D_2 > D_1 > D_3$，这说明适当减少马铃薯的滴灌频率可以促进马铃薯块茎中淀粉的积累，但滴灌频率不宜过小。在本次试验中，D_2 为提高马铃薯淀粉含量的最优滴灌频率。

2. 滴灌频率和施肥量对马铃薯块茎中还原性糖含量的影响

图 4-3b 反映的是不同处理下马铃薯块茎中的还原性糖含量。从图中可以看出，马铃薯块茎中的还原性糖含量会受到滴灌频率和施肥量的显著的影响（$P < 0.05$），滴灌频率和施肥量的交互作用对还原性糖的含量也有着显著的影响（$P < 0.05$）。在同一滴灌频率下，马铃薯块茎中的还原性糖含量随着施肥量的增加先减小后增加，在 F_2 处理时，马铃薯的还原性糖含量达到最低值 0.5%，比 F_1 和 F_3 处理的平均值分别低了 33.6% 和 23.8%。而且从图 4-3b 中还可以看出，当滴灌频率为 D_3 时，施肥量对马铃薯块茎中的还原性糖含量没有显著的影响（$P > 0.05$），说明若是想要通过水肥手段降低还原性糖含量，滴灌频率不宜过小，这样才能有效发挥施肥对降低还原性糖含量的作用。

马铃薯块茎中的还原性糖含量在施肥量相同的条件下会随着滴灌频率的增加呈抛物线变化，先减小后增加，当滴灌频率为 D_2 时，马铃薯块茎中还原性糖含量达到最低值 0.43%，比 D_1 和 D_3 分别低了 35.1% 和 47.8%，说明适度减小滴灌频率有利于降低马铃薯块茎中的还原性糖含量，但滴灌频率不宜过小。

3. 滴灌频率和施肥量对马铃薯块茎中维生素 C 含量的影响

图 4-3c 反映的是不同水肥处理对马铃薯维生素 C 含量的影响。由图可得，马铃薯块茎中的维生素 C 含量会受到滴灌频率和施肥量的显著影响（$P < 0.05$），同时维生素 C 含量也会受到滴灌频率和施肥量显著的交互影响（$P < 0.05$）。马铃薯块茎中的维生素 C 含量在滴灌频率相同的条件下会随着施肥量的增加呈抛物线变化，含量先增后减，F_2 处理的维生素 C 的含量平均达到了 19.97mg/100g 鲜重，比 F_1 和 F_3 处理的平均值分别高出 25.05% 和 18.38%，说明提高马铃薯块茎中的维生素 C 的含量可以通过增施肥料的手段来实现，但增施肥料不宜过多，过度施肥会抑制马铃薯块茎中维生素 C 的积累。

马铃薯块茎中的维生素 C 含量在施肥量相同的情况下会随着马铃薯滴灌频率的增加呈抛物线变化，含量先增后减。马铃薯块茎中的维生素 C 含量在滴灌频率为的 D_2 时达到最高值 19.14mg/100g 鲜重，比的 D_1 和 D_3 分别高出 9.40% 和 18.5%，说明在施肥量一定的情况下，增加马铃薯块茎中维生素 C 的含量可以通过适度减小滴灌频率的方式来实现，但滴灌频率不宜过小，滴灌频率过小会使维生素 C 含量有所降低。在本次试验中，D_3 即过小的滴灌频率，D_2 为最优滴灌频率。

4.4.3　经济效益

表 4-5 是不同处理下马铃薯的经济效益，其中，农资包括马铃薯种子、全生育期所施用的化肥及农药的费用，F_1、F_2、F_3 分别为 6000 元/hm²、7000 元/hm²、8000 元/hm²；人工费包括马铃薯全生育期内的施肥、打农药及播种时所雇工人的费用，共计 3000 元/hm²；设施费包括购买的管道、施肥罐和水表所花费的费用及安装费用，共计 9000 元/hm²，即总投入分别为 18 000 元/hm²、19 000 元/hm²、20 000 元/hm²。马铃薯按市场价格 1.0 元/kg 来计算总收益，产投比为产量与总投入的比值。

表 4-5　不同处理下马铃薯的经济效益

处理		农资 （元/hm²）	人工费 （元/hm²）	设施费 （元/hm²）	总投入 （元/hm²）	产量 （kg/hm²）	总收益 （元/hm²）	产投比
D_1	F_1	6 000	3 000	9 000	18 000	40 240d	40 240d	2.24ab
	F_2	7 000	3 000	9 000	19 000	41 222cd	41 222cd	2.17bc
	F_3	8 000	3 000	9 000	20 000	42 370bc	42 370bc	2.12c
D_2	F_1	6 000	3 000	9 000	18 000	41 185cd	41 185cd	2.29a
	F_2	7 000	3 000	9 000	19 000	42 740b	42 740b	2.25ab
	F_3	8 000	3 000	9 000	20 000	44 870a	44 870a	2.24ab
D_3	F_1	6 000	3 000	9 000	18 000	30 037f	30 037f	1.67e
	F_2	7 000	3 000	9 000	19 000	30 814f	30 814f	1.62e
	F_3	8 000	3 000	9 000	20 000	37 314e	37 314e	1.87d

如表 4-5 所示，滴灌频率对马铃薯的产投比有着显著的影响（$P<0.05$），但施肥量对马铃薯的产投比没有显著影响，滴灌频率和施肥量二者的交互作用对马铃薯的产投比也有着显著的影响（$P<0.05$）。从表 4-5 中可以看出，D_2 处理的产投比最大，D_1 次之，D_3 最小，说明在施肥量一定的情况下，过大或过小的滴灌频率都会降低马铃薯的产投比，从而降低马铃薯的产投比。在同一滴灌频率下，增施肥量并不能有效增加马铃薯的产投比。在本次试验中，产投比最高的处理是 D_2F_1，产投比为 2.29；其次为处理 D_2F_2，产投比为 2.25。

4.5　滴灌频率和施肥量对马铃薯干物质累积、水分
及养分吸收的影响

干物质的含量在一定程度上可以有效反映马铃薯的生长状况，许多学者都对马铃薯干物质进行过研究。高聚林等（2003）认为马铃薯整个生育期中，块茎中

的干物质含量随着生育期的推进一直处于增长的趋势，这是马铃薯产量形成的关键，植株干物质总量的增长速度先增加后减小，呈现"S"形曲线变化，峰值出现在块茎膨大期；杨进荣等（2004）发现随着马铃薯生育期的变化，干物质在叶片、地上茎及块茎的分配也发生改变；张朝春等（2005）发现苗期施肥量的变化不会对马铃薯的生长产生显著的影响，苗期之后，干物质的含量受施肥量变化的显著影响；郑顺林等（2009）通过田间试验发现马铃薯的生育进程随着氮肥施用量的增加而延迟，马铃薯干物质的积累量和干物质的分配比率主要受到施氮量的影响，通过追肥手段，可以增加马铃薯块茎膨大期时各个器官的干物质累积量；杨瑞平等（2011）研究发现氮、磷、钾的施入对马铃薯的干物质积累和块茎形成有着促进作用，其中，相对于氮肥和磷肥来说，钾肥对块茎的促进作用最为明显；卢建武等（2013）发现在马铃薯的全生育期内，干物质累积量先增加后减少的器官是马铃薯根、地上茎和叶，三者的干物质累积量均在马铃薯块茎膨大期的末期出现峰值，马铃薯块茎干物质含量和植株干物质总量的变化趋势基本相同，在全生育期内呈现"S"形曲线变化，积累速率在块茎膨大期达到峰值，在块茎膨大期之前，马铃薯各个器官中干物质含量占比最大的是叶片，块茎膨大期后，马铃薯各个器官干物质所占全株干物质的比例大小为：块茎＞叶＞茎＞根；孙磊等（2014）则发现在马铃薯的生长过程中，干物质累积量呈现单峰曲线变化的是马铃薯根、地上茎和叶，干物质总量呈一直增加的趋势，马铃薯地上茎和叶片中干物质累积量峰值出现的时期会受到施肥的影响，马铃薯块茎中干物质的积累量会受到氮肥施用时间的影响。

前人对于马铃薯植株体内的养分吸收与运移情况进行了大量的研究。陈光荣等（2009）发现，马铃薯钾素需求量最大，磷素需求量最少；刘汝亮等（2009）通过研究发现，马铃薯生物量的积累主要受到马铃薯养分吸收速率的影响，且二者是一种正相关关系，其中对于马铃薯的地上部来说，氮、磷、钾在马铃薯生育期的前期积累速率比较快；张西露等（2010）发现在马铃薯的全生育期中，全株的养分含量中，钾素最多，氮素次之，磷素最少，且在马铃薯生育期的后期，马铃薯对氮素的吸收量减小，但对磷素吸收量逐渐增加，除苗期外，钾素在马铃薯各个生育期的变化很小；邓兰生等（2011）通过研究发现马铃薯在前期对氮、磷、钾的吸收逐渐增加，在后期对养分的吸收量变化不大，在马铃薯的整个生长过程中，块茎膨大期相较于其他几个生育期养分吸收速率最大；卢建武等（2012）发现，马铃薯根、茎和叶片中的氮素浓度的变化规律不同，叶片中的氮素浓度自苗期起就一直处于下降的趋势，而根和茎中的氮素浓度变化不明显，氮素在块茎中的浓度变化呈单峰趋势，峰值出现在块茎膨大期，马铃薯根、茎和叶片中的磷素浓度随生育期的推进呈抛物线变化，先增后减，其中，根、茎和叶片的峰值出现在块茎增长末期，而在块茎增长中期块茎中的磷素浓度达到峰值；杨德桦（2012）

研究了施氮量的变化对于成熟期马铃薯各个器官中的氮素含量的影响,结果发现,施用氮肥后,马铃薯各个器官中的氮素含量最大的器官是叶片,其次是茎,最小的是根,施氮量在一定范围内时,马铃薯的根、茎和块茎中的氮素含量随着施氮量的增加先增加后减小;吉玮蓉等(2013)通过研究马铃薯中施氮肥对马铃薯不同器官氮素积累的规律发现,施氮量的不同对马铃薯的根、叶片和薯块中氮素的含量没有显著的影响,但马铃薯根、茎、叶和块茎中氮素的累积量受施氮量的影响比较显著;杨丽辉等(2013)研究了马铃薯生长过程中各个器官氮素积累吸收的规律,发现叶片中的氮素积累速率随着马铃薯生育期的推进先增加后减小,氮累积吸收量在茎秆中的变化不规律,而块茎中的氮累积吸收量先增加后减少。

　　本研究中,不同处理下马铃薯各个器官的生长指标会随着马铃薯生育期的推进而出现不同的变化。研究在不同处理下马铃薯不同器官中干物质及养分的变化,可以对养分在马铃薯植株体内的运移情况进行推测分析,从而得出规律,这对研究马铃薯养分利用特点有着重要的意义。本节主要对马铃薯干物质积累、各个器官养分运移及土壤养分、水分分布进行分析。

4.5.1　干物质

　　图 4-4 反映的是不同处理下马铃薯叶片在不同生育期内干物质的变化。由图 4-4 可得,马铃薯叶片中的干物质在马铃薯生育期的块茎膨大期(55DAE)之前一直处于快速增长的状态。在同一滴灌频率下,马铃薯叶片中的干物质随着马铃薯施肥量的增加而增加,即 F_3 是各个滴灌频率下叶片中干物质含量最大的处理,说明在马铃薯的生长过程中,增加施肥量可以有效提高马铃薯叶片中的干物质含量;当施肥量相同时,从图 4-4 中可以看出,在马铃薯的苗期(20DAE)和块茎形成期(35DAE),滴灌频率为 D_1 的处理叶片中的干物质含量最高,到了块茎膨大期(55DAE)后,D_2 处理叶片中的干物质含量最高,说明在马铃薯的生育前期,增加滴灌频率可以提高叶片中的干物质含量,生育后期,过大或过小的滴灌频率都将降低马铃薯叶片中干物质的积累速度。从马铃薯的整个生育期来看,

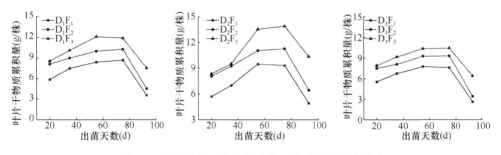

图 4-4　不同处理对马铃薯叶片干物质累积量的影响

叶片干物质增长速度最大的时期是块茎形成期和块茎膨大期，马铃薯叶片中的干物质积累速率在淀粉积累期（75DAE）开始减小。当生育期达到成熟期（93DAE）时，由于叶片的大量脱落，叶片中的干物质累积量大量减少，达到最低值。

图4-5反映的是不同处理下马铃薯块茎在不同生育期内干物质的变化。从图4-5中的斜率可以得出，马铃薯块茎中的干物质累积速率随着生育期的推进先增后减，块茎中干物质的积累量在变化形式上是一种"S"形曲线的增长。在马铃薯的苗期（20DAE）时，由于马铃薯块茎还未形成，块茎干物质含量为0，在苗期（20DAE）到块茎形成期（35DAE）之间，马铃薯块茎中的干物质增长量较小。块茎形成期（35DAE）和块茎膨大期（55DAE）是马铃薯块茎干物质快速增长的两个时期，增长速度在淀粉积累期（75DAE）之后下降。从图4-5中可以看出，马铃薯块茎中的干物质累积量在滴灌频率相同的情况下都与施肥量呈正相关，说明适度增加施肥有利于马铃薯的高产。在相同的施肥量下，在块茎形成期时，从图4-5中可以看出，D_1处理的块茎中干物质含量最高，D_2次之，D_3最少，说明在马铃薯的生长前期，灌水越频繁，块茎中干物质含量越高；从块茎膨大期开始，D_2处理成为块茎干物质累积量最大的处理，D_1处理下块茎中干物质的积累速率小于D_2处理的积累速率，这说明在块茎膨大期之后，过大或过小的滴灌频率都会降低马铃薯块茎中干物质的积累速率，通过调节滴灌频率可以调控马铃薯块茎中的干物质含量。

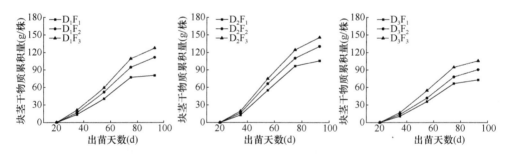

图4-5　不同处理对马铃薯块茎干物质累积量的影响

图4-6是不同处理对马铃薯干物质总量的影响。从图4-6中可以看出，马铃薯干物质总量在整个生长过程中呈现出"S"形的增长趋势，马铃薯植株的干物质总量增长趋势和块茎干物质累积量的增长趋势相同，即在块茎形成期（35DAE）之前增长速度较慢，块茎形成期（35DAE）之后直线增长，淀粉积累期（75DAE）后增长速度变缓，说明当马铃薯块茎形成后，块茎干物质含量占马铃薯植株总干物质含量的比重大。在马铃薯苗期（20DAE），块茎尚未形成，马铃薯干物质总量是根、茎和叶的干物质之和；从块茎形成期（35DAE）之后，马铃薯块茎开始形成，植株总干物质累积量随着马铃薯块茎的快速增长而呈现出直线上升的趋势，

一直到淀粉积累期（75DAE），马铃薯植株干物质总量的增长速率开始减小，在马铃薯成熟期（93DAE），马铃薯植株干物质总量相比于淀粉积累期少量增加。从图4-6 中可以看出，在马铃薯滴灌频率相同的情况下，植株的总干物质累积量都会随着马铃薯施肥量的增加而增加，说明增加施肥量可以提高马铃薯植株的总干物质累积量，这是因为增加施肥量可以有效提高马铃薯叶片和块茎中的干物质累积量，从而使得马铃薯植株的总干物质累积量增加。当马铃薯在同一施肥量下，在马铃薯苗期（20DAE），植株干物质总量的差别不大，这是因为马铃薯苗期时生长缓慢，在马铃薯块茎形成期（35DAE）时，在同一施肥量下，滴灌频率是 D_1 的处理植株总干物质累积量高于其他两个滴灌频率，说明在马铃薯的生长前期，增加滴灌频率可以增加马铃薯植株的干物质总量。从马铃薯的块茎膨大期开始，D_2 成为马铃薯植株干物质总量最大的滴灌频率处理，说明在马铃薯生长的中后期，频繁的灌水会在一定程度上抑制马铃薯植株干物质的积累，适当减小滴灌频率是提高马铃薯干物质累积量的有效手段。本次试验还发现，在马铃薯的整个生育期内，马铃薯的根和茎干物质的积累量先增后减，在块茎膨大期达到最大值。

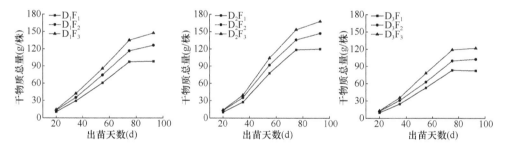

图 4-6 不同处理对马铃薯干物质总量的影响

通过试验研究发现，苗期（20DAE）时，叶片>茎>根是马铃薯各个器官干物质累积量的特点，说明在前期，植株内的大部分养分都在叶片中积累；到了块茎膨大期（55DAE）后，植株干物质总量的关系变为：块茎>叶片>茎>根，说明在马铃薯生长的中后期，营养物质从地上部大量转移至地下块茎，增加马铃薯成熟期（93DAE）的产量。研究还发现，马铃薯块茎干物质和植株的干物质总量随马铃薯生育期的推进变化趋势基本一致，都呈"S"形，植株干物质总量的增长速度先增后减。

4.5.2 养分吸收

1. 马铃薯不同生育期各个器官氮、磷、钾含量的变化

表 4-6 反映的是马铃薯不同器官中氮累积吸收量随生育期的变化规律。由表

可以看出，在马铃薯的苗期（20DAE）时，由于马铃薯块茎尚未形成，各个器官中氮累积吸收量的大小关系是：叶片＞茎＞根，说明在马铃薯块茎形成前，植株内的氮素大部分都集中在马铃薯的叶片和茎秆内，流向根部的较少。到了块茎形成期（35DAE），块茎开始形成，部分处理的马铃薯块茎中的氮累积吸收量超过叶片；块茎膨大期（55DAE）之后，马铃薯各个器官中的氮累积吸收量的大小关系变化为：块茎＞叶片＞茎＞根，说明植株中的氮素自块茎形成期开始，开始大量从马铃薯地上部转移到地下块茎中，来促进块茎的增长。由表 4-6 可得，马铃薯根、茎、叶片中的氮累积吸收量随着马铃薯生育期的推进呈抛物线变化，先增后减，最大值都出现在马铃薯的块茎膨大期（55DAE），说明由于氮素在这一时期开始大量流向块茎，从而导致了马铃薯其他器官中氮累积吸收量的下降。块茎内氮累积吸收量自块茎形成开始就一直处于增长状态，块茎中的氮素增长速度最快的时期是块茎膨大期（55DAE）和淀粉积累期（75DAE）。

表 4-6　不同器官的氮含量随生育期的变化　　　　　　　(kg/hm^2)

出苗天数 (d)	处理		不同器官中氮累积吸收量			
			根	茎	叶片	块茎
20	D_1	F_1	2.92e	3.86g	6.28g	—
		F_2	3.60c	5.59d	10.98d	—
		F_3	3.98b	5.72c	12.15c	—
	D_2	F_1	3.20d	4.88f	7.37f	—
		F_2	3.97b	5.96b	13.33b	—
		F_3	4.26a	6.15a	14.66a	—
	D_3	F_1	1.96g	3.66h	5.50h	—
		F_2	2.15f	3.84g	9.96e	—
		F_3	3.15d	5.30e	11.75c	—
35	D_1	F_1	3.80g	8.66g	9.45h	7.44h
		F_2	4.86c	10.95d	13.54e	12.55e
		F_3	5.06b	11.54b	15.94b	19.34b
	D_2	F_1	4.45f	8.96f	11.34g	10.15f
		F_2	5.06b	11.34c	15.65c	15.23c
		F_3	6.44a	12.55a	17.54a	23.13a
	D_3	F_1	3.75g	7.36h	7.94i	4.64i
		F_2	4.45e	7.43h	11.65f	9.96g
		F_3	4.74d	9.86e	14.05d	13.66d
55	D_1	F_1	6.75g	12.64h	14.25h	21.96g
		F_2	7.86d	15.45d	16.34f	31.93e
		F_3	8.04c	16.56c	18.84c	58.35b

续表

出苗天数（d）	处理		不同器官中氮累积吸收量			
			根	茎	叶片	块茎
55	D_2	F_1	7.24f	13.54g	18.03d	30.05f
		F_2	8.35b	17.96b	22.83b	45.64c
		F_3	8.96a	22.23a	24.74a	67.35a
	D_3	F_1	4.74i	11.94i	13.25i	16.26i
		F_2	7.45e	13.96e	15.46g	20.26h
		F_3	6.36h	13.86f	17.06e	35.53d
75	D_1	F_1	5.24g	10.74h	12.25h	48.76h
		F_2	6.75d	13.36d	15.85d	82.24d
		F_3	7.54b	14.06c	16.64c	94.96c
	D_2	F_1	6.25e	11.96g	14.33e	60.85g
		F_2	7.06c	15.54b	18.94b	97.46b
		F_3	7.84a	18.33a	20.56a	122.54a
	D_3	F_1	4.33h	9.15i	11.86i	37.46i
		F_2	5.34g	12.45f	14.04f	60.95f
		F_3	6.04f	12.94e	13.64g	78.74e
93	D_1	F_1	3.43h	7.04h	10.66f	62.43h
		F_2	4.85d	10.56e	12.95d	99.05e
		F_3	5.43c	12.15b	14.16b	125.15b
	D_2	F_1	4.05f	9.65f	11.04e	70.76g
		F_2	5.86b	11.96c	13.66c	120.74c
		F_3	6.14a	15.56a	17.44a	152.65a
	D_3	F_1	2.96i	6.35i	8.65h	50.94i
		F_2	3.55g	9.04g	11.03e	77.75f
		F_3	4.44e	10.93d	10.33g	112.74d

由表 4-6 可得，在马铃薯的整个生长过程中，当马铃薯的滴灌频率相同时，施肥量越高，马铃薯各个器官内的氮累积吸收量越大，F_3 是马铃薯各个器官氮累积吸收量最高的施肥处理。马铃薯各个器官中的氮累积吸收量在马铃薯施肥量相同时，随着滴灌频率的增加呈抛物线变化，先增后减，D_2 是马铃薯各个器官中氮累积吸收量最高的滴灌频率处理。因此，处理 D_2F_3 中，马铃薯各个器官中氮累积吸收量最大。

表4-7反映的是在马铃薯各个器官中的磷累积吸收量随马铃薯生育期的变化。由表可以看出，马铃薯不同器官中磷累积吸收量随马铃薯生育期的变化规律不同。马铃薯根中磷累积吸收量随着马铃薯生育期的推进呈现先增加后减小的趋势，在

表 4-7　不同器官的磷含量随生育期的变化　　　　　　　（kg/hm²）

出苗天数（d）	处理		不同器官中磷累积吸收量			
			根	茎	叶片	块茎
20	D₁	F₁	0.55bc	1.46f	3.26g	—
		F₂	0.64b	2.04c	3.45f	—
		F₃	0.74a	2.26b	3.94c	—
	D₂	F₁	0.63b	1.75e	3.55e	—
		F₂	0.75a	2.24b	4.15b	—
		F₃	0.76a	2.46a	4.44a	—
	D₃	F₁	0.46c	1.25g	3.04h	—
		F₂	0.55bc	1.75e	3.24g	—
		F₃	0.64b	1.94d	3.74d	—
35	D₁	F₁	1.05f	2.36g	3.65f	3.05g
		F₂	1.36d	3.16d	3.76e	3.45e
		F₃	1.45d	3.75b	4.16c	3.85d
	D₂	F₁	1.75c	2.54f	3.94d	6.56c
		F₂	1.94b	3.56c	4.36b	7.86b
		F₃	2.04a	3.95a	4.96a	9.66a
	D₃	F₁	0.86g	2.26h	3.43g	2.66h
		F₂	1.26e	3.04e	3.65f	3.16f
		F₃	1.36d	3.16d	4.14c	3.54e
55	D₁	F₁	1.95e	2.14f	3.93f	9.17e
		F₂	1.95e	2.66c	4.06e	15.66bc
		F₃	2.06d	2.86b	5.04c	16.04bc
	D₂	F₁	2.16c	2.25e	4.73d	14.15cd
		F₂	2.34b	2.85b	5.25b	18.65ab
		F₃	2.55a	3.26a	5.73a	21.04a
	D₃	F₁	1.33g	2.06f	3.66g	10.74de
		F₂	1.75f	2.44d	3.94f	12.45cde
		F₃	1.76f	2.66c	4.76d	14.06cd
75	D₁	F₁	1.15ef	1.76d	4.94e	25.36h
		F₂	1.16de	1.83d	5.04d	33.53d
		F₃	1.25cd	2.04c	5.85b	39.14b
	D₂	F₁	1.26c	2.04c	5.26c	28.44g
		F₂	1.63b	2.33b	5.76b	36.74c
		F₃	1.74a	2.64a	6.24a	41.66a
	D₃	F₁	1.06f	1.64e	4.53g	21.14i
		F₂	1.15ef	1.75d	4.64f	29.24f

续表

出苗天数 （d）	处理		不同器官中磷累积吸收量			
			根	茎	叶片	块茎
75	D₃	F₃	1.23cde	1.85d	5.24c	30.73e
93	D₁	F₁	0.64e	1.55d	2.85h	30.16h
		F₂	0.73de	1.74c	3.24f	40.34e
		F₃	1.04b	1.94b	4.25c	47.54b
	D₂	F₁	0.73de	1.66c	3.75e	33.14g
		F₂	0.76d	1.94b	4.35b	42.86d
		F₃	1.35a	2.36a	5.15a	48.64a
	D₃	F₁	0.63e	1.35e	2.66i	28.64i
		F₂	0.64e	1.46d	2.94g	35.56f
		F₃	0.94c	1.65c	4.06d	43.04c

马铃薯块茎膨大期（55DAE）达到最大值，之后磷累积吸收量开始降低，且马铃薯根中磷累积吸收量在马铃薯苗期（20DAE）和成熟期（93DAE）差别不大；马铃薯茎秆中的磷累积吸收量在苗期（20DAE）至块茎形成期（35DAE）处于增长状态，之后开始持续下降，在马铃薯成熟期（93DAE）达到最低值；马铃薯叶片中的磷累积吸收量先增加后减小，峰值出现在淀粉积累期（75DAE）；马铃薯块茎中的磷累积吸收量持续增加，在成熟期达到峰值，而且从表 4-7 中还可以看出，在马铃薯的块茎膨大期（55DAE）至淀粉积累期（75DAE），马铃薯块茎中的磷累积吸收量增长量最大。在马铃薯块茎形成前，马铃薯其他器官中磷累积吸收量的大小关系是：叶片＞茎＞根。从块茎膨大期开始，马铃薯块茎成为各个器官中磷累积吸收量最大的器官，其次是叶片，根中磷累积吸收量最低。

从表 4-7 还可以看出，在马铃薯的滴灌频率一定时，马铃薯各器官中的磷累积吸收量都是随着马铃薯施肥量的增加而增加，F₃ 是马铃薯各个器官中磷累积吸收量最高的施肥处理。当马铃薯的施肥量一定时，马铃薯各个器官中磷累积吸收量随着滴灌频率的增加先增加后减小，D₂ 是马铃薯各个器官中磷累积吸收量最高的滴灌频率。在本次试验中，处理 D₂F₃ 下马铃薯各个器官中磷累积吸收量最高。

表 4-8 是马铃薯不同生育时期不同器官中的钾累积吸收量。从表 4-8 中可以看出，马铃薯不同器官中钾累积吸收量随着生育期的变化各不相同。马铃薯根中钾累积吸收量随着生育期的推进先增加后减小，在马铃薯的块茎膨大期（55DAE）达到最大值；马铃薯茎秆中的钾累积吸收量先随着生育期的推进呈现增加的趋势，峰值出现在马铃薯的淀粉积累期（75DAE），之后成熟期（93DAE）钾累积吸收量有所下降；马铃薯块茎中钾累积吸收量从块茎形成期（35DAE）开始随着生育期的推进逐步上升，峰值出现在淀粉积累期（75DAE），之后少量下降。从表 4-8

表 4-8   不同器官的钾含量随生育期的变化   （kg/hm²）

出苗天数（d）	处理		不同器官中钾累积吸收量			
			根	茎	叶片	块茎
20	D_1	F_1	1.25f	9.55h	8.74g	—
		F_2	1.66c	11.36f	9.65e	—
		F_3	1.84b	20.46b	10.55d	—
	D_2	F_1	1.45e	11.96e	10.74c	—
		F_2	1.81b	16.25c	11.16b	—
		F_3	2.34a	27.44a	12.63a	—
	D_3	F_1	1.06g	7.65i	7.94h	—
		F_2	1.25f	10.94g	8.66g	—
		F_3	1.56d	13.34d	9.15f	—
35	D_1	F_1	1.45f	21.83g	7.54h	8.16h
		F_2	2.06d	25.15f	8.76e	14.76e
		F_3	2.25c	30.95c	9.16d	24.04c
	D_2	F_1	1.64e	25.46e	9.96c	13.53f
		F_2	2.56b	37.83b	10.65b	25.54b
		F_3	3.16a	40.94a	11.96a	30.45a
	D_3	F_1	1.36g	13.23i	7.34i	4.66i
		F_2	1.66e	21.54h	7.85g	11.76g
		F_3	2.13d	27.15d	8.34f	17.55d
55	D_1	F_1	2.05g	35.15h	7.05g	22.36h
		F_2	2.36d	46.06d	7.64f	41.83c
		F_3	2.54c	58.66b	8.54c	39.45d
	D_2	F_1	2.25e	40.55f	8.15d	36.85f
		F_2	2.95b	53.84c	8.76b	53.55b
		F_3	3.55a	77.15a	9.24a	84.54a
	D_3	F_1	1.83h	25.16i	6.56h	18.43i
		F_2	2.16f	39.74g	6.64h	34.45g
		F_3	2.36d	44.16e	7.94e	36.96e
75	D_1	F_1	1.53f	39.25h	8.45g	60.55g
		F_2	1.64e	47.44e	9.35d	71.95f
		F_3	2.14b	61.15c	11.34b	96.66d
	D_2	F_1	2.04c	46.44f	9.24e	98.15c
		F_2	2.15b	66.04b	10.55c	107.33b
		F_3	3.13a	84.45a	11.94a	180.35a
	D_3	F_1	1.34g	37.55i	8.03h	46.16i
		F_2	1.46f	43.24g	8.55f	52.65h
		F_3	1.74d	52.24d	9.24e	83.55e
93	D_1	F_1	0.76f	28.94f	7.26f	47.94g
		F_2	0.54g	32.05e	7.75d	56.86e
		F_3	0.95d	52.55b	8.33b	73.14c
	D_2	F_1	1.24c	32.06e	7.54e	54.46f

续表

出苗天数 （d）	处理		不同器官中钾累积吸收量			
			根	茎	叶片	块茎
93	D_2	F_2	1.44b	41.96c	8.24b	89.44b
		F_3	1.76a	71.16a	9.33a	97.23a
	D_3	F_1	0.35i	25.83h	7.06g	39.54i
		F_2	0.45h	27.14g	7.34f	47.16h
		F_3	0.85e	40.53d	7.86c	65.34d

中可以看出，苗期时，各个器官中钾累积吸收量的大小关系是：茎＞叶片＞根，说明马铃薯的生育前期，马铃薯植株体内的钾素大部分都集中在茎秆中。在马铃薯的块茎形成期（35DAE）和块茎膨大期（55DAE），马铃薯块茎中的钾素大量积累，各个器官中的钾累积吸收量大小关系为：茎＞块茎＞叶片＞根。到了马铃薯的淀粉积累期（75DAE），块茎成为马铃薯各个器官中钾累积吸收量最高的器官，各个器官中钾累积吸收量的大小关系是：块茎＞茎＞叶片＞根。

从表 4-8 中还可以看出，马铃薯的滴灌频率和施肥量对马铃薯各个器官中的钾累积吸收量都有着显著的影响（$P<0.05$）。当马铃薯的滴灌频率一定时，各个器官中钾累积吸收量随着马铃薯施肥量的增加而增加，说明增加施肥量可以提高马铃薯各个器官中的钾累积吸收量。当马铃薯的施肥量一定时，马铃薯各个器官中的钾累积吸收量随着马铃薯滴灌频率的增加先增加后减小，说明适度增加灌水有利于增加各个器官中的钾累积吸收量。在本次试验中，D_2F_3 是马铃薯各个器官中钾累积吸收量最高的处理。

2. 不同处理下马铃薯成熟期植株内氮、磷、钾含量及累积分配

图 4-7 反映了马铃薯在成熟期时各个器官中氮、磷、钾含量及马铃薯整个植株内的氮素、磷素、钾素的累积量。由图可以看出，在马铃薯的成熟期时，根在马铃薯各个器官中氮、磷、钾累积吸收量最低，氮累积吸收量占全株的 3.19%～4.33%，磷累积吸收量占全株的 1.73%～2.34%，钾累积吸收量占全株的 0.47%～1.26%；在马铃薯的各个器官中，氮、磷、钾含量最高的是块茎，块茎中氮累积吸收量占全株的 73.90%～81.47%，磷累积吸收量占全株的 84.40%～87.74%，钾累积吸收量占全株的 54.17%～63.39%，说明马铃薯植株体内的养分逐渐流向马铃薯块茎，增加马铃薯块茎中的养分含量，从而增加产量。在马铃薯的成熟期，马铃薯各个器官及植株中的氮累积吸收量在滴灌频率一定的情况下，与施肥量呈正相关，其对马铃薯块茎中氮累积吸收量的影响最为明显，当施肥量一定时，马铃薯各个器官及植株体内的氮累积吸收量随着滴灌频率的增加先增加后减小，D_2 处理的氮累积吸收量最大。由图 4-7 还可以看出，在马铃薯的成熟期时，马铃薯各个

器官及植株内的磷累积吸收量在滴灌频率相同的情况下，也与施肥量呈正相关，F_3 是成熟期时马铃薯各个器官及植株中磷累积吸收量最高的施肥处理，当施肥量一定时，马铃薯成熟期时的磷累积吸收量随着滴灌频率的增加先增加后减小，D_2 处理中马铃薯各个器官及植株内的磷累积吸收量最高。当滴灌频率一定时，马铃薯成熟期各个器官及植株内的钾累积吸收量随着施肥量的增加而增加，F_3 是马铃薯成熟期时钾累积吸收量最高的施肥处理，当施肥量一定时，马铃薯的钾累积吸收量随着滴灌频率的增加先增加后减小，D_2 是钾累积吸收量最高的滴灌频率处理。从图 4-7 可以看出，在马铃薯的成熟期时，各个器官中氮素、磷累积吸收量表现为块茎中累积量最高，叶片次之，根中最少；钾累积吸收量表现为块茎中最高，茎秆次之，根中最少，其中，茎中的钾累积吸收量在马铃薯成熟期时占全株的比例为 29.77%～39.66%。

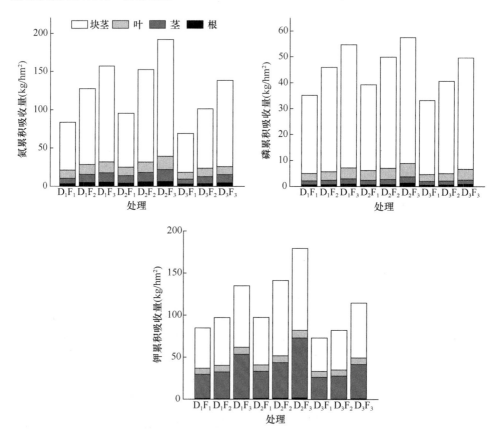

图 4-7 不同处理对成熟期马铃薯植株氮、磷、钾含量及累积分配的影响

由上述分析可知，马铃薯成熟期时各个器官及植株总的氮、磷、钾累积吸收量在滴灌频率一定的情况下都随着施肥量的增加而增加，说明适当增加施肥可以

提高马铃薯成熟期时的氮、磷、钾累积吸收量，当施肥量一定时，马铃薯成熟期各个器官及植株总的氮、磷、钾累积吸收量随着滴灌频率的增加呈抛物线变化，累积量先增后减，说明滴灌频率过大或过小都不利于马铃薯植株内的养分吸收积累。在本次试验中，D_2F_3 是马铃薯成熟期时各个器官及植株总的氮、磷、钾累积吸收量最高的处理。

4.5.3 土壤养分与水分分布

1. 不同处理对马铃薯农田土壤硝态氮分布的影响

图 4-8 反映的是在不同处理下，在水平距离滴灌带 0cm、15cm、30cm 的不同深度土层中硝态氮的分布规律。从图中可以看出，当施肥量为 F_1 时，土层越深，其中的硝态氮含量越低，垂直方向 0～40cm 是土壤中硝态氮的集中分布范围。在

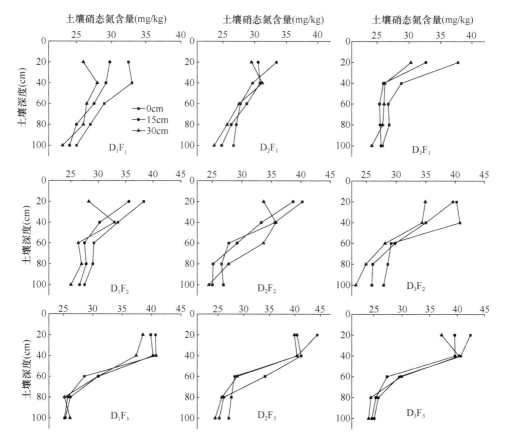

图 4-8 不同处理对马铃薯土壤中硝态氮含量的影响

D_1F_1 处理中，在水平距离滴灌带 0cm 和 30cm 处，以 40cm 的土壤深度为界线，土壤中的硝态氮含量先有少量增加，后持续减小；在水平距离滴灌带 15cm 处，土层越深，其中的硝态氮含量越低。在 D_2F_1 处理中，当距滴灌带 15cm 和 30cm 时，以 40cm 土层为分界线，土壤中的硝态氮含量先有少量增加，后持续减小；在距滴灌带 0cm 时，土层越深，其中的硝态氮含量越低。在 D_3F_1 处理中，无论距离滴灌带多远，土壤硝态氮含量的特点均表现为土层越深，其中的硝态氮含量越低，且以 40cm 土壤深度为界线，土壤中硝态氮含量下降的速率有所变化，先大后小。这可能是由于 F_1 处理的施肥量较低，土壤中的硝态氮越往深处运移速度越慢，因此土壤中的硝态氮含量以一种比较平缓的趋势在减小，且在所研究的土层最深处，即土壤深度为 100cm 处的硝态氮含量的大小表现为水平距离滴灌带 0cm 最大，15cm 次之，30cm 最小。

由图 4-8 可以看出，在 F_2 处理下，硝态氮在土壤中的含量变化趋势还是土层越深、含量越低。但不同处理之间硝态氮含量的变化趋势不同。在 D_1F_2 处理中，土层越深，硝态氮含量越低，但减少的速度比较小，这可能是由于养分下渗速度会随滴灌频率的增大而增大。在 D_2F_2 处理中，土壤硝态氮含量的变化趋势总体上一致，但仍以 40cm 土壤深度为分界线，土壤中的硝态氮有一个快速下降的过程，这可能是由于滴灌频率比较小，使得养分在 0～40cm 的土层中大量累积。在 D_3F_2 处理中，土壤中的硝态氮含量在 40cm 土层后也有一个急速下降的过程，原因应该与 D_2F_2 处理相似。由图 4-8 可得，施肥量为 F_2 时，在土壤深度为 0～40cm 时，硝态氮含量的表现为水平距离滴灌带 0cm 含量最高，15cm 次之，30cm 最小，说明硝态氮含量与距滴灌带的水平距离有关系，且距离越大，硝态氮含量越小。

在施肥量为 F_3 时，土壤中硝态氮含量总体趋势仍表现为土层越深、含量越低。在 D_1F_3 的处理中，仍以 40cm 土层为分界线，硝态氮含量下降速度加快，这可能是因为施用肥料较多，导致大量的肥料在土壤的表层累积，使得土壤表层中硝态氮含量较高。在 D_2F_3 和 D_3F_3 的处理中，硝态氮含量也是在表层大量累积，而且对于 100cm 的土层，距离滴灌带不同的点基本没有差异。

总体来看，土壤中硝态氮主要累积范围有两个：垂直方向 0～40cm 的土壤深度范围和水平距离滴灌带 0～15cm 的范围。在同一施肥量下，在 0～40cm 的土层中，滴灌频率越小，土层中的硝态氮含量越高，但滴灌频率对土层深处的硝态氮含量没有显著影响。在相同的滴灌频率下，对于 0～40cm 的土层，施肥量越高，硝态氮含量越高，但对土壤深处的硝态氮含量，施肥量的影响不显著。且对于同一处理，土壤表层（小于等于 40cm）中，土壤中的硝态氮含量与距离滴灌带的水平距离呈负相关，而与滴灌带的水平距离对 40cm 以下土层的硝态氮含量没有显著影响。

2. 不同处理对马铃薯农田土壤水分分布的影响

图 4-9 为距滴灌带水平距离 0cm、15cm 和 30cm 的土层中水分的分布情况。在距滴灌带水平距离 0cm 的土壤表层中（垂直方向 0～40cm 深度），当滴灌频率为 D_2 和 D_3 时，F_3 的处理土壤中的水分含量明显要高于 F_1 和 F_2，这说明在此处土壤中的水分含量与施肥量呈正相关，这与植株的生长状况相关，因为上文已研究证明，施肥量大，马铃薯的生长状况比较好，叶面积大，而叶面积的增大会导致土壤表层的水分蒸发量减小，因此土壤水分含量在表层较高。从图 4-9 中还可以看出，当滴灌频率为 D_1 和 D_3 时，土壤中的水分含量在 60cm 以下的土层中随施肥量的增加而增加。当滴灌频率为 D_3 时，土壤深度越大，水分含量越低。

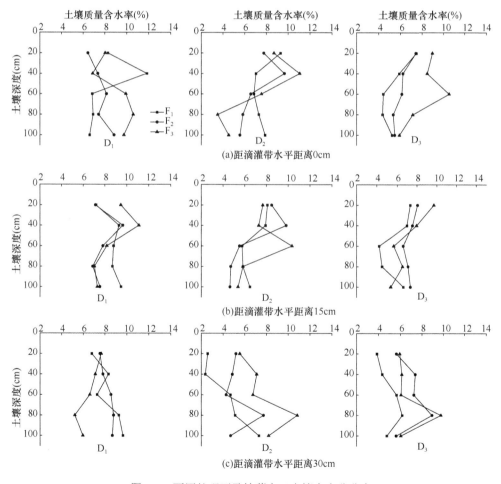

图 4-9　不同处理下马铃薯农田土壤中水分分布

从图 4-9 中可以看出，在距离滴灌带 15cm 的土层中，各个处理均在土壤表层

(垂直方向 0~40cm)中水分含量最高,这是因为根系主要分布在土层垂直方向 0~40cm 的范围内,根系吸收贮存水分的功能导致根系周围的土层中水分含量要高于其他土层。而且从图 4-9 中还可以看出,在滴灌频率为 D_3 的条件下,土层越深,含水量越低,说明滴灌频率过小不利于土壤中水分的积累与贮存。由于马铃薯的根系发展不到距离滴灌带水平 30cm 的范围,没有了根系吸收、贮存水分的作用,土壤中的水分持续下渗,导致土壤中的水分大量下渗至土壤深处,使得土壤中的水分主要分布在 60cm 的土层以下,植物难以吸收利用。

4.6 讨 论

4.6.1 不同滴灌频率和施肥量下马铃薯的生长特性

马铃薯的株高、茎粗、叶面积及叶片中的 SPAD 值都影响着马铃薯的生长状态及最后的产量。前人对此已经有大量研究,结果表明,在马铃薯的生育过程中,马铃薯的株高与灌水周期呈反比(江俊燕和汪有科,2008)。本试验研究发现,在马铃薯的生育前期,其株高、茎粗和叶面积与滴灌频率呈正比,增加滴灌频率也有利于马铃薯叶绿素的合成与积累。但秦军红等(2013)研究发现,滴灌频率 8d 有利于马铃薯生长,这与本试验结果相似。本试验还发现马铃薯的株高、茎粗、叶面积及叶片中的叶绿素含量都与施肥量呈正相关,这与前人发现的马铃薯的生长指标会因施肥量过大出现减小的现象(杨德桦,2012)不同,这可能与种植地的土壤养分含量不足有关。

在马铃薯生长的苗期(20DAE)和块茎形成期(35DAE),马铃薯的叶面积与滴灌频率呈正相关,即滴灌频率越大,叶面积越大。滴灌频率为 D_2 的处理自块茎膨大期(55DAE)开始,各个指标均超过 D_1 处理,这说明在马铃薯生长的中后期,频繁的灌水会抑制马铃薯的生长。在马铃薯的整个生长过程中,马铃薯的株高、茎粗、叶面积和叶片 SPAD 值都与马铃薯的施肥量呈正相关,说明在马铃薯的生长过程中,可以采取适当增施肥料的手段促进马铃薯生长。

本研究发现,马铃薯株高、茎粗和叶面积都是在马铃薯的块茎形成期及块茎膨大期时增长速度最快,这与前人的研究结果一致。马铃薯叶片中的 SPAD 值在马铃薯块茎膨大期时达到最大值,且块茎形成期和块茎膨大期中的 SPAD 值没有明显的差异。在淀粉积累期,叶片中的 SPAD 值相较于块茎膨大期时有所下降,这与前人的研究结果类似(王国兴等,2013),说明淀粉积累期时,植物吸收的养分大部分运移到马铃薯块茎,流向叶片中的养分变少,从而导致叶片中的叶绿素相对含量下降。

4.6.2　不同滴灌频率和施肥量下马铃薯的产量、品质及经济效益

研究适宜马铃薯生长的滴灌施肥制度，主要还是需要通过比较马铃薯收获后的产量及马铃薯块茎的品质来选取合适的水肥制度。前人对水肥对马铃薯产量和品质的影响已经做过很多研究，一些研究发现，在马铃薯的水分条件一定的情况下，马铃薯的块茎中的淀粉含量和维生素 C 含量会因施肥过大出现减小的趋势（宋娜等，2013；杨德桦，2012），本试验结果表明，马铃薯块茎中的淀粉含量和维生素 C 的含量在滴灌频率一定的条件下会随着马铃薯施肥量的增加呈抛物线变化，含量先增后减，这与前人的研究结果相同。

本试验研究发现，马铃薯的产量在相同的施肥条件下，会随着滴灌频率的增加呈现抛物线变化，产量先增加后减小，在滴灌频率为 D_2 时，马铃薯的产量及块茎中的淀粉含量达到最大值，这与秦军红等（2013）的研究结果一致。由研究结果的分析可知，不同施肥量和滴灌频率及二者的交互作用对马铃薯产量与马铃薯块茎中的淀粉含量、还原性糖含量及维生素 C 含量都有着显著的影响（$P<0.05$），说明选择合理的灌水施肥制度，可以达到马铃薯高产、优产的目的。

本试验发现，马铃薯的产量和马铃薯的株高、茎粗和 LAI 之间呈正线性相关关系，马铃薯的产量会随着马铃薯株高、茎粗和 LAI 的增长而增长。

4.6.3　不同滴灌频率和施肥量下马铃薯干物质累积、水分及养分吸收

干物质累积量先增后减是马铃薯根、茎和叶片中的干物质的积累量的变化规律，峰值均在块茎膨大期（55DAE）出现。马铃薯块茎中的干物质累积量持续增加，且增长速率较快的时期是马铃薯的块茎形成期和淀粉积累期。在马铃薯生育期的苗期（20DAE），干物质累积量表现为：叶片＞茎＞根，在块茎形成期（35DAE）之后，大小关系变为：块茎＞叶片＞茎＞根。对于马铃薯的全株总干物质来说，变化规律基本与块茎干物质累积量的相同。在马铃薯成熟期（93DAE），干物质累积量在施肥量一定的情况下，会随着滴灌频率的增加呈现抛物线变化，先增后减，干物质累积量在滴灌频率一定的情况下与施肥量表现为正相关关系。D_2F_3 是马铃薯成熟期（93DAE）时各个器官干物质含量最高的处理。

通过对马铃薯各个时期各个器官中的养分含量的研究发现，在马铃薯的苗期（20DAE）时，氮含量最高的器官是叶片，氮素在根、茎和叶片中的含量随着时间的推进先增后减，峰值出现在块茎膨大期（55DAE）。马铃薯块茎中的氮含量持续上升，从块茎膨大期（55DAE）开始，块茎成为马铃薯各个器官中氮含量最高的器官；在马铃薯的整个生长过程中，磷素在马铃薯各个器官含量变化规律不明

显，在马铃薯的成熟期（93DAE）时，块茎是马铃薯各个器官中磷含量最高的器官；在苗期（20DAE），茎秆中的钾累积吸收量先随着生育期的推进呈现增加的趋势，峰值出现在马铃薯的淀粉积累期（75DAE），之后成熟期（93DAE）钾累积吸收量有所下降，块茎中的钾含量自块茎形成期（35DAE）开始就一直处于增长状态，在淀粉积累期（75DAE）时，块茎成为马铃薯各个器官中钾含量最高的器官。通过研究还发现，马铃薯各个器官中的氮、磷、钾含量在滴灌频率相同的情况下与施肥量呈正相关；氮、磷、钾含量在施肥量一定的情况下随着滴灌频率的增加呈现抛物线变化，先增后减。D_2F_3 是马铃薯成熟期时各个器官中氮、磷、钾含量最高的处理。

马铃薯农田土壤中养分和水分的分布规律表明，土层越深，土壤中的硝态氮含量越低，垂直方向 0~40cm 的土层和水平距离滴灌带 0~15cm 的土层，是土壤中硝态氮的两个主要集中区域。而且对于这一土层，硝态氮的含量与施肥量呈正相关，与滴灌频率呈负相关，滴灌频率越大，硝态氮含量越低。但对土壤深层的硝态氮含量没有显著的影响。同时，对于土壤水分，垂直方向 0~40cm 的土层和水平距离滴灌带 0~15cm 的范围，也是土壤水分主要集中的两个区域。

4.7 结 论

1）在马铃薯生育的前期，马铃薯的株高、茎粗受滴灌频率和施肥量的影响不显著，在生育期的中后期，马铃薯的株高及茎粗受二者极其显著的影响。在马铃薯的整个生育期内，马铃薯的叶面积都受到滴灌频率和施肥量极其显著的影响，二者也对 SPAD 值有着显著的影响。马铃薯生育前期的株高受滴灌频率和施肥量的交互作用的影响不显著，但二者对茎粗的影响显著，在马铃薯的整个生育期中，滴灌频率和施肥量二者交互作用对马铃薯叶面积的影响不显著。

2）马铃薯的滴灌频率和施肥量及二者的交互作用对马铃薯的单株产量、总产量及商品薯产量都有着极其显著的影响。单株产量、总产量和商品薯产量都随着施肥量的增加而增加，并且随滴灌频率的增加呈抛物线变化，单株产量、总产量和商品薯产量最高的处理是 D_2F_3，而且马铃薯的株高、茎粗和叶面积都和马铃薯的产量呈正线性相关关系。马铃薯块茎中的淀粉、还原性糖和维生素 C 含量会受到马铃薯的滴灌频率和施肥量极显著的影响，块茎中的淀粉和维生素 C 的含量都随着施肥量的增加呈抛物线变化，含量先增后减，在 F_2 处理时含量最高，随着滴灌频率的增加也呈抛物线变化，在 D_2 处理处，含量达到最高，还原性糖的含量随着施肥量和滴灌频率的增加先减小后增加，滴灌频率和施肥量的交互作用对淀粉和还原性糖含量的影响极其显著，对块茎中的维生素 C 含量影响显著。

3）马铃薯各个生育期中，不同器官干物质的变化规律不同。先增加后减小是根、茎、叶片中的干物质含量随生育期推进的变化特征，根、茎、叶片中的干物质含量在块茎膨大期（55DAE）时达到最大值。马铃薯块茎的干物质和马铃薯全株的总干物质的增长都符合 Logistic 曲线特征。在相同的滴灌频率条件下，马铃薯各个器官中的干物质含量随着施肥量的增加而增加，在相同的施肥量下，各个器官中的干物质含量随着马铃薯滴灌频率的增加先增加后减小。D_2F_3 是马铃薯各个器官在不同生育期干物质含量最高的处理。马铃薯的根、茎和叶片中的氮、磷、钾含量随着生育期的推进变化规律各不相同，且在全生育期内根、茎、叶片中的氮、磷含量始终满足：叶片＞茎＞根，钾含量满足：茎＞叶片＞根。在马铃薯的成熟期时，马铃薯各个器官中氮、磷、钾含量最高的是块茎。

4）土层越深，土壤中的硝态氮含量越低，土壤中硝态氮的主要分布范围是：垂直土壤深度 0～40cm 的范围和水平距离滴灌带 0～15cm 的范围，且在这两个区域，土壤中的硝态氮含量受滴灌频率和施肥量的影响较大，土壤中硝态氮的含量与施肥量呈正相关，与滴灌频率呈负相关，但对土壤深处的硝态氮含量影响不显著。对于土壤水分来说，这两个区域也是土壤水分主要集中的范围。

参 考 文 献

陈光荣, 高世铭, 张晓艳, 等. 2008. 补水时期和施钾量对旱作马铃薯产量和水分利用的影响. 干旱地区农业研究, 26(5): 41-46.

陈志恺. 2000. 21 世纪中国水资源持续开发利用问题. 中国工程科学, 2(3): 7-11.

邓兰生, 涂攀峰, 齐庆振, 等. 2011. 滴施液体肥对马铃薯产量、养分吸收积累的影响. 灌溉排水学报, 30(6): 65-68.

高聚林, 刘克礼, 张宝林, 等. 2003. 马铃薯干物质积累与分配规律的研究. 中国马铃薯, 17(4): 209-212.

何文寿, 马琨, 代晓华, 等. 2014. 宁夏马铃薯氮、磷、钾养分的吸收累积特征. 植物营养与肥料学报, 20(6): 1477-1487.

侯振安, 李品芳, 吕新, 等. 2008. 不同滴灌施肥方式下棉花根区的水、盐和氮素分布. 新疆农业科学, 45(a02): 57-64.

吉玮蓉, 张吉立, 孙海人, 等. 2013. 不同施氮量对马铃薯养分吸收及产量和品质的影响. 湖北农业科学, 52(21): 5158-5160.

贾绍凤, 何希吾, 夏军. 2004. 中国水资源安全问题及对策. 中国科学院院刊, 19(5): 347-351.

江俊燕, 汪有科. 2008. 不同灌水量和灌水周期对滴灌马铃薯生长及产量的影响. 干旱地区农业研究, 26(2): 121-125.

姜文来. 2001. 中国 21 世纪水资源安全对策研究. 水科学进展, 12(1): 66-71.

康跃虎, 王凤新, 刘士平, 等. 2004. 滴灌调控土壤水分对马铃薯生长的影响. 农业工程学报, 20(2): 66-72.

李井会. 2006. 不同氮肥运筹下马铃薯氮素利用特性及营养诊断的研究. 吉林农业大学硕士学位论文.

李久生, 张建君, 任理. 2002. 滴灌点源施肥灌溉对土壤氮素分布影响的试验研究. 农业工程学报, 18(5): 61-66.

李彦, 雷晓云, 白云岗. 2013. 不同灌水下限对棉花产量及水分利用效率的影响. 灌溉排水学报, 32(4): 132-134.

刘汝亮, 李友宏, 王芳, 等. 2009. 两种钾源对马铃薯养分累积和产量的影响. 西北农业学报, 18(1): 143-146.

刘玉春, 李久生. 2009. 毛管埋深和土壤层状质地对地下滴灌番茄根区水氮动态和根系分布的影响. 水利学报, 40(7): 782-790.

卢建武. 2012. 马铃薯新大坪的干物质和养分积累与分配规律研究. 甘肃农业大学硕士学位论文.

卢建武, 邱慧珍, 张文明, 等. 2013. 半干旱雨养农业区马铃薯干物质和钾素积累与分配特性. 应用生态学报, 24(2): 423-430.

秦军红, 陈有君, 周长艳, 等. 2013. 膜下滴灌灌溉频率对马铃薯生长、产量及水分利用率的影响. 中国生态农业学报, 21(7): 824-830.

盛万民. 2006. 中国马铃薯品质现状及改良对策. 中国农学通报, 22(3): 166-170.

宋娜, 王凤新, 杨晨飞, 等. 2013. 水氮耦合对膜下滴灌马铃薯产量、品质及水分利用的影响. 农业工程学报, 29(13): 98-105.

孙继英, 肖本彦. 2006. 不同施肥水平对高淀粉马铃薯品种克新 12 号产量及相关经济性状的影响. 中国马铃薯, 20(1): 30-32.

孙磊, 王弘, 李明月, 等. 2014. 氮磷钾肥施用量及施用时期对马铃薯干物质积累与分配的影响. 作物杂志, (1): 132-137.

谭军利, 王林权, 李生秀. 2005. 不同灌溉模式下水分养分的运移及其利用. 植物营养与肥料学报, 11(4): 442-448.

田丰, 张永成, 张凤军, 等. 2010. 不同肥料和密度对马铃薯光合特性和产量的影响. 西北农业学报, 19(6): 95-98.

王国兴, 徐福利, 王渭玲, 等. 2013. 氮磷钾及有机肥对马铃薯生长发育和干物质积累的影响. 干旱地区农业研究, 31(3): 106-111.

王立为, 潘志华, 高西宁, 等. 2012. 不同施肥水平对旱地马铃薯水分利用效率的影响. 中国农业大学学报, 17(2): 54-58.

王丽霞, 陈源泉, 李超, 等. 2013. 不同滴灌制度对棉花/马铃薯模式中马铃薯产量和 WUE 的影响. 作物学报, 39(10): 1864-1870.

习金根, 周建斌, 赵满兴, 等. 2004. 滴灌施肥条件下不同种类氮肥在土壤中迁移转化特性的研究. 植物营养与肥料学报, 10(4): 337-342.

谢开云, 屈冬玉, 金黎平, 等. 2008. 中国马铃薯生产与世界先进国家的比较. 世界农业, (5): 35-38.

邢英英, 张富仓, 张燕, 等. 2015. 滴灌施肥水肥耦合对温室番茄产量、品质和水氮利用的影响. 中国农业科学, 48(4): 713-726.

杨德桦. 2012. 不同施肥质量和不同施肥方式对襄阳地区马铃薯产量、养分积累规律和品质的影响. 华中农业大学硕士学位论文.

杨进荣, 王成社, 李景琦, 等. 2004. 马铃薯干物质积累及分配规律研究. 西北农业学报, 13(3): 118-120.

杨丽辉. 2013. 肥料配施对马铃薯产质量、养分吸收及土壤养分的影响. 内蒙古农业大学硕士学位论文.

杨瑞平, 张胜, 王珊珊. 2011. 氮磷钾配施对马铃薯干物质积累及产量的影响. 安徽农业科学, 39(7): 3871-3874.

宰松梅, 仵峰, 温季, 等. 2011. 不同滴灌方式对棉田土壤盐分的影响. 水利学报, 42(12): 1496-1503.

张朝春, 江荣风, 张福锁, 等. 2005. 氮磷钾肥对马铃薯营养状况及块茎产量的影响. 中国农学通报, 21(9): 279-283.

张树清. 2006. 中国农业肥料利用现状、问题及对策. 中国农业信息, (7): 11-14.

张西露, 刘明月, 伍壮生, 等. 2010. 马铃薯对氮、磷、钾的吸收及分配规律研究进展. 中国马铃薯, 24(4): 237-241.

张学军, 周娜娜, 陈晓群, 等. 2004. 不同滴灌量和施氮量对马铃薯硝酸盐累积的影响. 中国农村水利水电, 23(9): 23-25.

郑顺林, 李国培, 杨世民, 等. 2009. 施氮量及追肥比例对冬马铃薯生育期及干物质积累的影响. 四川农业大学学报, 27(3): 270-274.

朱兆良, 金继运. 2013. 保障我国粮食安全的肥料问题. 植物营养与肥料学报, 19(2): 259-273.

Badr M A. 2007. Spatial distribution of water and nutrients in root zone under surface and subsurface drip irrigation and Cantaloupe yield. World Journal of Agricultural Sciences, (6): 747-756.

Baryosef B, Sheikholslami M R. 1976. Distribution of water and ions in soils irrigated and fertilized from a trickle source. Soil Science Society of America Journal, 40(4): 575-582.

Gärdenäs A I, Hopmans J W, Hanson B R, et al. 2005. Two-dimensional modeling of nitrate leaching for various fertigation scenarios under micro-irrigation. Agricultural Water Management, 74(3): 219-242.

Mmolawa K, Or D. 2000. Water and solute dynamics under a drip irrigated crop: experiments and analytical model. Transactions of the ASAE, 43(6): 1597-1608.

第5章 滴灌频率和滴灌量对马铃薯生长及水分利用的影响

5.1 概　　述

干旱胁迫会抑制马铃薯生长，降低其光合速率，促使马铃薯的能量代谢和营养代谢失调，从而导致马铃薯的产量及品质降低（王彧超与郭妙，2017）。而滴灌相比于传统灌溉方式，更能保证作物产量的提高和水肥资源的高效利用（王雯和张雄，2015；张志伟等，2013；秦永林等，2013），并在干旱半干旱地区得到了广泛的应用（李云开等，2016；田富强等，2018）。国内外学者就滴灌频率和滴灌量对作物生长和水分利用的影响进行了较多的研究。灌溉频率是确定作物灌溉制度的重要指标，其大小直接影响土壤中水和氮的转移及植物根系对水和氮的吸收与利用，左右着作物的生长发育和产量形成（Assouline，2002）。相同滴灌定额条件下，高频滴灌能使土壤水分保持在一个比较稳定的范围，显著促进春玉米根系的生长（王建东等，2008）。康跃虎等（2004）和 Wang 等（2006）研究发现，高频灌溉更有利于马铃薯的生长和产量的提高。大田试验下中频滴灌能有效提高玉米产量和水分利用效率（Elhendawy et al.，2010）。随着灌溉频率的增加，小麦的叶面积指数、干物质累积最大速率、花后干物质贡献率和产量均呈先增加后下降的趋势（冉辉等，2015）。与 4d 和 12d 相比，灌溉周期为 8d 更有利于马铃薯生长和块茎淀粉的积累（秦军红等，2013）。而过高的滴灌频率会使土壤表面一直保持水分较高状态，加大土面蒸发，不利于马铃薯生长（Meshkat et al.，2000）。在灌溉对马铃薯产量和品质的影响方面，臧文静等（2018）研究结果表明，不同水氮组合下马铃薯产量随着滴灌量的增加而增加，块茎淀粉、维生素 C 和粗蛋白含量总体呈现降低的趋势。另外，也有研究结果表明，土壤湿润比越大，马铃薯产量、块茎质量、淀粉、维生素 C 和蛋白质含量均越高（宋娜等，2013）。

总之，国内外对滴灌施肥条件下滴灌量和滴灌频率对马铃薯生长、产量和品质影响的研究还较少。本试验针对榆林北部风沙地区的特定气候和土壤环境条件，研究了滴灌施肥下滴灌频率和滴灌量对马铃薯生长、产量及产量构成、水分利用效率和品质的影响，以期为陕北马铃薯高产高效优质生产中灌溉制度的制定提供理论依据。

5.2　试验设计与方法

5.2.1　试验区概况

试验于 2017 年 5～9 月在陕西省榆林市西北农林科技大学马铃薯试验站进行。该试验地位于北纬 38°23′、东经 109°43′，海拔为 1050m。全年降水中 6 月、7 月、8 月比较集中，试验地平均降水量达 371mm，全年气温平均约为 8.6℃。试验站土壤为风沙土，pH 为 8.1，0～40cm 的土壤容重为 1.72g/cm³，田间持水量为 15.84%（体积含水率）。

5.2.2　试验设计

"紫花白"是当地常用的马铃薯品种，因此作为本次试验的供试样品。本次试验将当地农民常用肥作为滴灌所用肥料，分别选用尿素、磷酸二铵和硝酸钾混合配比施用，含量分别为 N-46.4%；N-18%、P_2O_5-46%；N-13.5%、K_2O-46%。滴灌施肥设备主要由水泵、过滤器、施肥罐和输配水管道系统等组成所需的滴灌施肥系统。滴灌管为聚乙烯树脂内镶式薄壁迷宫滴灌带，管径为 16mm，滴头间距为 30cm，滴头流量为 2.0L/h。试验灌溉制度设置滴灌频率和滴灌量两个因素，滴灌频率为 D_1（4d 一灌）、D_2（8d 一灌）和 D_3（10d 一灌）三个水平，滴灌量为 W_1（60% ET_c）、W_2（80% ET_c）和 W_3（100% ET_c）三个水平，共 9 个处理，每个处理取 3 次重复，采用水表严格控制各处理滴灌量。其中施肥采用统一水平，根据当地推荐施肥水平设置 N-P_2O_5-K_2O 为 200kg/hm²-80kg/hm²-300kg/hm²。通过 FAO56-彭曼公式与马铃薯作物系数 K_c（Chen et al., 2016）计算马铃薯蒸散量 ET_c，公式见第 1 章式（1-1）和式（1-2）。

试验采用当地统一机械化种植模式，即垄由机械起垄+马铃薯由人工种植，垄之间宽度约为 90cm，两株马铃薯之间播种距离约为 25cm，种植密度为 50 505 株/hm²。每小区 2 垄，小区长 20m，宽 1.8m，小区面积为 36m²。马铃薯播种日期为 2017 年 5 月 13 日，播种深度为 8～10cm，于 9 月 29 日收获。根据马铃薯的生长特性，整个生育期供给马铃薯施肥 4 次，分别为苗期 1 次、块茎形成期 1 次、块茎膨大期 1 次、淀粉积累期 1 次，每次的施肥量分别为 15%、20%、40% 和 25%。采用容量压差式施肥罐（容量为 15L）进行滴灌施肥，每个施肥罐控制一个处理，采用栗岩峰等（2006）的施肥方法，让其肥料利用效率达到最大。马铃薯生育期内降水量、灌水日期和累积滴灌量见图 5-1。其中由于试验期间 8 月下旬持续降雨，累积降水量达到 170mm，灌水顺延，导致截止到最终灌水日期 9 月 16 日时，与

高频 D_1（4d 一灌）和中频 D_2（8d 一灌）的 W_1、W_2、W_3 灌水总量 166.4mm、215.2mm、264.0mm 相比，低频 D_3（10d 一灌）的灌水总量分别为 162.2mm、209.6mm、257mm，略低一些。

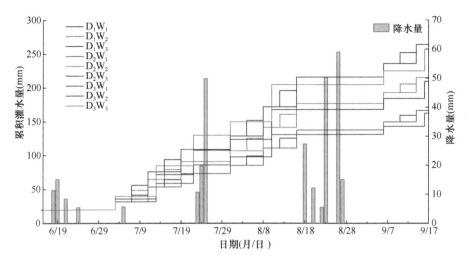

图 5-1 全生育期内各处理累积滴灌量和降水量

5.2.3 观测指标与方法

马铃薯的生育期共分为 5 个阶段，按播后的时间顺序，于 60d（苗期）、80d（块茎形成期）、100d（块茎膨大期）、120d（淀粉积累期）和 135d（成熟期）取有代表性的植物样品进行测定，具体的测定项目如下。

1. 株高

在马铃薯的各个生育期（播种后 60d、80d、100d、120d 和 135d），在每个试验小区取样（3 株），用卷尺测量马铃薯植株的高度。

2. 叶面积指数

在马铃薯的各个生育期（播种后 60d、80d、100d、120d 和 135d），在每个试验小区选取有 3 株植物样品，采用打孔器打孔的方法测量叶面积指数，具体换算公式见第 1 章式（1-3）。

3. 干物质累积量

马铃薯收获后，在每个试验小区取样（3 株），洗净，用滤纸吸干，分离其根、茎、叶、块茎，在 105℃下杀青 0.5h，继续用 75℃烘干至植物样品重量不再变化，再使用电子天平（精度为 0.001g）称出其各部分重量。

4. 产量

测定产量时在各小区内随机取样 10 株马铃薯,记录各单株马铃薯块茎数量和单个质量,记录大于 75g 的商品薯重量和大于 200g 的大块茎重量。成熟期在每个小区选取中间两垄马铃薯进行产量测定。

5. 外观特征

马铃薯收获后,在测定产量的同时,选取 3 个重复,测定每株马铃薯体积、每个马铃薯长宽厚及芽眼数。用排水法测量马铃薯体积,取一个容量为 2000mL 的大量筒,注入 1000mL 的水,将每株所结马铃薯用清水洗干净后放进量筒中,然后读数,用读数减去 1000 即每株马铃薯的体积;用游标卡尺分别测量每个马铃薯的长、宽、厚并数出芽眼数。

6. 土壤水分及养分

用打土钻的方法在成熟期选取滴灌带下 0～100cm 的土样,土壤垂直剖面范围分别在 0～20cm、20～40cm、40～60cm、60～80cm、80～100cm。土壤剖面土装自封袋,将土样风干磨细过筛。取筛后土样 5g,用 50mL 的氯化钾溶液(2mol/L)浸提振荡 0.5h 后过滤,用连续流动分析仪测定土壤中硝态氮、速效磷和速效钾的含量。

7. 养分吸收

将所取的各生育期植株样品烘干后,按根、茎、叶、块茎分为 4 个部分,称取干物质后磨碎,用浓 H_2SO_4-H_2O_2 消煮,用连续流动分析仪（Auto Analyzer-III,德国 Bran Luebbe 公司）测定植株样品中所含的全氮含量和全磷含量,用原子吸收分光光度计（HITACHI Z-2000 系列,日本日立公司）测定植株样品中全钾含量。

8. 品质

取各小区成熟期马铃薯块茎,测定马铃薯中淀粉、维生素 C 和还原性糖含量,用碘比色法测定淀粉含量、钼蓝比色法测定维生素 C 含量、3,5-二硝基水杨酸比色法测定还原性糖含量。

采用 Excel 和 SPSS 21.0 软件对数据进行统计分析。采用单因素和 Duncan's 新复极差法进行方差分析和多重比较,用主成分分析法对马铃薯各指标进行综合性分析。利用 Origin 9.0 软件作图。

5.3 滴灌频率和滴灌量对马铃薯生长、产量及水分利用的影响

制定合理的灌溉制度既能促进作物的生长发育，又能有效的节水控肥，提高作物的水肥利用效率（Kresovic，2014）。作物生长的形态指标（如株高、茎粗和叶面积指数）能在一定程度上反映作物的发育情况，进而反映作物产量变化的大小（麻雪艳和周广胜，2013；王希群等，2005）。干物质累积量也可以反映作物生长情况，往往很大程度上能决定产量的多少（夏方山等，2013）。国内外学者在作物灌溉制度方面已开展了较多的研究，如江俊燕和汪有科（2008）研究发现，滴灌量和滴灌频率对马铃薯的生长和产量都有显著影响。Wang 等（2006）通过多年的田间试验，认为高频更利于马铃薯的生长和产量的提高。但也有学者研究了灌溉周期分布为 4d、8d、12d 对马铃薯生长、产量和水分利用效率的影响，结果表明灌溉周期为 8d 的土壤湿润深度 0～40cm，有利于马铃薯生长（秦军红等，2013），如果滴灌频率过高，可能导致马铃薯土壤表面一直保持水分较高的状态，蒸发也一直处于第一阶段，因此反而加大了土面的蒸发，不利于马铃薯生长（Meshkat et al.，2000）。张富仓等（2017）研究也表明滴灌量的多少显著影响马铃薯株高、叶面积指数和干物质累积量。王丽霞等（2013）研究发现，马铃薯产量与滴灌量的变化规律一致，而灌水定额对作物水分利用效率的影响不显著。

提高马铃薯的产量和水分利用效率是研究马铃薯滴灌灌溉制度的主要目的。本章以马铃薯生理形态指标、产量和水分利用效率为分析对象，利用大田马铃薯滴灌技术，研究并分析不同滴灌频率及滴灌量对榆林沙土地区马铃薯生理形态指标、产量及水肥利用效率的影响，探寻沙土马铃薯高产株型及形态指标，综合考虑产量和水分利用效率，探索马铃薯产量与生长指标的相关关系，通过生长指标更好地估算和调控马铃薯的产量，探讨适宜的滴灌灌溉制度，为榆林沙土地区马铃薯的灌溉制度提供理论依据。

5.3.1 株高和叶面积指数

表 5-1 为灌水处理对马铃薯株高和叶面积指数（LAI）的影响。由多因素方差分析可以看出，滴灌频率对马铃薯各生育期株高都具有极显著影响（$P<0.01$），灌水量仅对淀粉积累期株高具有极显著影响（$P<0.01$），对成熟期株高具有显著影响（$P<0.05$），滴灌频率和滴灌量两者交互作用对块茎形成期、块茎膨大期、淀粉积累期和成熟期株高都具有极显著影响（$P<0.01$）；滴灌频率和滴灌量两者交互作用对马铃薯各生育期 LAI 基本都具有极显著影响（$P<0.01$）（对苗期株高

具有显著影响，$P<0.05$），滴灌量仅对马铃薯苗期和成熟期的 LAI 具有极显著影响（$P<0.01$），说明滴灌频率对株高和叶面积指数的影响大于滴灌量。

表 5-1　不同滴灌频率和滴灌量对马铃薯株高和叶面积指数的影响

生长指标	滴灌频率	滴灌量	苗期	块茎形成期	块茎膨大期	淀粉积累期	成熟期
株高（cm）	D_1	W_1	42.30cd	50.34d	60.06e	67.02d	68.17d
		W_2	46.05ab	54.85bc	64.84c	69.24c	70.67cd
		W_3	48.29a	57.00b	67.33b	73.20b	75.00b
	D_2	W_1	43.69bc	48.38d	58.41ef	62.44e	63.50e
		W_2	44.73bc	54.83bc	62.35d	66.21d	68.97cd
		W_3	48.06a	63.09a	72.38a	80.20a	80.47a
	D_3	W_1	35.62e	43.71e	53.04g	56.53f	58.50f
		W_2	39.94d	48.93d	57.36f	62.88e	64.50e
		W_3	46.03ab	53.40c	63.69cd	68.35cd	71.00c
显著性检验							
	滴灌频率		11.77**	42.70**	52.02**	46.59**	25.78**
	滴灌量		0.35	0.12	4.43	13.64**	5.55*
	滴灌频率×滴灌量		2.73	5.82**	10.05**	22.36**	10.19**
叶面积指数	D_1	W_1	0.77cd	1.69d	2.34e	1.50e	0.97f
		W_2	0.88b	1.92c	2.56cd	1.68d	1.28d
		W_3	1.12a	2.06b	2.85b	1.98b	1.69b
	D_2	W_1	0.74de	1.55e	2.05f	1.25f	0.86g
		W_2	0.81c	1.85c	2.47de	1.67d	1.22d
		W_3	1.10a	2.27a	3.16a	2.19a	1.88a
	D_3	W_1	0.68e	1.48f	1.90f	1.06g	0.80g
		W_2	0.75cd	1.71d	2.37e	1.56de	1.13e
		W_3	0.90b	1.86c	2.68c	1.81c	1.52c
显著性检验							
	滴灌频率		4.57*	35.81**	10.37**	14.09**	27.57**
	滴灌量		23.43**	0.34	1.83	0.02	21.92**
	滴灌频率×滴灌量		4.41*	17.16**	10.04**	11.59**	15.64**

注：*表示差异显著（$P<0.05$）；**表示差异极显著（$P<0.01$）。下同

马铃薯全生育期内各处理表现为苗期增长最快，然后增长速度逐渐平缓，成熟期增长速度最慢。在成熟期，随着滴灌量的增加，株高显著增大，W_3 株高分别比 W_1 和 W_2 平均高出 19.1% 和 10.9%，说明充分灌溉有助于马铃薯株高的增长；在滴灌量为 W_1 和 W_2 的水平下，株高随着滴灌频率的增大而增大，D_3 处理显著低于 D_1 和 D_2（$P<0.05$）；随着滴灌量增大到 W_3 水平，株高在滴灌频率为 D_2 时

达到最大，显著高于 D_1 和 D_3（$P<0.05$）；最大株高在中频高水（D_2W_3）处理下获得，平均为 80.47cm，相比其他处理显著提高了 7.3%~37.6%（$P<0.05$）。

随着生育期的推进，马铃薯 LAI 呈现抛物线趋势变化，各处理均在块茎膨大期达到最大值。相同滴灌频率下，各生育期内 LAI 与滴灌量的变化规律一致，最大值在高水处理。相同滴灌量下，在滴灌量为 W_1 和 W_2 水平时，各生育期内 LAI 随着滴灌频率的增大而增大；当滴灌量增加到 W_3 水平，块茎形成期、块茎膨大期、淀粉积累期和成熟期的 LAI 均随着滴灌频率的减小呈现先增大后减小的趋势，在中频（D_2）下达到最大值，且与 D_1 和 D_3 差异显著（$P<0.05$）。

5.3.2 干物质

由图 5-2 可以看出，马铃薯成熟期干物质的积累主要集中于块茎，其占干物质累积量的 76.3%~86.6%。以中频高水（D_2W_3）处理干物质累积量最大，平均为 252.07g/株，显著大于其他处理（$P<0.05$）；低频低水（D_3W_1）处理干物质累积量最小，平均为 153.96g/株，显著小于其他处理（$P<0.05$）。相同滴灌频率下，高水（W_3）处理干物质累积量显著大于低水和中水（W_1 和 W_2）处理，且分别平均高出 35.3% 和 22.7%，表明增加滴灌量，明显有助于马铃薯干物质的积累。相同滴灌量下，在低灌水和中等灌水水平下，增大滴灌频率，茎、叶和块茎中的干物质累积量逐渐增大；高灌水水平下，随着滴灌频率的增大，各部分干物质累积量均呈现先增大后减小的趋势，在中频处理（D_2）达到最大值，且各部分干物质显著高于低频和中频处理（D_1 和 D_2）（根不显著，$P>0.05$）。

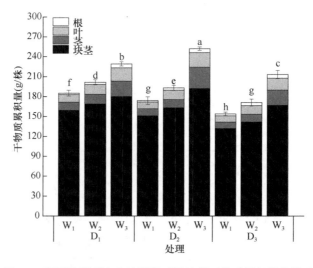

图 5-2　不同滴灌频率和滴灌量对马铃薯干物质累积量的影响

不同小写字母表示差异显著（$P<0.05$）。下同

5.3.3　产量和水分利用效率

由表 5-2 可以看出，滴灌频率对产量、单株块茎和商品薯均具有极显著影响（$P<0.01$），滴灌量对产量及产量构成均无显著影响（$P>0.05$），滴灌频率和滴灌量两者交互作用对产量及商品薯具有极显著影响（$P<0.01$）。滴灌频率和滴灌量两者交互作用对马铃薯灌溉水分利用效率（IWUE）、水分利用效率（WUE）均具有极显著影响（$P<0.01$），滴灌量仅对马铃薯 IWUE 具有极显著影响（$P<0.01$）。可见，滴灌频率对产量及 WUE 的影响更为显著。

表 5-2　不同滴灌频率和滴灌量对马铃薯单株块茎、商品薯、产量及水分利用效率的影响

处理		单株块茎（g）	商品薯（g）	产量（kg/hm²）	灌溉水分利用效率（kg/m³）	水分利用效率（kg/m³）
滴灌频率	滴灌量					
D_1	W_1	916.05de	824.08c	38 337e	23.04a	9.18a
	W_2	997.22bc	906.47b	41 734c	19.39c	9.39a
	W_3	1 043.79ab	931.04b	43 683b	16.55f	8.36b
D_2	W_1	857.08ef	744.96d	35 869f	21.56b	8.44b
	W_2	961.31cd	848.75c	40 231d	18.69d	8.60b
	W_3	1 112.82a	990.25a	46 572a	17.64e	9.13a
D_3	W_1	752.27g	624.28e	31 482g	19.41c	7.65c
	W_2	832.79f	746.72d	34 852f	16.63f	7.37d
	W_3	957.49cd	842.96c	40 071d	15.59g	7.69c
显著性检验						
滴灌频率		11.86**	15.12**	65.16**	28.96**	42.81**
滴灌量		0.29	0.38	1.60	20.53**	0.43
滴灌频率×滴灌量		1.98	4.92**	10.86**	11.70**	24.31**

其中，产量、单株块茎及商品薯均在中频高水（D_2W_3）处理达到最大值，分别为 46 572kg/hm²、1112.82g 和 990.25g，且不同处理之间产量差异显著（$P<0.05$）（除 D_2W_1 和 D_3W_2、D_2W_2 和 D_3W_3 外）。相同滴灌频率下，增加滴灌量，马铃薯的产量、单株块茎和商品薯均会增大。相同滴灌量下，在滴灌量分别为 W_1 和 W_2 水平时，D_1 处理的产量、单株块茎和商品薯显著大于 D_2 和 D_3 处理；随着滴灌量增加到 W_3 水平，D_2 处理的产量、单株块茎和商品薯均明显增大，显著高于其他处理（$P<0.05$）。说明多次少量灌水有助于马铃薯块茎和产量的增长，适当减小滴灌频率更有利于马铃薯块茎和产量的增长。总体来看，产量随着滴灌量的增大而增大，单株块茎随着滴灌量的增大而增大，商品薯随着滴灌量的增大而增大，三者且均在 W_3 处理达到最大值，其产量为 43 442kg/hm²，比 W_1 和 W_2 处理分别

平均高出 23.3%和 11.6%；商品薯为 921.42g，比 W$_1$ 和 W$_2$ 处理分别平均高出 26.0%和 10.5%。低频处理（D$_3$）产量最低，相比 D$_1$ 和 D$_2$ 处理分别平均降低 14.0%和 13.3%。

各处理之间的 IWUE 差异显著（$P<0.05$）（除 D$_1$W$_3$ 和 D$_3$W$_2$ 外），在 15.59～23.04kg/m³ 范围内变化。相同滴灌频率下，随滴灌量的增大，IWUE 减小，W$_1$ 处理下马铃薯 IWUE 最高，平均值为 21.34kg/m³，比 W$_2$ 和 W$_3$ 处理的平均值高出 17.0%和 28.6%。低灌水和中等灌水水平下（W$_1$ 和 W$_2$），增大灌溉频率，IWUE 逐渐增大（D$_1$W$_1$ 最大，为 23.04kg/m³）；高灌水水平下（W$_3$），增大灌溉频率，IWUE 和 WUE 均呈现出先增大后减小的趋势。D$_1$W$_2$ 处理的 WUE 最高，为 9.39kg/m³，与产量最高的 D$_2$W$_3$ 处理差异不显著，但减产 10.4%。

5.3.4 相关关系

如图 5-3 所示，马铃薯的株高、叶面积指数和干物质累积量均与产量呈显著正相关关系，分别服从一元线性回归方程 $y = 0.023x - 0.299$、$y = 0.375x + 0.834$ 和 $y = 0.005x + 0.345$，线性拟合效果表现为株高（$R^2 = 0.956$）的拟合度高于干物质累积量（$R^2 = 0.920$），均高于叶面积指数（$R^2 = 0.785$）。株高在 55～85cm 范围内，每增加 1cm 可提高产量 699kg/hm²；叶面积指数在 0.7～2.0 范围内，每增加 1 可提高产量 11 253kg/hm²；干物质累积量在 150～260g/株范围内，每增加 1g/株可提高产量 147kg/hm²。这说明可以通过株高、LAI 及干物质累积量估算马铃薯产量，并且在一定范围内合理调控好这三个指标，从而能更好地提高产量。

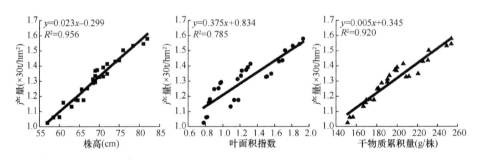

图 5-3　马铃薯产量与株高、叶面积指数和干物质累积量的相关关系

5.4　滴灌频率和滴灌量对马铃薯品质及经济效益的影响

马铃薯块茎是其最终的产物。主成分分析法在玉米、小麦、番茄等作物品质及性状评价中应用越来越广泛（和凤美等，2014；公丽艳等，2014；要燕杰等，2014；Rymuza et al.，2012；王峰等，2011；殷冬梅等，2011），在马铃薯评价中

运用较少。优化马铃薯的块茎品质和提高马铃薯经济效益也是研究马铃薯滴灌灌溉制度的主要目的。因此，本章对马铃薯块茎的品质进行分析比较，通过比较该作物的投入和产出，分析其经济效益，对马铃薯产量、水分利用效率和品质进行主成分分析，探讨适宜的滴灌灌溉制度，为提高当地马铃薯块茎品质和经济效益提供理论依据和技术支持。

5.4.1 品质

1. 淀粉含量

由图 5-4 可以看出，D_2W_3 处理淀粉含量最高，占块茎比重的 14.6%，较其他处理显著提高了 1.0%～4.2%（$P<0.05$）；D_3W_1 处理淀粉含量最低，仅占块茎比重的 14.0%，与其他处理有显著差异（$P<0.05$）。相同滴灌频率下，增大滴灌量，块茎淀粉含量逐渐增加，在 W_1 与 W_2、W_1 与 W_3 之间差异显著（$P<0.05$），W_3 处理的淀粉含量最大，平均为 14.4%，分别比 W_1 和 W_2 处理平均高出 2.0% 和 1.1%。相同滴灌量下，淀粉含量在 D_1 与 D_3、D_2 与 D_3 之间差异显著（$P<0.05$），D_3 处理的淀粉含量最低。

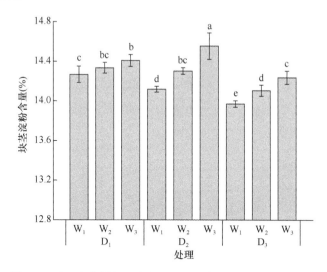

图 5-4 不同滴灌频率和滴灌量对马铃薯块茎淀粉含量的影响

2. 维生素 C 含量

由图 5-5 可以看出，D_2W_3 处理维生素 C 含量最高，达到 19.53mg/100g 鲜重，与其他处理差异显著（$P<0.05$）。与 D_2W_3 处理相比，不同灌水处理维生素 C 含量降低 5.0%～28.8%，D_3W_1 处理降低得最多，为 28.8%，仅为 14.49mg/100g 鲜重。

相同滴灌频率下，随着滴灌量的增大，维生素 C 含量增加，各处理间差异显著（$P<0.05$），W_3 处理的维生素 C 含量平均为 18.54mg/100g 鲜重，分别比 W_1 和 W_2 处理平均高出 18.9%和 9.8%。相同滴灌量下，维生素 C 含量在 D_1 与 D_3、D_2 与 D_3 之间差异显著（$P<0.05$），D_3 处理的维生素 C 含量最低，相比 D_1 和 D_2 处理分别平均降低了 9.1%和 7.7%。

3. 还原性糖含量

灌水处理对马铃薯还原性糖含量的影响见图 5-6，可以看出 D_2W_3 处理的还原

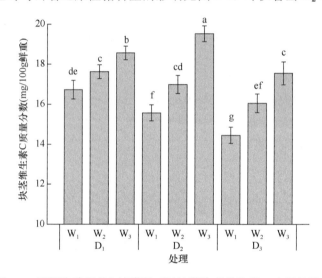

图 5-5 不同滴灌频率和滴灌量对马铃薯块茎维生素 C 含量的影响

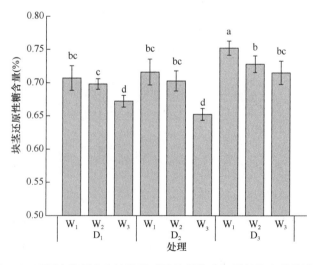

图 5-6 不同滴灌频率和滴灌量对马铃薯块茎还原性糖含量的影响

性糖含量最低，仅占块茎比重的 0.66%，与其他处理差异显著（$P<0.05$）（除与 D_1W_3 外），说明该灌水条件能更好地抑制还原性糖的形成。相同滴灌频率下，随着滴灌量的增大，还原性糖含量逐渐减少，均在 W_3 处理达到最小，与 W_1 和 W_2 处理相比分别平均降低了 6.4% 和 4.2%。相同滴灌量下，W_1 和 W_2 灌水水平下，增大滴灌频率，还原性糖含量减少；随着滴灌量增大到 W_3 水平，增大滴灌频率，还原性糖含量先减少后增加。

5.4.2　经济效益

表 5-3 为不同灌水处理下马铃薯的经济效益。马铃薯种子、全生育期灌溉水、化肥及农药等农资在 W_1、W_2 和 W_3 处理下分别为 6500 元/hm²、7150 元/hm² 和 7950 元/hm²；马铃薯全生育期内人工费（施肥、打农药及播种等）的总和为 3000 元/hm²；滴灌设施费（滴灌管、水表和管道等）为 9000 元/hm²。马铃薯按照市场价格 1 元/kg 计算总收益。由表 5-3 可以看出，D_2W_3 处理的总收益、纯收益和产投比均最大，分别为 46 572 元/hm²、26 622 元/hm² 和 2.3，与其他处理差异显著（$P<0.05$）。相同滴灌频率下，W_3 处理平均纯收益为 23 492 元/hm²，比 W_1 和 W_2 高 40.4% 和 18.7%。相同滴灌量下，滴灌量分别为 W_1 和 W_2 水平时，D_1 处理的纯收益显著高于 D_2 和 D_3 处理（$P<0.05$）；随着滴灌量增加到 W_3 水平，D_2 处理的马铃薯纯收益明显提高。说明调控好滴灌频率和滴灌量可以有效地提高马铃薯经济效益，并且能够增加当地农民的经济收入。

表 5-3　不同滴灌频率和滴灌量对马铃薯经济效益的影响

处理		农资 （元/hm²）	人工费 （元/hm²）	设施费 （元/hm²）	总投入 （元/hm²）	产量 （kg/hm²）	总收益 （元/hm²）	纯收益 （元/hm²）	产投比
D_1	W_1	6 500	3 000	9 000	18 500	38 337e	38 337e	19 837c	2.1cd
	W_2	7 150	3 000	9 000	19 150	41 734c	41 734c	22 584b	2.2b
	W_3	7 950	3 000	9 000	19 950	43 683b	43 683b	23 733b	2.2b
D_2	W_1	6 500	3 000	9 000	18 500	35 869f	35 869f	17 369d	1.9ef
	W_2	7 150	3 000	9 000	19 150	40 231d	40 231d	21 081c	2.1bc
	W_3	7 950	3 000	9 000	19 950	46 572a	46 572a	26 622a	2.3a
D_3	W_1	6 500	3 000	9 000	18 500	31 482g	31 482g	12 982f	1.7g
	W_2	7 150	3 000	9 000	19 150	34 852f	34 852f	15 702e	1.8f
	W_3	7 950	3 000	9 000	19 950	40 071d	40 071d	20 121c	2.0de

5.4.3　综合分析

在马铃薯的评价过程中，马铃薯的优劣或最佳灌溉制度无法只通过某一项指标来衡量，从而，我们可以采用主成分分析法（Abdi and Williams，2010），对马铃薯的产量、水分利用效率、淀粉、维生素 C 和还原性糖进行综合分析，评价出较优的灌溉制度。由于指标的量纲和数量级不一致，特将选取的 5 个指标数据进行标准化处理（表 5-4），其中由于还原性糖含量越低品质越好（许英超等，2018），故先取还原性糖含量倒数后再进行标准化。对标准化后的数据进行分析，本研究提取两个主成分，得出所需要的值（表 5-5）。

表 5-4 马铃薯各指标标准化处理

处理	产量	水分利用效率	淀粉	维生素 C	还原性糖
D_1W_1	−0.19	1.03	0.06	−0.18	−0.11
D_1W_2	0.54	1.32	0.45	0.40	0.19
D_1W_3	0.96	−0.09	0.88	1.01	1.11
D_2W_1	−0.72	0.02	−0.79	−0.93	−0.41
D_2W_2	0.22	0.24	0.27	−0.01	0.03
D_2W_3	1.58	0.96	1.71	1.64	1.86
D_3W_1	−1.66	−1.06	−1.63	−1.66	−1.52
D_3W_2	−0.94	−1.44	−0.86	−0.62	−0.79
D_3W_3	0.19	−1.00	−0.11	0.35	−0.37

表 5-5 主成分特征值、贡献率和累积贡献率

成分	特征值	贡献率（%）	累积贡献率（%）
1	4.341	86.8	86.8
2	0.584	11.7	98.5
3	0.060	1.2	99.7
4	0.008	0.2	99.9
5	0.006	0.1	100.0

通过分析，各指标与前两个主成分的关系如下：

第 1 主成分：
$$F_1 = 0.296X_1 - 0.403X_2 + 0.246X_3 + 0.388X_4 + 0.273X_5 \qquad (5\text{-}1)$$

第 2 主成分：
$$F_2 = -0.081X_1 + 1.151X_2 + 0.023X_3 - 0.273X_4 - 0.042X_5 \qquad (5\text{-}2)$$

综合评价：
$$F = 0.868F_1 + 0.117F_2 \qquad (5\text{-}3)$$

将表 5-4 中的标准化值对应带入式（5-1）和式（5-2），再将所得的结果对应带入式（5-3），最后得出不同灌溉制度下马铃薯产量、水分利用效率和品质指标的综合评价（表 5-6）。综合评价表明，D_2W_3 处理排名第一，D_1W_3 处理次之，其中 D_3W_1 处理得分远远低于其他处理。

表5-6　主成分分析法评价马铃薯综合指标分数与排名

处理	F_1 值	F_2 值	F 值	排名
D_1W_1	−0.557	1.260	−0.336	6
D_1W_2	−0.052	1.370	0.115	4
D_1W_3	1.232	−0.485	1.013	2
D_2W_1	−0.887	0.335	−0.731	8
D_2W_2	0.040	0.269	0.066	5
D_2W_3	1.646	0.495	1.486	1
D_3W_1	−1.525	−0.600	−1.394	9
D_3W_2	−0.362	−1.400	−0.478	7
D_3W_3	0.465	−1.244	0.258	3

5.5　滴灌频率和滴灌量对马铃薯养分吸收的影响

水分是决定作物是否高产的一个主要因素，适宜的灌溉制度能明显地促进作物高产和养分的吸收（田建柯等，2016）。刘洋等（2014）研究表明，作物生长发育过程的缓慢会被作物实际所吸收利用的氮素吸收量直接影响，从而会影响作物的产量；周昌明等（2016）研究也表明，氮是作物生长必需的主要元素之一，也是作物生长需求量最多的营养元素。适宜的滴头流量和滴灌频率，既可以提高马铃薯的产量及水肥利用效率，也可以降低土壤养分淋失的风险；梁运江等（2007）研究表明，氮素利用效率随着滴灌量的减小而减小，但当同时增加滴灌量和施肥量时，氮素利用效率也会显著地增加。

本节以马铃薯养分吸收为分析对象，利用大田马铃薯滴灌技术，研究并分析不同滴灌频率及滴灌量对榆林沙土地区马铃薯养分吸收效率的影响，综合考虑马铃薯养分吸收利用效率，探讨适宜的滴灌灌溉制度，为陕北榆林马铃薯高效灌溉制度管理提供理论依据。

5.5.1　氮累积吸收量

图5-7反映的是滴灌频率及滴灌量对马铃薯成熟期各个器官中氮累积吸收量的影响。从图5-7可以看出，马铃薯成熟期氮累积吸收量主要集中于块茎，占总吸收量的 77.6%～85.9%，氮累积吸收量表现为：块茎＞叶＞茎＞根。中频高水（D_2W_3）处理总氮累积吸收量最大，平均为 181.16kg/hm²，显著大于其他处理（$P<0.05$）；低频低水（D_3W_1）处理总氮素吸收量最小，平均为 102.14kg/hm²。相同滴灌频率下，高水（W_3）处理各部分氮累积吸收量和总氮累积吸收量显著大

于低水和中水（W_1和W_2）处理，且总氮素吸收量分别平均高出52.3%和32.5%，表明增大滴灌量，明显有助于马铃薯氮素的吸收。相同滴灌量下，W_1和W_2灌水水平下，增大滴灌频率，各部分和总氮素吸收量逐渐增大；滴灌量为W_3水平下，随着滴灌频率的增大，各部分和总氮素吸收量均呈现先增大后减小的趋势，总氮素吸收量在中频（D_2）处理达到最大值，且显著高于高频和低频（D_1和D_3）处理（$P<0.05$）。

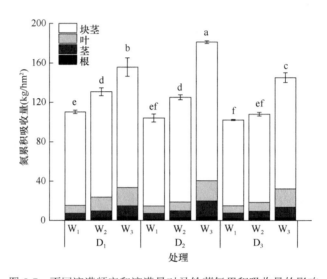

图5-7　不同滴灌频率和滴灌量对马铃薯氮累积吸收量的影响

5.5.2　磷累积吸收量

图5-8反映的是滴灌频率及滴灌量对马铃薯成熟期各个器官磷素吸收量的影响。从图5-8可以看出，马铃薯成熟期磷累积吸收量主要集中于块茎，占总累积量的89.6%～93.5%，磷累积吸收量表现为：块茎＞叶＞茎＞根。中频高水（D_2W_3）处理总磷素吸收量最大，平均为39.22kg/hm²，显著大于其他处理（$P<0.05$）；低频低水（D_3W_1）处理总磷累积吸收量最小，平均为20.85kg/hm²。相同滴灌频率下，高水（W_3）处理各部分磷素吸收量和总磷累积吸收量显著大于低水和中水（W_1和W_2）处理，且总磷累积吸收量分别平均高出59.0%和40.4%，表明增大滴灌量，明显有助于马铃薯磷素的累积吸收。相同滴灌量下，W_1和W_2灌水水平下，增大滴灌频率，各部分和总磷累积吸收量逐渐增大；滴灌量为W_3水平下，随着滴灌频率的增大，各部分和总磷素吸收量均呈现先增大后减小的趋势，总磷素吸收量在中频（D_2）处理达到最大值，且显著高于高频和低频（D_1和D_3）处理（$P<0.05$）。

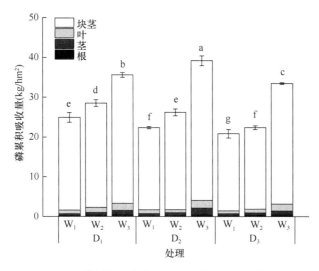

图 5-8　不同滴灌频率和滴灌量对马铃薯磷累积吸收量的影响

5.5.3　钾累积吸收量

图 5-9 反映的是滴灌频率及滴灌量对马铃薯成熟期各个器官钾累积吸收量的影响。从图 5-9 可以看出，马铃薯成熟期钾累积吸收量主要集中于块茎，占总吸收量的 82.2%～88.8%，钾累积吸收量表现为：块茎＞茎＞叶＞根。中频高水（D_2W_3）处理总钾素吸收量最大，平均为 176.59kg/hm²，显著大于其他处理（$P<$0.05）；低频低水（D_3W_1）处理总钾累积吸收量最小，平均为 104.63kg/hm²，显著小于其他处理。相同滴灌频率下，高水（W_3）处理各部分钾累积吸收量和总钾素

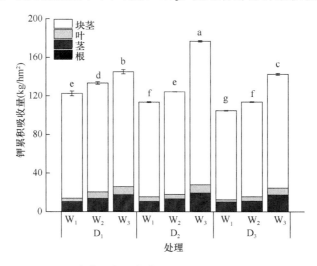

图 5-9　不同滴灌频率和滴灌量对马铃薯钾素吸收量的影响

吸收量显著大于低水和中水（W_1 和 W_2）处理，且总钾吸收量分别平均高出 36.3% 和 25.0%，表明增大滴灌量，明显有助于马铃薯钾素的吸收。相同滴灌量下，W_1 和 W_2 灌水水平下，增大滴灌频率，各部分和总钾素吸收量逐渐增大；滴灌量为 W_3 水平下，随着滴灌频率的增大，各部分和总钾素吸收量均呈现先增大后减小的趋势，总钾素吸收量在中频（D_2）处理达到最大值，且显著高于高频和低频（D_1 和 D_3）处理（$P < 0.05$）。

5.5.4 养分吸收及利用效率

图 5-10 反映滴灌频率及滴灌量对马铃薯成熟期养分吸收及利用效率的影响。从图 5-10a 可以看出，对于同一处理，养分吸收效率表现为氮素＞钾素＞磷素，氮素最高，平均为 0.65kg/kg，而养分利用效率表现为磷素＞氮素＞钾素，说明马铃薯对于磷素吸收效率不高，但磷素的利用效率最高，平均为 489.15kg/kg。相同

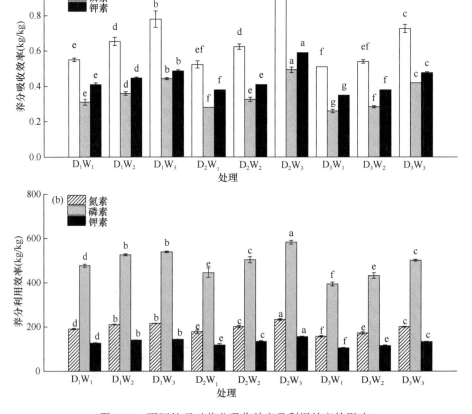

图 5-10　不同处理对养分吸收效率及利用效率的影响

滴灌频率下，随着滴灌量的增大，养分吸收效率和利用效率均增大，高水（W_3）处理显著大于低水和中水（W_1 和 W_2）处理，氮素、磷素和钾素的吸收效率分别平均高出 49.0%和 32.3%，利用效率分别平均高出 23.3%和 11.1%，表明增大滴灌量，能显著提高马铃薯的养分吸收效率和利用效率。相同滴灌量下，W_1 和 W_2 灌水水平下，增大滴灌频率，氮素、磷素和钾素的吸收效率及利用效率逐渐增大；滴灌量为 W_3 水平下，随着滴灌频率的增大，氮素、磷素和钾素的吸收效率及利用效率呈现先增大后减小的趋势，均在中频（D_2）处理达到最大值，且显著高于高频和低频（D_1 和 D_3）处理（$P<0.05$）。

5.6 滴灌频率和滴灌量对土壤有效养分分布的影响

运用大田试验手段研究滴灌灌溉制度对农田土壤养分分布规律的影响是制定高效灌溉施肥制度的重要途径之一。前人研究表明，滴灌条件下适宜的氮肥供应有着以肥调水的作用（Sui et al.，2018）；但还有学者研究发现，水肥供应过多不仅会降低作物水肥利用效率和产量（Tang et al.，2010），还会使大量的土壤硝态氮淋移到深层土壤中，最终导致地下水的污染（Man et al.，2014；王平等，2011；Badr et al.，2010）。另外，在针对不同灌溉方式对土壤硝态氮含量及分布的影响研究中，王建东等（2009）发现地表滴灌降低养分下渗的概率明显。韦彦等（2010）认为滴灌施肥条件下土壤硝态氮大多聚集在表层，淋洗量能比畦灌减小 85.9%。

本节以马铃薯农田养分残留及分布为分析对象，利用大田马铃薯滴灌技术，研究并分析不同滴灌频率及滴灌量对榆林沙土地区农田养分残留及分布的影响，综合考虑农田养分残留及分布情况，探讨适宜的滴灌灌溉制度，为陕北榆林沙土马铃薯高效滴灌灌溉制度管理提供理论依据和技术支持。

5.6.1 硝态氮

由图 5-11 可知，滴灌条件下，各处理 0～40cm 土层的硝态氮残留量最多。同一处理下，土壤深度越深，硝态氮残留量越少，即"上高下低"。说明硝态氮具有表聚的特点。相同滴灌频率下，上层土壤深度（0～40cm）内，低滴灌量（W_1）处理和中滴灌量（W_2）处理的土壤硝态氮残留量显著高于高滴灌量（W_3）处理；相同滴灌量下，随着滴灌频率的增大，同一土层内土壤硝态氮残留量逐渐增加。土壤中硝态氮残留量受滴灌频率和滴灌量的影响显著，结果表明各土层硝态氮残留量与滴灌频率呈正相关。

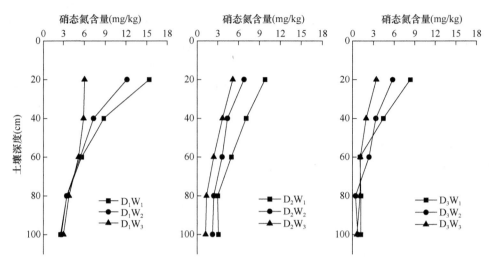

图 5-11　不同滴灌频率和滴灌量对土壤剖面硝态氮含量分布的影响

5.6.2　速效磷

由图 5-12 可知，滴灌条件下，各处理 0～40cm 土层的速效磷残留量最多。同一处理下，土壤深度越深，速效磷残留量越少，即"上高下低"。说明速效磷也具有表聚的特点。相同滴灌频率下，0～40cm 土壤深度内，W_1 和 W_3 处理的速效磷残留量变化较显著，W_2 处理的速效磷残留量变化较缓（D_3 除外），40～100cm 土壤深度内，速效磷残留量变化幅度逐渐变小；相同滴灌量下，0～40cm 土壤深度

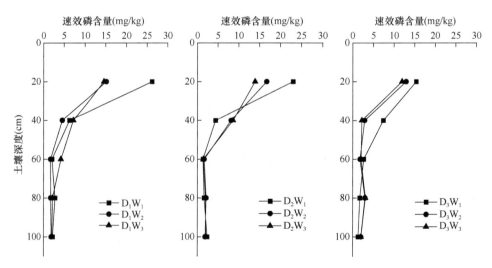

图 5-12　不同滴灌频率和滴灌量对土壤剖面速效磷含量分布的影响

内，随着滴灌频率的增大，土壤速效磷残留量逐渐增加，其他土层内变化不显著。表明滴灌频率和滴灌量对土壤表层的速效磷变化具有显著影响，可能是由于马铃薯根系集中于土壤表层，主要吸收表层土壤中的磷素养分，对深层土壤中的速效磷含量影响不大。

5.6.3　速效钾

由图 5-13 可知，滴灌条件下，各处理 0～40cm 土层的速效钾残留量最多。同一处理下，土壤深度越深，速效钾残留量越少，即"上高下低"。说明速效钾也具有表聚的特点。相同滴灌频率下，0～40cm 土壤深度内，各处理的速效钾残留量变化显著，40～100cm 土壤深度内，速效钾残留量变化幅度逐渐变小。

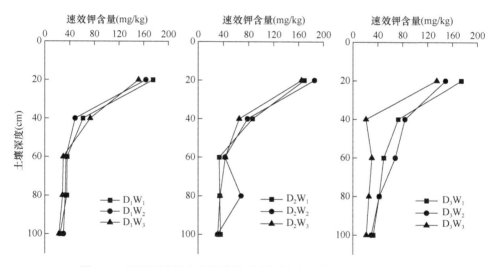

图 5-13　不同滴灌频率和滴灌量对土壤剖面速效钾含量分布的影响

5.7　讨　　论

5.7.1　不同滴灌频率和滴灌量下马铃薯生长、产量及水分利用效率

滴灌频率及滴灌量对马铃薯生长、产量和水分利用效率具有重要的影响。有学者认为，马铃薯的产量与滴灌定额的变化规律一致，适宜地增加滴灌量对土豆的产量及马铃薯水分利用效率有促进作用（王丽霞等，2013；Badr et al.，2012），张富仓等（2017）研究发现，滴灌量显著影响了马铃薯的产量、生长指标和块茎质量，均随滴灌量的增加而增加；而对于滴灌频率，窦超银等（2016）认为灌溉频率过高和过低均不利于作物生长，从而进一步影响产量形成，玉米产量随着灌

溉频率的增加呈现"抛物线形"变化；高龙等（2010）认为相同灌水定额下，灌水间隔的过长或过短均会导致棉花的生长受到胁迫影响，进而导致产量降低，通过采取适中的灌水间隔时间，才能使棉花的产量和水分利用效率均达到最大值；当滴灌量一定时，随着滴灌频率的增大，马铃薯各生育期株高和干物质累积量均呈现先增大后减小的趋势（秦军红等，2013）。本研究结果与段鹏伟和程福厚（2017）、冉辉等（2015）、符崇梅等（2011）一致。这可能是由于灌溉频率过大、频繁灌水对马铃薯的根系环境造成了一定影响，影响了作物的正常生长发育（王一民等，2010）；而灌溉频率过小时，沙土持水能力差，在土壤表层吸收水分的根系数量会变少，且处在亚表层和深层吸收水分的根系数量发生显著性增多，导致水分不能得到作物的充分利用。

王丽霞等（2013）连续两年的研究结果表明，马铃薯的耗水量随滴灌定额的增加而增加，不同处理之间耗水量差异显著，但不同处理的马铃薯水分利用效率差异表现不显著。刘梅先等（2011）研究表明 300mm 的滴灌量虽然得到了较高的水分利用效率，但是产量很低。这与本研究结果基本一致。康跃虎等（2004）对滴灌马铃薯 6 个灌溉频率的试验研究表明，在 2 天 1 次至 8 天 1 次的范围内，灌溉频率越高，马铃薯的水分利用效率越高；灌溉频率越低，马铃薯的水分利用效率越低。本研究结果也表明低、中等灌水水平下，马铃薯水分利用效率随着滴灌频率的增大而增大，但当滴灌量增大到高灌水水平时，水分利用效率随着滴灌频率的增大呈现先增大后减小的趋势，这可能与各自的试验条件设置不同有关，如试验灌水定额设置不同，马铃薯根际分布状况存在很大差异，导致滴灌频率的调控作用发生变化。

1) 滴灌频率和滴灌量分别对马铃薯成熟期株高、叶面积指数（LAI）和干物质累积量有着显著影响（$P<0.05$），滴灌频率对产量及产量构成因素具有极显著影响（$P<0.01$），两者交互作用对马铃薯成熟期株高、LAI、干物质累积量、产量及商品薯均有极显著影响（$P<0.01$）。马铃薯全生育期内各处理表现为苗期增长最快，然后增长速度逐渐平缓，成熟期增长速度最慢。随着生育期的推进，马铃薯 LAI 呈现抛物线变化趋势，各处理均在块茎膨大期达到最大值。相同滴灌频率下，随着滴灌量的增大，各生育期内株高、LAI、干物质累积量均显著增大，产量及产量构成显著增大。在高水（W_3）处理下达到最大值。相同滴灌量下，滴灌量分别为 W_1 和 W_2 水平时，增大滴灌频率，各生育期内株高、LAI、干物质累积量、产量及产量构成逐渐增大；当充分灌溉（W_3）时，随着滴灌频率的减小，各生育期内株高、LAI、干物质累积量、产量及产量构成因素呈现先增大后减小的趋势，在 8d 一灌（D_2）处理下达到最大值。马铃薯各生育期内株高、LAI、干物质累积量、产量及产量构成因素的最大值均在 D_2W_3（8d 一灌，100% ET_c）处理获得，说明多次少量灌水有助于马铃薯块茎生长和产量增长，适当减小滴灌频率

更有利于马铃薯块茎生长和产量增长。

2）滴灌频率、滴灌量及两者交互作用对马铃薯的灌溉水分利用效率（IWUE）均具有极显著影响（$P<0.01$），滴灌频率及两者交互作用对马铃薯水分利用效率具有极显著影响（$P<0.01$）。相同滴灌频率下，随着滴灌量的增大，IWUE 逐渐减小。相同滴灌量下，滴灌量分别为 W_1 和 W_2 水平时，增大灌溉频率，IWUE 逐渐增大（D_1W_1 最大）；当充分灌溉（W_3）时，增大灌溉频率，IWUE 和 WUE 均表现为开口向下的抛物线变化规律。D_1W_2 处理的 WUE 最高，与产量最高的 D_2W_3 处理差异不显著，但显著低于该处理的产量值。

3）通过线性拟合，发现马铃薯的株高、LAI 和干物质累积量与产量之间均呈显著正相关，表明可以通过株高、LAI 及干物质累积量估算马铃薯产量，并且在一定范围内合理调控地上部分的生长和块茎干物质累积量，从而能更好地提高产量。

5.7.2　不同滴灌频率和滴灌量下马铃薯品质及经济效益

灌水次数太多或太少都会明显降低块茎淀粉、还原性糖和干物质的积累；在灌水次数相同的条件下，灌溉定额越大，其淀粉、还原性糖和干物质的含量也会越大（马微和尹娟，2011）。本研究表明，在相同滴灌频率条件下，增大滴灌量，间接地增大了马铃薯块茎的淀粉和维生素 C 含量，这些指标均可以有效地提高马铃薯的品质。秦军红等（2013）研究表明 8d 一灌的灌溉频率较 4d 一灌和 12d 一灌的灌溉频率更有利于马铃薯淀粉的提高。在本研究中，在充分灌溉条件下，8d 一灌的灌溉频率的淀粉含量显著高于 4d 一灌和 12d 一灌，与之结果相似。有研究表明，相同滴灌频率下，增大滴灌量，可以有效地提高马铃薯的经济效益，对于促进农民增收具有重要意义（张富仓等，2017），本研究结果与之一致。

滴灌频率对马铃薯淀粉含量、维生素 C 含量和还原性糖含量均具有极显著影响（$P<0.01$），滴灌量对马铃薯各品质指标均无显著影响（$P>0.05$）。两者交互作用对马铃薯淀粉含量具有显著影响（$P<0.05$），对维生素 C 含量具有极显著影响（$P<0.01$）。相同滴灌频率下，增大滴灌量，块茎淀粉和维生素 C 含量逐渐增加，在高水（W_3）处理下达到最大值，还原性糖含量逐渐减少，在高水（W_3）处理下达到最小值。相同滴灌量下，W_1 和 W_2 灌水水平下，增大滴灌频率，块茎淀粉和维生素 C 的含量逐渐增加，还原性糖含量减少；随着滴灌量增大到 W_3 水平，块茎的淀粉和维生素 C 含量呈先增后减的规律，还原性糖含量先减少后增加。说明充分灌溉结合适当的滴灌频率，可以优化马铃薯的品质。

相同滴灌频率下，随着滴灌量的增大，马铃薯的经济效益显著增大。相同滴灌量下，滴灌量分别为 W_1 和 W_2 水平时，随着滴灌频率的增大，马铃薯的经济效益逐渐增大；滴灌量增加到 W_3 水平时，随着滴灌频率的增大，马铃薯的经济效益呈现先增后减的规律。说明调控好滴灌频率和滴灌量可以有效地提高马铃薯的经济效益，并且能够增加当地农民的经济收入。

通过主成分分析法对马铃薯的产量、水分利用效率和品质进行综合分析，结果表明中频高水（D_2W_3）处理排名第一，高频高水（D_1W_3）处理次之，其中低频低水（D_3W_1）处理得分远远低于其他处理。

5.7.3　不同滴灌频率和滴灌量下马铃薯养分吸收

优化马铃薯灌溉制度管理是提高马铃薯养分吸收和利用的重要手段。苏小娟等（2010）通过田间试验研究表明，不同时期马铃薯植株中的元素含量均表现为钾素＞氮素＞磷素，与本研究结果一致。有研究发现水分亏缺越严重，马铃薯的养分吸收量就越低，当滴灌量充足时，养分吸收量随之增加（Badr et al.，2012）。在本研究中，随着滴灌量的增大，马铃薯养分吸收效率和利用效率增大，与其结果一致。

滴灌频率对马铃薯成熟期茎、块茎和总氮素吸收量具有极显著影响（$P<0.01$），对马铃薯成熟期茎、块茎和总磷素吸收量具有极显著影响（$P<0.01$），对马铃薯成熟期茎、叶、块茎和总钾素吸收量具有极显著影响（$P<0.01$），对根钾素吸收量具有显著影响（$P<0.05$）；滴灌量对马铃薯成熟期茎、叶、块茎和总氮素吸收量均具有极显著影响（$P<0.01$），对马铃薯成熟期茎和总磷素吸收量具有极显著影响（$P<0.01$），对块茎磷素吸收量具有显著影响（$P<0.05$），对马铃薯成熟期根、茎、块茎和总钾素吸收量具有极显著影响（$P<0.01$），对叶钾素吸收量具有显著影响（$P<0.05$）；两者交互作用对马铃薯成熟期茎和叶氮素吸收量具有显著影响（$P<0.05$），对块茎和总氮素吸收量具有极显著影响（$P<0.01$），对马铃薯成熟期块茎和总磷吸收量具有极显著影响（$P<0.01$），对马铃薯成熟期茎、叶、块茎和总钾吸收量具有极显著影响（$P<0.01$）。马铃薯成熟期氮、磷和钾素吸收量主要集中于块茎，氮素和磷素吸收量表现为：块茎＞叶＞茎＞根，钾素吸收量表现为：块茎＞茎＞叶＞根。相同滴灌频率下，随着滴灌量的增大，马铃薯成熟期各部分氮、磷、钾素吸收量和总氮、磷、钾素吸收量显著增大，即高水（W_3）处理显著大于低水和中水（W_1 和 W_2）处理。相同滴灌量下，W_1 和 W_2 灌水水平下，增大滴灌频率，各部分氮、磷、钾素吸收量和总氮、磷、钾素吸收量逐渐增大；滴灌量为 W_3 水平下，随着滴灌频率的增大，各部分氮、磷、钾素吸收量和总氮、磷、钾素吸收量均呈现先增大后减小的趋势，各部分氮、磷、钾素吸收量和总氮、磷、钾素吸收量在中频（D_2）处理达到最大值，且显著高于高频和低频（D_1 和 D_3）处理（$P<0.05$）。

对于同一处理，养分吸收效率表现为氮素＞钾素＞磷素，养分利用效率表现为磷素＞氮素＞钾素，说明马铃薯对于磷素吸收效率不高，但磷素的利用效率最高。相同滴灌频率下，随着滴灌量的增大，马铃薯的养分吸收效率和利用效率均增大，高水（W_3）处理显著大于低水和中水（W_1 和 W_2）处理。相同滴灌量下，W_1 和 W_2 灌水水平下，增大滴灌频率，氮素、磷素和钾素的吸收效率及利用效率逐渐增大；滴灌量为 W_3 水平下，随着滴灌频率的增大，氮素、磷素和钾素的吸收效率及利用效率呈现先增大后减小的趋势，均在中频（D_2）处理达到最大值，且显著高于高频和低频（D_1 和 D_3）处理（$P < 0.05$）。这表明适当控制滴灌频率和增大滴灌量，能够明显提高马铃薯的养分吸收效率和利用效率。

5.7.4　不同滴灌频率和滴灌量下土壤有效养分分布

氮、磷、钾是作物生长发育的养分基础（梁仲锷，2016）。马铃薯土壤中的养分残留量表现为速效钾最多，排在第二位的是硝态氮，最少的是速效磷，三者的残留量与土壤深度均呈反规律，即土壤深度越深，残留量越少，有"上高下低"的特点，这与史书强等（2016）的研究结果相似。

不同灌水处理条件下，土壤中的硝态氮、速效磷和速效钾均主要集中在 0～40cm 土壤深度内，速效钾残留量远大于硝态氮和速效磷，速效磷残留量较少。同一处理下，随着土壤深度的增大，硝态氮、速效磷和速效钾的残留量逐渐减少，表现出"上高下低"的变化趋势，硝态氮、速效磷和速效钾均具有聚集于浅层土壤的特点。相同滴灌频率下，0～40cm 土壤深度内，W_3 处理的硝态氮残留量显著低于 W_1 和 W_2 处理，W_1 和 W_3 处理的速效磷残留量变化较显著，W_2 处理的速效磷残留量变化较缓（D_3 除外），各处理的速效钾残留量变化显著；40～100cm 土壤深度内，硝态氮、速效磷和速效钾残留量变化幅度逐渐变小。相同滴灌量下，随着滴灌频率的增大，同一土层内土壤硝态氮残留量逐渐增加；0～40cm 土壤深度内，随着滴灌频率的增大，土壤速效磷残留量逐渐增加，其他土层内变化不显著。

5.8　结　　论

1）滴灌频率和滴灌量分别对马铃薯的生理形态指标（株高、LAI 和成熟期干物质累积量）有着显著影响（$P < 0.05$），滴灌频率对产量及产量构成因素具有极显著影响（$P < 0.01$），两者交互作用对马铃薯的生理形态指标、产量及商品薯均有极显著影响（$P < 0.01$）。马铃薯全生育期内各处理表现为苗期增长最快，然后增长速度逐渐平缓，成熟期增长速度最慢。随着生育期的推进，马铃薯 LAI 呈现

抛物线变化趋势，各处理均在块茎膨大期达到最大值。相同滴灌频率下，增大滴灌量，各生育期内株高、LAI、干物质累积量、产量及产量构成显著增大。相同滴灌量下，滴灌量分别为 W_1 和 W_2 水平下，增大滴灌频率，各生育期内株高、LAI、干物质累积量、产量及产量构成因素增大；充分灌溉（W_3）时，随着滴灌频率的减小，各生育期内株高、LAI、干物质累积量、产量及产量构成因素先增大后减小。马铃薯各生育期内株高、LAI、干物质累积量产量及产量构成因素的最大值均在 D_2W_3（8d 一灌，100% ET_c）处理获得。通过线性拟合，发现马铃薯的株高、LAI 和干物质累积量均分别与产量之间呈现显著正相关关系。

2）相同滴灌频率下，增大滴灌量，IWUE 逐渐减小。相同滴灌量下，滴灌量分别为 W_1 和 W_2 水平下，增大灌溉频率，IWUE 逐渐增大（D_1W_1 最大）；当充分灌溉（W_3）时，增大灌溉频率，IWUE 和 WUE 均呈现出先增大后减小的趋势。D_1W_2 处理的 WUE 最高，与 D_2W_3 处理（产量最高）差异不显著，却显著低于该处理的产量。

3）滴灌频率对马铃薯淀粉含量、维生素 C 含量和还原性糖含量均具有极显著影响（$P<0.01$），滴灌量对马铃薯各品质指标均无显著影响（$P>0.05$）。两者交互作用对马铃薯淀粉含量具有显著影响（$P<0.05$），对维生素 C 含量具有极显著影响（$P<0.01$）。相同滴灌频率下，增大滴灌量，块茎淀粉、维生素 C 含量和经济效益逐渐增加，还原性糖含量逐渐减少。相同滴灌量下，W_1 和 W_2 灌水水平下，增大滴灌频率，块茎淀粉、维生素 C 含量和经济效益逐渐增加，还原性糖含量减少；随着滴灌量增大到 W_3 水平，增大滴灌频率，块茎淀粉、维生素 C 含量和经济效益先增加后减少，还原性糖含量先减少后增加。

4）主成分分析法综合评价结果表明，中频高水（D_2W_3）处理排名第一，高频高水（D_1W_3）处理次之，其中低频低水（D_3W_1）处理得分远远低于其他处理。

5）马铃薯成熟期磷、磷和钾素吸收量主要集中于块茎，氮素和磷素吸收量表现为：块茎＞叶＞茎＞根，钾素吸收量表现为：块茎＞茎＞叶＞根。对于同一处理，养分吸收效率表现为氮素吸收效率最大，钾素吸收效率居中，磷素吸收效率最低，养分利用效率表现为磷素利用效率最大，氮素利用效率居中，钾素利用效率最低。相同滴灌频率下，增大滴灌量，马铃薯成熟期养分累积量、吸收效率和利用效率显著增大。相同滴灌量下，W_1 和 W_2 灌水水平下，增大滴灌频率，成熟期养分累积量、吸收效率和利用效率逐渐增大；滴灌量为 W_3 的水平下，随着滴灌频率的增大，成熟期养分累积量、吸收效率和利用效率均先增大后减小，成熟期养分累积量、吸收效率和利用效率在中频（D_2）处理达到最大值，且显著高于高频和低频（D_1 和 D_3）处理（$P<0.05$）。

6）各处理 0～40cm 土层的硝态氮、速效磷和速效钾最多，速效钾残留量远大于硝态氮和速效磷。同一处理下，随着土壤深度的增大硝态氮、速效磷和速效钾的残留量逐渐减少，表现出"上高下低"的变化趋势，均具有聚集于浅层土壤的特点。相同滴灌频率下，0～40cm 土壤深度内，W_3 处理的硝态氮残留量显著低于 W_1 和 W_2 处理，W_1 和 W_3 处理的速效磷残留量变化较显著，W_2 处理的速效磷残留量变化较缓（D_3 除外），各处理的速效钾残留量变化显著；40～100cm 土壤深度内，硝态氮、速效磷和速效钾残留量变化幅度逐渐变小。相同滴灌量下，随着滴灌频率的增大，同一土层内土壤硝态氮残留量逐渐增加；0～40cm 土壤深度内，随着滴灌频率的增大，土壤速效磷残留量逐渐增加，其他土层内变化不显著。

7）从节水、高产高效优质、提高经济效应、减少土壤养分残留、减少农业土壤污染等多方面因素综合考虑，D_2W_3 处理（滴灌频率为 8d 一灌，滴灌量为 100% ET_c）为陕北榆林沙土地区适宜的灌溉制度，该研究结果可为陕北榆林沙土马铃薯高产高效优质生产的灌溉制度提供依据。

参 考 文 献

窦超银, 孟维忠, 佟威, 等. 2016. 风沙土玉米膜下滴灌适宜灌溉频率试验研究. 灌溉排水学报, 35(2): 13-17+49.

段鹏伟, 程福厚. 2017. 滴灌频率和灌水量对'黄冠'梨生长与果实品质的影响. 北方园艺, (20): 46-53.

符崇梅, 魏野畴, 李娟, 等. 2011. 不同灌溉量、滴灌频率及水肥耦合对洋葱产量和水分利用率的影响. 节水灌溉, (8): 36-39+42.

高龙, 田富强, 倪广恒, 等. 2010. 膜下滴灌棉田土壤水盐分布特征及灌溉制度试验研究. 水利学报, 41(12): 1483-1490.

公丽艳, 孟宪军, 刘乃侨, 等. 2014. 基于主成分与聚类分析的苹果加工品质评价. 农业工程学报, 30(13): 276-285.

和凤美, 朱芮, 朱永平, 等. 2014. 甜玉米自交系性状相关分析和主成分分析. 作物杂志, (3): 32-35.

贾绍凤, 周长青, 燕华云, 等. 2004. 西北地区水资源可利用量与承载能力估算. 水科学进展, 15(6): 801-807.

江俊燕, 汪有科. 2008. 不同灌水量和灌水周期对滴灌马铃薯生长及产量的影响. 干旱地区农业研究, 26(2): 121-125.

康跃虎, 王凤新, 刘士平, 等. 2004. 滴灌调控土壤水分对马铃薯生长的影响. 农业工程学报, 20(2): 66-72.

李云开, 冯吉, 宋鹏, 等. 2016. 低碳环保型滴灌技术体系构建与研究现状分析. 农业机械学报, 47(6): 83-92.

栗岩峰, 李久生, 饶敏杰. 2006. 滴灌系统运行方式施肥频率对番茄产量与根系分布的影响. 中国农业科学, (7): 1419-1427.

梁运江, 依艳丽, 许广波, 等. 2007. 水肥耦合效应对保护地辣椒肥料氮、磷经济利用效率的影响. 土壤通报, 38(6): 1141-1144.

梁仲锷. 2016. 不同施肥组合对垄沟集雨栽培马铃薯土壤养分及产量影响研究. 灌溉排水学报,

35(1): 53-58.

刘梅先, 杨劲松, 李晓明, 等. 2011. 膜下滴灌条件下滴水量和滴水频率对棉田土壤水分分布及水分利用效率的影响. 应用生态学报, 22(12): 3203-3210.

刘洋, 栗岩峰, 李久生. 2014. 东北黑土区膜下滴灌施氮管理对玉米生长和产量的影响. 水利学报, 45(5): 529-536.

麻雪艳, 周广胜. 2013. 春玉米最大叶面积指数的确定方法及其应用. 生态学报, 33(8): 2596-2603.

马微, 尹娟. 2011. 不同灌水处理对马铃薯块茎品质及产量的影响. 宁夏工程技术, 10(3): 232-235.

秦军红, 陈有君, 周长艳, 等. 2013. 膜下滴灌灌溉频率对马铃薯生长、产量及水分利用率的影响. 中国生态农业学报, 21(7): 824-830.

秦永林, 井涛, 康文钦, 等. 2013. 阴山北麓马铃薯在不同灌溉模式下的水肥效率. 中国生态农业学报, 21(4): 426-431.

冉辉, 蒋桂英, 徐红军, 等. 2015. 灌溉频率和施氮量对滴灌春小麦干物质积累及产量的影响. 麦类作物学报, 35(3): 379-386.

史书强, 赵颖, 何志刚, 等. 2016. 生物有机肥配施化肥对马铃薯土壤养分运移及产量的影响. 江苏农业科学, 44(6): 154-157.

宋娜, 王凤新, 杨晨飞, 等. 2013. 水氮耦合对膜下滴灌马铃薯产量、品质及水分利用的影响. 农业工程学报, 29(13): 98-105.

苏小娟, 王平, 刘淑英, 等. 2010. 施肥对定西地区马铃薯养分吸收动态、产量和品质的影响. 西北农业学报, 19(1): 86-91.

孙景生, 刘祖贵, 张寄阳, 等. 2002. 风沙区参考作物需水量的计算. 灌溉排水, (2): 17-20+24.

田富强, 温洁, 胡宏昌, 等. 2018. 滴灌条件下干旱区农田水盐运移及调控研究进展与展望. 水利学报, 49(1): 126-135.

田建柯, 张富仓, 强生才, 等. 2016. 灌水量及灌水频率对玉米生长和水分利用的影响. 排灌机械工程学报, 34(9): 815-822.

王峰, 杜太生, 邱让建. 2011. 基于品质主成分分析的温室番茄亏缺灌溉制度. 农业工程学报, 27(1): 75-80.

王建东, 龚时宏, 高占义, 等. 2009. 滴灌模式对农田土壤水氮空间分布及冬小麦产量的影响. 农业工程学报, 25(11): 68-73.

王建东, 龚时宏, 隋娟, 等. 2008. 华北地区滴灌灌水频率对春玉米生长和农田土壤水热分布的影响. 农业工程学报, 24(2): 39-45.

王丽霞, 陈源泉, 李超, 等. 2013. 不同滴灌制度对棉花/马铃薯模式中马铃薯产量和 WUE 的影响. 作物学报, 39(10): 1864-1870.

王平, 陈新平, 张福锁, 等. 2011. 不同水氮处理对棉田氮素平衡及土壤硝态氮移动的影响. 中国农业科学, 44(5): 946-955.

王雯, 张雄. 2015. 不同灌溉方式对榆林沙区马铃薯生长和产量的影响. 干旱地区农业研究, 33(4): 153-159.

王希群, 马履一, 贾忠奎, 等. 2005. 叶面积指数的研究和应用进展. 生态学杂志, (5): 537-541.

王一民, 虎胆·吐马尔白, 张金珠, 等. 2010. 膜下滴灌不同灌溉定额及灌水周期对棉花生长和产量的影响. 新疆农业科学, 47(9): 1765-1769.

王彧超, 郭妙. 2017. 马铃薯抗旱性研究进展. 山西农业科学, 45(11): 1890-1893+1899.

韦彦, 孙丽萍, 王树忠, 等. 2010. 灌溉方式对温室黄瓜灌溉水分配及硝态氮运移的影响. 农业工程学报, 26(8): 67-72.

夏方山, 毛培胜, 闫慧芳, 等. 2013. 植物花后光合性能与物质转运的研究进展. 草地学报, 21(3): 420-427.

许英超, 王相友, 印祥, 等. 2018. 基于多元非线性回归分析的马铃薯加工品质特性预测. 农业机械学报, 49(4): 366-373.

要燕杰, 高翔, 吴丹, 等. 2014. 小麦农艺性状与品质特性的多元分析与评价. 植物遗传资源学报, 15(1): 38-47.

殷冬梅, 张幸果, 王允, 等. 2011. 花生主要品质性状的主成分分析与综合评价. 植物遗传资源学报, 12(4): 507-512+518.

臧文静, 李晶晶, 裴沙沙, 等. 2018. 不同喷灌水氮组合对马铃薯耗水、产量和品质的影响. 排灌机械工程学报, 36(8): 773-778.

张富仓, 高月, 焦婉如, 等. 2017. 水肥供应对榆林沙土马铃薯生长和水肥利用效率的影响. 农业机械学报, 48(3): 270-278.

张志伟, 梁斌, 李俊良, 等. 2013. 不同灌溉施肥方式对马铃薯产量和养分吸收的影响. 中国农学通报, 29(36): 268-272.

周昌明, 李援农, 谷晓博, 等. 2016. 降解膜覆盖种植方式对夏玉米土壤养分和氮素利用的影响. 农业机械学报, 47(2): 133-142+112.

Abbott J S. 1984. Miero irrigation world wide usage. ICID Bull, 33(1): 4-6.

Abdi H, Williams L J. 2010. Principal component analysis. Wiley Interdisciplinary Reviews Computational Statistics, 2(4): 433-459.

Assouline S. 2002. The effects of microdrip and conventional drip irrigation on water distribution and uptake. Soil Science Society of America Journal, 66(5): 1630-1636.

Badr M A, El-Tohamy W A, Zaghloul A M. 2012. Yield and water use efficiency of potato grown under different irrigation and nitrogen levels in an arid region. Agricultural Water Management, 110: 9-15.

Badr M A, Hussein S D A, El-Tohamy W A, et al. 2010. Nutrient uptake and yield of tomato under various methods of fertilizer application and levels of fertigation in arid lands. Gesunde Pflanzen, 62(1): 11-19.

Chen Q F, Dai X M, Chen J S, et al. 2016. Difference between responses of potato plant height to corrected FAO-56-recommended crop coefficient and measured crop coefficient. Agricultural Science & Technology, 17(3): 551-554.

Elhendawy S E, Hokam E M, Schmidhalter U. 2010. Drip irrigation frequency: the effects and their interaction with nitrogen fertilization on sandy soil water distribution, maize yield and water use efficiency under Egyptian conditions. Journal of Agronomy & Crop Science, 194(3): 180-192.

Kresovic B. 2014. Irrigation as a climate change impact mitigation measure: an agronomic and economic assessment of maize production in Serbia. Agricultural Water Management, 139(3): 7-16.

Man J G, Yu J S, White P J, et al. 2014. Effects of supplemental irrigation with micro-sprinkling hoses on water distribution in soil and grain yield of winter wheat. Field Crops Research, 161(1385): 26-37.

Meshkat M, Warner R C, Workman S R. 2000. Evaporation reduction potential in an undisturbed soil irrigated with surface drip and sand tube irrigation. Transactions of the ASAE, 43(1): 79-86.

Pereira A S, Costa D M. 1997. Quality and stability of potato chips. Horticultura Brasileira, 15(1): 62-65.

Rymuza K, Turska E, Wielogórska G. 2012. Use of principal component analysis for the assessment of spring wheat characteristics. Acta Scientiarum Polonorum, Agricultura, (1): 79-90.

Sui J, Wang J D, Gong S H, et al. 2018. Assessment of maize yield-increasing potential and optimum N level under mulched drip irrigation in the Northeast of China. Field Crops Research, 215: 132-139.

Tang L S, Li Y, Zhang J H. 2010. Partial root zone irrigation increases water use efficiency, maintains yield and enhances economic profit of cotton in arid area. Agricultural Water Management, 97(10): 1527-1533.

Wang F X, Kang Y, Liu S P. 2006. Effects of drip irrigation frequency on soil wetting pattern and potato growth in North China Plain. Agricultural Water Management, 79(3): 248-264.

第6章　种植模式和施肥量对马铃薯产量及养分吸收的影响

6.1　概　　述

作为全球第四大粮食作物，马铃薯具有丰富的营养物质，被大家高度评价为"第二面包"。马铃薯块茎中蛋白质含量大约为 2%，高蛋白品种可达 2.7%，易于被人们吸收消化。马铃薯块茎中同时富含多种矿质元素，能够有效中和人体内酸性物质，维持人体内酸碱的平衡。同时马铃薯块茎还富含维生素 E、维生素 C、花青素和钾等多种对人体有益的元素，能有效防御多种人类常见的疾病，包括高血压、心脏病、肿瘤等，是预防衰老、保持健康的食品。马铃薯还能益气补血、补裨益肾等，外用还能敷疗骨折损伤、头疼等，食用马铃薯全粉可以助消化、维护上皮细胞。同时马铃薯生长过程中对水量需求较高，据统计，每生产 1kg 的块茎需要从土壤中汲取 100～150kg 的水分（秦永林，2013）。

马铃薯高垄栽培技术是近几年发展起来的一种新型种植模式。其特点是把栽培行做成 20～30cm 高的垄，作物种在垄上，增加通风透光性。高垄栽培使马铃薯根系的土层加厚，有利于根系的通风，促进根系发育。同时还能预防盐分向土壤表层运移，降低土壤盐碱化，从而达到增产效果，而且一般是通过机械起垄，降低了劳动成本，促进了农业生产的智能化和规范化。垄上覆膜垄沟种植模式是基于地膜覆盖栽培技术原理的一项新型覆盖栽培技术，它主要具有保温、保湿的作用，同时由于覆膜而产生的膜上微型积水流场，使自然降雨，特别是<10mm 的微小降雨都能形成有效径流储藏在作物根部，有效降低了水分蒸发，提高了水分利用效率，从而起到增产的作用。但也有研究表明，垄上覆膜垄沟种植模式具有负面效应。覆膜处理能显著提高根系的生长，由于作物生长前期根系主要是向下分布的，吸水量并没有成比例增加，表明植物是在积极寻找水源，但降水少和深层水源均不足，造成了作物同化产物的浪费（李凤民等，2001）。所以垄上覆膜对马铃薯的利弊影响值得我们深入探究。本章通过田间滴灌水肥一体化试验，研究种植模式和施肥量对马铃薯产量及养分吸收的影响，为马铃薯覆膜滴灌种植提供理论依据和技术指导。

6.2 试验设计与方法

6.2.1 试验区概况

试验于 2016 年 5 月至 10 月在陕西省榆林市西北农林科技大学马铃薯试验站进行,该试验站位于北纬 38°23′、东经 109°43′,海拔 1050m,属于暖温带和温带半干旱大陆性季风气候,年平均气温 8.6℃,年平均降水量 371mm,降水主要集中在 6~9 月,无霜期为 167d。年蒸发量为 1900mm,年日照时数为 2900h。试验地土壤容重 1.20g/cm³,全氮含量 0.38g/kg,全磷含量 5.6g/kg,全钾含量 4.8g/kg,土壤 pH 为 8.1。

6.2.2 试验设计

试验方案主要包括马铃薯施肥量和种植模式两个因素试验(表 6-1),其中种植模式设置了 4 种,分别为垄上种植(M₁):垄高 15cm,垄宽 70cm,沟宽 40cm,播种在垄上;垄上覆膜垄沟种植(M₂):在垄上覆膜,垄高 15cm,垄宽 70cm,沟宽 40cm,播种在垄沟位置;垄沟种植(M₃):垄高 15cm,垄宽 70cm,沟宽 40cm,播种在垄沟位置;平作(M₄):行宽 90cm,不起垄,种植在行中间位置;施肥量设置 3 个水平,分别为 F_1,$N_1P_1K_1$(100kg/hm²-40kg/hm²-150kg/hm²);F_2,$N_2P_2K_2$(150kg/hm²-60kg/hm²-225kg/hm²);F_3,$N_3P_3K_3$(200kg/hm²-80kg/hm²-300kg/hm²)(表 6-1)。试验采用完全组合设计,共 12 个处理,每个处理重复 3 次,分 12 个小

表 6-1 马铃薯种植模式和施肥量两因素试验方案

处理号	滴灌量(% ET_c)	种植模式	施肥量(N-P₂O₅-K₂O)(kg/hm²)
M_1F_1		垄上种植	100-40-150
M_1F_2		垄上种植	150-60-225
M_1F_3		垄上种植	200-80-300
M_2F_1		垄上覆膜垄沟种植	100-40-150
M_2F_2		垄上覆膜垄沟种植	150-60-225
M_2F_3		垄上覆膜垄沟种植	200-80-300
M_3F_1	100	垄沟种植	100-40-150
M_3F_2		垄沟种植	150-60-225
M_3F_3		垄沟种植	200-80-300
M_4F_1		平作	100-40-150
M_4F_2		平作	150-60-225
M_4F_3		平作	200-80-300

区。每个小区长 27m，宽 5.4m，面积为 145.8m^2。滴灌量为 100% ET_c，其中 ET_c 为参考作物蒸散量。滴灌量通过水表控制，每个处理设置独立的施肥阀门和水表。为了避免不同处理间的相互影响，相邻处理均间隔 1m，试验地两端设置保护行。试验采用一个施肥罐控制 6 行的滴灌模式，行距为 90cm，株距为 25cm，每个小区定植 630 株左右。

供试马铃薯品种为"紫花白"，具有抗病毒、生病率低、产量高、适应性广、好贮藏、味道佳等优点。试验灌溉施肥的氮、磷、钾肥分别用尿素、磷酸二铵、氯化钾。滴灌施肥设备采用容量压差式施肥装置控制，设备主要由施肥罐、施肥球阀、滴灌管、输水管道、水表组成。滴灌管的内径为 8mm，滴头间距 30cm，滴头流量 2L/h，施肥罐容量为 15L。

试验于 2016 年 5 月 19 日定植，9 月 28 日收获。除了定植后仅灌水一次，其余的灌水施肥同时进行，马铃薯整个生育期总共灌水 9 次，施肥 8 次，每个小区都单独设置了水表，能精准控制水量。定植后 58d，施入肥料全部的 20%，具体时间为 7 月 17 日，剩余的肥料分 7 次等量施入，间隔时间为 8d 左右，具体追肥时间为 7 月 25 日、8 月 4 日、8 月 12 日、8 月 20 日、9 月 2 日、9 月 10 日、9 月 18 日。滴灌施肥于前一天将肥料溶于施肥罐内，便于肥料能全部溶于水，为了保证肥料能全部施入，施肥过程中采用先施肥后灌水的方式，其中带走肥料的水量计入本次滴灌量之中。

6.2.3　观测指标与方法

1. 生长指标

在马铃薯各个生育期内每个处理随机选取 3 株马铃薯测定其株高、茎粗、叶面积指数。株高用卷尺测定；茎粗用游标卡尺测定；叶面积指数用打孔器的方法，计算叶面积的大小，计算公式见第 1 章式（1-3）。

2. 生理指标

每个处理随机选取 3 株马铃薯作为 3 次重复，在各个生育期测定马铃薯的叶绿素含量。选取每株马铃薯最高株茎的顶端的第二片叶子，采用叶绿素测定仪随机选取 3 个点测定叶绿素含量，取平均值。

3. 干物质累积量

干物质累积量分为地上干物质累积量和地下干物质累积量，在各个生育期每个处理取 3 株，分别将根、茎、叶、块茎（苗期无）分离，放置在烘箱 105℃下 30min 后，于 75℃下烘干至恒重，用天平称其质量。

4. 产量

收获时，在每个处理随机选取一个长 2m、宽 1.8m 的小区面积，挖取所有马铃薯，称其产量，每个处理重复 3 次。

5. 土壤水分和硝态氮

土壤水分测定采用取土烘干称重法，在马铃薯播种前、生育期内和收获后，每个处理在水平距滴头 0cm、15cm、30cm 三个位置分别打土钻取 20cm、40cm、60cm、80cm、100cm 土层的土壤，然后立刻带回实验室称其质量，放到烘箱在 75℃下烘干至恒重，计算含水量，取平均值作为该层土壤水分；将土样风干磨细，过 5mm 筛，然后用 2mol/L 的 KCl 溶液浸提（干土 2.5g，土液比 1∶10），再用流动分析仪测定土壤中硝态氮的含量。

6. 植物养分

将各个生育期马铃薯的根、茎、叶、块茎烘干磨碎后，混合均匀过 0.5mm 筛，称取 0.5g 植物样品，用浓 H_2SO_4-H_2O_2 消煮，用凯氏定氮仪（FOSS 2300 型）测定全氮含量。

7. 品质

在马铃薯成熟期选取新鲜成熟的块茎，测定各个处理的品质指标。具体测定方法为：淀粉含量用碘比色法测定，原理是淀粉与碘作用变成蓝色；维生素 C 含量采用钼蓝比色法测定；还原性糖采用 3,5-二硝基水杨酸比色法测定。

采用 Excel 进行数据整理计算，采用 SPSS 23.0 统计分析软件进行方差分析，采用 Origin 8.0 绘图软件进行绘图。

6.3 种植模式和施肥量对马铃薯生长指标的影响

合理的种植模式和适宜的施肥量是作物生长过程中两个重要的影响因素。只有合理的种植模式才能最大限度地发挥水肥的作用，两者相辅相成，既能促进作物生长又节水省肥，提高水肥利用效率。株高、茎粗、叶面积指数是作物生长过程中最能代表作物长势的三个指标，茎粗是对作物长势的横向体现，株高则是对作物长势的纵向体现，叶面积指数通常与作物的产量有着密不可分的联系。而光合速率是体现作物生理性状的重要指标，能有效估算作物光合能力，作物光合能力不仅是其本身的生物特性，在很大程度上受水肥等外界因素的影响，而叶绿素是光合色素中重要的色素分子之一，能直接参与作物光合作用中光能的吸收、传递和转化,是反映其光合能力的重要指标之一(韦泽秀等,2009)。作物的产量与株高、茎粗、叶面积指数等生产指标和叶绿素等生理指标有着直接联系,所以作物生长过程中需对其株高、茎粗、叶面积等进行严谨的科学研究。王东等(2015)研究发现,垄沟种植作物的株高、茎粗明显大于平作处理。所有覆膜垄作和全覆平作马铃薯株高均显著高于露地平作,其中半膜单垄种植最高,比对照高出12.35cm(薛俊武等,2014)。适当地增加施肥量可以显著提高番茄株高、叶面积和干物质累积量,过高的施肥量反而不利于番茄的生长(袁宇霞等,2013)。陈碧华等(2009)通过研究番茄的生长指标与施肥量的回归模型,发现番茄的株高、茎粗、叶面积与水肥灌溉量呈正相关,并且相比较下肥的作用更大。因此,本节通过研究马铃薯生长过程中不同种植模式和施肥量的组合对马铃薯不同生育期株高、茎粗、叶面积、干物质等生产特性和叶绿素等生理特性的影响,获取最适宜的种植模式和施肥量,为马铃薯水肥滴灌条件下的生产管理提供依据。

6.3.1　株高

由图 6-1 可以看出,不同种植模式下,马铃薯的株高随着生育期的推进不断增加。马铃薯受种植模式和施肥水平的影响显著。在定植后 0~60d,株高增长速度最快,在定植 60d 后,马铃薯株高增长速度逐渐平缓(垄上种植模式马铃薯的株高增长速度在定植 105d 又突然加快)。从图 6-1 中可以明显看出,同一种植模式下,不同施肥水平的株高差异显著,其中以垄上种植模式下,高肥水平株高最大。垄上种植(M_1)、垄上覆膜垄沟种植(M_2)、垄沟种植(M_3)、平作(M_4)四个种植模式下,株高分别在 40.4~124cm、35.2~100.33cm、36.4~97.33cm 和 35.95~82cm 范围内变化,M_1F_3 处理最大。由图 6-1 还可以看出,同一施肥水平下,垄上种植的株高明显高于其他三个处理,垄上覆膜垄沟种植和垄沟种植次之,以平作处理株高最小。表明马铃薯的株高受种植模式和施肥水平的影响显著。

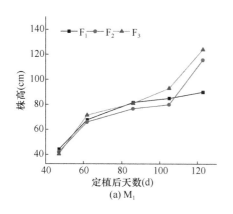

(a) M_1

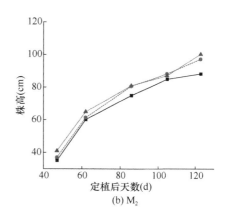

(b) M_2

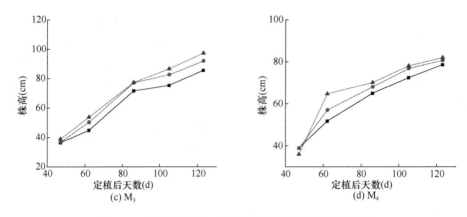

图 6-1　不同种植模式下施肥水平对马铃薯株高的影响

6.3.2　茎粗

不同种植模式下施肥量对马铃薯茎粗的影响如图 6-2 所示，随着生育期的推进，茎粗不断增大，种植模式和施肥量对马铃薯的茎粗影响显著。在 M_1 种植模

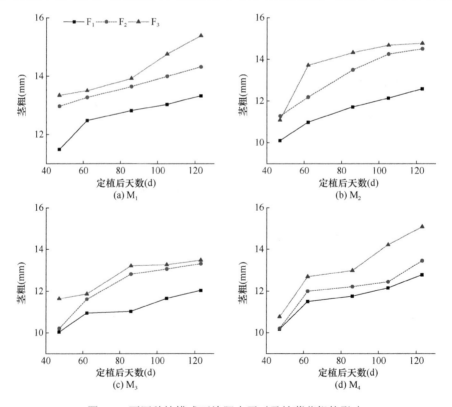

图 6-2　不同种植模式下施肥水平对马铃薯茎粗的影响

式下，定植 0~60d 后，F_1 和 F_2 处理的马铃薯茎粗一直以平缓的速度仅线性增长，两者增长速率接近，在定植 80d 后，F_3 处理马铃薯的茎粗增长速度显著高于 F_1 和 F_2，且 F_2 和 F_3 处理茎粗明显大于 F_1 处理，茎粗在 11.49~15.37mm 范围内变化。在 M_2 种植模式下，在定植后 0~60d，F_3 处理茎粗增长速度显著高于 F_1 和 F_2 处理，定植 60d 后，F_3 处理增长速度趋于平缓，与 F_2 处理接近，茎粗在 10.10~14.76mm 范围内变化。在 M_3 和 M_4 种植模式下，F_1、F_2 和 F_3 处理下茎粗大致都经历了一个从快到平缓再到快的增长速率，茎粗分别在 10.04~13.48mm 和 10.17~15.48mm 范围内变化。在同一施肥水平下，M_1 茎粗最大，总体来说以 M_1F_3 处理的茎粗最大。

6.3.3　叶面积指数

不同种植模式下施肥量对马铃薯叶面积指数的影响见表 6-2。由表可知，施肥水平和种植模式均对叶面积指数影响极显著（$P<0.01$），而施肥水平和种植模式交互作用对叶面积指数影响不显著（除苗期和块茎形成期外）。随着生育期的推进，马铃薯叶面积指数呈先增大后减小的变化趋势，平作种植模式下叶面积指数在块

表 6-2　不同种植模式下施肥量对马铃薯叶面积指数的影响

生长指标	处理		全生育期				
			苗期	块茎形成期	块茎膨大期	淀粉积累期	成熟期
叶面积指数	M_1	F_1	0.94c	2.23b	3.04ab	3.41a	2.44a
		F_2	1.24b	2.03bc	3.01ab	4.09a	2.67a
		F_3	1.39a	2.63a	3.42a	3.94a	2.75a
	M_2	F_1	0.8de	1.22fg	2.1cde	2.57b	1.82b
		F_2	0.85d	1.48ef	2.39cd	2.51b	1.81b
		F_3	0.85cd	1.72cde	2.98ab	3.42a	1.88b
	M_3	F_1	0.44g	1.12g	1.56e	1.7c	0.85de
		F_2	0.46g	1.00g	2.01cde	2.27bc	1.38c
		F_3	0.51g	1.14g	2.48bc	2.44b	1.33c
	M_4	F_1	0.68f	1.68de	1.65e	0.97d	0.65e
		F_2	0.68f	1.96bcd	1.83de	1.6cd	1.11cd
		F_3	0.74ef	1.91cd	2.38cd	2.08bc	1.32c
显著性检验							
施肥水平			28.343**	8.78**	15.947**	12.134**	8.295**
种植模式			297.266**	77.552**	26.683**	52.762**	79.003**
施肥水平×种植模式			10.957**	2.871*	0.521	1.193	1.154

注：*表示差异显著（$P<0.05$）；**表示差异极显著（$P<0.01$）。下同

茎膨大期达到最大，垄上种植、垄上覆膜垄沟种植和垄沟种植均在淀粉积累期达到最大。可能在苗期马铃薯植株个体较小，叶片较少，导致叶面积指数也较小，随着生育期的推进，加上后期的追肥，马铃薯迅速生长，随着块茎的不断膨胀，叶面积也不断增大，而到了后期，马铃薯果实逐渐成熟，植株开始走向衰落的阶段，叶片也渐渐开始凋零，导致叶面积指数开始减小。在马铃薯生长的各个生育期内，垄上种植（M_1）模式的叶面积指数显著大于其他三个种植模式。在苗期和块茎形成期，马铃薯叶面积指数在高肥（F_3）处理下达到最大，且显著大于低肥（F_1）和中肥（F_2）处理。在块茎膨大期和成熟期，叶面积指数在高肥（F_3）处理下达到最大，并与其他施肥水平没有显著差异。在淀粉积累期，叶面积指数在中肥（F_2）处理下达到最大，各处理间没有显著差异。

6.3.4 叶绿素相对含量（SPAD）

由图 6-3 可以看出，随着生育期的推进，马铃薯叶片叶绿素相对含量的值呈先增大后减小的趋势，这与叶面积指数的变化规律基本一致，这可能是由于马铃薯生长到后期，叶片开始凋零，光合作用减弱，导致叶片叶绿素相对含量开始减少。在垄上种植和垄上覆膜垄沟种植模式下，低肥处理对整个生育期内叶绿素相对含量的变化影响不显著，而在中肥和高肥处理下，随着生育期的推进，叶绿素相对含量的变化达到极显著水平。在垄沟种植和平作种植模式下，叶绿素相对含量的变化趋于一致。定植后 50d，在四种种植模式下，叶绿素相对含量随施肥量的变化都呈现同一趋势：$F_3 > F_2 > F_1$，且在四种模式下没有显著差异。定植后 80d，

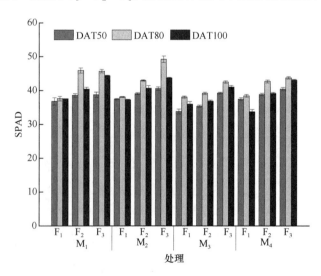

图 6-3　不同种植模式下施肥水平对马铃薯叶片叶绿素相对含量的影响

DAT 表示定植后天数

在 M_1 种植模式下，叶绿素相对含量随施肥量表现为：$F_2 > F_3 > F_1$，且 F_2、F_3 处理显著大于 F_1 处理。在 M_2 种植模式下，叶绿素含量随施肥量增加差异显著。在 M_3 种植模式下，F_3 处理的叶绿素相对含量显著大于 F_1、F_2 处理。在 M_4 种植模式下，F_2、F_3 处理的叶绿素相对含量显著大于 F_1 处理。定植后 100d，叶绿素含量下降，在 M_1 种植模式、F_3 施肥水平下达到最大，说明一定范围内高肥处理和垄上种植模式的配合能够使马铃薯叶片到生长中后期仍能保持较高的生理活性，提高叶片的光合作用。总体来看，定植后 80d，叶绿素相对含量在 M_2 种植模式、F_3 施肥水平下达到最大值（49.18）。

6.4　种植模式和施肥量对马铃薯干物质、产量及品质的影响

已有研究表明，滴灌施肥与常规施肥相比，能提高作物的干物质累积量，从而达到增产的效果。干物质累积量直接影响作物最终的产量，因此干物质累积量是作物生长过程中的一个重要指标。宋娜等（2013）研究表明，灌水水平对马铃薯产量影响不显著，而施氮量对产量有显著影响，在相同的灌水水平下，产量随施氮量的增加先增加后减小，当施氮量增加到 $135 \sim 180 kg/hm^2$ 范围内，产量达到最大值。刘晓伟和何宝林（2011）以马铃薯平作种植模式为对照，研究不同种植模式对马铃薯产量的影响，结果表明与平作相比，垄上覆膜垄沟种植每亩产量达 2461.11kg，增产 46.8%。秦舒浩等（2014）研究表明沟垄与覆膜种植模式下马铃薯的大薯率均不同程度地提高，提高幅度为 0.8%～43.8%，同时小薯个数和绿薯数量显著减少。覆膜能使地表温度提高 0.4～7.3℃，满足马铃薯种子萌芽生长对温度的要求，促进植株各器官的快速生长，易于结薯，对提高产量具有重要的作用（晋小军等，2004）。王东等（2015）研究表明，连作种植下，起垄和覆膜种植模式能够显著促进马铃薯生长，并对马铃薯品质具有显著的促进作用。本节通过研究不同种植模式下，马铃薯的干物质累积量、产量和品质对施肥量的响应规律，来确定确保作物达到高产的适宜种植模式和合理的施肥量，为合理种植提供科学依据。

6.4.1　干物质累积量

不同种植模式下施肥量对作物各器官干物质累积量的影响如图 6-4 所示。随着生育期的推进，马铃薯的总干物质累积量一直在增大，块茎的干物质累积量呈现由快到慢的增长趋势，整个生育期根的干物质累积量增长不明显，马铃薯茎和叶的干物质累积量随着生育期的推进呈现先增长后减小的抛物线形变化趋势，与株高、茎粗和叶面积指数的变化趋于一致。

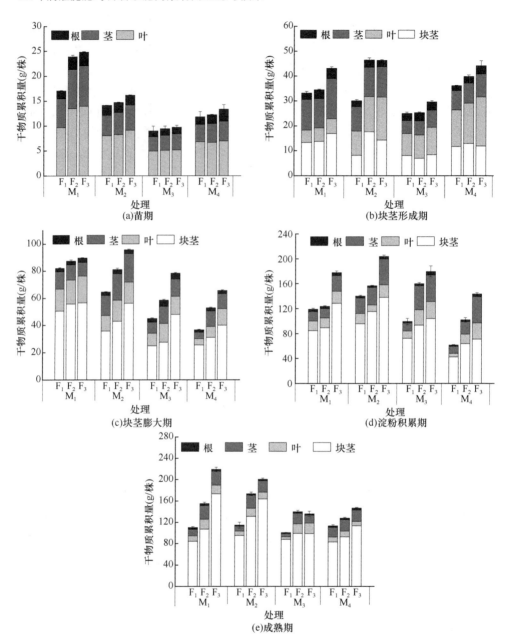

图 6-4　不同种植模式下施肥水平对马铃薯干物质累积量的影响

苗期马铃薯各器官的干物质累积量表现为：$F_3 > F_2 > F_1$。M_1 种植模式下，F_2、F_3 处理下叶干物质累积量显著大于 F_1 处理，较 F_1 处理分别增大 39.5%、44.3%，F_2、F_3 处理下根干物质累积量较 F_1 处理增大 63.9%、73.7%，F_2、F_3 处理下茎干物质累积量较 F_1 处理增大 34.5% 和 39%；M_2 种植模式下，除了根干物质累积量

在 F_1 处理下达到最大,其余各器官干物质累积量和总干物质累积量表现为:$F_3 >$
$F_2 > F_1$,且各处理之前差异不显著;M_3 种植模式下,根干物质累积量在 F_2 处理下
达到最大,较 F_1 处理增大 15.2%,与 F_3 处理下差异不显著;M_4 种植模式下,根
干物质累积量在 F_3 处理下达到最大,且显著大于 F_1、F_2 处理,分别增大 31.7%、
55.5%,在茎、叶各处理之间差异不显著。同一施肥水平下,干物质各器官在 M_1
种植模式下达到最大,表现为:$M_1 > M_2 > M_4 > M_3$,从整体上看,马铃薯各器官
和总干物质累积量在 M_1F_3 处理下达到最大,且显著优于其他处理。块茎形成期,
M_2 种植模式下,作物增长速度迅速增大,干物质累积量在各种植模式下达到最优,
块茎干物质累积量在 M_2F_2 处理下达到最大;在 M_1 种植模式下,F_3 处理下干物质
累积量显著大于 F_1、F_2 处理,分别增大 35%、24.9%;M_2 种植模式下,F_2、F_3 处
理下块茎干物质累积量显著大于 F_1 处理,分别增大 90.5%、75%,茎、叶、根的
干物质累积量增长趋势一致,都表现为 $F_3 > F_2 > F_1$;M_3 种植模式下,F_3 处理下干
物质累积量显著大于 F_1、F_2 处理,分别增大 18.4%、17%;M_4 种植模式下,块茎
干物质累积量在 F_2 处理下达到最大,叶、茎、根干物质累积量与总干物质累积量
变化总体一致。块茎膨大期,马铃薯块茎迅速增大,而茎、叶干物质增长逐渐缓
慢,在总干物质累积量中已经超过 50%,在 M_2、M_3、M_4 种植模式下,干物质累
积量受施肥量影响显著,表现为 $F_3 > F_2 > F_1$,在 M_2F_3 处理下达到最大,为 95.74g/
株;M_1 种植模式下,干物质累积量受水肥供应影响不显著,且各处理都保持较高
的水平,在 F_1、F_2 处理下,M_1 种植模式的块茎干物质累积量显著高于 M_2、M_3、
M_4 种植模式。淀粉积累期,作物各器官生长规律与块茎膨大期类似,块茎干物质
累积量仍显著增大,而作物的叶、茎、根干物质累积量增长极其缓慢,已呈现衰
退趋势,M_1、M_2 种植模式下,F_3 处理干物质累积量显著大于 F_1、F_2 处理,各器
官干物质累积量也有类似变化,干物质累积量在 M_2F_3 处理下达到最大,茎、叶干
物质累积量所占比例显著减小。成熟期,马铃薯叶、茎不断衰落,干物质累积量
不断减小,除了 M_1、M_2 种植模式块茎干物质累积量还保持较高的生长趋势,马
铃薯块茎已达到成熟阶段,块茎增长不显著。从整体上看,除了 M_3 种植模式,
各处理在肥料供应影响下均表现为 $F_3 > F_2 > F_1$,同一施肥水平下,M_3、M_4 处理差
异不显著,M_2 种植模式显著优于 M_3 种植模式,M_1 种植模式干物质累积量显著优
于 M_3、M_4 种植模式,且在 F_3 施肥水平下达到最大值(220.35g/株),说明高肥处
理可使马铃薯生长后期块茎仍能保持一定的生长。

6.4.2 产量

不同种植模式下施肥量对马铃薯产量的影响如表 6-3 所示。M_1 种植模式下,
F_1、F_2 施肥水平对马铃薯的产量影响不显著,且 F_3 处理显著大于 F_1、F_2 处理,与

F_1、F_2 处理相比，F_3 处理的产量分别提高了 9%、6%；M_2 种植模式下，产量在各施肥水平下差异显著，表现为 $F_3>F_2>F_1$；M_3 种植模式下，F_2、F_3 处理差异不显著，显著大于 F_1 处理，与 F_1 处理相比，F_2、F_3 处理的产量分别提高了 23.6%、30%；M_4 种植模式下，F_1、F_2 处理差异不显著，F_3 处理显著大于 F_1、F_2 处理。从整体上看，随着施肥量的增加，马铃薯产量增加，说明一定范围内增加肥料的供应量，可以显著提高马铃薯的产量。同一施肥水平下，M_1 种植模式的产量显著高于其他三个种植模式，其次是 M_2 种植模式，在 F_1 施肥水平下，M_3、M_4 种植模式间没有显著差异，说明低肥水平下，种植模式对产量的影响不如中高肥大。产量在 M_1F_3 处理下达到最大（52 547.74kg/hm²），其次 M_1F_2 处理（49 421.52kg/hm²），在 M_4F_1 处理下产量最小（30 189.19kg/hm²）。

表 6-3 不同种植模式下施肥量对马铃薯产量及构成要素的影响

处理		产量（kg/hm²）	单株薯重（g/株）	商品薯（g/株）	大薯（g/株）	大薯率（%）
M_1	F_1	48 243.11b	998.79abcd	881.09abcd	443.37ab	44.39bcd
	F_2	49 421.52b	1 019.27abcd	940.87abc	520.56a	51.07a
	F_3	52 547.74a	1 144.16a	1 049.46a	586.92a	51.29a
M_2	F_1	41 097.82d	944.14bcde	883.71abcd	404.71bc	42.87cd
	F_2	44 176.67c	1 056.12adc	986.46ab	514.23a	48.69ab
	F_3	47 591.48b	1 111.11ab	1026.6a	563.49a	50.71a
M_3	F_1	32 247.77ef	819.02efg	747.46def	340.6cd	41.59cd
	F_2	39 867.08d	915.68cdef	841.65bcde	396.47bc	43.30bcd
	F_3	41 929.93cd	968.19bcde	884.18abcd	438.53b	45.29bc
M_4	F_1	30 189.19f	730.23g	657.28f	284.98d	39.03d
	F_2	30 848.47f	758.87fg	696.64ef	292.21d	38.51d
	F_3	33 844.81e	867.59defg	795.62cdef	368.78c	42.51cd
显著性检验						
施肥水平		229.29**	17.142**	15.986**	48.78**	16.111**
种植模式		43.995**	8.18*	8.12*	27.193**	10.268*
施肥水平×种植模式		3.574	0.221	0.152	1.044	1.005

单株薯重是代表马铃薯产量构成的一个重要因素。如表 6-3 所示，施肥水平对马铃薯单株薯重的影响达到了极显著水平，种植模式对马铃薯单株薯重的影响达到了显著水平。同一种植模式下，单株薯重随着施肥量的增加而增大，表现为 $F_3>F_2>F_1$，单株薯重在 M_1F_3 处理下达到最大（1144.16g/株），其次是 M_2F_3 处理（1111.11g/株），在 M_4F_1 处理下最小（730.23g/株），单株薯重最大值比最小值增加了 56.7%；同一施肥水平下，M_1 种植模式与 M_2 种植模式之间无显著差异，且显著大于 M_3、M_4 种植模式。施肥水平对马铃薯单株薯重的影响大于种植模式，从整体上看，$M_1>M_2>M_3>M_4$、$F_3>F_2>F_1$，与马铃薯产量的变化趋于一致。

商品薯是代表马铃薯产量构成的又一个要素，商品薯是块茎大于 75g 的单个马铃薯。如表 6-3 所示，施肥量对商品薯的影响达到了极显著水平，种植模式对商品薯的影响达到显著水平，施肥量对商品薯的影响大于种植模式。商品薯的重量与施肥量呈正相关，同一施肥水平下，商品薯重随着施肥量的增加而增大，表现为 $F_3>F_2>F_1$，商品薯重在 M_1F_3 处理下达到最大（1049.46g/株），其次是 M_2F_3 处理（1026.6g/株），在 M_4F_1 处理下最小（657.28g/株），与马铃薯的单株薯重变化趋势一致，F_1、F_2 施肥水平下，M_2 种植模式商品薯重最大，F_3 施肥水平下，M_1 种植模式商品薯重最大，说明在中低肥处理下，垄上覆膜垄沟种植的商品薯达到最优，而在高肥处理下，垄上种植的商品薯达到最优。

大薯是指单个块茎大于 200g 的马铃薯，也是马铃薯产量构成的一个重要因素，施肥量和种植模式对大薯重的影响均达到了极显著水平（表 6-3）。M_1 种植模式下，各施肥水平之间无显著差异，表现为：$F_3>F_2>F_1$；M_2 种植模式下，F_2、F_3 施肥水平下大薯重无显著差异，且显著大于 F_1 施肥水平，与 F_1 施肥水平相比，F_2、F_3 施肥水平下的大薯重分别提高了 27.1%、39.2%；M_4 种植模式下，F_1、F_2 施肥水平下大薯重没有显著差异，F_3 施肥水平下的大薯重显著大于 F_1、F_2 施肥水平，与 F_1、F_2 施肥水平相比，F_3 施肥水平下的大薯重分别提高了 29%、26%。同一施肥水平下，M_1 种植模式的大薯重显著优于其他种植模式。从整体上看，大薯重在 M_1F_3 处理下达到最优（586.92g/株），其次是 M_2F_3 处理（563.49g/株），在 M_4F_1 处理下最小（284.98g/株）。

大薯率是大薯重在单株薯重中所占比例，也是马铃薯产量构成的一个重要指标，与大薯重和单株薯重有着密切关系。由表 6-3 可以看出，施肥量对大薯率的影响达到极显著水平，种植模式对大薯率的影响达到显著水平，大薯率与施肥量呈正相关，且在不同种植模式下，大薯率变化显著，以 M_1 种植模式最优。从整体上看，大薯率在 M_1F_3 处理达到最优（51.29%），M_1F_2、M_1F_3 处理之间差异不显著。

从整体上看，马铃薯的产量、单株薯重、商品薯、大薯及大薯率表现为协同变化，均在 M_1F_3 处理下达到最优，分别为 52 547.74kg/hm^2、1144.16g/株、1049.46g/株、586.92g/株 和 51.29%，且受施肥量影响显著，随施肥量的增加而增大，对种植模式的响应没有施肥量大，但也很大程度上影响马铃薯产量及其构成因素。因此通过研究适宜的种植模式和合理的施肥水平对提高作物产量、提高农民收入具有重要意义，为马铃薯的科学种植提供系统的理论依据。

6.4.3　品质

1. 淀粉含量

由图 6-5 可知，在同一施肥水平下，M_1 种植模式的淀粉含量显著高于其他处理，在 F_1 施肥水平下，整体表现为：$M_1 > M_2 > M_3 > M_4$，M_2 和 M_3 之间、M_3 和 M_4 之间无显著差异，且 M_1 种植模式显著大于 M_2、M_3、M_4 种植模式，在 F_2、F_3 施肥水平下，整体表现为：$M_1 > M_2 > M_4 > M_3$；在同一种植模式下，块茎淀粉含量随着施肥量的增加呈现先增加后减小的抛物线形变化趋势，在 F_2 施肥水平下达到最大，且显著大于其他两个施肥水平。宋娜等（2013）认为施氮量能决定马铃薯块茎淀粉含量的多少，且高氮能降低马铃薯块茎淀粉含量，本实验结果与其基本一致。在 M_1 种植模式下，F_2 施肥水平的淀粉含量比 F_1、F_3 施肥水平分别提高了 3%、3.7%；在 M_2 种植模式下，F_2 施肥水平的淀粉含量比 F_1、F_3 施肥水平分别提高了 3.3%、2%；在 M_3 种植模式下，F_2 施肥水平的淀粉含量比 F_1、F_3 施肥水平分别提高了 1%、2.8%；在 M_4 种植模式下，F_2 施肥水平的淀粉含量比 F_1、F_3 施肥水平分别提高了 1.2%、1.5%。M_1F_2 处理淀粉含量达到最大（14.54%），淀粉含量在 13.27%～14.54% 范围内变化。本研究表明，在一定范围内提高施肥水平可以提高马铃薯块茎淀粉含量，但并不是越多越好，过多的施肥反而抑制淀粉的合成，适当的种植模式也可促进淀粉的形成，实际种植时要把握好施肥水平并选取适当的种植模式。

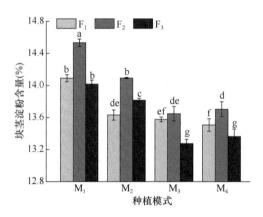

图 6-5　不同种植模式下施肥水平对马铃薯淀粉含量的影响

不同小写字母表示差异显著（$P < 0.05$）。下同

2. 维生素 C 含量

由图 6-6 可知，除了 M_3 种植模式下维生素 C 含量随着施肥量的增加而增加，M_1、M_2、M_4 种植模式下均表现为维生素 C 含量随着施肥水平的增加而呈现先增大后减小的抛物线形变化趋势，具体表现为 $F_2 > F_1 > F_3$。在 F_2 施肥水平下，维生素 C 含量整体表现为：$M_2 > M_1 > M_3 > M_4$，在 F_1、F_3 施肥水平下，维生素 C 含量整体表现为：$M_1 > M_2 > M_3 > M_4$，且在 M_2F_2 处理下达到最大（23.71%）。在 M_1 种植模式下，F_2 施肥水平的块茎维生素 C 含量较 F_1、F_3 处理分别提高了 11%、17%；

在 M_2 种植模式下, F_2 施肥水平的块茎维生素 C 含量较 F_1、F_3 处理分别提高了 21%、26%;在 M_3 种植模式下,F_3 施肥水平的块茎维生素 C 含量较 F_1、F_2 处理分别提高了 21%、7%;在 M_4 种植模式下,F_2 施肥水平的块茎维生素 C 含量较 F_1、F_3 处理分别提高了 5%、9%。从整体上看,块茎维生素 C 含量在 12.54%~23.71%范围内变化,在 M_1、M_2、M_4 种植模式下,可以看出维生素 C 含量在 F_1 施肥水平下高于 F_3 施肥水平,说明高肥对马铃薯块茎维生素 C 的抑制作用比低肥大,过多的施肥还不如低肥处理;而在 M_3 种植模式下,维生素 C 含量随施肥量的增加而增加,说明 M_3 种植模式可能对施肥量的需求更大,高肥处理还没有达到抑制维生素 C 合成的点。从整体上看,M_1、M_2 种植模式下维生素 C 含量显著高于 M_3、M_4 种植模式,说明垄上种植和垄上覆膜垄沟种植对马铃薯维生素 C 的合成具有重要作用。

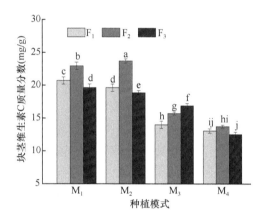

图 6-6 不同种植模式下施肥水平对马铃薯维生素 C 含量的影响

3. 还原性糖含量

由图 6-7 可知,马铃薯块茎中还原性糖含量正好与块茎中淀粉和维生素 C 含量表现为相反的变化趋势。从整体上看,F_1 施肥水平下,M_4 种植模式下还原性糖含量显著高于 M_1、M_2 和 M_3 种植模式,具体表现为 $M_4 > M_3 > M_1 > M_2$;F_2 施肥水平下,M_3 种植模式下还原性糖含量显著大于 M_1、M_2 和 M_4 种植模式,M_1、M_2 之间无显著差异;F_3 施肥水平下,M_2、M_3 种植模式间没有显著差异,显著大于 M_1、M_4 种植模式,具体表现为 $M_2 > M_3 > M_1 > M_4$。M_1 种植模式下,还原性糖含量随着施肥量的增加而减小,F_1 施肥水平下还原性糖含量显著大于 F_2、F_3 施肥水平,且 F_2、F_3 施肥水平之间无显著差异;M_2 种植模式下,还原性糖含量呈现随施肥量增加先减小后增大的变化趋势;M_3、M_4 种植模式下,还原性糖含量均呈现随着施肥量的增加而减小的变化趋势。总体上看,还原性糖含量在 0.08%~0.48%范围内变化,在 M_4F_1 处理下达到最大,在 M_4F_3 处理下最小。

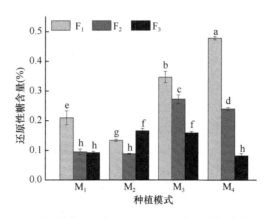

图 6-7　不同种植模式下施肥水平对马铃薯还原性糖含量的影响

6.5　种植模式和施肥量对马铃薯养分吸收的影响

氮、磷、钾肥是马铃薯作物生长过程中产量形成所必需的重要营养元素，探讨马铃薯对氮、磷、钾吸收、分配与累积的规律是研究马铃薯生长规律及养分利用的基本前提。马铃薯作为中国四大经济作物之一，受水肥影响很大，马铃薯通过根系不断吸收土壤中的水分还有溶解在土壤中的氮、磷、钾肥，来供给整个作物的发育，并将吸收的氮、磷、钾肥以各种形态储藏在各个器官中，种植模式不同将会影响肥料进入土壤的量、时间和地点从而影响作物对养分的吸收，之前的研究大多在施肥水平对作物养分吸收规律的影响方面。井涛等（2012）研究表明施氮处理的马铃薯块茎含氮量显著大于不施氮的处理，且随着施氮量的增加呈线性增加的规律；当超过 270kg/hm^2 施氮量的时，块茎吸氮量则不再显著增加，表明施氮能提高块茎的含氮量，但块茎对氮素的吸收利用也有一定的界线。苏小娟等（2010）研究表明不同施肥处理下各生育期马铃薯全株元素含量均表现为钾＞氮＞磷；整个生育期叶片中的氮含量均高于茎和块茎，叶片中磷含量除淀粉积累期外一直高于地上茎和块茎，而整个生育期各器官中钾含量均表现为地上茎＞叶＞块茎。滴灌条件下，不同种植模式和施肥水平下作物对养分的吸收量存在差异，而且不同生育期马铃薯对肥料的需求也不同。王晓凌等（2007）研究表明，起垄覆膜施马铃薯吸氮量显著高于起垄不覆膜施肥和平作施肥，分别提高 129.8%和279.8%；垄沟种植覆膜处理氮肥利用率显著高于土垄集雨和平作处理，分别高8.82%和 16.47%。除了垄沟覆膜具有集雨、保湿和增温的作用，还有一个重要的原因可能是，垄沟覆膜种植处理促使土壤积累大量硝态氮，而后直接被作物吸收利用，从而促进作物生长。

关于不同种植模式和施肥量对其他作物的影响也有很多。很多研究表明，滴灌施肥能够提高作物肥料的利用效率。李廷亮等（2011）认为覆膜垄沟种植在较干旱季节对整个生育期的小麦生长具有很好的集雨保墒效果，覆膜垄沟种植配合冬小麦生长所需氮肥规律适时施氮能够显著提高旱地冬小麦的氮肥利用率。郭金强等（2008）在膜下滴灌条件下研究不同施氮水平对作物氮肥利用率的影响，通过设置 4 个施氮水平的研究发现，施用氮肥对提高棉花产量及地上部分总吸氮量具有显著的正效应，但过量施用氮肥对生物产量增产和氮素利用效率没有明显的影响，且随施氮量的增加呈先增加后减小的趋势，而各施氮处理棉花植株的氮素浓度含量显著高于不施氮处理中的含氮量。滴灌施肥处理比沟灌可以积累更多的氮、磷、钾，而且氮、磷、钾的吸收量直接受滴灌施肥控制力度的影响（Badr et al.，2010）。在一定范围内，随着施氮量的增大，植株体内的含氮量也增大，超过一定范围再增大施氮量反而降低番茄植株体内氮素含量，从而引起养分吸收量的变化（邢英英等，2015b）。作物生长取决于土壤养分的不断吸收，作物土壤养分迁移是作物生长的基本保证，作物根系的活力决定了作物吸收的养分量，当根系周围的土壤养分不断被根系吸收后，距根系较远的土壤养分又会不断向根系周围运移。王秀康等（2015）通过研究覆膜对土壤硝态氮运移的影响，发现覆膜处理下土壤中硝态氮主要分布在 0～20cm 土壤深度，随着生育期的推进，土壤表层的硝态氮不断向下层迁移，但是迁移速度显著低于不覆膜处理，这样就会使根系在同样条件下吸收更多的硝态氮，有利于提高作物产量。陈火君等（2010）也认为覆膜处理的土壤氮素含量显著高于不覆膜处理，能有效保持土壤养分。秦舒浩等（2014）也发现在马铃薯生长过程中，垄沟覆膜种植在不同程度上促进了土壤有机质的分解，土壤中速效氮、速效磷、速效钾含量显著增加，并高于平作不覆膜处理，主要是由于沟垄覆膜改善了土壤微环境，增强了土壤活性，使土壤中有机物质加速矿化，促进了马铃薯对土壤养分的吸收利用。徐林等（2011）研究发现，滴灌条件下甘蔗根系与土壤中氮、磷、钾的分布趋势类似。土壤中的全氮、速效磷、速效钾都随土壤深度的增加而减小，在 15cm 土层内含量达到最大，显著高于其他深度土层的含量；水平方向上，在距离滴灌带 0～15cm 距离内土壤中的全氮、速效磷、速效钾含量较高，而距离滴灌带 30cm 左右明显降低了全氮、速效磷、速效钾的含量，随后又缓慢增加，主要是因为 30cm 处根系较为旺盛。陈康等（2011）认为滴灌施肥可以划分马铃薯不同生育期的水肥需求，进行灌水施肥时按照马铃薯对养分的需求进行，施肥次数明显提高，有利于使土壤表层在较长时间内都维持较高的养分，提高了作物的养分利用效率。习金根和周建斌（2003）通过研究尿素态氮在滴灌施肥和浇灌施肥方式下的迁移运转，发现尿素态氮在土壤中运移、淋失的主要原因是滴灌量和灌水方式，氮素淋失以尿素态氨为主，滴灌施肥比传统施肥显著降低了氮素的淋失。

　　本节通过研究不同生育期下作物各个器官对氮、磷、钾养分的吸收累积规律及土壤中的养分、水分运移情况探究最适宜作物生长的肥料供应水平，为肥料的高效利用提供理论依据。

6.5.1 氮素吸收

不同种植模式下，施肥水平对马铃薯各器官氮含量的影响如表 6-4 所示，可以看出不同处理下整个生育期马铃薯叶片氮含量均高于根、茎和块茎，植株总氮含量及各器官氮含量均随着施肥量的增加而增加，说明高肥可以促进植株对氮素的吸收，且在不同的种植模式和施肥水平下植株氮含量差异显著，施肥水平对吸氮量的影响大于种植模式。从整体上看，总吸氮量在 M_1F_3 处理下达到最大，马铃薯的根、茎、叶中的氮含量在块茎形成期呈现一个下降的趋势，到块茎膨大期达到整个生育期的最大值，而后又随着生育期的推进呈现下降趋势。块茎形成期，植株吸收的氮含量一部分转移到马铃薯植株块茎中，导致地上茎、根和叶片氮含量相应减少，之后通过追肥作物不断吸收氮素，整体氮含量呈现增大的趋势，而植株块茎的氮含量在整个生育期呈现增大的趋势。

表 6-4　不同种植模式下施肥量对马铃薯各器官氮含量的影响　　　　（g/kg）

器官	处理		全生育期				
			苗期	块茎形成期	块茎膨大期	淀粉积累期	成熟期
根	M_1	F_1	40.33c	38.26de	43.62cd	38.02de	36.93c
		F_2	40.49c	39.71b	44.03c	41.06b	40.24a
		F_3	44.47a	39.89b	46.24a	42.58a	40.66a
	M_2	F_1	38.39e	35.5i	37.51h	37.37e	36.48c
		F_2	39.24d	36.65gh	43.37cd	38.5d	37.18c
		F_3	39.36d	39.47bc	45.44b	39.69c	40.23a
	M_3	F_1	37.12f	36.35h	39.17f	35.44f	34.41d
		F_2	38.37e	37.74ef	39.83f	35.13f	34.2d
		F_3	40.35c	38.65cd	43.26d	40.12c	36.83c
	M_4	F_1	39.46d	37.36fg	38.42g	30.98h	30.42f
		F_2	43.3b	37.81def	39.57f	31.88g	31.3e
		F_3	44.66a	40.87a	42.17e	39.66c	38.38b
茎	M_1	F_1	43.44c	39.26ef	44.37b	39.32d	38.83c
		F_2	44.4b	41.3c	45.55ab	43.32a	42.67a
		F_3	45.7a	42.29b	46.61ab	43.91a	42.94a
	M_2	F_1	42.06eg	36.23h	39.51cd	38.38e	37.45d
		F_2	45.29a	37.47g	45.49ab	38.43e	37.71d
		F_3	45.94a	41.44c	47.65a	40.52b	40.88b

续表

器官	处理		全生育期				
			苗期	块茎形成期	块茎膨大期	淀粉积累期	成熟期
茎	M_3	F_1	40.66g	37.12g	40.52c	35.42f	34.43e
		F_2	41.47f	38.54f	43.49b	35.9f	35.28e
		F_3	42.79cd	39.87de	45.22ab	41.26b	39.51c
	M_4	F_1	39.62h	39.22ef	39.29cd	32.82g	31.56f
		F_2	40.65g	40.47d	36.53d	33.39g	31.55f
		F_3	42.61de	43.47a	46.26ab	39.98cd	38.85c
叶	M_1	F_1	50.41bc	40.74e	45.6d	40.44e	39.14d
		F_2	52.21ab	42.3e	47.35b	44.04a	44.09a
		F_3	52.54ab	44.68de	47.52b	44.5a	43.41a
	M_2	F_1	48.34cd	39.44de	40.68h	39.36f	39.1d
		F_2	48.62cd	40.37de	46.46c	39.84ef	40.16c
		F_3	49.72bc	43.53de	48.51a	41.49d	41.95b
	M_3	F_1	45.45de	39.37d	43.95e	37.57g	35.04g
		F_2	49.92bc	39.94de	44.55e	39.52f	37.29e
		F_3	54.15a	42.59c	48.61a	43.22b	41.28b
	M_4	F_1	42.85e	39.71b	41.5g	36.64h	35.7fg
		F_2	48.02cd	40.22a	43.1f	37.8g	35.96f
		F_3	48.64cd	44.73a	45.4d	42.25c	39.55cd
块茎	M_1	F_1	—	30.89d	32.82d	35.99ef	37.03d
		F_2	—	32.58b	34.34b	36.63e	37.89cd
		F_3	—	35.44a	36.82a	37.63d	40.17b
	M_2	F_1	—	29.58e	30.5f	39.15bc	40.41b
		F_2	—	30.61d	31.52e	39.5a	42.12a
		F_3	—	31.62c	33.56c	40.04a	42.34a
	M_3	F_1	—	29.55e	29.79g	29.82i	32.05e
		F_2	—	30.23de	30.9f	30.71h	32.77e
		F_3	—	30.61d	33.64c	34.64g	37.78cd
	M_4	F_1	—	29.78e	30.44f	35.61f	36.99d
		F_2	—	30.28de	31.81e	38.6c	38.22c
		F_3	—	31.97bc	32.93d	39.27bc	39.81b

苗期植株吸氮量较少，马铃薯的根吸氮量在 M_1F_3、M_4F_3 处理下达到最大，且显著大于其他处理。同一种植模式下，F_3 施肥水平显著大于 F_1、F_2 施肥水平，F_3 施肥水平下，M_1、M_4 处理之间没有显著差异，且显著大于其他处理，F_2 施肥水平下，M_4 处理显著大于其他处理；同一种植模式下，茎吸氮量 F_3 显著大于 F_1、

F_2 处理，F_3 施肥水平下，M_1、M_2 处理之间没有显著差异，且显著大于 M_3、M_4 处理；叶片在不同施肥水平下没有显著差异（M_3 处理除外），F_3 施肥水平下，M_1、M_2、M_4 处理之间没有显著差异，M_3 处理显著大于 M_1、M_2、M_4 处理。

块茎形成期，植株体内氮素开始向块茎转移。同一种植模式下（除 M_1 处理外），根吸氮量在不同施肥水平下差异显著，随施肥量的增大而增大，在 M_4F_3 处理下达到最大（40.87g/kg），茎吸氮量也在 M_4F_3 处理下达到最大（43.47g/kg），同一种植模式下，茎吸氮量受施肥量的影响显著；M_1、M_2 种植模式下，叶的吸氮量在各施肥水平下差异不显著，同一施肥水平下，叶的吸氮量在 M_1、M_2 种植模式下差异不显著，在 M_3、M_4 种植模式下，马铃薯叶吸氮量在 F_2、F_3 施肥水平下差异不显著，且显著大于 F_1 处理；块茎吸氮量在同一施肥水平下，M_1 种植模式显著大于其他处理，同一种植模式下，F_3 处理显著大于 F_1、F_2 处理，在 M_1F_3 处理下达到最大（35.44g/kg）。

块茎膨大期，植株总吸氮量及各器官（除块茎外）吸氮量均达到最大，根吸氮量在 M_1F_3 处理下达到最大，显著大于其他处理，同一种植模式下，吸氮量随施肥量的增加而增加；同一种植模式，茎吸氮量在 F_2、F_3 处理间没有显著差异，显著大于 F_1 处理，F_3 施肥水平下，各种植模式之间没有显著差异；叶吸氮量在 M_2F_3、M_3F_3 处理之间没有显著差异，且显著大于其他处理，在四个种植模式下，F_2、F_3 处理显著大于 F_1，呈现 $F_3>F_2>F_1$；块茎吸氮量在 M_1F_3 处理下达到最大（36.82g/kg），且显著大于其他处理，同一种植模式下，F_1、F_2、F_3 之间差异显著，表现为 $F_3>F_2>F_1$。

淀粉积累期，植株总吸氮量及根、茎和叶片吸氮量开始减小，根吸氮量在 M_1F_3 处理下达到最大，显著大于其他处理，同一种植模式下，各处理间差异显著，随施肥量的增加而增加；M_1 种植模式下，茎吸氮量在 F_2、F_3 处理之间无显著差异，且显著大于 F_1 处理，M_2、M_3、M_4 种植模式下，F_1、F_2 处理之间无显著差异，且 F_3 处理显著大于 F_1、F_2 处理；叶吸氮量在 M_1F_2、M_1F_3 处理间无显著差异，且显著大于其他处理，在 M_3、M_4 种植模式下，各施肥水平间差异显著，随施肥量的增加而增加；块茎吸氮量继续增大，在 M_2F_2、M_2F_3 处理间无显著差异，且显著大于其他处理，同一施肥水平下，M_2 种植模式下氮吸收量达到最大。

成熟期，植株总吸氮量及根、茎和叶片吸氮量持续较少，块茎吸氮量持续增加，达到整个生育期最大。根吸氮量在 M_1F_2、M_1F_3 和 M_2F_3 处理之间无显著差异，显著大于其他处理，在 M_2、M_3 种植模式下，F_1、F_2 处理之间无显著差异，F_3 显著大于 F_1、F_2 处理，M_4 种植模式下，F_1、F_2、F_3 处理之间差异显著，随施肥量的增大而增大；茎氮吸收量在 M_1 种植模式下显著大于 M_2、M_3、M_4 种植模式，在 F_2、F_3 处理下达到最大，显著大于 F_1 处理，M_2、M_3、M_4 处理下，氮吸收量在 F_1、F_2 处理间无显著差异，F_3 显著大于 F_1、F_2 处理；叶吸氮量在 M_1F_2 处理下达到最大（44.09g/kg），除 M_1 种植模式下，均随施肥量的增加而增加；块茎氮吸收量在 M_2F_2、M_2F_3 处理之间无显著差异，且显著大于其他处理，同一施肥水平下，M_2 种植模式下吸氮量显著大于 M_1、M_3、M_4 种植模式。

6.5.2 磷素吸收

不同种植模式下，施肥水平对马铃薯各器官磷含量的影响如表 6-5 所示，可以看出在苗期和块茎形成期叶片中磷含量要大于根、茎和块茎中的磷含量，而从块茎膨大期开始一直到植株成熟期结束，块茎中磷含量大于根、茎和叶中的磷含量，表现为块茎＞叶＞茎＞根。植株中磷含量及各器官中磷含量随着生育期的推进呈现先增大后减小的变化趋势，在块茎形成期达到最大，之后持续减少。

表 6-5 不同种植模式下施肥量对马铃薯各器官磷含量的影响 （g/kg）

器官	处理		苗期	块茎形成期	块茎膨大期	淀粉积累期	成熟期
根	M_1	F_1	9.53ef	12.45d	11.52c	9.5c	8.6bc
		F_2	10.39c	16.39a	12.41b	10.27b	9.03b
		F_3	11.53b	16.74a	13.46a	10.65a	9.77a
	M_2	F_1	9.41fg	12.37d	10.14e	8.7d	7.42d
		F_2	9.9de	13.65c	10.62d	9.35c	8.45c
		F_3	12.41a	14.26b	11.3c	9.74c	8.44c
	M_3	F_1	9.13gh	9.31h	8.37h	8.27e	7.47d
		F_2	9.87de	9.86g	8.86g	8.68d	8.24c
		F_3	10d	10.65f	9.44f	9.41c	8.6bc
	M_4	F_1	8.82h	10.49f	8.26h	8.27e	8.3c
		F_2	9.39fg	11.54e	8.78g	8.82d	8.61bc
		F_3	9.68def	13.65c	9.41f	9.34c	9.68a
茎	M_1	F_1	14.39c	15.53f	11.51cd	7.54e	6.58c
		F_2	14.57c	21.34b	12.32b	8.25d	7.53b
		F_3	15.42ab	22.56a	12.68a	9.21c	8.47a
	M_2	F_1	14.56c	16.45e	10.51e	7.48e	7.59b
		F_2	15.13b	17.44d	11.26d	8.28d	8.51a
		F_3	15.7a	18.49c	11.76c	12.22a	8.56a
	M_3	F_1	10.29f	13.22h	9.22g	6.64f	6.5c
		F_2	11.44e	13.9g	9.82f	8.42d	7.5b
		F_3	11.8e	16.5e	11.26d	10.35b	8.64a
	M_4	F_1	11.69e	11.61j	6.56i	5.62g	3.42e
		F_2	12.3d	12.76i	8.37h	7.45e	3.38e
		F_3	12.6d	16.32e	8.4h	7.78e	3.84d

续表

器官	处理		全生育期				
			苗期	块茎形成期	块茎膨大期	淀粉积累期	成熟期
叶	M₁	F₁	15.33d	18.41e	12.53de	10.44f	9.71d
		F₂	16.4c	22.23b	14.45b	12.42d	12.53a
		F₃	17.31a	23.45a	16.33a	13.44b	12.49a
	M₂	F₁	16.29c	17.52f	12.43de	10.42f	9.56d
		F₂	16.85b	18.44e	13.33c	11.3e	10.58c
		F₃	17.51a	18.89d	14.71b	12.54cd	11.87b
	M₃	F₁	13.34g	16.21k	13.46c	11.45e	8.78e
		F₂	13.73ef	16.73g	14.54b	12.33d	9.46d
		F₃	13.89e	20.28c	16.54c	12.88c	9.84d
	M₄	F₁	12.57h	15.59i	12.24e	12.46cd	7.38f
		F₂	13.46fg	18.37e	12.83d	13.36b	8.53e
		F₃	15.38d	20.5c	13.43c	14.38a	9.4d
块茎	M₁	F₁	—	18.48d	15.65e	14.41def	13.32c
		F₂	—	20.54b	16.69bc	14.86c	13.85c
		F₃	—	21.61a	19.48a	17.19a	15.17a
	M₂	F₁	—	17.4e	15.43e	14.23f	13.45c
		F₂	—	18.38d	16.28d	14.66cde	13.78c
		F₃	—	19.46c	16.86b	15.59b	14.69ab
	M₃	F₁	—	16.21g	14.52f	13.41g	10.7e
		F₂	—	16.84f	15.67e	14.3ef	11.62d
		F₃	—	17.57e	16.41cd	15.53b	13.38c
	M₄	F₁	—	14.47i	13.12h	12.58h	11.38d
		F₂	—	14.93h	13.59g	14.71cd	13.77c
		F₃	—	17.45e	15.36e	15.45b	14.45b

不同处理对整个生育期植株根磷含量的影响，除苗期在 M₂F₃ 处理下达到最大，其余各生育期均表现为 M₁F₃ 处理显著大于其他处理，同一种植模式下，高肥显著大于低肥处理，同一施肥水平下，垄上种植模式显著优于其他种植模式；对茎磷含量的影响，在苗期和成熟期总体表现为在 M₁F₃ 和 M₂F₃ 处理之间差异不显著，显著大于其他处理，在块茎形成期和块茎膨大期表现为在 M₁F₃ 处理下达到最大，分别为 22.56g/kg 和 12.68g/kg，且显著大于其他处理，同一施肥水平下，垄上种植模式显著优于其他处理；对叶磷含量的影响，在苗期、块茎形成期和块茎膨大期均在 M₁F₃ 处理下达到最大，在淀粉积累期在 M₄F₃ 处理下达到最大，在成熟期 M₁F₂ 和 M₁F₃ 处理之间无显著差异，且显著大于其他处理；块茎中磷含量各生育期均在 M₁F₃ 处理下达到最大，且在各个生育期内变化不大。植株各器官中磷含量均在块茎形成期达到最大，分别为 16.74g/kg、22.56g/kg、23.45g/kg 和

21.61g/kg，因此块茎形成期是马铃薯对磷需求量最多的时期，保证块茎形成后到块茎膨大期充足的磷素供应，是马铃薯具有良好生长状态和获得高产的前提。

6.5.3　钾素吸收

由表 6-6 可见，马铃薯整个生育期各器官中的钾素含量均表现为茎＞根＞叶＞块茎，叶片、根和茎中的钾含量均在苗期达到最大，此后持续下降，块茎中钾含量在块茎形成期开始达到最大，此后持续下降直至收获，在块茎淀粉积累期至成熟期减小趋于平缓，这是因为生长前期块茎较小，钾素相对含量较高，从块茎膨大期开始块茎迅速增大，至淀粉积累期体积一直持续增大，导致钾素相对含量持续减小，到了成熟期块茎体积基本不再增大所以钾素相对含量也趋于稳定。

表 6-6　不同种植模式下施肥量对马铃薯各器官钾含量的影响 （g/kg）

器官	处理		全生育期				
			苗期	块茎形成期	块茎膨大期	淀粉积累期	成熟期
根	M₁	F₁	30.5g	24.36f	18.31d	8.26f	6.91f
		F₂	31.65f	26.33e	18.42d	9.6e	7.56e
		F₃	43.49a	28.13d	27.45a	10.55d	8.34d
	M₂	F₁	30.49g	22.5i	18.73d	8.72f	8.2d
		F₂	31.56f	22.64i	19.43c	10.6d	9.15bc
		F₃	32.41e	23.84g	24.92b	10.68d	9.59b
	M₃	F₁	26.32h	22.51i	18.65d	11.63c	8.28d
		F₂	32.64e	23.42h	18.72d	14.58b	9.26bc
		F₃	41.67b	24.35f	19.34c	15.57a	10.6a
	M₄	F₁	32.37e	29.62c	9.38g	14.53b	8.63cd
		F₂	35.31d	30.44b	10.62f	15.46a	9.71b
		F₃	36.4c	31.65a	15.44e	15.28a	10.7a
茎	M₁	F₁	72.49f	61.28g	60.45d	36.38h	36.37c
		F₂	76.34e	68.44cd	63.49c	37.69g	37.26c
		F₃	79.36c	70.7b	67.61b	42.37c	42.79a
	M₂	F₁	78.37d	61.57g	60.27d	37.66g	34.24f
		F₂	80.58b	68.71c	63.67c	38.46f	36.51d
		F₃	81.34a	76.16a	71.62a	39.53e	37.25c
	M₃	F₁	60.44l	59.53i	53.58f	41.48d	35.23e
		F₂	62.69k	60.72h	54.72e	45.5b	36.5d
		F₃	65.29j	64.35f	60.7d	46.69a	41.38b
	M₄	F₁	70.5i	67.57e	34.95i	33.58k	30.43h
		F₂	71.49h	68.2d	35.65h	34.53j	31.62g
		F₃	71.99g	70.43b	37.44g	35.73i	33.94f

续表

器官	处理		全生育期				
			苗期	块茎形成期	块茎膨大期	淀粉积累期	成熟期
叶	M_1	F_1	39.3b	34.56d	20.66j	9.34b	6.54i
		F_2	39.45b	35.47c	22.53i	13.67b	8.61f
		F_3	40.54a	36.71b	31.48a	14.6b	10.56c
	M_2	F_1	38.22c	30.5f	26.38f	11.67b	8.03g
		F_2	39.52b	32.68e	27.47e	12.46b	10d
		F_3	40.42a	37.33a	28.63d	14.48b	11.6b
	M_3	F_1	36.57e	34.56d	23.48h	13.44b	8.47fg
		F_2	38.59c	35.58c	24.61g	14.63b	11.33b
		F_3	39.57b	37.42a	24.58g	15.54b	12.53a
	M_4	F_1	37.37d	35.75c	27.53e	11.54b	7.48h
		F_2	38.32c	36.45b	29.37c	14.45b	8.58f
		F_3	39.52b	37.41a	30.89b	15.47b	9.45e
块茎	M_1	F_1	—	29.58g	18.84g	6.6h	6.34f
		F_2	—	33.48b	23.75f	8.41f	8.71d
		F_3	—	35.53a	28.66c	9.37e	9.68c
	M_2	F_1	—	30.4f	23.35f	6.55h	5.28g
		F_2	—	31.93de	24.52e	7.44g	7.17e
		F_3	—	32.53c	25.86d	10.49d	8.45d
	M_3	F_1	—	31.67e	23.51f	11.44c	9.5c
		F_2	—	33.58b	24.46e	12.71b	10.44b
		F_3	—	32.44cd	25.47d	14.53a	11.36a
	M_4	F_1	—	30.5f	25.65d	7.74fg	7.46e
		F_2	—	31.58e	29.51b	10.37d	8.31d
		F_3	—	35.43a	30.82a	10.52d	9.52c

苗期，钾素在植株茎中的含量占整个植株各个器官钾素总和的 48.6%～50.9%，钾素含量与施肥量呈正相关。根钾素含量在 M_1F_3 处理下达到最大（43.49g/kg），同一施肥水平下，垄上种植模式钾素含量显著大于其他种植模式；茎中钾素含量在 M_2F_3 处理下达到最大（81.34g/kg），同一施肥水平下，垄上覆膜垄沟种植模式钾素含量显著大于其他种植模式；叶中钾素含量在 M_1F_3、M_2F_3 处理之间无显著差异且显著大于其他处理，并且同一施肥水平下，垄上种植和垄上覆膜垄沟种植模式显著大于其他种植模式。

块茎形成期，钾素在植株茎中的含量占整个植株各个器官钾素总和的 40.2%～41.3%，钾素含量与施肥量呈正相关。根钾素含量在 M_4F_3 处理下达到最大（31.65g/kg），同一施肥水平下，平作模式钾素含量显著大于其他种植模式；茎中钾素含量在 M_2F_3 处理下达到最大（76.16g/kg），同一施肥水平下，垄上覆膜垄沟种植模式钾素含量显著大于其他种植模式；叶中钾素含量在 M_2F_3、M_3F_3、M_4F_3 处理之间无显著差异且显著大于其他处理，种植模式对钾素含量的影响不如施肥水平影响显著；块茎中钾素含量在 M_1F_3、M_4F_3 处理间无显著差异且显著大于其他处理。

块茎膨大期，钾素在植株茎中的含量占整个植株各个器官钾素总和的 43.6%～51.1%，植株体内钾素含量随施肥量的增加而增大。根钾素含量在 M_1F_3 处理下达到最大（27.45g/kg），且显著大于其他处理；茎钾素含量受种植模式影响大于施肥水平，在垄上种植模式下达到最大，平作模式下最小；叶钾素含量在 M_1F_3 处理下达到最大（31.48g/kg），其次是 M_4F_3 处理（30.89g/kg）；块茎中钾素含量在 M_4F_3 处理下达到最大（30.82g/kg），显著大于其他处理，同一施肥水平下，平作种植模式钾素含量显著大于其他种植模式。

淀粉积累期，钾素在植株茎中的含量占整个植株各个器官钾素总和的 55.1%～60%。成熟期，钾素在植株茎中的含量占整个植株各个器官钾素总和的 60.8%～64.8%，茎钾素含量所占比例在成熟期达到最大，在块茎形成期所占比例最小，可能是因为一部分钾素转移到块茎中，而后则持续增大，说明植株根、叶片和块茎中钾素显著减小的同时茎中钾素仍保持较高的水平。从整体上看，植株及各器官中钾素含量均随施肥量的增加而增加，受种植模式影响不如施肥水平显著。说明增加施肥量能有效满足植株对钾素的需求。

6.6 种植模式和施肥量对土壤养分及水分分布的影响

6.6.1 硝态氮

如图 6-8 所示，在 M_1 种植模式下，不同肥料对 0～40cm 土层硝态氮有明显的影响，土壤硝态氮含量的三个主要垂直分布随着施肥量的增加而增加。在水平距滴灌带 0cm 处，硝态氮主要分布在土壤表层；在 0～40cm 土层中，M_1F_3 处理的硝态氮含量随土壤深度的增加而增加，M_1F_1 和 M_1F_2 处理硝态氮含量随土壤深度的增加而降低。在水平距滴灌带 15cm 处，0～60cm 土层 M_1F_1 和 M_1F_3 处理硝态氮含量随着土壤深度的增加而减小，而 M_1F_2 处理硝态氮含量随土壤深度的增加先增大后减小。在水平距滴灌带 30cm 处，M_1F_1 和 M_1F_3 处理土壤硝态氮含量在 0～40cm 土层中随土壤深度增加而增加，超过 40cm 土层硝态氮的含量随土壤深度的增加而减小。

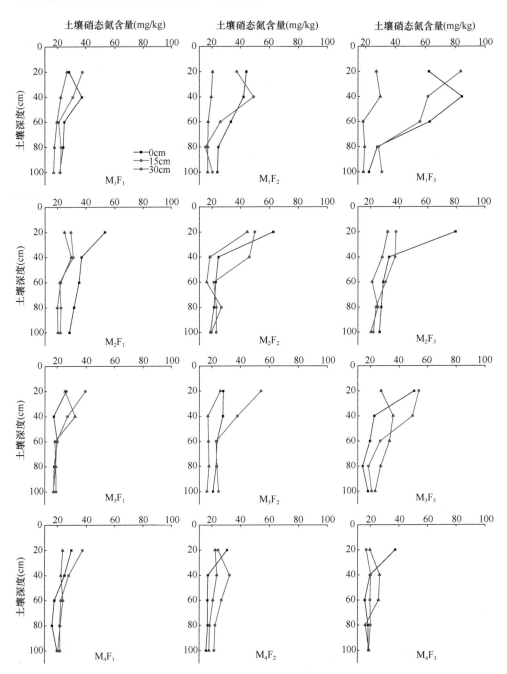

图 6-8　不同种植模式下施肥量对土壤硝态氮变化的影响

0cm、15cm、30cm 分别表示距滴灌带的水平距离。下同

在 M_2 种植模式下，土壤硝态氮含量随着肥料的增加而增加。在水平距滴灌带 0cm 处，硝态氮主要集中在 0~40cm 的土层中，并随着土壤深度的增加而显著

降低。在水平距滴灌带 15cm 处，随着土壤深度的增加，M_2F_1 处理硝态氮含量呈现先增后降再增的趋势，M_2F_2 硝态氮含量呈现先减后增的趋势，M_2F_3 硝态氮含量呈现降低趋势；在水平距滴灌带 30cm 处，M_2F_1 处理硝态氮含量随土壤深度先增后降，M_2F_3 处理硝态氮含量先降后增。

在 M_3 种植模式中，硝酸盐含量随着肥料的增加而增加，硝态氮含量在水平距滴灌带 15cm 左右是最高的。在水平距滴灌带 0cm 处，随着土壤深度的增加，M_3F_2 处理硝态氮含量随着土壤深度的增加先增加后降低，M_3F_3 处理硝态氮含量随着土壤深度的增加而先减后增，均在土壤深度 20cm 处出现峰值；在水平距滴灌带 15cm 处，M_3F_1 处理硝态氮含量随着土壤深度的增加而减小，M_3F_2、M_3F_3 处理硝态氮含量呈先减后增的变化趋势，垂直深度 20cm 处各处理达到最大值；在水平距滴灌带 30cm 处，$0\sim60cm$ 土层 M_3F_1、M_3F_3 处理硝态氮含量随土壤深度变化呈现先增加后降低的趋势。

M_4 种植模式下，硝态氮大多分布土壤深度 $0\sim40cm$ 中。在水平距滴灌带 0cm 处，$0\sim60cm$ 土层 M_4F_1、M_4F_2 和 M_4F_3 处理硝态氮含量随着土壤深度的增加而降低；在水平距滴灌带 15cm 处，M_4F_2、M_4F_3 处理硝态氮含量在 $0\sim60cm$ 土层中随着土壤深度的增加呈先增大后下降的趋势；在水平距滴灌带 30cm 处，M_4F_1 处理下硝态氮含量在 $0\sim60cm$ 土层中随着土壤深度的增加先降后增，M_4F_2、M_4F_3 处理硝态氮含量随着土壤深度的增加呈先增加后降低的变化趋势，在垂直深度 40cm 处达到高峰。

6.6.2　水分运移

图 6-9 反映的是灌水后在水平距滴灌带 0cm、15cm、30cm 处测得的土壤含水率分布规律。由图可知，在水平距滴灌带 0cm 处，F_1、F_3 施肥水平下，M_1 种植模式的土壤含水量显著优于其他三种种植模式，F_2 施肥水平下，M_2 种植模式的土壤含水量显著优于其他三种种植模式，说明垄上种植和垄上覆膜垄沟种植能有效保持土壤中水分含量。各种植模式下，F_1 施肥水平下的土壤含水量显著高于 F_2、F_3 施肥水平，低肥处理根系生长不旺盛，所吸收的水分不多，各土壤深度的土壤含水率大于高肥处理。在 $0\sim40cm$ 土壤深度处，各处理土壤含水率是最大的，除了 M_1F_1、M_1F_3 和 M_2F_2 处理在垂直深度 40cm 处出现峰值，其余各处理在垂直深度 $0\sim100cm$ 均随深度的增加而呈现减小的趋势，在 F_1、F_3 施肥水平下，以 M_1 种植模式最优，在 F_2 施肥水平下，M_2 种植模式则显著优于其他种植模式；在垂直深度 $80\sim100cm$，各种植模式之间土壤含水量普遍减小，且同一种植模式下各施肥水平间的土壤含水量差异也不显著，说明水平距滴灌带 0cm 处，垂直深度 $80\sim100cm$ 内土壤含水量受施肥水平和种植模式呈影响不显著。

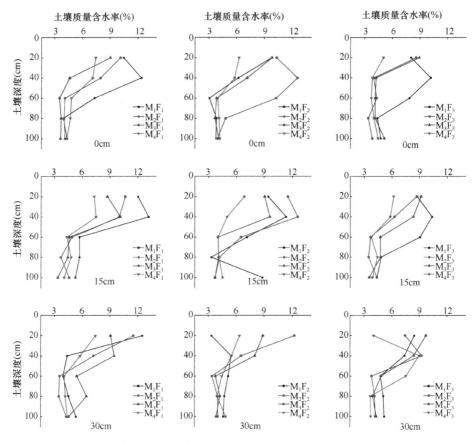

图6-9　9月4日灌水两天后土壤水分变化图

由图可知，在水平距滴灌带 15cm 处，土壤水分主要存在于 0~40cm 土层，随土壤深度的增加水分含量呈减小的趋势，与水平距滴灌带 0cm 处相比，15cm 处各土壤深度含水量变化不大。与 F_1、F_2 施肥水平相比，F_3 施肥水平下各种植模式的土壤含水量显著减小，说明高肥处理下，根系生长旺盛，对水分需求较大，导致土壤中水分含量减小。在土壤深度 0~40cm 处，F_1、F_2 施肥水平下各种植模式（除 M_2F_1、M_4F_2 处理外），随着土壤深度的增加，土壤含水量逐渐增加。土壤深度 40~60cm 处，各处理土壤含水量显著降低；除了 M_1F_2、M_1F_3 处理外，各处理土壤含水率都在深度 60cm 降到了 6%以下，M_1 种植模式的土壤含水率要显著优于其他三种种植模式；在土壤深度 60~100cm 处，除 M_1F_2 处理外，各处理之间土壤含水率变化不明显，基本趋于一个稳定值，大约为 4%，M_1F_2 处理的含水率在土壤深度 60~100cm 处显著增加，水分不断向深层运移。

由图 6-9 可知，在水平距滴灌带 30cm 处，F_1 施肥水平下，不同种植模式土壤水分含量变化趋势为随着土壤深度的增加而总体呈下降趋势，在 20~60cm 土层，土壤水分含量急剧下降，土壤深度 60cm 的含水量最小；F_2 施肥水平下，M_1 种植模式随着土壤深度的增加呈先增加后降低的变化趋势，土壤深度 40cm 处是其峰值，M_2、M_3 和 M_4 种植模式的土壤含水量随着土壤深度的增加而下降，土壤深度 20～60cm 的含水量首次变化明显降低，然后水分含量在 60cm、100cm 之间，稳定在 60cm 的位置上有小的变化；F_3 施肥水平下，M_1、M_3 种植模式的土壤含水量随土壤深度的增加而呈先减后增的变化趋势，土壤水分最低的 M_2 和 M_4 种植模式含量随着土壤深度的增加呈现下降，然后回升，在 40cm 土壤深度处的峰值。

6.7　讨　　论

　　本研究通过比较在马铃薯生育期内获取的生长指标数据，分析了种植模式和施肥量对马铃薯生长的影响。Tian 等（2003）研究表明，与平作条件下的马铃薯生长相比，起垄和覆膜方式能够明显提高马铃薯的株高。张婷等（2013）认为，垄沟种植易于对降雨和灌溉水量进行汇集处理，增加作物根区水分含量，有利于作物生长。对于施肥量，有研究表明，植株的生长指标因施肥量的增加而出现降低的现象，这种现象已经在番茄（袁宇霞等，2013）、黄瓜（李静等，2014）等作物上得到验证。本章的试验结果表明，起垄种植是最优的种植模式，能够显著提高马铃薯的各个生长指标，其次为垄上覆膜垄沟种植模式，这种模式在一定程度上可以汇集水量，有利于马铃薯的生长，这与前人的研究结果类似；在相同的种植模式下，马铃薯的生长指标随着施肥量的增加而增加，这应该与土壤的质地及施肥量不足有关。

　　种植模式和施肥量对马铃薯的产量及水肥利用效率都有着显著影响。前人对于种植模式对作物产量的影响有过许多研究，高明等（2004）通过对水稻 11 年的产量数据进行对比后发现，垄作的平均产量比传统的平作产量高出 10%左右。李廷亮等（2011）研究发现，垄上覆膜垄沟种植模式下可以汇集降雨，提高水分利用效率。秦舒浩等（2011）则研究发现覆膜和垄沟种植能够大幅提高马铃薯的产量。有关施肥量对作物产量的影响，有研究发现，施肥量可以增加作物的产量，这在玉米（刘洋等，2014）、黄瓜（方栋平等，2015）等作物上已经得到验证。对于滴灌施肥下的马铃薯产量，有研究表明，马铃薯的产量会随着施肥量的增加先增加后减小（宋娜等，2013；Ferreira and Gonçalves，2007；Zotarelli et al.，2008），而也有研究表明，由于施肥可以缓解马铃薯生长过程中的水分胁迫问题，因此增加施肥量可以提高马铃薯的产量和水分利用效率（李世清等，2003）；而且肥料偏生产力会随着施肥量的增加而减小（张志伟等，2013）。本章试验结果表明，在起垄种植模式下，马铃薯的产量和水分利用效率都具有明显的优势，说明起垄种植是榆林风沙区适宜马铃薯生长的种植模式，而且在相同的种植模式下，随着施肥量的增加，马铃薯的产量和水分利用效率逐渐增加，这与前人的研究结果相同。

种植模式和施肥量对马铃薯的品质指标也有着显著影响。前人研究表明,起垄和覆膜种植模式可以促进马铃薯的生长,并对块茎品质有着显著的促进作用(王东等,2015),许多研究表明,作物的品质随着施肥量的增加呈现出先增加后减小的抛物线趋势,这在番茄(邢英英等,2015)、甜瓜(杜少平等,2016)和葡萄(王连君等,2016)等作物上都已得到验证。有关施肥量对马铃薯块茎品质的影响,许多学者发现,随着施肥量的增加,马铃薯块茎中的淀粉和维生素 C 含量都会先增加后减小(宋娜等,2013;Yang et al.,2017;桑红辉等,2015)。本次试验结果表明,垄上种植模式下的马铃薯块茎中淀粉含量明显高于其他三种种植模式,而维生素 C 含量和垄上覆膜垄沟种植模式差异不明显,且明显高于其他两个种植模式,说明垄上种植和垄上覆膜垄沟种植模式都可以有效提高马铃薯块茎的品质,在相同的种植模式下,马铃薯块茎中的淀粉和维生素 C 含量均随着施肥量的增加先增加后减小,这与前人的研究结果相同。

6.8 结 论

1)马铃薯的株高和茎粗在垄上种植模式(M_1)下高肥(F_3)水平下达到最佳,随着施肥量的增加,株高和茎粗也不断增大,与垄沟种植和平作模式相比,垄上种植和垄上覆膜垄沟种植模式更有利于马铃薯的生长。

2)叶面积指数和叶绿素相对含量随着生育期推进呈抛物线形变化趋势,在作物生长中后期达到最大,并且与施肥量的多少也呈正相关,说明随着施肥量的增加,作物的各生长指标具有一定的协同作用。叶面积指数在垄上种植模式下达到最佳,且显著优于其他三个种植模式,而叶绿素相对含量在作物生长中前期以垄上覆膜垄沟种植最佳,到了后期以垄上种植模式最佳,说明垄上种植使马铃薯到了生长后期仍能保持较高的生长活性,一定程度上代表作物具有较高的产量。

3)施肥水平对马铃薯的产量、单株薯重、商品薯和大薯重均具有极显著影响,种植模式对马铃薯的产量、大薯重具有极显著影响,对单株薯重、商品薯具有显著影响。在相同的种植模式下,马铃薯产量、商品薯、单株薯重和大薯重随着施肥量的增加而增加。在同一施肥水平下,马铃薯产量、商品薯、单株薯重和大薯重在垄上种植模式下达到最优,在平作种植模式下最小,说明起垄种植对马铃薯的增产具有积极的作用,马铃薯的产量及其构成因素表现为协同发展,提高马铃薯的商品薯重对种植马铃薯具有重要的现实意义。

4)施肥水平和种植模式对马铃薯的品质具有显著的影响,同一种植模式下,马铃薯的淀粉含量和维生素 C 含量均随着施肥量的增加呈现先增大后减小的抛物线形变化趋势。马铃薯的还原性糖含量则在总体上是随着施肥量的增加而呈现降低的趋势。同一施肥水平下,淀粉含量在垄上种植模式下达到最大,维生素 C 含量在垄上种植和垄上覆膜垄沟种植模式下没有显著差异，还原性糖含量在平作种植模式下达到最优。

5）不同处理下整个生育期马铃薯叶片氮含量均高于根、茎和块茎，植株总的氮含量及各器官的氮含量均随着施肥量的增加而增加，说明高肥可以促进植株对氮素的吸收，M_1F_3 处理下吸氮量是最大的；块茎中磷含量大于根、茎和叶中的磷含量，表现为块茎＞叶＞茎＞根；钾素在苗期的含量占整个植株各个器官钾素总和的 48.6%～50.9%，整个生育期各器官中的钾素含量表现为茎＞根＞叶＞块茎，叶片、根和茎中的钾含量均在苗期达到最大，此后持续下降。总体上看，M_1F_3 处理植株中氮、磷、钾吸收量高于其他处理。

6）硝态氮主要集中在土壤深度 0～40cm 处，随着土壤深度的增大，硝态氮含量变低，水平方向主要集中在 0cm 处，水平距离越大含量越低，同时与施肥水平呈正相关，垄上种植模式下硝态氮含量优于其他三种种植模式。土壤含水率随土壤深度的增加而减小，高肥处理的土壤含水率比中低肥都要低很多，高肥处理下根系生长旺盛，所需水分较多，导致土壤含水量降低。土壤水分主要集中在 0～40cm 土层中，水平距滴灌带 0cm、15cm 处，垄上种植模式下各土层中土壤含水量显著大于其他种植模式。水分主要分布在土壤深度 0～40cm 内，土壤含水量在 F_3 施肥水平下总是低于 F_1、F_2 施肥水平，高水平施肥降低了土壤含水量。

参 考 文 献

陈碧华, 郜庆炉, 孙丽. 2009. 番茄日光温室膜下滴灌水肥耦合效应研究. 核农学报, 23(6): 1082-1086.

陈火君, 卫泽斌, 吴启堂, 等. 2010. 薄膜覆盖减少化肥养分流失研究. 环境科学, 31(3): 775-780.

陈康, 邓兰生, 涂攀峰, 等. 2011. 不同水肥调控措施对马铃薯种植土壤养分运移的影响. 广东农业科学, 38(20): 51-54.

杜少平, 马忠明, 薛亮. 2016. 适宜施氮量提高温室砂田滴灌甜瓜产量品质及水氮利用率. 农业工程学报, (5):112-119.

段玉, 张君, 李焕春, 等. 2014. 马铃薯氮磷钾养分吸收规律及施肥肥效的研究. 土壤, 46(2): 212-217.

樊兆博, 刘美菊, 张晓曼, 等. 2011. 滴灌施肥对设施番茄产量和氮素表观平衡的影响. 植物营养与肥料学报, 17(4): 970-976.

方栋平, 张富仓, 李静, 等. 2015. 灌水量和滴灌施肥方式对温室黄瓜产量和品质的影响. 应用生态学报, 26(6): 1735-1742.

高明, 张磊, 魏朝富, 等. 2004. 稻田长期垄作免耕对水稻产量及土壤肥力的影响研究. 植物营养与肥料学报, 10(4): 343-348.

郭金强, 危常州, 侯振安, 等. 2008. 施氮量对膜下滴灌棉花氮素吸收、积累及其产量的影响. 干旱区资源与环境, 45(4): 691-694.

何文寿, 马琨, 代晓华, 等. 2014. 宁夏马铃薯氮、磷、钾养分的吸收累积特征. 植物营养与肥料学报, 20(6): 1477-1487.

吉玮蓉, 张吉立, 孙海人, 等. 2013. 不同施氮量对马铃薯养分吸收及产量和品质的影响. 湖北农业科学, 52(21): 5158-5160.

江俊燕, 汪有科. 2008. 不同灌水量和灌水周期对滴灌马铃薯生长及产量的影响. 干旱地区农业研究, 26(2): 121-125.

晋小军, 李国琴, 潘荣辉. 2004. 甘肃高寒阴湿地区地膜覆盖对马铃薯产量的影响. 中国马铃薯, 18(4): 207-210.

井涛, 樊明寿, 周登博, 等. 2012. 滴灌施氮对高垄覆膜马铃薯产量、氮素吸收及土壤硝态氮累积的影响. 植物营养与肥料学报, 18(3): 654-661.

康跃虎, 王凤新, 刘士平, 等. 2004. 滴灌调控土壤水分对马铃薯生长的影响. 农业工程学报, 20(2): 66-72.

李凤民, 鄢珣, 王俊, 等. 2001. 地膜覆盖导致春小麦产量下降的机理. 中国农业科学, 34(3): 330-333.

李静, 张富仓, 方栋平, 等. 2014. 水氮供应对滴灌施肥条件下黄瓜生长及水分利用的影响. 中国农业科学, 47(22): 4475-4487.

李世清, 李东方, 李凤民, 等. 2003. 半干旱农田生态系统地膜覆盖的土壤生态效应. 西北农林科技大学学报: 自然科学版, 31(5): 21-29.

李廷亮, 谢英荷, 任苗苗, 等. 2011. 施肥和覆膜垄沟种植对旱地小麦产量及水氮利用的影响. 生态学报, 31(1): 212-220.

刘晓伟, 何宝林. 2011. 不同种植模式对旱区马铃薯产量的影响. 长江蔬菜, (14): 38-40.

刘洋, 栗岩峰, 李久生, 等. 2014. 东北黑土区膜下滴灌施氮管理对玉米生长和产量的影响. 水利学报, 45(5): 529-536.

秦舒浩, 代海林, 张俊莲, 等. 2014. 沟垄覆膜对旱作马铃薯土壤养分运移及产量的影响. 干旱地区农业研究, 32(1): 38-41.

秦舒浩, 张俊莲, 王蒂, 等. 2011. 覆膜与沟垄种植模式对旱作马铃薯产量形成及水分运移的影响. 应用生态学报, 22(2): 389-394.

秦永林. 2013. 不同灌溉模式下马铃薯的水肥效率及膜下滴灌的氮肥推荐. 内蒙古农业大学博士学位论文.

桑红辉, 邱小琮, 尹娟. 2015. 水肥耦合对马铃薯淀粉含量的影响. 节水灌溉, (5): 5-8.

宋娜, 王凤新, 杨晨飞, 等. 2013. 水氮耦合对膜下滴灌马铃薯产量、品质及水分利用的影响. 农业工程学报, 29(13): 98-105.

苏小娟, 王平, 刘淑英, 等. 2010. 施肥对定西地区马铃薯养分吸收动态、产量和品质的影响. 西北农业学报, 19(1): 86-91.

王彩绒, 田霄鸿, 李生秀. 2004. 沟垄覆膜集雨栽培对冬小麦水分利用效率及产量的影响. 中国农业科学, 37(2): 208-214.

王东, 卢健, 秦舒浩, 等. 2015. 沟垄和覆膜连作种植对马铃薯生长、产量及品质的影响. 中国农学通报, 31(7): 28-32.

王丽霞, 陈源泉, 李超, 等. 2013. 不同滴灌制度对棉花/马铃薯模式中马铃薯产量和 WUE 的影响. 作物学报, 39(10): 1864-1870.

王连君, 王程翰, 乔建磊, 等. 2016. 膜下滴灌水肥耦合对葡萄生长发育、产量和品质的影响. 农业机械学报, 47(6): 113-119.

王晓凌, 董普辉, 李凤民, 等. 2007. 垄沟覆膜集雨对马铃薯产量及水分和氮肥利用的影响. 河南农业科学, 36(10): 84-87.

王秀康, 李占斌, 邢英英. 2015. 覆膜和施肥对玉米产量和土壤温度、硝态氮分布的影响. 植物营养与肥料学报, 21(4): 884-897.

韦泽秀, 梁银丽, 井上光弘, 等. 2009. 水肥处理对黄瓜土壤养分、酶及微生物多样性的影响. 应用生态学报, 20(7): 1678-1684.

习金根, 周建斌. 2003. 不同灌溉施肥方式下尿素态氮在土壤中迁移转化特性的研究. 植物营养与肥料学报, (3): 271-275.

邢英英, 张富仓, 吴立峰, 等. 2015a. 基于番茄产量品质水肥利用效率确定适宜滴灌灌水施肥量. 农业工程学报, 31(S1): 110-121.

邢英英, 张富仓, 张燕, 等. 2015b. 滴灌施肥水肥耦合对温室番茄产量、品质和水氮利用的影响. 中国农业科学, 48(4): 713-726.

徐林, 黄海荣, 黄玉溢, 等. 2011. 地下滴灌条件下甘蔗根系和蔗地土壤速效养分分布规律的研究. 广东农业科学, 38(1): 78-80.

薛俊武, 任稳江, 严昌荣. 2014. 覆膜和垄作对黄土高原马铃薯产量及水分利用效率的影响. 中国农业气象, 35(1): 74-79.

袁宇霞, 张富仓, 张燕, 等. 2013. 滴灌施肥灌水下限和施肥量对温室番茄生长、产量和生理特性的影响. 干旱地区农业研究, 31(1): 76-83.

张福锁, 王激清, 张卫峰, 等. 2008. 中国主要粮食作物肥料利用率现状与提高途径. 土壤学报, 45(5): 915-924.

张富仓, 高月, 焦婉如, 等. 2017. 水肥供应对榆林沙土马铃薯生长和水肥利用效率的影响. 农业机械学报, 48(3): 270-278.

张婷, 吴普特, 赵西宁, 等. 2013. 垄沟种植模式对玉米生长及产量的影响. 干旱地区农业研究, 31(1): 27-30.

张志伟, 梁斌, 李俊良, 等. 2013. 不同灌溉施肥方式对马铃薯产量和养分吸收的影响. 中国农学通报, (36): 268-272.

Allen R G, Pereira L S, Howell T A, et al. 2011. Evapotranspiration information reporting: I. Factors governing measurement accuracy. Agricultural Water Management, 98(6): 899-920.

Badr M A, Hussein S D A, El-Tohamy W A, et al. 2010. Nutrient uptake and yield of tomato under various methods of fertilizer application and levels of fertigation in arid lands. Gesunde Pflanzen, 62(1): 11-19.

Ferreira T C, Gonçalves D A. 2007. Crop-yield/water-use production functions of potatoes (*Solanum tuberosum* L.) grown under differential nitrogen and irrigation treatments in a hot, dry climate. Agricultural Water Management, 90(1): 45-55.

Tian Y, Su D, Li F, et al. 2003. Effect of rainwater harvesting with ridge and furrow on yield of potato in semiarid areas. Field Crops Research, 84(3): 385-391.

Yang K J, Wang F X, Shock C C, et al. 2017. Potato performance as influenced by the proportion of wetted soil volume and nitrogen under drip irrigation with plastic mulch. Agricultural Water Management, 179: 260-270.

Zotarelli L, Dukes M D, Scholberg J M, et al. 2008. Nitrogen and water use efficiency of zucchini squash for a plastic mulch bed system on a sandy soil. Scientia Horticulturae, 116(1): 8-16.

第7章 土壤水下限调控和施肥对马铃薯生长及水肥利用的影响

7.1 概　述

马铃薯是世界上重要的粮食作物之一，含有丰富的营养物质，又是重要的工业原料，具有较高的开发利用价值。在我国，马铃薯种植面积和总产量很大，然而单产却比较低，在提高产量方面有很大的空间。同时，随着马铃薯加工业的发展，对马铃薯品质的研究就显得越来越重要，在保证马铃薯产量的同时，提高马铃薯的品质已经成为迫切需求。陕西榆林市地处黄土高原腹地，土地面积辽阔，海拔高、光照足、日照长，土质疏松，昼夜温差大，环境污染轻，是中国马铃薯五大优生区和高产区之一。但该地区水资源比较缺乏，农田马铃薯灌溉施肥大多采用粗放的水肥管理模式，造成了灌溉水浪费严重、肥料淋失、水肥利用效率低等问题。因此，研究水肥调控对陕北榆林地区马铃薯生长、品质及水肥利用的影响，对提高马铃薯产量、保证优质高产、改善农田的水肥环境和缓解水资源紧张都有重要意义。

在农业生产中，水和肥是影响马铃薯生长的两个重要因素。水分是影响作物生长的一个主要环境因素，而肥料对于促进马铃薯生长有很大的作用，必须重视肥料的合理施用。马铃薯是一种对水肥需求较高的作物，前人就滴灌施肥对马铃薯生长、产量、品质及水肥利用进行了大量研究。Yuan 等（2003）发现随着滴灌量的增加，马铃薯的株高、生物量和根区水量会相应增加，薯块的产量和单薯重也随之增加。Wang 等（2006）、秦军红等（2013）对相同滴灌量下不同滴灌频率对马铃薯生长、产量及水分利用效率的影响进行了研究。Shock 等（1993）发现水分不足或水分过量均会使马铃薯产量和品质下降。施肥量对植株生长发育的影响呈现出不同的变化趋势。有研究表明，马铃薯的产量、单株薯重、商品薯率、淀粉含量均随着施氮量的增加呈抛物线形变化，且小水量多次灌可以得到比大水量少次灌更好的收益（周娜娜等，2004）。Badr 等（2012）研究发现，在滴灌量充足时，马铃薯的产量随施氮量的增加而逐渐增加，而出现水分胁迫时，施氮量对马铃薯的产量产生负效应。Ierna 和 Mauromicale（2018）研究表明高水和高比例氮、磷、钾的施肥组合能够促进马铃薯的生长，但并不能提高水分利用效率，施肥可以有效地提高水分利用效率。戴树荣（2010）通过建立肥料效应函数得到最高产量的氮、磷、钾推荐施肥量,即 N 204.24kg/hm^2、P$_2$O$_5$ 68.01kg/hm^2 和 K$_2$O 253.62kg/hm^2。同时,合理的水肥配合可以发挥很好的交互耦合作用,提高马铃薯的水肥利用效率,进而可以使马铃薯增产,真正实现水肥资源的高效利用(何华等,1999)。

在针对滴灌条件下马铃薯水肥管理展开的众多研究中,多以滴灌量和施肥量作为单一因子或固定的滴灌量和施肥配比来评价水分及养分对马铃薯生产的影响,针对灌水下限调控和施肥组合的研究还比较少见。本试验采用滴灌施肥技术,研究水肥调控对榆林沙土区马铃薯生长、产量、水肥利用效率及品质的影响,综合分析马铃薯产量和品质对水肥的响应,以期为榆林沙土区马铃薯生产管理提供理论基础和技术指导。

7.2　试验设计与方法

7.2.1　试验区概况

试验于2017年5~9月在陕西省榆林市西北农林科技大学马铃薯试验站进行。该试验地位于北纬38°23′、东经109°43′,海拔为1050m。全年降水中6月、7月、8月比较集中,平均降水量达371mm,全年蒸发量1900mm,全年总日照时数为2900h,全年平均气温约为8.6℃。试验站土壤为风沙土,pH 为8.1,0~40cm 的土壤容重为1.72g/cm^3,田间持水量为9.21%(质量含水率),铵态氮含量为5.79mg/kg,硝态氮含量为1.03mg/kg,速效磷含量为6.77mg/kg,速效钾含量为55.52mg/kg。

7.2.2　试验设计

试验设置灌水下限和施肥量2个因素。依据当地实际生产经验,灌水分别在不同生育期(苗期、块茎形成期、块茎膨大期、淀粉积累期、成熟期)设置了3个土壤水下限调控水平,分别记为 W$_1$、W$_2$、W$_3$,每个水平以控制土壤含水量占田间持水量的百分数表示。施肥量根据当地大田施肥标准和前人经验(张富仓等,2017)设置了4个 N-P$_2$O$_5$-K$_2$O 水平:F$_1$(100kg/hm^2-40kg/hm^2-150kg/hm^2)、F$_2$(150kg/hm^2-60kg/hm^2-225kg/hm^2)、F$_3$(200kg/hm^2-80kg/hm^2-300kg/hm^2)、F$_4$(250kg/hm^2-100kg/hm^2-375kg/hm^2)(表7-1)。本次试验共计12个处理,每个处理3次重复,共36个小区。小区长为20m,宽为3.6m,小区大小为72m^2。保护行在试验地两侧设置,且不同处理之间有1m 的距离,这样可以有效减少外界对试验地的影响及减少相邻处理之间的影响。本试验中用机械起垄的方式种植马铃薯,各垄之间宽度约为 90cm，两株马铃薯之间播种距离约为 2.5cm，种植密度约为 45 000 株/hm²。

表 7-1   不同生育期灌溉土壤水下限和施肥处理

处理	施肥量 (N-P₂O₅-K₂O) (kg/hm²)	生育期土壤水分控制下限（土壤含水量占田间持水量的百分比）(%)					总滴灌量 (mm)
		苗期	块茎形成期	块茎膨大期	淀粉积累期	成熟期	
F_1W_1		55	60	65	55	55	223.14
F_1W_2	100-40-150	65	70	75	65	65	266.32
F_1W_3		75	80	85	75	75	278.35
F_2W_1		55	60	65	55	55	248.91
F_2W_2	150-60-225	65	70	75	65	65	275.87
F_2W_3		75	80	85	75	75	292.66
F_3W_1		55	60	65	55	55	273.71
F_3W_2	200-80-300	65	70	75	65	65	295.89
F_3W_3		75	80	85	75	75	308.95
F_4W_1		55	60	65	55	55	273.36
F_4W_2	250-100-375	65	70	75	65	65	298.52
F_4W_3		75	80	85	75	75	305.96

大田马铃薯滴灌采用垄上滴灌的方式。由于马铃薯的根系主要分布在 0～40cm 土层，故土壤含水量选取土壤表层以下 40cm 的平均含水量，当土壤含水量比灌水下限值低时，则开始灌水，灌到土壤含水量达到田间持水量。在每个处理处独立安装水表，每个小区独立安装阀门以控制滴灌量。在试验中施用的氮、磷、钾肥为：尿素、磷酸二铵和硝酸钾。施肥按照各生育时期（苗期、块茎形成期、块茎膨大期、淀粉积累期）施肥量分别占总施肥量的 0、20%、55%、25%施入（焦婉如等，2018）。溶于水的肥料随滴灌带灌水时施入土壤，灌溉水利用系数为 0.95（栗岩峰等，2006）。处理前统一灌水至田间持水量，然后开始处理。马铃薯于 2017 年 5 月 13 日播种，9 月 26 日收获，各生育阶段划分：5 月 13 日至 7 月 3 日为苗期，7 月 4 日至 7 月 25 日为块茎形成期，7 月 26 日至 8 月 16 日为块茎膨大期，8 月 17 日至 9 月 10 日为淀粉积累期，9 月 11 日至 9 月 26 日为成熟期。

7.2.3 观测指标与方法

1. 土壤含水量的测定及滴灌量的计算

采用土钻取土烘干法测得土壤的含水量，在滴灌带下、垂直滴灌带水平方向 15cm 和 30cm 处，每 20cm 取一次，取 100cm，取加权平均作为该处理的土壤含水量。灌水定额通过下式获得：

$$M = 10 \times \gamma \times H \times \rho \times (\theta_i - \theta_j) \tag{7-1}$$

式中，M 为滴灌量（mm）；γ 为 0～40cm 土层的平均容重（g/cm^3）；H 为计划湿润层深度（cm）；ρ 为土壤湿润比；θ_i 为田间持水量；θ_j 为测定的 0～40cm 土层的土壤质量含水率。

2. 生长指标

在播种后 60d、80d、100d、120d 和 135d，在各个试验小区随机取样，每个小区取 3 株马铃薯，测定各生长指标并记录。

株高：用卷尺测量马铃薯植株从土壤表面到植株顶端的长度。

茎粗：用游标卡尺测量植株靠近土壤部分茎的纵横最大宽度。

叶面积指数：打孔法测量。先用打孔器打出已知面积的叶片，烘干后与植株总叶片干物质进行比较，得出系数，用已知面积乘以系数即植株叶面积。计算公式见第 1 章式（1-3）。

SPAD：用便携式叶绿素仪测定随机选取的马铃薯植株的叶绿素含量。选择每株马铃薯最长茎最顶端的第二片叶子进行测量，在每片叶片上取 3 个位置，取平均值为该植株叶绿素含量。

3. 干物质累积量

在每个小区随机挖取 3 株马铃薯，分离其根、茎、叶、块茎，并分开装入档案袋中，将其放在烘箱中，在 105℃下杀青 0.5h，继续在 75℃下烘干至植物样品重量不再变化，再使用电子天平（精度为 0.001g）称出其各部分重量。

4. 产量

测定产量时在各小区内随机取样 10 株马铃薯，并记录各单株马铃薯块茎数量和单个质量，记录商品薯重量（块茎重量大于 75g）和大块茎重量（块茎重量大于 200g）。成熟期在每个小区选取中间两垄马铃薯进行产量测定。

5. 水分利用效率和灌溉水分利用效率

水分利用效率（WUE）和灌溉水分利用效率（IWUE）的计算：

$$WUE = Y/ET \tag{7-2}$$
$$IWUE = Y/I \tag{7-3}$$

式中，Y 为马铃薯产量（kg/hm^2）；I 为作物全生育期内的滴灌量（mm）；ET 为作物全生育期内累积耗水量（mm）；

作物耗水量通过水量平衡法（Allen et al.，2011）得到，计算公式见第 1 章式（1-6）。

有效降水量 P_0 计算如下：

$$P_0 = aP \tag{7-4}$$

式中，P 为某次降水量（mm）；a 为降水有效利用系数，一般认为，当 $P<5mm$ 时，$a=0$；当 $5mm \leqslant P \leqslant 50mm$ 时，$a=0.8 \sim 1.0$；当 $P>50mm$ 时，$a=0.7 \sim 0.8$（郭元裕，1986）。

6. 肥料偏生产力（PFP）

肥料偏生产力的计算公式见第 1 章式（1-13）。

7. 品质

取各小区成熟期马铃薯块茎，测定马铃薯中淀粉、维生素 C 和还原性糖含量，用碘比色法测定淀粉含量，钼蓝比色法测定维生素含量，3,5-二硝基水杨酸比色法测定还原性糖含量。

8. 植株养分

在播种后 60d、80d、100d、120d 和 135d，从每个小区随机挖取 3 株马铃薯，使根、茎、叶、块茎各器官分离，放入烘箱中在 105℃下杀青 0.5h，继续在 75℃恒温下烘干至恒重，并称出烘干后的重量。将所得干物质样品粉碎过筛，称取一定质量的植物样品，用浓 $H_2SO_4\text{-}H_2O_2$ 溶液进行消煮，所得溶液用流动分析仪测定植株全氮和全磷含量，用原子吸收分光光度计（Z-2000 系列）测定植株全钾含量。

9. 土壤养分

用打土钻的方法在成熟期选取滴灌带下 0～100cm 的土样，每隔 20cm 取一次，土样取回后捏碎、风干、过筛。取筛后土样 5g，用 50mL 的氯化钾溶液（2mol/L）浸提振荡 0.5h 后过滤，用连续流动分析仪测定土壤中硝态氮、速效磷，用原子吸收分光光度计测定速效钾的含量。

本试验中数据使用 Excel 进行数据整理和基础运算，使用 SPSS 23.0 软件中的 Duncan 比较法分析各指标的显著性，使用 Origin 8.0 软件绘图。

7.3　水肥调控对马铃薯生长的影响

7.3.1　株高和叶面积指数

株高和叶面积指数的变化可以有效反映马铃薯生长变化的规律。从表 7-2 中可以看出，灌水下限和施肥量对马铃薯株高均有极显著影响（$P<0.01$），两者的

交互作用只在前期对马铃薯株高的影响极显著，即播种后 60d、80d 和 100d。施肥和灌水处理均对马铃薯的叶面积指数有极显著影响（$P<0.01$）（除播种后 60d）。播种后 80d、120d，施肥和灌水水平的交互作用对叶面积指数有极显著影响（$P<0.01$）。

表 7-2　灌水下限和施肥量对马铃薯株高和叶面积指数的影响

生长指标	施肥量	滴灌量	播种后天数				
			60d	80d	100d	120d	135d
株高（cm）	F_1	W_1	34.42f	39.46g	49.18h	54.08g	56.48g
		W_2	37.04e	41.05fg	50.26gh	60.86de	63.56e
		W_3	37.75de	42.52f	51.85g	58.59f	60.53f
	F_2	W_1	37.00e	43.83f	54.49f	62.81d	63.12e
		W_2	40.67ab	52.48cd	58.18d	68.89b	70.89b
		W_3	39.69bc	50.14d	55.78ef	65.61c	67.67c
	F_3	W_1	39.53bc	46.96e	59.22cd	65.80c	67.00cd
		W_2	41.58a	60.71a	69.45a	73.80a	75.85a
		W_3	39.39bc	57.94b	65.10b	70.56b	73.79a
	F_4	W_1	38.75cd	43.06f	54.96f	59.82ef	62.60ef
		W_2	39.52bc	53.74c	60.22c	68.49b	69.18bc
		W_3	39.11cd	51.70cd	57.45de	61.90de	64.83de
显著性检验							
施肥水平			**	**	**	**	**
灌水水平			**	**	**	**	**
施肥×灌溉			**	**	**	ns	ns
叶面积指数	F_1	W_1	0.70f	0.98i	1.38f	0.80g	0.6f
		W_2	0.74ef	1.27gh	1.78e	1.55cd	0.81e
		W_3	0.78def	1.06hi	1.61ef	1.19ef	0.65f
	F_2	W_1	0.77def	1.38g	1.59ef	1.16f	0.78e
		W_2	0.87cde	2.24cd	2.59c	1.70cd	0.88de
		W_3	0.96c	2.02de	2.10d	1.46de	0.80e
	F_3	W_1	0.91cd	1.84ef	2.46c	1.54cd	0.92cd
		W_2	0.96c	3.27a	3.38a	2.53a	1.14a
		W_3	1.00c	2.59b	3.01b	2.23b	0.99bc
	F_4	W_1	1.00c	1.77f	2.30cd	1.52cd	0.84de
		W_2	1.15b	2.37c	2.89b	1.78c	1.02b
		W_3	1.33a	2.22cd	2.55c	1.44de	0.87de
显著性检验							
施肥水平			ns	**	**	**	**
灌水水平			ns	**	**	**	**
施肥×灌溉			ns	**	ns	**	ns

注：*表示差异显著（$P<0.05$）；**表示差异极显著（$P<0.01$）；ns 表示差异不显著（$P>0.05$）。下同

播种后60d，不同处理的株高差异不明显，在W_1和W_2灌水水平下，株高均随着施肥量的增加缓慢增加，到F_3处理下达到最大，之后随施肥量增加有所降低；对于相同的施肥量，在F_1水平时，马铃薯株高随着灌水下限的提高而逐渐增加，在F_2、F_3、F_4水平时，株高均在W_2处理下达到最高。播种后80d，此时生长规律与苗期没有太大差异，F_4水平对于植株株高的抑制更加明显。播种后100d，各处理差异显著，在F_1水平下，株高随着滴灌量的增加逐渐增加，W_3处理比W_1、W_2处理分别增加了5.43%、3.16%，在F_2、F_3、F_4水平下均在W_2处理下最高；在同一灌水下限下，F_3水平的株高最高，分别比F_1、F_2和F_4水平增加了28.08%、15.03%和12.25%。在播种后120d和135d，施肥和灌水的交互作用对株高影响不明显，同一灌水下限下，株高随施肥量增加先增加后减少；在同一施肥水平下，W_2处理的马铃薯株高表现最好。在F_3W_2处理达到最大株高75.85cm，F_1W_1处理株高最低，为56.48cm。

从表7-2中可知，马铃薯的叶面积指数随着生育期的推进呈先增大后减小的趋势，最大值出现在播种后100d，之后叶面积指数逐渐降低。播种后100d，F_3W_2处理的叶面积指数最大，F_3水平下，W_2处理分别比W_1、W_3处理的叶面积指数高37.4%、12.3%；W_2水平下，F_3处理分别比F_1、F_2和F_4处理的叶面积指数高89.9%、30.5%和17.0%。播种后60d，叶面积指数均随着滴灌量和施肥量的提高而提高，最大值出现在F_4W_3处理处，说明生长前期马铃薯对水肥需求较大。播种后80d，在同一施肥水平下，W_2处理叶面积指数表现出明显的优势，分别比W_1、W_3处理增加53.4%、15.9%；而灌水下限一致时，随着施肥量的增多，叶面积指数先变大后减少，F_3处理的叶面积指数最高，比F_1、F_2和F_4处理分别增加了132.7%、36.5%和21.1%，说明施肥量过多会对马铃薯生长产生负效应；播种后100d，叶面积指数持续增大，变化趋势与播种后80d相似；随着生育期的推进，播种后120d和135d，作物的叶面积指数开始降低，这是因为到了马铃薯生长后期，植株所吸收的养分开始向块茎中转移，作物叶面积增长缓慢，甚至停止生长、脱落，导致其叶面积指数下降。

7.3.2　茎粗

图7-1反映了随着播种后天数的增加，不同处理下滴灌马铃薯茎粗的变化。从图中可以看出，随着马铃薯的生长，茎粗得到不同程度的增加，前期增长较快，并在播种后100d达到最大，之后各处理的茎粗均有不同程度的减小。在同一施肥量下，不同灌水下限之间马铃薯茎粗大小满足$W_2>W_3>W_1$；在相同灌水下限处理下，F_3施肥量处理下的茎粗均明显高于F_1、F_2、F_4处理，说明过多施肥量对马铃薯茎粗的生长有一定的抑制作用。播种后60d，W_3处理下马铃薯茎粗随着施肥

量的增加有明显增长；播种后 80d，W_2 灌水下限水平和 F_3 施肥水平逐渐表现出优势，并在播种后 100d 达到最高值 12.01mm；播种后 120d，植株养分越来越多地向地下部分转移，茎粗呈现了不同程度的下降。在生长前期，施肥和灌水处理对马铃薯茎粗影响不大，随着马铃薯的生长，施肥和灌水处理及其相互作用均对马铃薯的茎粗产生极显著影响（$P < 0.01$）。

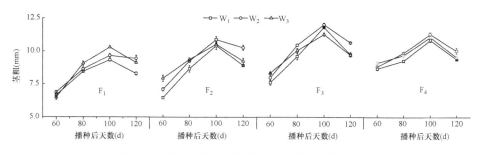

图 7-1　灌水下限和施肥量对马铃薯茎粗的影响

7.3.3　叶绿素相对含量（SPAD）

植株中叶绿素含量可以用 SPAD 值表示，SPAD 值的大小可以有效反映马铃薯体内的光合作用及马铃薯植株的生长状况，也是反映马铃薯生长规律的重要指标。表 7-3 所示为随着马铃薯生育期的推进，在不同处理下马铃薯叶片 SPAD 值的变化情况。在马铃薯生长发育的过程中，叶片的 SPAD 值总体呈现"双峰式"变化，在播种后 60d，叶片 SPAD 值为各生育时期的最高值，经过一段时间有所回落，并在播种后 100d 有所回升，之后又开始下降。在同一灌水下限下，叶片 SPAD 值随着施肥量的增加而逐渐增加，在 F_4 施肥水平下有所降低，说明适当施肥有助于马铃薯叶片的光合作用，有助于马铃薯生长；在同一施肥水平下，各时期 W_2 灌水处理下叶片的 SPAD 值最高。播种后 60d，各处理之间差异不明显，F_3W_2 处理的 SPAD 值最高，为 43.49。播种后 80d、100d、120d，施肥和灌水处理对叶片 SPAD 值含量有极显著影响（$P < 0.01$），且各个时期的最高值均出现在 F_3W_2 处理，施肥和灌水的交互作用对马铃薯叶片 SPAD 值均没有显著影响（$P > 0.05$）。

表 7-3　灌水下限和施肥量对马铃薯叶片 SPAD 值的影响

施肥量	滴灌量	播种后天数			
		60d	80d	100d	120d
F_1	W_1	39.67cd	37.85d	38.92ef	32.75de
	W_2	40.36bcd	38.41d	40.67bcde	37a
	W_3	39.42d	37.3d	38.45f	35.2b

续表

施肥量	滴灌量	播种后天数			
		60d	80d	100d	120d
F₂	W₁	40.06bcd	38.22d	39.32def	33.1cde
	W₂	43.37a	40.98ab	42.81ab	38.18a
	W₃	42.07ab	39.22bcd	41.51abc	37.89a
F₃	W₁	40.64bcd	38.5d	40.88bcde	34.12bcd
	W₂	43.49a	41.21a	43.39a	38.76a
	W₃	42.41ab	40.59bc	41.83abc	37.68a
F₄	W₁	41.92abc	37.84d	40.47cdef	32.19e
	W₂	42.14ab	40.89ab	41.46bcd	34.7bc
	W₃	42.33ab	38.88cd	40.78bcde	32.63de
显著性检验					
施肥水平		*	**	**	**
灌水水平		*	**	**	**
施肥×灌溉		ns	ns	ns	ns

7.3.4 干物质累积量

植物的干物质累积量在一定程度上可以反映出植物在一段时间内的物质积累，图7-2为不同水肥处理下马铃薯随生育期推进总干物质累积量的变化。由图可知，在全生育期，施肥量和滴灌量对马铃薯干物质累积量均有极显著影响（$P<0.01$），施肥和灌水处理的交互作用对播种后60d、80d、100d、120d的干物质累积量有极显著影响（$P<0.01$），对播种后135d的干物质累积量有显著影响（$P<0.05$）。

在生长前期，马铃薯干物质累积量增长缓慢，随着生育期的推进，干物质积累加快，在生长后期，干物质增长速度趋于平缓。播种后60d，各处理之间差异显著，F_4W_3处理下马铃薯干物质最高，为3221.1kg/hm²。播种后80d，施肥水平为F_1时，总干物质积累表现为随着灌水下限的提高而增加；施肥水平为F_2、F_3、F_4时，总干物质积累量随灌水下限变化均表现为：$W_2>W_3>W_1$；灌水水平一致时，F_3水平的干物质累积量比F_1、F_2和F_4显著增加130.6%、32.03%和17.93%。播种后100d，各处理的总干物质累积量相对于播种后80d增加显著，在施肥水平一致时，各灌水下限水平的总干物质累积量均表现为：$W_2>W_3>W_1$；在灌水下限水平相同时，各施肥水平的总干物质累积量均变现为$F_3>F_4>F_2>F_1$。播种后120d，各处理的变化规律与播种后100d区别不大。播种后135d，各处理的总干物质累积量达到最大，在施肥量一致时，W_2的干物质累积量最大，平均为

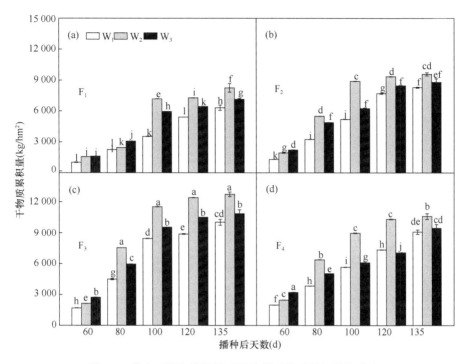

图 7-2　灌水下限和施肥量对马铃薯干物质累积量的影响

不同小写字母表示差异显著（$P<0.05$）。下同

10 289.92kg/hm^2，分别比 W$_1$、W$_3$ 高 22.2%、13.6%；在灌水下限水平相同时，F$_3$ 的总干物质累积量最大，为 11 200.43kg/hm^2，比 F$_1$、F$_2$ 和 F$_4$ 高 54.81%、25.91% 和 15.52%，F$_3$W$_2$ 处理的总干物质累积量最大，平均为 12 729.95kg/hm^2。

7.3.5　产量和水肥利用效率

表 7-4 列出了不同处理下马铃薯产量和水肥利用的情况。经过方差分析可知，施肥量和滴灌量及灌水、施肥的交互作用对马铃薯产量、灌溉水分利用效率（IWUE）、水分利用效率（WUE）和肥料偏生产力（PFP）均达到极显著水平（$P<0.01$）。

从表 7-4 中可以看出，F$_3$W$_2$ 处理的产量最大，平均为 50 397.45kg/hm^2，F$_4$W$_2$ 处理次之，平均为 46 517.89kg/hm^2，F$_1$W$_1$ 处理最低，平均为 29 858.60kg/hm^2。在同一施肥水平，W$_2$ 水平的产量为 43 187.15kg/hm^2，比 W$_1$、W$_3$ 水平显著提高了 24.59%、5.26%；而在同一灌水水平时，随着施肥量的增加，马铃薯产量先增大后减小，在 F$_3$ 水平产量达到最大值，F$_3$ 水平的产量平均为 44 691.33kg/hm^2，比 F$_1$、F$_2$ 和 F$_4$ 高 41.79%、10.98% 和 6.34%。由此看出，W$_2$ 水平的土壤水分状况使

表 7-4　灌水下限和施肥量对马铃薯产量及水肥利用的影响

试验处理		耗水量 （mm）	产量 （kg/hm²）	水分利用效率 [kg/(mm·hm²)]	灌溉水分利用效 率[kg/(mm·hm²)]	肥料偏生产力 （kg/kg）
F₁	W₁	474.15	29 858.60j	62.97i	133.81g	102.96c
	W₂	513.71	32 665.81h	63.59i	122.65h	112.64a
	W₃	522.00	32 036.24i	61.37j	115.09i	110.47b
F₂	W₁	477.43	35 302.86g	73.94g	141.83e	81.16g
	W₂	533.24	43 167.46c	80.95d	156.48b	99.24d
	W₃	544.18	42 333.89d	77.79f	144.65d	97.32e
F₃	W₁	516.69	37 278.67e	72.15h	136.20f	64.27i
	W₂	539.36	50 397.45a	93.44a	170.32a	86.89f
	W₃	555.45	46 397.86b	83.53c	150.18c	80.00h
F₄	W₁	499.08	36 212.64f	72.56h	132.47g	49.95k
	W₂	532.43	46 517.89b	87.37b	155.83b	64.16i
	W₃	542.87	43 349.46c	79.85e	141.68e	59.79j
显著性检验						
施肥水平		—	**	**	**	**
灌水水平		—	**	**	**	**
施肥×灌溉		—	**	**	**	**

注："—"表示未做显著性分析

得马铃薯根区的土壤水分条件最适合马铃薯的生长，W_3 可能受到土壤透气性的影响，影响马铃薯的生长。马铃薯的产量随着施肥量的增加而不断增加，但施肥量继续增加，马铃薯产量不增反减，施肥量对马铃薯产量产生一定的抑制作用。

从表 7-4 中可以看出，在同一施肥水平下，随着灌水下限水平的提高，耗水量不断增加；而随着施肥量的增加，耗水量呈开口向下抛物线的趋势，在 F_3 水平作物耗水量最大。从总体上可以看出，F_3W_2 处理下，WUE 和 IWUE 最大，分别为 93.44kg/(mm·hm²)、170.32kg/(mm·hm²)，F_1W_3 处理的 WUE 和 IWUE 最小，分别为 61.37kg/(mm·hm²)、115.09kg/(mm·hm²)。在同一施肥水平下，W_2 处理的 WUE 值平均为 81.34kg/(mm·hm²)，比 W_1、W_3 处理高 15.53%、7.54%，且与 W_1、W_3 处理差异明显。而 IWUE 有不同的变化，当施肥水平为 F_1 时，IWUE 随着滴灌量的提高而逐渐减小，这是因为在施肥水平较低时，滴灌量的多少对作物灌溉水分利用效率影响较大，而 W_3 水平下作物滴灌量大，故灌溉水分利用效率较低；在施肥水平为 F_2、F_3、F_4 时，在各施肥水平下，IWUE 随灌水下限水平的增加均表现为 $W_2>W_3>W_1$，各处理之间差异显著。在同一灌水水平下，WUE、IWUE 随着施肥水平的增加均呈现先增加后减小的趋势，F_3 水平的 WUE 和 IWUE 最大，分别比 F_1、F_2、F_4 增加了 32.56%、7.07%、3.90% 和 22.92%、3.10%、6.21%。

在灌水水平一致时，随着施肥量的增加，肥料偏生产力（PFP）呈不断减小的趋势，PFP 在 F_1 施肥水平下最大，平均为 108.69kg/kg，分别比 F_2、F_3 和 F_4 增加了 17.41%、41.06% 和 87.50%；当施肥量相同时，马铃薯 PFP 在 W_2 处理下最大，W_3 处理下次之，W_1 处理下最小，在 W_2 处理下 PFP 平均为 90.73kg/kg，比 W_1、W_3 处理增加了 21.65%、4.42%。肥料偏生产力在 F_1W_2 处理下最大，为 112.64kg/kg，在 F_4W_1 处理下最小，为 49.95kg/kg，各处理之间差异显著。

7.4　水肥调控对马铃薯品质的影响

7.4.1　块茎质量分级

块茎是马铃薯的最终产物，块茎的优劣直接影响马铃薯产量、品质。从表 7-5 可以看出，施肥量和灌水下限对马铃薯单株块茎质量、商品薯重和大块茎质量的影响均极显著（$P<0.01$），灌水下限处理和施肥量处理的交互作用对单株块茎和商品薯有极显著影响（$P<0.01$）。

表 7-5　灌水下限和施肥量对马铃薯块茎质量分级的影响　　　　（g）

施肥量	滴灌量	块茎质量		
		单株块茎	大块茎	商品薯
F_1	W_1	622.32j	227.38e	362.89j
	W_2	680.83h	302.29de	461.80h
	W_3	667.70i	231.62e	421.99i
F_2	W_1	735.79g	311.53cde	475.26g
	W_2	899.70c	415.33bc	656.20c
	W_3	882.33d	349.52cd	544.05f
F_3	W_1	776.97e	401.85bcd	617.63e
	W_2	1050.39a	574.48a	858.70a
	W_3	967.03b	490.41ab	739.68b
F_4	W_1	754.75f	378.74cd	539.94f
	W_2	969.53b	498.31ab	734.03b
	W_3	903.50c	400.35bcd	629.98d
显著性检验				
施肥水平		**	**	**
灌水水平		**	**	**
施肥×灌溉		**	ns	**

同一施肥水平下，单株块茎质量、商品薯重、大块茎质量均在 W_2 水平下最

大。其中，W_2 水平单株块茎平均质量为 900.11g，比 W_1、W_3 水平高 24.59%、5.26%；商品薯平均质量为 677.68g，比 W_1、W_3 水平高 35.83%、16.06%；大块茎平均质量为 447.60g，比 W_1、W_3 水平高 35.69%、21.64%。灌水下限相同时，施肥量增加可以使马铃薯的单株块茎质量、商品薯重、大块茎质量先增加后减少，在 F_3 水平达到最大。其中，F_3 水平的单株块茎分别比 F_1、F_2 和 F_4 水平高 41.79%、10.98% 和 6.34%，商品薯重分别比 F_1、F_2 和 F_4 水平高 77.75%、32.26% 和 16.39%，大块茎质量分别比 F_1、F_2 和 F_4 水平高 92.66%、36.27% 和 14.82%。其中，F_3W_2 处理的单株块茎质量、商品薯重、大块茎质量达到最大值，分别为 1050.39g、858.70g、574.48g。

7.4.2 淀粉含量

从图 7-3a 中可以看出，各处理之间差异明显。在相同的施肥水平下，W_2 处理下块茎内淀粉含量明显高于 W_1、W_3 处理，W_3 处理高于 W_1 处理，W_2 水平块茎内淀粉平均含量为 14.10%，高于 W_1、W_3 水平 15.32%、8.04%，说明 W_2 处理的土壤含水量上下限范围比较适合马铃薯淀粉的积累；土壤含水量过少会明显延缓马铃薯淀粉的积累，从而导致马铃薯块茎淀粉的减少；而灌水下限过高时，由于土壤含水量一直保持在一个较高的水平，影响植株生长发育，导致块茎淀粉积累减少。在相同的灌水下限水平下，马铃薯块茎淀粉含量随着施肥量的增加呈抛物线形变化，施肥量过高，对淀粉产生负效应。其中，在 F_2 水平下块茎内淀粉含量达到最大，为 13.72%，其平均含量比 F_1、F_3 和 F_4 水平高 5.63%、3.20% 和 9.68%。在 W_1 水平下，F_2 处理的块茎淀粉含量分别比 F_1、F_3、F_4 高 3.83%、1.37%、7.68%；在 W_2 水平下，F_2 处理的块茎淀粉含量分别比 F_1、F_3、F_4 高 7.41%、5.27%、7.47%；在 W_3 水平下，F_2 处理的块茎淀粉含量分别比 F_1、F_3、F_4 高 5.42%、2.71%、14.17%。F_2W_2 处理块茎淀粉含量最高达到 14.80%，在该水肥条件下，马铃薯向下传输的营养多，最适合淀粉积累。经过 F 值检验，灌水下限和施肥水平及其交互作用均对马铃薯淀粉含量有极显著影响（$P < 0.01$）。

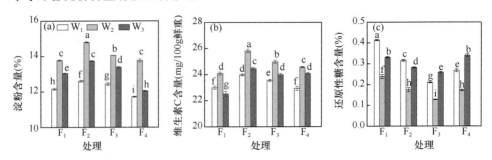

图 7-3　灌水下限和施肥量对马铃薯块茎品质的影响

7.4.3　维生素 C 含量

从图 7-3b 中可以看出，各处理之间差异显著。当施肥水平一致时，灌水水平为 W_2 的维生素 C 含量最高，为 24.85%，比 W_1、W_3 水平平均高 6.37%、4.66%。对于相同的灌水水平，施肥量增加使马铃薯块茎维生素 C 的含量呈现先增加后减少的趋势，在 F_2 水平达到最大，为 24.74%，F_2 水平分别比 F_1、F_3 和 F_4 水平高 6.69%、2.38% 和 3.72%。在各个处理中，F_2W_2 处理马铃薯块茎内维生素 C 含量最高，为 25.80%，说明该水肥条件最适合马铃薯维生素 C 的积累。经过显著性分析，施肥水平和灌水下限水平对马铃薯块茎维生素 C 含量均表现为极显著（$P<0.01$）。

7.4.4　还原性糖含量

从图 7-3c 中可以看出，在不同施肥灌水处理下，各处理之间差异明显，施肥量和滴灌量及其交互作用对马铃薯块茎还原性糖含量均表现为极显著影响（$P<0.01$）。在相同施肥水平下，W_2 水平下还原性糖含量均比 W_1、W_3 水平低，在 F_1、F_2 水平下，块茎中还原性含量表现为 $W_1>W_3>W_2$，在 F_3、F_4 水平下表现为 $W_3>W_1>W_2$，W_3 水平下马铃薯块茎内还原性糖含量高是因为土壤水分含量过多，土壤透气性差。在同一灌水下限水平下，马铃薯块茎内还原性糖含量随着施肥量的增加先降低后升高，在 F_3 水平达到最低。其中，F_3W_2 处理还原性糖含量最低，为 0.138%。

7.4.5　综合评价

单一特性或几个特性的优劣并不能全面地反映马铃薯的品质，而应该对其进行全面、系统、科学地综合评价。本研究采用主成分分析法分析马铃薯品质的各项指标（图 7-4）。分析可知，从单株块茎质量、大块茎质量、商品薯重、淀粉含量、维生素 C 含量、还原性糖含量、块茎干物质量 7 个成分中提取两个主成分，第一主成分占 77.55%，第二个主成分占 14.75%，这两个主成分可以代表全部 7 个品质指标的 92.30%，所以可以用这两个主成分较好地代替上述马铃薯 7 个品质指标来评价马铃薯品质（图 7-5）。从图 7-4 中可知，马铃薯各项指标主要集中在第一主成分的 0~1 范围内。对第一主成分贡献最大的是商品薯重和大块茎质量，负荷量为 0.961、0.95，因此商品薯重和大块茎质量可作为第一主成分中的代表性评价指标；对第二主成分贡献最大的是淀粉含量和维生素 C 含量，负荷量分别为 0.724、0.465，因此，淀粉含量和维生素 C 含量可作为第二主成分中的代表性评价指标。从图 7-5 可以看出，得分最高的是 F_3W_2 处理，淀粉含量和维生素 C 含量相对其他处理偏低，综合排名第一，综合排名第二的是 F_4W_2 处理。

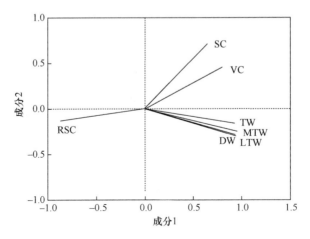

图 7-4　马铃薯块茎品质主成分分析

TW：单株块茎质量；LTW：大块茎质量；MTW：商品薯重；SC：淀粉含量；RSC：还原性糖含量；VC：维生素 C 含量；DW：块茎干物质量

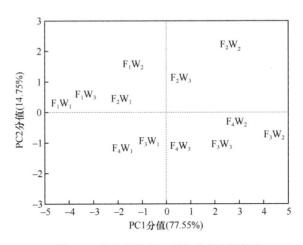

图 7-5　马铃薯块茎品质主成分分析得分

7.5　水肥调控对滴灌马铃薯养分吸收的影响

7.5.1　氮素吸收

表 7-6 为在全生育期内，马铃薯根、茎、叶和块茎对氮素吸收和分配的变化规律。从表中可以看出，播种后 60d，灌水下限和施肥量及其交互作用对马铃薯

的根和茎中氮累积吸收量影响极显著（$P<0.01$）；播种后 80d、100d 和 135d，滴灌量和施肥量及其交互作用对马铃薯各器官氮累积吸收量影响极显著（$P<0.01$）；播种后 120d，灌水水平和施肥水平对茎的氮素吸收没有显著影响（$P>0.05$），对根、叶和块茎的氮素吸收均有极显著影响（$P<0.01$）。

表 7-6　施肥量和灌水下限对马铃薯各器官氮累积吸收量及分配率变化的影响（kg/hm^2）

播种后天数	施肥量	滴灌量	不同器官中氮累积吸收量			
			根	茎	叶	块茎
60d	F_1	W_1	1.93g	3.04g	8.08h	4.84g
		W_2	2.53f	3.89f	13.38gf	10.29f
		W_3	1.78g	3.99f	15.34ef	13.53de
	F_2	W_1	2.61f	3.15g	12.69g	7.18g
		W_2	3.48e	5.27e	17.16de	14.45de
		W_3	3.35e	5.76d	17.90d	15.85d
	F_3	W_1	3.92d	6.02cd	15.29ef	12.46ef
		W_2	4.70b	6.33c	21.74c	20.09c
		W_3	4.20cd	7.36b	24.12b	23.91b
	F_4	W_1	4.00d	5.95d	19.47cd	15.79d
		W_2	4.46bc	7.97a	26.46b	25.90b
		W_3	5.18a	7.63b	32.33a	29.01a
显著性检验						
施肥水平			**	**	ns	*
灌水水平			**	**	*	**
施肥×灌溉			**	**	*	ns
80d	F_1	W_1	2.76i	5.39j	8.47k	27.84i
		W_2	3.17h	6.59h	17.13j	28.82h
		W_3	3.67gf	5.03j	22.98g	34.96f
	F_2	W_1	3.52g	6.01i	18.30i	29.56g
		W_2	6.30c	8.07f	28.33e	35.82e
		W_3	5.82d	10.20e	29.64d	38.19d
	F_3	W_1	4.53e	7.50g	30.79c	40.71c
		W_2	7.08a	12.42d	36.75b	48.90b
		W_3	4.01f	15.34b	39.17a	49.09b
	F_4	W_1	4.78e	10.45e	17.06j	38.07d
		W_2	6.74b	17.26a	23.48f	49.10b
		W_3	6.37c	13.36c	20.63h	58.23a
显著性检验						
施肥水平			**	**	**	**
灌水水平			**	**	**	**
施肥×灌溉			**	**	**	**

播种后天数	施肥量	滴灌量	不同器官中氮累积吸收量			
			根	茎	叶	块茎
100d	F₁	W₁	3.60h	6.14j	21.90cd	30.46k
		W₂	4.62f	9.45h	24.95c	45.38h
		W₃	4.05g	8.40i	16.50d	42.50i
	F₂	W₁	4.62f	9.17h	20.91cd	50.87j
		W₂	6.07d	15.15f	37.52ab	63.65e
		W₃	6.22cd	14.29g	37.75ab	57.80g
	F₃	W₁	6.52c	24.80a	32.99b	66.39d
		W₂	7.93a	21.70c	39.82a	79.77a
		W₃	5.16e	17.75e	40.75a	78.50b
	F₄	W₁	5.38e	21.55c	26.61c	60.00f
		W₂	7.47b	23.89b	33.56b	74.38c
		W₃	7.66ab	19.21d	25.90c	66.34d
显著性检验						
施肥水平			**	**	**	**
灌水水平			**	**	**	**
施肥×灌溉			**	**	**	**
120d	F₁	W₁	2.29f	5.45i	9.80i	47.97l
		W₂	3.65c	9.51g	22.75e	49.65j
		W₃	3.92bc	8.89h	19.00h	48.01k
	F₂	W₁	3.26d	9.48g	19.77g	90.83h
		W₂	2.63e	13.12d	28.15b	93.47d
		W₃	3.06d	12.38e	26.05c	83.23g
	F₃	W₁	2.73e	11.15f	29.56a	109.78c
		W₂	4.82a	15.34a	25.86c	126.30a
		W₃	4.05b	14.11c	25.25d	121.30b
	F₄	W₁	3.28d	14.67b	20.06g	89.70i
		W₂	4.86a	13.43d	29.81a	97.63e
		W₃	4.99a	14.07c	21.21f	94.51f
显著性检验						
施肥水平			**	ns	**	**
灌水水平			**	ns	**	**
施肥×灌溉			**	ns	**	**
135d	F₁	W₁	1.46e	3.49i	6.21h	59.96l
		W₂	1.73de	4.30h	10.06f	71.57j
		W₃	1.93cd	4.55h	9.02g	65.03k
	F₂	W₁	2.14bc	6.51de	10.54e	111.50i
		W₂	2.49b	6.85cd	11.73d	119.86d
		W₃	2.97a	5.13g	10.42e	118.00g

续表

播种后天数	施肥量	滴灌量	不同器官中氮累积吸收量			
			根	茎	叶	块茎
135d	F_3	W_1	2.43b	6.32e	10.67e	146.99c
		W_2	2.97a	7.59b	16.13a	152.28a
		W_3	2.35b	9.78a	12.67c	148.05b
	F_4	W_1	2.16bc	7.14c	11.89d	116.23h
		W_2	2.50b	6.43e	14.58b	127.97e
		W_3	2.15bc	5.67f	12.84c	119.73f
显著性检验						
施肥水平			**	**	**	**
灌水水平			*	**	**	**
施肥×灌溉			**	**	**	**

在生长的各个阶段，马铃薯的氮素含量在各器官分配中均表现为叶＞茎＞根。播种后 60d，块茎刚开始形成，块茎的氮累积吸收量比叶片小，从播种后 80d 开始，马铃薯的氮素含量在各器官分配中均表现为块茎＞叶＞茎＞根。根、茎、叶的氮累积吸收量随着生育期的推进先增长后下降，并在播种后 100d 达到最大，此后植株体内的氮素向块茎运移，根、茎、叶的氮累积吸收量开始减少，块茎氮累积吸收量随着生育期的延长不断增加。植株氮素总吸收量随着生育期延长不断增加，在生长前期和后期，植株总氮累积吸收量增长缓慢，在生长中期，植株总氮累积吸收量增长迅速。

播种后 60d，在同一灌水下限水平，施肥量增加使植株氮素总累积量逐渐增加；在施肥水平一致时，氮素吸收量随着灌水下限水平的提高逐渐增加，各处理之间差异明显，此时植株氮素占总吸收量的 19.61%～52.82%。播种后 80d，植株总氮素吸收量随施肥量和灌水下限变化与播种后 60d 相似，但各个器官的氮素吸收占植株总吸收量的比例产生了变化，植株总氮占总吸收量的 43.91%～70.23%。播种后 100d，根、茎、叶的氮素吸收量达到最大，各器官占植株总吸收量的比例分别为 3.63%～6.43%、9.88%～18.98%、21.74%～35.27%，在同一施肥水平下，植株总氮吸收量随灌水水平的增加呈抛物线形变化，在 W_2 水平达到最大；在相同灌水下限水平下，植株总氮吸收量随施肥量的增加先增加后减少，在 F_3 水平达到最大。播种后 120d，植株总氮吸收量变化规律与播种后 100d 相似，各处理之间差异显著。播种后 135d，植株总氮吸收量达到最大，块茎氮素吸收量占植株总吸收量的 80.76%～88.33%，同一施肥水平下，W_2 水平的氮素吸收量最大，比 W_1、W_3 分别增加了 10.56%、5.42%；同一灌水水平下，F_3 水平的氮素吸收量最大，比 F_1、F_2 和 F_4 水平分别增加了 116.55%、26.98% 和 20.72%，F_3W_2 处理的氮素吸收量最大，各处理有明显差异。

7.5.2 磷素吸收

表 7-7 为施肥量和灌水下限对马铃薯各器官磷累积吸收量的影响。从表中可以看出，播种后 60d，施肥量和滴灌量及其交互作用对马铃薯叶片的磷素吸收有极显著影响（$P<0.01$），除播种后 60d 外，播种后 80d、100d、120d 和 135d，施肥量和滴灌量对马铃薯各器官的磷累积吸收量均有极显著影响（$P<0.01$），播种后 80d、100d、120d 和 135d，施肥量和滴灌量的交互作用对马铃薯块茎磷累积吸收量有极显著影响（$P<0.01$）。

表 7-7 施肥量和灌水下限对马铃薯各器官磷累积吸收量及分配率变化的影响（kg/hm^2）

播种后天数	施肥量	滴灌量	不同器官中磷累积吸收量			
			根	茎	叶	块茎
60d	F_1	W_1	0.47e	0.50f	1.18f	1.00g
		W_2	0.58e	0.72ef	2.34d	1.12fg
		W_3	0.60de	0.68ef	2.55d	1.40ef
	F_2	W_1	0.57e	0.68ef	1.80e	1.51e
		W_2	0.69cde	0.86cdef	3.17c	1.64e
		W_3	0.71cde	0.74def	3.44c	1.76e
	F_3	W_1	0.60de	0.90bcde	2.70d	1.75e
		W_2	0.82bcde	0.92bcde	3.89b	2.23d
		W_3	0.99abcd	1.09abcd	4.52a	2.44cd
	F_4	W_1	1.01abc	1.13abc	3.49c	2.72bc
		W_2	1.15ab	1.22ab	4.14b	2.96ab
		W_3	1.24a	1.37a	4.72a	3.19a
显著性检验						
	施肥水平		ns	ns	**	**
	灌水水平		ns	ns	**	ns
	施肥×灌溉		ns	ns	**	ns
80d	F_1	W_1	0.66e	0.71d	1.31f	5.36j
		W_2	0.70de	0.76d	2.54d	5.91i
		W_3	0.86cde	0.97d	3.14c	7.73h
	F_2	W_1	0.68de	0.84d	1.82e	8.13g
		W_2	1.10bc	1.56c	3.87ab	11.31d
		W_3	0.93bcde	1.49c	3.59b	9.79e
	F_3	W_1	1.04bcd	1.04d	3.20c	12.30b
		W_2	1.45a	3.51a	4.26a	14.14a
		W_3	1.21abc	3.29a	4.17a	13.96a

续表

播种后天数	施肥量	滴灌量	不同器官中磷累积吸收量			
			根	茎	叶	块茎
80d	F4	W1	0.90bcde	1.02d	3.12c	8.59f
		W2	1.24ab	2.90b	4.06a	11.71c
		W3	1.15abc	2.83b	3.87ab	9.66e
显著性检验						
	施肥水平		**	**	**	**
	灌水水平		**	**	**	**
	施肥×灌溉		ns	**	**	**
100d	F1	W1	0.72e	0.88f	1.97f	9.27i
		W2	0.84de	1.06f	3.14de	13.56e
		W3	0.79de	0.92f	3.02de	10.32h
	F2	W1	0.87de	0.96f	2.81e	11.28g
		W2	1.17bcd	1.91de	4.11b	15.62d
		W3	0.93cde	1.74e	3.74c	12.64f
	F3	W1	1.11bcde	2.37c	3.32d	17.86c
		W2	1.56a	3.67a	4.95a	20.24a
		W3	1.33abc	2.48c	4.30b	19.82b
	F4	W1	1.04bcde	2.24cd	3.24d	11.36g
		W2	1.37ab	3.02b	4.36b	13.79e
		W3	1.29abc	2.40c	4.24b	13.65e
显著性检验						
	施肥水平		**	**	**	**
	灌水水平		**	**	**	**
	施肥×灌溉		ns	**	*	**
120d	F1	W1	0.31g	0.61g	0.80f	14.58k
		W2	0.47def	1.09def	1.90de	18.84i
		W3	0.35g	0.98f	1.63e	15.82j
	F2	W1	0.39efg	1.00ef	1.79e	18.52i
		W2	0.57bcd	1.37cde	2.46c	22.22e
		W3	0.48cde	1.36cdef	2.22cd	19.33h
	F3	W1	0.41efg	1.40cd	2.36c	24.32d
		W2	0.71a	2.11a	4.09a	30.58a
		W3	0.61ab	1.92ab	3.60b	28.58b
	F4	W1	0.35fg	1.25cdef	1.89de	20.57f
		W2	0.59bc	1.79ab	3.71b	24.78c
		W3	0.49cde	1.57bc	3.44b	19.96g

播种后天数	施肥量	滴灌量	不同器官中磷累积吸收量			
			根	茎	叶	块茎
		显著性检验				
	施肥水平		**	**	**	**
	灌水水平		**	**	**	**
	施肥×灌溉		ns	ns	*	**
135d	F₁	W₁	0.19d	0.40e	0.58d	15.65k
		W₂	0.22cd	0.49cd	0.96bcd	22.62i
		W₃	0.20d	0.45de	0.74cd	18.48j
	F₂	W₁	0.22cd	0.56bc	0.82cd	23.42h
		W₂	0.30b	0.59b	1.11abc	25.65e
		W₃	0.25bcd	0.54bc	0.95bcd	23.56gh
	F₃	W₁	0.28bc	0.58b	0.98abcd	28.66d
		W₂	0.38a	0.72a	1.44a	35.94a
		W₃	0.28bc	0.60b	1.12abc	34.73b
	F₄	W₁	0.19d	0.45de	0.94bcd	23.92g
		W₂	0.20d	0.56bc	1.27ab	29.45c
		W₃	0.19d	0.52bcd	1.07abc	24.40f
		显著性检验				
	施肥水平		**	**	**	**
	灌水水平		**	**	**	**
	施肥×灌溉		ns	ns	ns	**

马铃薯植株磷累积吸收量的变化规律与氮累积吸收量类似,但累积总量没有氮素多,植株总磷累积吸收量均随着生育期的延长而不断增加,在生长前期,植株磷素累积较慢,到生长中期,植株磷素累积速度明显加快,而到生长后期,增长速度又开始降低。植株各器官磷累积吸收量随生育期推进出现不同的变化,播种后 60d,各器官磷累积吸收量变化表现为叶>块茎>茎>根,此时块茎磷素开始累积;播种后 80d、100d、120d 和 135d,各器官磷累积吸收量均表现为块茎>叶>茎>根。根、茎、叶的磷累积吸收量随生育期延长先增加后减少,在播种后 100d 达到最大值,块茎的磷累积吸收量则随着生长时间的延长不断增加,这与植株氮素累积类似。

播种后 60d,植株各器官的磷素吸收量均随着施肥量的增加和灌水下限的提高不断增加,此时植株磷素总吸收量占全生育期总吸收的 18.25%~40.17%。播种后 80d,F₁ 水平下,植株磷素吸收总量随灌水下限的提高不断增加,而在其他施肥水平下,W₂ 处理的磷素吸收均明显高于 W₁ 和 W₃ 处理;在相同灌水水平下,植株磷素吸收随施肥量的增加先增加后减少，在 F_3 处理下达到最大。播种后 80d 植株磷素累积较快，占全生育期的 40.77%～66.84%。播种后 100d，根、茎、叶的磷素吸收达到最大，各器官分别占植株磷素总吸收量的 4.48%～6.10%、5.70%～13.41%、13.47%～20.06%。在施肥水平一致时，植株磷素总吸收量在 W_2 处理下最大；在灌水水平一致时，植株磷素吸收总量随着施肥量的增加先增加后减少，在 F_3 水平达到最大。播种后 120d，各器官磷素吸收规律与播种后 100d 相似，块茎占植株磷素总吸收量的 78.38%～89.45%。播种后 135d，植株磷素总吸收量达到最大，最大值为 38.48kg/hm²，根占全株吸收量的比例最小，块茎占全株吸收量的比例最大，分别为 0.65%～1.13% 和 92.78%～94.54%。在同一施肥水平下，W_2 处理的磷素吸收量最大，比 W_1、W_3 处理分别增加了 24.59%、12.79%；在相同灌水水平下，F_3 处理的磷素吸收量最大，比 F_1、F_2 和 F_4 处理分别增加了 73.35%、35.58% 和 27.12%，各处理之间差异显著。

7.5.3　钾素吸收

表 7-8 为施肥量和灌水下限对马铃薯各器官钾累积吸收量的影响。从表中可以看出，在全生育期内，施肥量和滴灌量及施肥和灌水的交互作用对马铃薯各器官的钾素吸收均有极显著影响（$P < 0.01$）。

表 7-8　施肥量和灌水下限对马铃薯各器官钾累积吸收量及分配率变化的影响（kg/hm²）

播种后天数	施肥量	滴灌量	不同器官中钾累积吸收量			
			根	茎	叶	块茎
60d	F_1	W_1	5.27h	7.95j	5.11k	5.81j
		W_2	6.44f	9.73h	7.26i	16.58g
		W_3	5.65g	8.95i	6.64j	15.53h
	F_2	W_1	5.45gh	9.26i	8.68h	8.91i
		W_2	8.94cd	15.65d	14.59e	18.92d
		W_3	8.69d	14.84f	14.03f	18.30e
	F_3	W_1	7.29e	12.39g	10.42g	16.94f
		W_2	9.24c	18.62c	17.75d	22.15a
		W_3	9.17c	15.13ef	14.75e	19.73c
	F_4	W_1	10.27a	15.21e	18.13c	19.66c
		W_2	10.60a	19.63b	19.51a	22.46a
		W_3	9.84b	20.00a	18.83b	21.59b
显著性检验						
	施肥水平		**	**	**	**
	施肥×灌溉		**	**	**	**
	灌水水平		**	**	**	**

播种后天数	施肥量	滴灌量	不同器官中钾累积吸收量			
			根	茎	叶	块茎
80d	F₁	W₁	6.69f	10.07i	6.81k	22.53l
		W₂	7.08e	10.25i	8.63i	41.50g
		W₃	6.37f	9.92i	7.81j	25.33k
	F₂	W₁	7.22e	14.04h	12.14h	33.62i
		W₂	10.70ab	28.00d	24.96b	55.74c
		W₃	9.71c	22.57f	18.97e	46.79e
	F₃	W₁	7.84d	15.35g	15.12g	45.86f
		W₂	11.04a	35.22b	29.81a	69.26a
		W₃	10.73ab	32.28c	25.18b	60.51b
	F₄	W₁	10.59b	15.31g	18.55f	26.05j
		W₂	10.91ab	44.79a	21.85c	36.47h
		W₃	10.03c	24.63e	19.48d	53.74d
显著性检验						
施肥水平			**	**	**	**
灌水水平			**	**	**	**
施肥×灌溉			**	**	**	**
100d	F₁	W₁	7.82h	17.95j	15.63i	26.57l
		W₂	12.53c	25.15h	20.17f	60.53e
		W₃	7.12i	20.88i	19.06h	33.99k
	F₂	W₁	8.05h	25.01h	19.46g	58.36j
		W₂	13.51b	34.30d	26.22c	82.61d
		W₃	9.26g	26.14g	23.59d	69.74h
	F₃	W₁	8.95g	30.32f	20.92e	70.43g
		W₂	14.61a	38.79b	30.29a	112.81a
		W₃	11.26e	34.76c	29.18b	86.76c
	F₄	W₁	11.62d	25.37h	19.57g	64.58i
		W₂	12.49c	42.31a	29.40b	95.54b
		W₃	10.66f	33.71e	23.70d	75.62f
显著性检验						
施肥水平			**	**	**	**
灌水水平			**	**	**	**
施肥×灌溉			**	**	**	**
120d	F₁	W₁	6.57h	13.73l	10.27j	45.67l
		W₂	7.30efg	27.92f	24.68c	72.05g
		W₃	6.94gh	23.0k	13.35i	67.78k
	F₂	W₁	7.97cd	27.14h	15.19h	86.18j
		W₂	8.26bc	38.45b	25.16b	96.71e
		W₃	7.01gf	26.73i	18.24f	88.59i

续表

播种后天数	施肥量	滴灌量	不同器官中钾累积吸收量			
			根	茎	叶	块茎
120d	F₃	W₁	8.37bc	28.37e	18.92e	92.79f
		W₂	9.40a	44.20a	28.77a	130.07a
		W₃	7.62de	37.79c	23.25d	107.95c
	F₄	W₁	7.04fg	26.36j	17.87g	89.93h
		W₂	8.61b	34.14d	29.10a	128.06b
		W₃	7.39ef	27.57g	25.5b	98.72d
显著性检验						
施肥水平			**	**	**	**
灌水水平			**	**	**	**
施肥×灌溉			**	**	**	**
135d	F₁	W₁	3.50g	7.31i	3.79h	101.11
		W₂	4.39bcd	13.08g	6.43c	116.24i
		W₃	3.72fg	10.66h	3.25i	109.05k
	F₂	W₁	3.87ef	15.06d	4.67f	139.45j
		W₂	4.55abc	16.29b	6.74c	160.31f
		W₃	4.23cde	13.75f	4.24g	152.67h
	F₃	W₁	4.09de	15.76c	5.19e	169.90c
		W₂	4.77a	18.12a	13.22a	194.07a
		W₃	4.37bcd	15.38d	5.80d	175.74b
	F₄	W₁	3.43g	14.63e	4.96ef	158.47g
		W₂	4.65ab	15.91c	9.72b	164.37d
		W₃	3.72fg	13.27g	4.73f	163.56e
显著性检验						
施肥水平			**	**	**	**
灌水水平			**	**	**	**
施肥×灌溉			**	**	**	**

与氮、磷相比，马铃薯钾累积吸收量更大，说明马铃薯对钾素的需求量更高，而随着生育期的延长，植株钾的累积量不断增加，在播种后 135d，F_3W_2 处理达到最大，为 $230.18kg/hm^2$。在全生育期内，各器官钾累积吸收量大小均表现为块茎＞茎＞叶＞根，与氮和磷表现不同，这说明茎秆形成比叶片需要更多的钾元素。随着生育期的延长，块茎内钾累积吸收量不断增加，根、茎、叶的钾累积吸收量先增加后减少，在播种后 100d 达到最大，这与氮、磷累积规律相似。

播种后 60d，在同一施肥水平下，植株钾素总吸收量随着灌水下限的提高先增加后减少，在 W_2 水平达到最大值；而在同一灌水水平下，植株钾素总吸收量随着施肥量的增加而不断增大，全株吸收量占全生育期吸收总量的 19.81%～

37.93%。播种后 80d，在同一施肥水平下，植株钾素总吸收量随灌水下限提高先增加后减少，与播种后 60d 表现一致；在相同灌水水平下，植株钾素总吸收量随施肥量增加呈抛物线形变化，说明施肥量过多对钾的吸收有抑制作用，全株吸收量占全生育期吸收总量的 38.51%～63.94%。播种后 100d，马铃薯根、茎和叶的钾素吸收量均达到最大，分别占全株钾素吸收总量的 6.85%～11.50%、19.74%～26.40%和 15.42%～23.51%，各处理之间差异显著。播种后 120d，块茎钾素吸收量占全株吸收总量的 54.61%～64.06%，各处理之间有显著差异。播种后 135d，在同一施肥水平下，W_2 处理的全株钾素吸收量分别比 W_1、W_3 处理的高 14.90%、9.40%，在同一灌水水平下，F_3 处理的全株钾素吸收量分别比 F_1、F_2 和 F_4 处理高 63.75%、19.12%和 11.57%，各处理之间差异显著。

7.5.4 养分利用效率

表 7-9 为灌水下限和施肥量对马铃薯氮、磷、钾吸收效率和利用效率的影响。从表中可以看出，施肥量和灌水下限对氮、磷、钾的利用效率和吸收效率的影响极显著（$P<0.01$）。

表 7-9　灌水下限和施肥量对马铃薯养分吸收利用的影响　　　（kg/kg）

施肥量	滴灌量	N		P_2O_5		K_2O	
		利用效率	吸收效率	利用效率	吸收效率	利用效率	吸收效率
F_1	W_1	419.88a	0.71h	1775.54a	0.42e	249.44a	0.8d
	W_2	372.64c	0.88d	1344.97g	0.61a	233.09cd	0.93a
	W_3	397.85b	0.81g	1613.00cd	0.50b	252.89a	0.84b
F_2	W_1	270.13f	0.87de	1410.91f	0.42e	216.51e	0.72g
	W_2	306.32d	0.94a	1561.47d	0.46d	229.75d	0.84c
	W_3	312.38d	0.90b	1673.70b	0.42e	242.07b	0.78e
F_3	W_1	224.03h	0.83f	1222.46i	0.38f	191.24g	0.65i
	W_2	281.60e	0.89c	1310.11gh	0.48c	218.95e	0.77f
	W_3	268.44fg	0.86e	1262.93hi	0.46d	230.51cd	0.67h
F_4	W_1	263.54g	0.55k	1420.53f	0.25h	199.53f	0.48l
	W_2	307.11d	0.61i	1477.82e	0.31g	238.98b	0.52j
	W_3	308.8d	0.56j	1655.88bc	0.26h	233.97c	0.49k
显著性检验							
施肥水平		**	**	**	**	**	**
灌水水平		**	**	**	**	**	**
施肥×灌溉		**	**	**	**	**	**

从表 7-9 中可知,在同一灌水水平下,马铃薯氮素利用效率随着施肥量的增加先减少后增加,在 F_1 水平达到最大,平均氮的利用效率为 396.79kg/kg,分别比 F_2、F_3 和 F_4 水平增加了 33.93%、53.78%和 35.35%;在 F_1 水平下,氮素利用效率大小表现为 $W_1 > W_3 > W_2$,在 F_2、F_4 水平下,氮素利用效率大小为 $W_3 > W_2 > W_1$,在 F_3 水平下,表现为 $W_2 > W_3 > W_1$。磷素和钾素利用效率也在 F_1 水平下最大,磷素和钾素利用效率分别为 1577.84kg/kg 和 245.14kg/kg,分别比 F_2、F_3、F_4 水平增加了 1.88%、24.71%、3.94%和 6.85%、14.78%和 9.36%。在 F_1 水平下,钾素利用效率大小表现为 $W_3 > W_1 > W_2$,在 F_2、F_3 水平下,均表现为 $W_3 > W_2 > W_1$,在 F_4 水平下,钾素利用效率表现为 $W_2 > W_3 > W_1$。

在同一施肥水平下,氮素吸收效率在 W_2 水平下最高,分别比 W_1、W_3 水平增加了 12.16%、6.07%;在相同灌水水平下,氮素吸收效率在 F_2 水平下最高,分别比 F_1、F_3 和 F_4 水平增加了 12.91%、5.04%和 57.56%。在同一施肥水平下,磷素吸收效率随着灌水下限的提高先增加后减少,在 W_2 水平最高,分别比 W_1、W_3 水平增加了 26.53%、13.41%;在同一灌水水平下,F_1 水平的磷素吸收效率最高,分别比 F_2、F_3 和 F_4 水平增加了 17.69%、15.91%和 86.59%。钾素表现为相似的规律,在同一施肥水平,W_2 处理的钾素吸收效率明显高于 W_1 和 W_3 处理,比 W_1 和 W_3 处理分别增加了 15.47%和 10.07%;在相同灌水水平下,F_1 水平的钾素吸收效率分别比 F_2、F_3 和 F_4 水平增加了 9.83%、22.97%和 72.48%。

7.6 水肥调控对马铃薯土壤养分的影响

7.6.1 硝态氮

图 7-6 为马铃薯成熟期滴灌带下土壤剖面硝态氮的含量分布。从图中可以看出,施肥量一定时,随着灌水下限的提高,土壤中硝态氮含量不断减少,可能是由于灌水下限提高,土壤中硝态氮随着水分向更深的土层运移;而滴灌量一定时,土壤中硝态氮含量随着施肥量的增加而逐渐增加,土壤中硝态氮含量与施肥量呈正相关,F_4 水平下土壤硝态氮含量显著高于 F_1、F_2 和 F_3 水平。在 0~100cm 范围内,土壤中硝态氮含量呈现先减少后增加的趋势,0~20cm 内硝态氮含量最多,硝态氮在表面聚集,随深度的增加逐渐减少。在 W_1 和 W_3 水平下,80~100cm 的土壤硝态氮含量开始增加,W_2 水平在 60~80cm 开始增加。通过计算发现,在施肥水平相同时,0~20cm 土壤硝态氮含量占 0~100cm 的比例均表现为 $W_1 > W_2 > W_3$,其中 W_1 水平为 31.40%~49.27%,W_3 水平为 23.64%~41.40%,说明滴灌量较低时,硝态氮更容易在土壤表层聚集;在 W_1 和 W_2 水平下,0~20cm 土层的土壤硝态氮含量占 0~100cm 的比例表现呈 $F_3 > F_2 > F_1 > F_4$ 的趋势,在 W_3 水平

下，呈 $F_4 > F_3 > F_2 > F_1$ 的趋势，说明在 F_3 水平下，土壤硝态氮含量更容易在表层聚集。

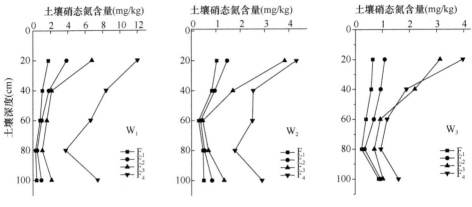

图 7-6　灌水下限和施肥量对土壤剖面硝态氮含量分布的影响

7.6.2　速效磷

图 7-7 为马铃薯成熟期滴灌带下土壤剖面速效磷的含量分布。从图中可以看出，施肥量一定时，0~100cm 内土壤速效磷的累积总量随着灌水下限的提高而不断减少，这与土壤剖面硝态氮累积规律相似；当滴灌量一致时，0~100cm 内土壤速效磷的累积总量随着施肥量的增加逐渐增加，磷素累积总量与施肥量呈正相关。在 0~100cm 范围内，土壤速效磷随着深度的增加先减少后增加，在 0~20cm 内土壤速效磷的含量最高，整体上土壤速效磷含量表现为"上高下低"的趋势。通过计算发现，在施肥水平一定时，0~20cm 的土壤速效磷含量占 0~100cm 的比例随着灌水下限的提高而逐渐降低，W_1 水平最大，为 49.04%~59.44%，W_3 水平

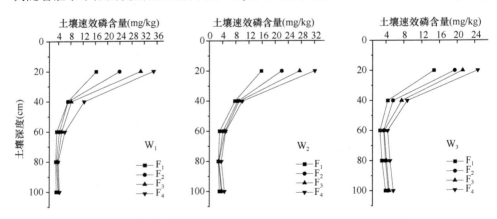

图 7-7　灌水下限和施肥量对土壤剖面速效磷含量分布的影响

最小，为 51.07%～52.65%；灌水水平一致时，在 W_1 水平下，0～20cm 的土壤速效磷含量占 0～100cm 的比例表现为 $F_3 > F_4 > F_2 > F_1$，在 W_2 水平下，表现为 $F_4 > F_3 > F_2 > F_1$，在 W_3 水平下，表现为 $F_2 > F_3 > F_1 > F_4$。

7.6.3　速效钾

图 7-8 为马铃薯成熟期滴灌带下土壤剖面速效钾的含量分布。从图中可知，在同一施肥水平下，0～100cm 土壤剖面速效钾累积总量随着滴灌量的增加而不断减少，滴灌量的提高使土壤速效钾随灌水下移，造成土壤淋失；在同一灌水水平下，0～100cm 土壤速效钾累积总量随着施肥量的增加而逐渐加大，各个处理之间差异明显。土壤速效钾各层次的累积量分布规律与硝态氮、速效磷类似，也是"上多下少"，0～20cm 土层的速效钾含量占比相对于其他土层更高，土壤总体上各层次速效钾累积量呈现先减少后增加的趋势。在相同施肥水平下，0～20cm 土层速效钾含量占 0～100cm 土壤速效钾含量变化为 $W_1 > W_2 > W_3$，W_1 水平为 41.78%～42.79%，W_3 水平为 38.23%～40.91%；相同灌水水平下，0～20cm 土层速效钾含量占 0～100cm 土壤速效钾含量表现为随着施肥量的增多而逐渐增加。

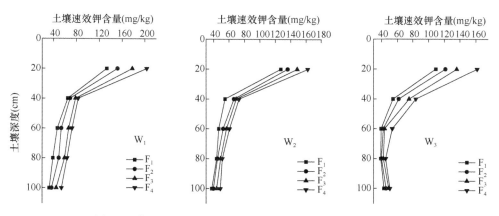

图 7-8　灌水下限和施肥量对土壤剖面速效钾含量分布的影响

7.6.4　养分累积量

图 7-9 为马铃薯成熟期滴灌带下土壤剖面 0～100cm 的养分（硝态氮、速效磷和速效钾）的累积量分布。从图中可以看出，在一定的灌水水平下，土壤氮磷钾累积量随着施肥量的增加而逐渐增加，在 F_4 水平达到最大，氮、磷、钾累积量分别为 71.06kg/hm^2、189.73kg/hm^2 和 1452.02kg/hm^2，在相同施肥水平下，土壤氮、磷、钾累积量随着滴灌量的增加逐渐减少，在 W_1 水平达到最大，分别为

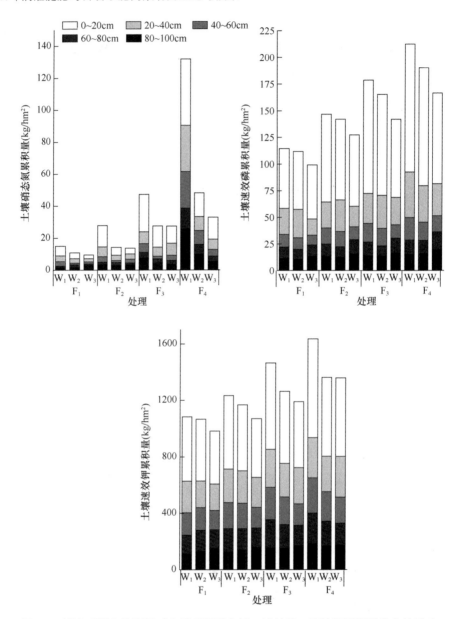

图 7-9 灌水下限和施肥量对土壤剖面硝态氮、速效磷、速效钾累积量分布的影响

55.49kg/hm²、163.09kg/hm² 和 1354.50kg/hm²，与 W₂、W₃ 水平相比硝态氮分别增加了 120.05%、164.97%，速效磷分别增加了 7.07%、21.97%，速效钾分别增加了 11.47%、17.74%。0~20cm 土层的养分累积量占 0~100cm 的比例最大，说明养分在土壤表层发生聚集现象。在施肥水平一致时，0~20cm 土层养分累积量占 0~100cm 的养分累积量的比例随着滴灌量的增加而不断减少，20~80cm 土层氮磷钾

累积量占 0～100cm 土层氮磷钾累积量的比例随滴灌量的增加逐渐增加，说明大水量灌溉会使表层土壤发生淋失，使养分向深层土壤运移；在相同灌水水平下，0～20cm 的土壤养分占 0～100cm 的比例随施肥量的增加而增加并不明显，可能是由于试验地土壤为沙土，对养分的保持力不强，更容易受到滴灌量的影响。由以上结果可知，大滴灌量会使土壤养分向下运移，肥量淋失，植株养分吸收较少，造成肥料的损失和土壤的污染；而过多增加施肥量，不仅植株养分吸收没有增加，还会增加施肥成本，使土壤板结。因此，适宜的滴灌量和施肥量可以有效维持植株的养分吸收效率。

7.7　讨　　论

7.7.1　灌水下限和施肥量对马铃薯产量及品质的影响

本章研究发现，不同的水肥调控水平对马铃薯生长影响显著，马铃薯株高在整个生育期中前期增速很快，而后增长速度逐渐变缓（江俊燕和汪有科，2008），在相同施肥水平下，马铃薯的株高、叶面积指数均随着灌水下限的提高先升高后减小，在 W_2 水平下表现最好，这与江俊燕和汪有科（2008）研究的滴灌量越大，株高越大，灌水间隔越短，株高越高不尽相同，这可能由于随着土壤水分调控下限的提高，虽然滴灌量增加，但是马铃薯根部一直处于较高的土壤水分环境，不利于马铃薯的生长。张富仓等（2017）研究表明，施肥量过少不利于马铃薯株高和叶面积的生长，而过量施肥会对马铃薯生长有一定的抑制作用。本研究发现灌水下限水平一致时，随着施肥量的增加，马铃薯的株高、叶面积指数先增加后减少，肥料施用过多会对马铃薯的生长产生负效应（张富仓等，2017；Yang et al.，2017）。而在生长前期，相同施肥量下，马铃薯干物质累积量受到灌水下限的影响表现为：$W_3 > W_2 > W_1$；在生育后期，相同施肥量下，马铃薯干物质累积量受到灌水下限的影响表现为：$W_2 > W_3 > W_1$，这可能是因为苗期之后，施肥量对马铃薯干物质累积量的影响较大（Badr et al.，2012）。而相同灌水水平下，干物质累积量随着施肥量的增加先增加后减少（张富仓等，2017）。马铃薯干物质累积速率表现为"单峰式"变化，即生育前期干物质积累比较慢，播种后 80d 开始，马铃薯干物质累积速率加快，播种后 120d 开始，增长速率又逐渐变慢（卢建武等，2013；高聚林等，2003）。

土壤水分状况和施肥量会直接影响作物的生长发育及作物产量（沈荣开等，2001），针对水肥调控对马铃薯产量和水肥利用效率的研究也有很多。康跃虎等（2004）发现，随着土壤水势的提高，滴灌量逐渐增加，产量和水分利用效率呈现增大后减小的趋势，在土壤基质势为–25kPa 左右最高。王立为等（2012）发现，随着施肥量的增加，马铃薯的耗水量先增加后减少，过多施肥不利于水分利用效率的提高，在多雨年，中肥水平（施氮 90kg/hm^2）既能保证较高的水分利用效率也能保证较高的产量。在本试验中，同一施肥水平下，马铃薯的产量、水分利用效率、灌溉水分利用效率随土壤下限水平的增加先增加后减少，W_1 水平比 W_2 水平的产量明显下降，W_3 水平下马铃薯可能由于受到根部渍水的影响，产量也有一定程度的降低，W_2 水平可以有效地提高马铃薯的产量和水分利用效率，这与前人研究结果一致（沈荣开等，2001）；而灌水水平相同时，马铃薯产量随施肥水平的增加呈先增加后减少的趋势（康跃虎等，2004；杨开静，2017），灌溉水分利用效率和水分利用效率随施肥量呈现抛物线形变化趋势（康跃虎等，2004）。对于肥料偏生产力，相同水分条件下，随着施肥量的增加，PFP 呈现减小的趋势（张富仓等，2017；张志伟等，2013）；而在相同施肥水平下，PFP 随着灌水下限的提高先增加后减小。

马铃薯品质受水分和养分供应的影响很大。黄鹏等（1996）发现土壤养分中氮素影响块茎大小、淀粉和蛋白质含量。有研究表明湿润比为 55%的灌水处理比湿润比为 35%、75%处理的单株块茎质量、大块茎质量、淀粉含量和维生素 C 含量更高（杨开静，2017）。本研究发现，在同一施肥水平下，马铃薯的单株块茎、大块茎、商品薯、淀粉含量、维生素 C 含量、还原性糖含量在 W_2 水平最高，这说明在相同施肥量处理下，较高水分条件更加适合马铃薯品质的积累（宋娜等，2013）。宋娜等（2013）和门福义等（1997）发现土壤水分条件相同时，施肥量增加会使马铃薯的单株块茎质量、商品属质量、块茎淀粉含量和维生素 C 含量先增加后减少，但施氮量过多会使马铃薯的品质降低。本试验中，在同一水分条件下，随着施肥量的增加，马铃薯块茎单株结薯质量、商品薯重、大块茎质量、淀粉含量、维生素 C 含量均呈抛物线形变化趋势，块茎还原性糖含量先降低后升高。其中，单株块茎质量、商品薯重、大块茎质量在 F_3W_2 处理下表现最优，而块茎淀粉含量、维生素 C 含量在 F_2W_2 处理下表现最优。

在对马铃薯品质进行综合评价时，各单项指标对马铃薯品质所起的作用不尽相同，因此直接用这些指标不能准确评价马铃薯的优劣。采用主成分分析法对不同处理马铃薯品质进行评价，可以在不损失或较少损失原有指标变异信息的情况下，将多个品质指标转换为一个或几个品质综合主成分的评价变量，具有较好的代表性与客观性（王峰等，2011）。王秀康等（2017）利用主成分分析法，从马铃薯单株块茎重量、大块茎重量、商品薯重量、淀粉等 7 项指标中提取两个主要成分，描述了马铃薯品质的 90.95%，并通过最高得分处理选出适合陕北地区的最佳施肥量。侯飞娜等（2015）将 11 个品质特性综合为 3 个主成分因子，代表了马铃薯全粉 92.97%的原始数据信息量，筛选出马铃薯全粉品质评价指标为乳化稳定性、乳化活性、溶解度和粗纤维。在本研究中，将单株块茎、商品薯重、大块茎质量、淀粉含量、维生素 C 含量、还原性糖含量、块茎干物质累积量 7 个指标放在同一水平进行分析，提取出了两个主要成分，这两个成分可以描述马铃薯92.30%的数据信息量，综合评价马铃薯品质，结果表明，F_3 水平和 W_2 水平下马铃薯品质更好，F_1 水平和 W_1 水平品质最差，说明适宜的灌水施肥可以有效提高马铃薯品质的积累。F_3W_2 处理排名第一，F_1W_1 处理排名在最后，可见 F_3W_2 处理使马铃薯品质达到了较好的水肥耦合效应，而 F_1W_1 处理限制了马铃薯品质的积累。

7.7.2　灌水下限和施肥量对马铃薯养分吸收的影响

植株养分含量的多少反映了氮、磷、钾肥料施用的转化效率，研究植株氮、磷、钾累积含量可以有效确定施肥灌水模式。前人就植物养分吸收利用进行了很多研究。邓兰生等（2011）研究发现施液体肥可以有效提高马铃薯的块茎产量，随着生育期的延长，植株氮、磷、钾养分持续吸收，各养分累积量表现为钾＞氮＞磷，这与本研究结果相同。段玉等（2014）研究表明养分累积速率呈前期慢、中期快、后期慢的趋势，出苗 60d 后，马铃薯对水肥的需求量高，也更敏感，这个时期的养分主要向植株叶片传输，随着生育期的延长，养分逐渐向块茎运移。王耀科等（2015）研究植株氮、磷、钾累积量随生育期推进的变化规律表明，块茎中氮、磷、钾累积量随生育期的变化呈不断增加的趋势，到成熟期时，块茎中养分累积量占马铃薯养分总累积量的一多半，本研究结果与其类似。在本研究中，灌水下限和施肥量对马铃薯氮磷钾的吸收、累积和利用有很大影响。对于植株氮来说，随生育期的延长，植株氮素吸收总量不断增加，在各生育期内，各器官氮累积吸收量均表现为叶＞茎＞根，随着生育期推进，块茎内的氮累积吸收量不断增加，各器官氮累积吸收量表现为块茎＞叶＞茎＞根。在生长后期，根、茎、叶的氮累积吸收量不断向块茎转移，根、茎、叶的氮累积吸收量随着生育期的延长先增加后减少，块茎的氮累积吸收量不断增加。灌水下限水平一致时，施肥量增加使马铃薯植株氮素累积总量先增加后减少，在 F_3 水平达到最大，分别比 F_1、F_2 和 F_4 水平增加了 116.55%、26.98% 和 20.72%，说明过量的施肥量不能提高植株养分的吸收，对马铃薯养分的吸收有抑制作用。在相同施肥水平下，马铃薯植株氮素累积总量随着滴灌量的增加先增加后减少，在 W_2 水平达到最大，分别比 W_1、W_3 水平增加了 10.56%、5.42%，说明灌水过量会降低植株养分吸收。

植株磷素累积规律与氮素类似，植株磷素吸收总量没有氮素多。随着生育期的推进，植株磷素累积总量不断增加，各生育期各器官磷累积吸收量呈叶＞茎＞根的趋势，随生育期的延长，块茎内磷累积吸收量显著增加，各器官磷累积吸收量呈块茎＞叶＞茎＞根的趋势。在相同灌水水平下，植株磷素累积总量随施肥量的增加先增加后减少，在 F_3 水平下最大，分别比 F_1、F_2 和 F_4 水平增加了 73.31%、35.55%和 27.07%；在同一施肥水平下，W_2 水平的磷素吸收量最大，比 W_1、W_3 水平分别增加了 24.59%、12.79%。

刘汝亮等（2009）通过施加钾肥与空白对照进行对比发现，经钾肥处理的苗期和花期的叶片养分明显增加，钾素增长很快。本研究发现，植株钾素累积总量受灌水水平和施肥水平及灌水和施肥的交互作用的影响均极显著，与氮、磷相比，植株钾素吸收量最大，说明马铃薯对钾素需求更大。随着植株生长发育的延长，植株钾素累积总量不断增加，各器官钾素累积总量所占植株总吸收量比例与氮、磷不同，表现为块茎>茎>叶>根，这是因为茎秆形成与钾素有关。在同一施肥水平下，W_2 水平的全株钾素吸收量分别比 W_1、W_3 水平的高 14.21%、9.40%，在同一灌水水平下，F_3 水平的全株钾素吸收量分别比 F_1、F_2 和 F_4 水平高 62.05%、19.12%和 11.57%。

在本研究中，在相同灌水水平下，植株氮、磷、钾的利用效率均表现为随着施肥量的增加不断减小，在 F_1 水平最高，氮素利用效率比 F_2、F_3 和 F_4 水平分别增加了 33.93%、53.78%和 35.35%，磷素分别增加了 1.88%、24.71%和 3.94%，钾素分别增加了 6.85%、14.78%和 9.36%。这是因为当施肥量较低时，植株生长所需的养分只能在土壤中吸收，植株养分吸收的能力增加，所以低施肥量下氮素、磷素、钾素的利用效率均最高，这与前人的研究结果一致（Cabello et al.，2009）。Badr 等（2012）研究发现，提高施氮量，氮素利用效率不断减小，但能提高植株对氮素的吸收，并可以充分发挥灌水与施肥之间的协同效应，最大限度地提高资源利用效率。本研究中，在相同施肥水平下，提高灌水下限水平，植株氮、磷、钾的吸收效率呈抛物线形变化，在 W_2 水平下达到最大，与前人研究结果类似（Badr et al.，2012）。

7.7.3 灌水下限和施肥量对马铃薯农田养分运移的影响

土壤养分与作物生长、植株养分吸收密切相关，研究土壤养分的迁移变化规律对马铃薯生长发育有重大意义。张朝春等（2005）研究发现，施肥可以有效增加土壤养分累积，尤其对磷肥有显著影响，且养分大多存在于在土壤表层。祝廷成等（2003）研究发现马铃薯对土壤养分吸收较多，会使土壤中的单项养分缺失。本研究表明，在施肥量一定时，成熟期滴灌带下土壤剖面硝态氮、速效磷和速效钾的含量均随滴灌量的增加不断减少，而在灌水水平一致时，成熟期滴灌带下土壤剖面硝态氮、速效磷和速效钾的含量随施肥量的增加不断加大。0～100cm 土层内，土壤养分在表层聚集，表现出上高下低的趋势，这与前人研究有类似的结果（张朝春等，2005）。在施肥水平相同时，0～20cm 土层硝态氮、速效磷和速效钾的含量占 0~100cm 上层的比例均表现为 $W_1 > W_2 > W_3$，这是因为滴灌量增大，表层土壤淋失，土壤养分向深层土壤运移。

在施肥水平一致时，土壤氮磷钾累积总量随着灌水下限的提高逐渐降低，在灌水水平一致时，土壤氮磷钾累积总量随着施肥量的增加不断加大，0~20cm 的土壤养分占 0~100cm 的比例最大，0~20cm 的土层氮磷钾累积量随滴灌量的增加不断减少，0~80cm 的土层氮磷钾累积量随滴灌量的增加逐渐加大。

7.8 结　论

1）灌水下限和施肥量对马铃薯生长及产量有显著影响。在相同灌水水平下，株高、茎粗、叶面积指数、SPAD、干物质累积量和产量随着施肥量的增加先增加再减少；在相同施肥水平下，株高、茎粗、叶面积指数、SPAD、干物质累积量和产量随灌水水平的增加先增加后减少。F_3W_2 处理下马铃薯的株高达到最大值 75.85cm，SPAD 达到最大值 43.49，总干物质累积量最大，平均为 12 729.95kg/hm²，产量达到最大值 50 397.45kg/hm²。同一施肥水平下，W_2 处理的产量较 W_1、W_3 处理显著提高 24.59%、5.26%；同一灌水水平下，F_3 处理的产量较 F_1、F_2 和 F_4 处理显著提高 41.79%、10.98%和 6.34%。

2）WUE 和 IWUE 均在 F_3W_2 处理下达到最大，即 93.44kg/(mm·hm²)和 170.32kg/(mm·hm²)。肥料偏生产力表现出不同的变化，其随施肥量增加逐渐减少，随灌水下限的提高先增加后减少，在 F_1W_2 处理下取得最大值 112.64kg/kg。

3）马铃薯块茎品质随灌水下限和施肥量表现为不同的变化规律。F_3W_2 处理下，马铃薯单株块茎质量、商品薯重和大块茎质量均为最高，分别为 1050.39g、858.70g、574.48g；F_2W_2 处理下，淀粉含量、维生素 C 含量均达到最大，分别为 14.80%、25.80%；F_3W_2 处理下，还原性糖含量达到最低（0.138%）。在相同施肥水平下，马铃薯的单株块茎质量、商品薯重、大块茎质量、淀粉含量和维生素 C 含量均随着灌水下限的上升先增加后减少；在相同灌水水平下，单株块茎质量、商品薯重、大块茎质量、淀粉含量和维生素 C 含量均随着施肥量的增加先增加后减少。相同施肥水平下，W_2 水平的淀粉含量比 W_1、W_3 水平增加了 15.32%、8.04%，维生素 C 增加了 6.37%、4.66%；灌水下限水平一致时，F_2 水平下淀粉和维生素 C 的含量最高，从 F_3 水平开始，施肥水平对淀粉和维生素 C 的积累开始抑制。

4）采用主成分分析法对单株块茎质量、大块茎质量、商品薯重、淀粉含量、维生素 C 含量、还原性糖含量、块茎干物质累积量 7 个成分进行分析，提取两个主成分，累积贡献率为 92.30%，F_3W_2 处理得分最高，F_3 和 W_2 水平更适合马铃薯品质的积累。

5）植株养分总累积量大小规律表现为钾素＞氮素＞磷素，植株氮、磷、钾累积量均随生育期的延长不断增加。在植株氮素与磷素累积过程中，各器官养分累积量表现为块茎>叶>茎>根，钾素表现为块茎>茎>叶>根。F_3W_2 处理下，植株氮、磷、钾均吸收最多，同一施肥水平下，W_2 水平的氮素、磷素、钾素均吸收量最大，分别较 W_1、W_3 水平多 10.56%和 5.42%、24.59%和 12.79%、14.21%和 9.40%；同一灌水水平下，F_3 水平的氮素、磷素、钾素吸收量最大，其中氮素比 F_1、F_2 和 F_4 水平增加了 116.55%、26.98%和 20.72%，磷素增加了 73.31%、35.55% 和 27.07%，钾素增加了 62.05%、19.12%和 11.57%。马铃薯的养分利用效率在 F_1 水平最大，分别为氮素 396.79kg/kg、磷素 1577.84kg/kg 和钾素 245.14kg/kg，利用效率受灌水下限影响不大；吸收效率在 W_2 水平下最大。综合植株氮、磷、钾的累积、分配和吸收，发现 F_3W_2 处理能有效提高马铃薯的养分吸收利用。

6）土壤养分残留量表现为速效钾最多，硝态氮次之，速效磷最少，养分多在土壤表层聚集。当施肥量相同时，土壤硝态氮、速效磷和速效钾总含量随着灌水下限的提高不断减少，0～20cm 土层养分含量随灌水下限的提高不断减少，20～80cm 土层养分含量随灌水下限提高不断增加，说明大水量造成土壤养分淋失，土壤养分向下运移；当灌水下限相同时，0～100cm 土层硝态氮、速效磷和速效钾含量随着施肥量的提高增长显著，过多施肥并不能提高植株养分吸收。

7）能更好地促进榆林地区马铃薯生长发育、产量提高、品质优良及提高水肥利用效率、植株养分吸收并减少土壤养分淋失的水肥组合为 F_3W_2 处理，即苗期-块茎形成期-块茎膨大期-淀粉积累期-成熟期的土壤水下限分别为 65%-70%-75%-65%-65%，施肥水平为 N 200kg/hm^2-P$_2$O$_5$ 80kg/hm^2-K$_2$O 300kg/hm^2。

参 考 文 献

戴树荣. 2010. 应用"3414"试验设计建立二次肥料效应函数寻求马铃薯氮磷钾适宜施肥量的研究. 中国农学通报, 26(12): 154-159.

邓兰生, 涂攀峰, 齐庆振, 等. 2011. 滴施液体肥对马铃薯产量、养分吸收积累的影响. 灌溉排水学报, 30(6): 65-68.

段玉, 张君, 李焕春, 等. 2014. 马铃薯氮磷钾养分吸收规律及施肥肥效的研究. 土壤, 46(2): 212-217.

高聚林, 刘克礼, 张宝林, 等. 2003. 马铃薯干物质积累与分配规律的研究. 中国马铃薯, 17(4): 209-212.

郭元裕. 1986. 农田水利学. 2 版. 北京: 水利电力出版社.

韩文锋, 金光辉. 2010. 不同滴灌量对马铃薯产量及品质的影响. 中国马铃薯, 24(5): 263-266.

何华, 陈国良, 赵世伟. 1999. 水肥配合对马铃薯水分利用效率的影响. 干旱地区农业研究, 17(2): 59-66.

侯飞娜, 木泰华, 孙红男, 等. 2015. 马铃薯全粉品质特性的主成分分析与综合评价. 核农学报, 29(11): 2130-2140.

黄鹏, 温随良, 晋小军. 1996. 甘肃主要土壤的理化性质对马铃薯品质的影响. 甘肃农业大学学报, 31(3): 31-36.

江俊燕, 汪有科. 2008. 不同灌水量和灌水周期对滴灌马铃薯生长及产量的影响. 干旱地区农业研究, 26(2): 121-125.

焦婉如, 张富仓, 高月, 等. 2018. 滴灌施肥生育期比例分配对榆林市马铃薯生长和水分利用的影响. 排灌机械工程学报, 36(3): 257-266.

康跃虎, 王凤新, 刘士平, 等. 2004. 滴灌调控土壤水分对马铃薯生长的影响. 农业工程学报, 20(2): 66-72.

栗岩峰, 李久生, 饶敏杰. 2006. 滴灌系统运行方式施肥频率对番茄产量与根系生长的影响. 中国农业科学, 39(7): 1419-1427.

刘汝亮, 李友宏, 王芳, 等. 2009. 两种钾源对马铃薯养分累积和产量的影响. 西北农业学报, 18(1): 143-146.

卢建武, 邱慧珍, 张文明, 等. 2013. 半干旱雨养农业区马铃薯干物质和钾素积累与分配特性. 应用生态学报, 24(2): 423-430.

门福义, 毛雪飞, 刘梦云, 等. 1997. 马铃薯不同品种淀粉积累生理基础研究: 淀粉积累与磷酸化酶、蔗糖转化酶的关系. 中国马铃薯, 11(1): 1-6.

秦军红, 陈有君, 周长艳, 等. 2013. 膜下滴灌灌溉频率对马铃薯生长、产量及水分利用率的影响. 中国生态农业学报, 21(7): 824-830.

沈荣开, 王康, 张瑜芳, 等. 2001. 水肥耦合条件下作物产量、水分利用和根系吸氮的试验研究. 农业工程学报, 17(5): 35-38.

宋娜, 王凤新, 杨晨飞, 等. 2013. 水氮耦合对膜下滴灌马铃薯产量、品质及水分利用的影响. 农业工程学报, 29(13): 98-105.

王峰, 杜太生, 邱让建. 2011. 基于品质主成分分析的温室番茄亏缺灌溉制度. 农业工程学报, 27(1): 75-80.

王立为, 潘志华, 高西宁, 等. 2012. 不同施肥水平对旱地马铃薯水分利用效率的影响. 中国农业大学学报, 17(2): 54-58.

王秀康, 杜常亮, 邢金金, 等. 2017. 基于施肥量对马铃薯块茎品质影响的主成分分析. 分子植物育种, 15(5): 2003-2008.

王耀科, 何文寿, 任然, 等. 2015. 宁夏扬黄灌区马铃薯养分吸收积累特征. 农业科学研究, 36(2): 27-32

杨开静. 2017. 滴灌条件下马铃薯田间土壤水、气交互效应与调控机理研究. 中国农业大学博士学位论文.

杨文斌, 郝仲勇, 王凤新, 等. 2011. 不同灌水下限对温室茼蒿生长和产量的影响. 农业工程学报, 27(1): 94-98.

张朝春, 江荣风, 张福锁, 等. 2005. 氮磷钾肥对马铃薯营养状况及块茎产量的影响. 中国农学通报, 21(9): 279-283.

张富仓, 高月, 焦婉如, 等. 2017. 水肥供应对榆林沙土马铃薯生长和水肥利用效率的影响. 农业机械学报, 48(3): 270-278.

张志伟, 梁斌, 李俊良, 等. 2013. 不同灌溉施肥方式对马铃薯产量和养分吸收的影响. 中国农学通报, 29(36): 268-272.

周娜娜, 张学军, 秦亚兵, 等. 2004. 不同滴灌量和施氮量对马铃薯产量和品质的影响. 中国土壤与肥料, (6): 11-12+16.

祝廷成, 李志坚, 张为政, 等. 2003. 东北平原引草入田、粮草轮作的初步研究. 草业学报, 12(3): 34-43.

Allen R G, Pereira L S, Howell T A, et al. 2011. Evapotranspiration information reporting: I. Factors governing measurement accuracy. Agricultural Water Management, 98(6): 899-920.

Badr M A, El-tohamy W A, Zaghloul A M. 2012. Yield and water use efficiency of potato grown under different irrigation and nitrogen levels in an arid region. Agricultural Water Management, 110: 9-15.

Cabello M J, Castellanos M T, Romojaro F, et al. 2009. Yield and quality of melon grown under different irrigation and nitrogen rates. Agricultural Water Management, 96(5): 866-874.

Diez J A, Caballero R, Roman R, et al. 2000. Integrated fertilizer and irrigation management to reduce nitrate leaching in central Spain. Journal of Environmental Quality, 29(5): 1539-1547.

Ierna A, Mauromicale G. 2018. Potato growth, yield and water productivity response to different irrigation and fertilization regimes. Agricultural Water Management, 201: 21-26.

Shock C C, Holmes Z A, Stieber T D, et al. 1993. The effect of timed water stress on quality, total solids and reducing sugar content of potatoes. American Journal of Potato Research, 70(3): 227-241.

Wang F X, Kang Y H, Liu S P. 2006. Effects of drip irrigation frequency on soil wetting pattern and potato growth in North China Plain. Agricultural Water Management, 79(3): 248-264.

Yang K J, Wang F X, Shock C C, et al. 2017. Potato performance as influenced by the proportion of wetted soil volume and nitrogen under drip irrigation with plastic mulch. Agricultural Water Management, 179: 260-270.

Yuan B Z, Nishiyama S, Kang Y H. 2003. Effects of different irrigation regimes on the growth and yield of drip-irrigated potato. Agricultural Water Management, 63(3): 153-167.

第8章 滴灌施肥马铃薯水钾互作效应研究

8.1 概　述

马铃薯是高钾需求作物，它所吸收的钾的含量要大于氮和磷的含量（张西露等，2010）。平均而言，马铃薯以 29t/hm² 的产量用去了约 91kg K₂O/hm²（Moinuddin et al.，2005a）。Duan 等（2013）发现，内蒙古的雨养马铃薯和灌溉马铃薯对钾的平均吸收量分别为 82.2kg K₂O/hm² 和 221.7kg K₂O/hm²，产量分别为 14.9t/hm² 和 35.7t/hm²。钾是一种优质元素。钾肥对块茎品质的正面影响大于对产量的正面影响（Kavvadias et al.，2012）。钾通过降低马铃薯中的糖分、氨基酸和酪氨酸含量而发挥积极作用（Wilcox et al.，1968）。同时钾素在促进作物叶绿体发育、提高叶片光合作用、提高抗倒伏性和抗病性、促进植株干物质转运积累和延缓植株衰老等方面具有重要作用（江贵波和陈实，2005；Bishal and Devashish，2019）。由于该地区土壤钾素充足，农民传统上使用氮（N）和磷（P）肥料，但在西北马铃薯生产中忽略了钾肥。结果，马铃薯植株从原生土壤中获取钾，导致土壤钾储量和土壤钾供应的减少，对块茎产量及品质产生了不利影响（Khan et al.，2012）。平衡使用氮、磷和钾有很大的潜力提高马铃薯的产量和品质。

有关单独的滴灌量（曹正鹏等，2019；Djaman et al.，2021）和钾肥用量（Bishal and Devashish，2019；Singh et al.，2020）对马铃薯生长发育及产量的影响已有大量报道，但关于水钾互作效应还很少有研究。Ati 等（2012）为了研究不同钾肥水平下沟灌和滴灌对马铃薯产量、水分利用效率和灌溉用水效率的影响，采用 3 个钾肥处理和两个灌水方式的试验设置，结果发现沟灌和滴灌方法对块茎产量无明显影响，但钾对块茎产量有显著影响。在所有处理中，马铃薯的实际蒸散量在生长季的范围从 357.3mm 到 511.4mm。钾肥影响块茎产量（$P < 0.05$），最高块茎产量在 600kg K/hm²，沟灌和滴灌分别达到 35.23t/hm² 和 36.65t/hm²。与不施钾肥相比，施用钾肥显著提高了沟灌处理的水分利用效率和滴灌处理的水分利用效率。

马铃薯作为水分敏感型作物和需钾型作物，水分和钾肥两者是限制马铃薯的生长的重要因子（Djaman et al.，2021；Singh et al.，2020），也可能存在交互作用（Ati et al.，2012）。但在陕北当地灌水以大水漫灌为主，施肥大多基施在土壤表层，过量的灌水及施肥导致水肥利用效率极低。滴灌水肥一体化技术能直接将作物所需的适宜的水肥传输至根区，减少蒸发损耗的同时方便实用，可以在较少的人力条件下较好地完成少量多次的灌水施肥模式,已在我国大面积推广(王海东,2020)。因此研究陕北地区滴灌水肥一体化马铃薯的水钾互作效应具有重要意义。

8.2 试验设计与方法

8.2.1 试验区概况

试验于 2019 年和 2020 年的 5～9 月在陕西省榆林市西北农林科技大学马铃薯试验站(北纬 38°23′、东经 109°43′;海拔为 1050m)进行。榆林当地年平均气温为 8.6℃,年平均降水量为 371mm。试验站土壤是沙质土壤,适合马铃薯生长。试验地 0～40cm 土壤的容重为 1.72g/cm^3,田间持水量为 15.9cm^3/cm^3,pH 为 8.1,铵态氮为 4.98mg/kg,硝态氮为 9.22mg/kg,速效磷为 4.43mg/kg,速效钾为 43.04mg/kg。图 8-1 显示了 2019 年和 2020 年马铃薯生育期的日降水量和温度。

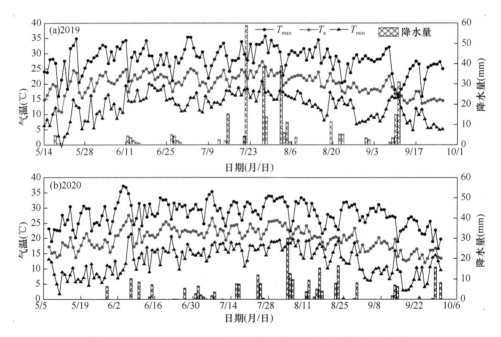

图 8-1 2019 年和 2020 年马铃薯生育期内日降水量及温度变化

T_{max} 为最高气温;T_a 为平均气温;T_{min} 为最低气温

8.2.2 试验设计

试验设置三个滴灌量:W$_1$(60% ET_c)、W$_2$(80% ET_c)和 W$_3$(100% ET_c)。马铃薯的需水量(ET_c)为参考作物蒸散量(ET_0)(Allen et al., 1998)与作物系

数（K_c）的乘积（Chen et al.，2016），即 $ET_c = K_c \cdot ET_0$（马铃薯的作物系数 K_c 分别为苗期 0.5、块茎形成期 0.8、块茎膨大期 1.2、淀粉积累期 0.95 和成熟期 0.75）。钾的施用量有 4 个水平：K_0（0kg/hm²）、K_1（135kg/hm²）、K_2（270kg/hm²）和 K_3（405kg/hm²）。本研究根据我们之前的试验确定了氮和磷肥料施用量（分别为 200kg/hm² 和 80kg/hm²）（Wang et al.，2019）。试验共由 12 个处理组成，采用随机布置的原则，每个处理重复 3 次。每个小区中有 4 个行，每行的长度为 10m，宽度为 0.9m。为了避免不同处理之间的相互作用，在相邻的试验地块之间设置了一行保护行（不种植作物），并在试验小区的最两端设置了 6 行保护行。

试验中使用了当地主要马铃薯引进品种"丽薯 6 号"，该马铃薯具有很高的商品薯率、产量和优良的品质。幼苗出苗后，将马铃薯进行覆土中耕。试验种植方法为机械起垄（垄宽 0.9m，株距 25cm，种植密度 44 444 株/hm²）。各个小区的灌溉量通过水表控制，每个小区都配备独立的水表和阀门。滴灌施肥系统中的管道、化肥罐（容积为 15L）、水表和滴灌带（滴灌管直径 16mm，滴头间距为 30cm）都为市场销售产品。马铃薯分别于 2019 年 5 月 13 日和 2020 年 5 月 10 日播种，播种深度为 8~10cm。灌溉频率为 8d，块茎形成阶段的肥料施用量为全生育期的 20%，块茎膨大阶段的肥料施用量为 55%，淀粉积累阶段的肥料施用量为 25%（Wang et al.，2019）。根据降雨条件调整灌溉计划（主要调整灌溉日期，即在降雨的情况下推迟灌溉日期）。灌溉和施肥的详细时间表如图 8-2 所示。

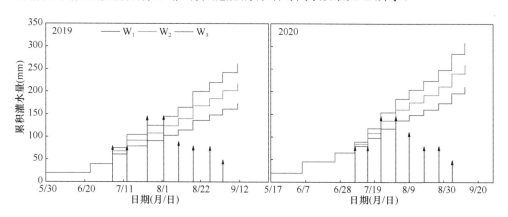

图 8-2　2019 年和 2020 年马铃薯生育期的灌溉和施肥过程
箭头之间的长度分别代表总施肥量的 5%、10%、15%和 20%

马铃薯出苗和块茎形成的日期不受水及钾肥的影响。2019 年，马铃薯于 5 月 13 日播种，每个试验小区的几乎所有植株在 30d 左右（6 月 13 日）后出苗。而在 2020 年，马铃薯于 5 月 10 日播种，而每个试验小区的几乎所有植株在 35d 左右（6 月 15 日）后出苗。出苗后 20d 左右（2019 年和 2020 年分别是 7 月 3 日和 7 月 5 日）块茎开始形成。马铃薯分别于 2019 年 9 月 26 日和 2020 年 9 月 21 日收获。

8.2.3 观测指标与方法

1. 参考作物需水量与作物实际耗水量确定

采用参考作物蒸散量 ET0 的 FAO56-彭曼公式（Allen et al., 1998）进行计算，见第 1 章式（1-1）。

2. 植株生长指标

在马铃薯生长的各生育期，于每个小区取 3 株长势一致的作物，用卷尺测定株高，用游标卡尺测定茎粗；采用打孔法测定植株叶面积指数（LAI），即打 100 个孔重复 3 次，75℃下烘干后，求出 100 个孔的面积与干物质比值，再通过每次取样时的叶子干重换算成该时期的叶面积，叶面积指数为叶面积除以小区面积。

3. 植株干重与产量

在马铃薯生长的每个生育期用铁锹挖取完整植株 3 株。将植物样分解，洗净块茎和根上的土，并用吸水纸吸干表面的水分。先在 105℃条件下杀青 30min 后，置于 75℃烘箱烘至恒重，测定叶、茎、根和块茎干物质量，精确至 0.01g；在成熟阶段，于每个小区随机开挖两行长为 1m，面积为 1.8m² 的测产小区，重复 3 次。抹干净土后称量马铃薯的总质量。然后取 3 株植株的每个块茎马铃薯的重量，计算单株马铃薯和商品马铃薯的重量（单个块茎大于 75g）。同时计算每株植物的块茎数。

4. 土壤含水量

在苗期和收获期采集土样，通过烘干法测定土壤含水率；土层的取样深度为 100cm，每 20cm 取一次，并于在烘箱中 105℃条件下 8h 后称重测定土壤水分。作物生育期耗水量的计算如下（马守臣等，2012）。

马铃薯生育期耗水量 ET（mm）用水量平衡法估算：

$$ET = I + P \pm \Delta W - R - D \tag{8-1}$$

式中，I 为滴灌量（mm）；P 为降水量（mm）；ΔW 为 0～100cm 土层土体贮水量的变化（mm）；R 为地表径流量（mm）；D 为深层渗漏量（mm）。在本试验中，由于在滴灌条件下不产生地表径流，而且设计的单次滴灌量较小，不足以形成深层渗漏，所以 R 和 D 忽略不计。

$$\Delta W = 10 \sum_{1}^{n} \left[\gamma_i H_i \left(\theta_{i1} - \theta_{i2} \right) \right] \tag{8-2}$$

式中，i 为土层编号；n 为总土层数；γ_i 为土壤干容重（g/cm³）；H_i 为土层厚度（cm）；

θ_{i1} 和 θ_{i2} 分别为阶段初和阶段末的土壤质量含水率。

$$\text{WUE} = \frac{Y}{ET} \qquad (8\text{-}3)$$

式中，WUE 为水分利用效率（kg/m^3）；Y 为作物产量（kg/hm^2）；ET 为作物生育期耗水量（m^3/hm^2）。

5. 植株钾素吸收量

在每个生育期取植株样，分为根、茎、叶、块茎 4 部分。样品在 105℃下杀青 30min，然后 75℃下烘至恒重，将烘干后的植株各组织器官用小型粉碎机粉碎，过 1mm 筛，消煮后用原子吸收分光光度计（HITACHI Z-2000 系列，日本日立公司）测定浓 $H_2SO_4\text{-}H_2O_2$ 溶液中的钾素浓度。

6. 植株氮素吸收量

与钾素测定一样，先将干物质粉碎后过筛，用流动分析仪测定。

7. 土壤速效钾含量

在马铃薯成熟期，采用土钻法取 0～100cm 土层土样，每 20cm 为一个取样区间。将土样自然风干研磨后过 2mm 筛，称取 5g 土，用 1mol/L 的中性 NH_4OAc（pH 7）溶液（干土 2.5g，土液比 1：10）浸提，振荡 30min 后过滤，采用原子吸收分光光度计（AA370MC，中国）测定上机溶液中的钾素浓度。

$$M = \frac{C \cdot H \cdot Y}{10} \qquad (8\text{-}4)$$

式中，M 为土壤速效钾累积量（kg/hm^2）；C 为土壤速效钾含量（mg/kg）；H 为土壤深度（cm）；Y 为土壤容重（g/cm^3）。

8. 叶片叶绿素含量

每个处理随机选 3 株马铃薯作为 3 次重复，在各个生育期采用紫外分光光度法测定马铃薯的叶绿素含量，每株马铃薯选取主茎顶端的第二片叶子，称取 0.1g 新鲜叶片，剪碎，放入试管中，加入 10mL 96%乙醇避光保存，待叶片组织变白后，再用 96%乙醇定容至 25mL，过滤后静置，在紫外分光光度计下测定 665nm、649nm 波长下的吸光度。

$$C_a\,(\text{mg/g 鲜重}) = (13.950 \times D_{665} - 6.88 \times D_{649}) \times 25 / 100 \qquad (8\text{-}5)$$

$$C_b\,(\text{mg/g 鲜重}) = (24.96 \times D_{649} - 7.32 \times D_{665}) \times 25 / 100 \qquad (8\text{-}6)$$

$$C_{总} = C_a + C_b \qquad (8\text{-}7)$$

式中，C_a、C_b 分别为叶绿素 a 和叶绿素 b 的浓度；$C_{总}$ 为叶绿素的总浓度；D_{665}

和 D_{649} 分别为叶绿素提取液在 665nm 和 649nm 波长下的光密度。

9. 品质

于成熟期在每个小区选取 3 株马铃薯的块茎鲜样带回实验室,测定马铃薯的淀粉、还原性糖、维生素 C 含量。采用碘比色法测定淀粉含量,采用 3,5-二硝基水杨酸比色法测定还原性糖含量,采用滴定法测定维生素 C 含量。

10. 根系指标

在马铃薯收获时,每个处理随机选取 3 株,采用剖面挖掘法取样,以植株为中心,在 40cm × 25cm × 50cm 的土方内,将整根取出,用清水冲洗,去除杂物。采用 EPSON Perfection V700 型扫描仪(EPSON 公司,日本)进行根系扫描,并利用 Win RHIZO Pro 软件进行分析,得到 0～10cm、10～20cm、20～30cm、30～40cm、40～50cm 等 5 个土壤深度的根长(cm)、根表面积(cm^2)和根体积(cm^3)等参数。然后于 75℃下烘干至恒重,测定得到根系干质量(g)。

11. 钾肥偏生产力(partial factor productivity,PFP)

钾肥偏生产力(kg/kg)计算公式为见第 1 章式(1-13)。

12. 钾素利用效率(K use efficiency,KUE)

钾素利用效率(kg/kg)计算公式为:

$$KUE = DM / T_K \tag{8-8}$$

式中,DM 为植株的干物质累积量(kg/hm^2);T_K 为马铃薯植株钾素吸收量(kg/hm^2)。

试验数据采用 Excel 进行数据整理和误差计算;采用 SPSS 软件中的单因素 ANOVA 进行方差分析,采用 Duncan's 新复极差法进行显著性方差分析;用 R、Suffer、Mathematica 9.0 和 Origin 9.0 等软件绘图。

8.3 水钾供应对滴灌马铃薯生长的影响

之前的研究表明,水分和钾肥都会对马铃薯的生长发育产生影响,钾素作为光合作用等的关键营养元素对包括马铃薯在内的多种作物生长发育产生影响,并且马铃薯是钾素敏感型作物,缺钾对马铃薯生长发育极其不利,同时钾素过量有可能造成浪费和大量淋失,从而影响生态环境。而与之类似,马铃薯同样对水分极其敏感,大多数马铃薯品种的抗旱性较差,水分亏缺状态下可能会限制马铃薯作物的生长。马铃薯的生长指标可以很好地反映马铃薯的生长发育情况,通过对不同水钾处理下生长指标的差异分析,可以间接分析不同处理下的产量差异原因。

本节将重点分析水钾处理下的株高、叶面积指数（LAI）、叶片叶绿素含量和干物质累积量，以期获得陕北地区滴灌马铃薯生长发育的最优灌水施钾处理。

8.3.1　株高和叶面积指数

　　水分和钾肥对马铃薯植株的株高都具有显著影响（$P<0.01$）（表 8-1）。如图 8-3 所示，马铃薯植株在出苗后天数为 20（days after emergence，DAE）（苗期）时由于还没有施肥，所以各个处理之间的差异并不明显。但在 40DAE（块茎形成期）之后，钾肥显著促进了株高的增加，在 2019 年的三个水分处理和 2020 的 W_3 处理下，K_3 水平下达到最大值，而后又被 K_2 处理超越。最终各个水分下都是在 K_2 水平取得最大值。随着水分的增加，株高的增加潜力越大。各个钾肥下最终的株高的大小关系为：高水＞中水＞低水。在 2020 年的三个水分处理下，施钾处理下的株高明显高于 K_0 处理。植株株高在苗期和块茎形成期增加最快，在块茎膨大期开始后，株高增长缓慢。

　　水分（$P<0.05$）和钾肥（$P<0.01$）对 LAI 有显著影响（表 8-1）。从图 8-4

表 8-1　年份和处理方式对 2019 年和 2020 年马铃薯各生长指标及块茎品质影响的显著性水平

因素	株高	LAI	叶绿素	干物质	淀粉	维生素 C	还原性糖	植株全氮
年份（Y）	ns	95.1**	97.3**	46.8**	24.4**	ns	ns	15.6**
滴灌量（W）	13.7**	4.3*	54.9**	119.6**	21.3**	26.9**	92.4**	50.1**
施钾量（K）	33.0**	20.7**	65.2**	74.4**	12.0**	24.1**	106.5**	28.9**
Y×W	3.9*	ns	10.5**	ns	ns	5.2*	ns	ns
Y×K	15.2**	ns	4.5**	ns	ns	ns	39.0**	ns
W×K	ns	ns	3.5**	6.5**	ns	ns	19.0**	4.2**
Y×W×K	2.5*	ns	3.1*	ns	ns	ns	17.0**	ns

　　注：*表示差异显著（$P<0.05$）；**表示差异极显著（$P<0.01$）；ns 表示差异不显著（$P>0.05$）。下同

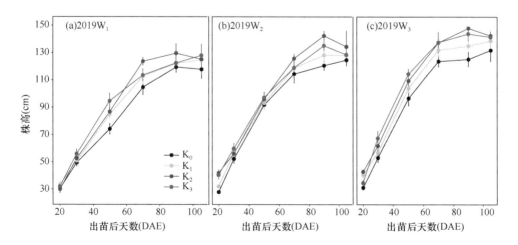

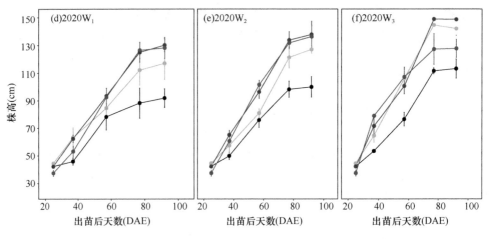

图 8-3 2019 年和 2020 年不同水钾处理下马铃薯生育期植株株高的动态变化

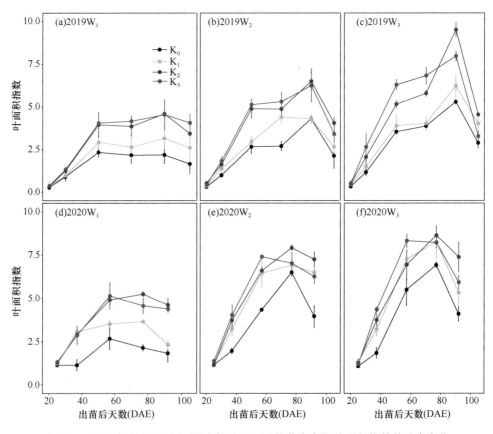

图 8-4 2019 年和 2020 年不同水钾处理下马铃薯生育期叶面积指数的动态变化

可以看出，LAI 受不同水分和钾肥的共同影响。在同一水分处理下，钾肥的施用对 LAI 的增加具有显著的正向作用，并且随钾肥的增加而先增后减，最终基本都是在 K$_2$ 处理下达到最大值。但在两年的低水处理 W$_1$ 下，各钾肥处理下 LAI 增加的幅度不明显，在中水和高水处理下 LAI 增加的幅度明显变大。可能是由于水分的增加提高了钾肥的效用性。在 2020 年，中水和高水处理下的 LAI 在 80DAE 之前是 K$_3$ 处理达到最大值，而 K$_2$ 处理后来居上。这可能是由于后期植株生长受到了来自钾肥继续增加的抑制，这在之后的钾素在土壤中的残留可以看出。后期由于植株的衰老，LAI 出现下降。两年都是在 W$_3$K$_2$ 处理下 LAI 取得最大值。

8.3.2 叶绿素含量

水分和钾肥施用都对叶绿素含量有极显著影响（$P < 0.01$）（表 8-1）。同时，水分、钾肥和年份两两之间的交互作用都对叶绿素含量有极显著影响，三者之间也有显著的交互作用（$P < 0.05$）。从图 8-5 可以看出，叶绿素在生育期内先增后

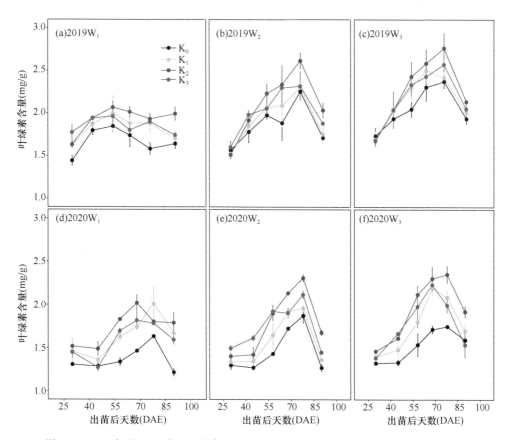

图 8-5　2019 年和 2020 年不同水钾处理下马铃薯生育期叶片叶绿素含量的动态变化

减，在 W_2 和 W_3 处理下钾肥施用使叶绿素含量增加的幅度较大，而且在这两个水分处理下，两年的峰值较 W_1 处理有明显的后移，说明水分的增加延缓了植株的衰老。在两年的各个水分处理下，最终都是在 K_2 处理下取得最大值，钾肥的施用都显著增加了叶绿素含量。两年都是 W_3K_2 处理下取得最大值。同时从整个生育期的总体规律可以看出，两年各个处理下的叶绿素含量变化规律都表现为随着滴灌量的增加而增加，随着施钾量的增加而先增后减。

8.3.3 干物质累积量

总体而言，高水处理下的马铃薯干物质总积累量要高于中水和低水处理，由图 8-6 可知，2019 年 W_3 处理平均总干物质积累量比 W_2 和 W_1 处理高 19.1% 和 33.1%，2020 分别高 23.3% 和 40.9%。说明随着滴灌量的增加干物质呈现出增加的规律。在 W_2 和 W_3 灌水水平下，K_2 处理显著高于 K_0 和 K_1 处理，且高于 K_3 处理，但在 2019 年的三个水分处理下及 2020 年的 W_3 处理下 K_2 与 K_3 之间的干物质累

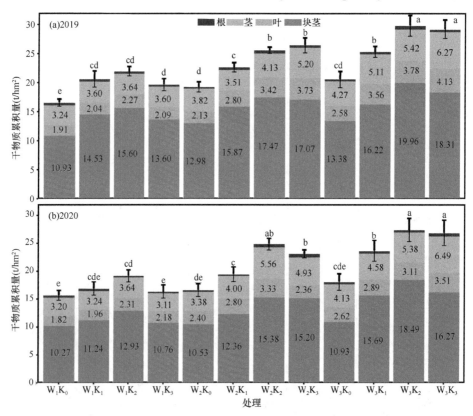

图 8-6 2019 年和 2020 年不同水钾处理下马铃薯植株干物质累积量累积图

不同小写字母表示差异显著（$P<0.05$）。下同

积量没有达到显著性水平。从各器官的干物质累积量累积来看，累积量的大小关系为：块＞茎＞叶＞根。总体来看，2019 年累积的干物质累积量大于 2020 年。营养器官（茎+叶）在 2019 年 W_2 和 W_3 处理下和 2020 年 W_3 处理下随着施钾量的增加而增加，但在其他滴灌量条件下，随着施钾量的增加而先增后减，说明施钾量的增加促进了马铃薯植株的营养生长，且造成这种差异的原因是水分的增加提高了钾肥的效用性。随着滴灌量的增加，同一钾肥施用量下的块茎干物质累积量有着先增后减的规律。而在同一滴灌量下，马铃薯块茎干物质累积量随施钾量的增加而先增后减。

8.4　水钾供应对滴灌马铃薯产量、根系指标和品质的影响

水肥是限制作物生长的主要因素，马铃薯是块茎作物，对钾肥极为敏感。滴灌量和钾肥的综合效应可能会影响马铃薯产量。以往研究表明，与不施钾肥的马铃薯相比，施钾肥的马铃薯其产量、商品块茎重量和品质显著提高（Li et al.，2015；Neshev and Manolov，2015）。还有研究表明，在氮磷肥施用量相同的基础上，马铃薯产量随钾肥施用量的增加而增加，但钾肥施用到一定程度后产量下降（Manolov et al.，2015；Panique et al.，1997）。根系作为马铃薯生长吸收肥料的主要器官，对水分及养分吸收利用起着至关重要的作用，研究不同处理下根系生长的规律有利于发现在作物养分吸收及水分利用上的规律。水分是植物光合作用的重要物质基础，是影响果蔬产量和品质的重要因素。马铃薯的价值与块茎的品质密切相关，且品质越高，口感越好，食用价值越高。本节将从不同水钾供应下马铃薯产量、根系指标和品质差异，进而分析不同滴灌量和施钾量及它们的交互作用对三者的影响。

8.4.1　产量

由表 8-2 可以看出，灌溉与施钾的耦合效应对马铃薯产量及其构成因素（除单株薯数外）有显著影响（$P<0.05$），对单个马铃薯重量的影响达到极显著水平（$P<0.01$）。滴灌量和施钾量的单变量对各成分均有显著影响。年份对马铃薯产量和单株薯数影响极显著（$P<0.01$），年份与钾肥互作对商品薯重和公顷产量影响极显著（$P<0.01$）。年份、滴灌量和施钾量对马铃薯单个薯重和商品薯重有显著的互作效应。与 K_0 处理相比，K_1、K_2 和 K_3 处理的平均产量在 2019 年分别增长了 1.3%、17.3% 和 15.5%，2020 年分别增长了 10.7%、24.0% 和 19.3%。与 W_3 处理相比，W_1 和 W_2 处理使 2019 年和 2020 年不同施钾量处理的平均块茎产量分别降低 7.38% 和 11.42% 及 8.18% 和 12.86%。由表 8-2 可以看出，2020 年大部分产量

高于 2019 年，但商品马铃薯重量与单个马铃薯重量差异不显著。W_1 和 W_3 处理的商品薯重随施钾量的增加先增加后减少。在 W_3 处理中，随着施钾量的增加，马铃薯单个重先增加后下降。W_2 和 W_3 处理下，产量随施钾量的增加先增加后下降，在 K_2 处理下均达到最大值，但 W_3K_2 和 W_3K_3 处理之间无显著差异。2019 年，W_2 和 W_3 处理下的马铃薯单株薯数随施钾量的增加先增加后下降，但 W_3K_1、W_3K_2、W_3K_3 处理之间无显著差异。说明适量施钾有利于块茎数的增加，而缺钾

表 8-2　2019 年和 2020 年不同水钾处理下马铃薯产量及其构成要素

年份	滴灌量	施钾量	单株薯数	商品薯重（g/株）	单个薯重（g/个）	公顷产量（kg/hm²）
2019	W_1	K_0	10.4±1.1cde	1241.5±70.9f	129.7±7.4e	49.4±4.4def
		K_1	11±1cde	1581.3±102.4e	152±9.8cd	47.9±2.6ef
		K_2	9.8±1.1de	1883±137.1c	194.8±14.2a	51±3.2cdef
		K_3	9.5±1.3e	1491.4±70.5e	164±7.8bc	55.7±3.6bcd
	W_2	K_0	9.8±1.1de	1840±94.6cd	200.3±10.3a	47.4±4.3f
		K_1	10.6±1.5cde	1633.8±91.6de	161.6±9.1bc	49±6.7ef
		K_2	11.6±0.9abc	2069.5±121.8bc	181.8±10.7ab	60.3±2.9ab
		K_3	11.4±1.1bcd	1465.9±254.3ef	131.6±12.8de	56.6±4bc
	W_3	K_0	10±1cde	1570.1±78.7e	160.1±8bc	52.4±5.5cdef
		K_1	13±1.9ab	2227.4±205.5b	173.2±16bc	54.2±3.9bcde
		K_2	13.2±1.3a	2600.2±116.1a	201.8±9a	63.7±3.3a
		K_3	11.75±1.0ab	1935.1±138c	169±12.1bc	60±2.4ab
2020	W_1	K_0	10.3±2.5c	1360.6±134g	142.4±7.3c	40.4±3.5d
		K_1	13.3±1.5abc	1573.4±32.3def	144.2±8.9c	42.1±3d
		K_2	12.3±2.3abc	1802.7±183.4ab	164.2±5.7abc	48±2.1bc
		K_3	13±1abc	1716.7±132.6bc	175.3±8.7ab	49.5±3.9bc
	W_2	K_0	11±1bc	1398.8±43.4fg	141.2±15.1c	41.4±1.9d
		K_1	11.7±2.1abc	1522.9±141.9ef	151.1±9.9c	48.2±3.5bc
		K_2	14.7±2.1ab	1842.5±222.7ab	186.2±14.4a	51.4±1.6bc
		K_3	15±1a	1952.5±300.3ab	163.6±10.2abc	48.6±3bc
	W_3	K_0	12.7±2.1abc	1659±156.7cdef	153.9±12.3bc	45.1±5.2cd
		K_1	13±3abc	1895.8±165.7ab	161.3±18.1bc	50.2±4.3bc
		K_2	15±2a	2063.5±97.2a	184.5±17.3a	57.9±2.9a
		K_3	13±1.7abc	2037.8±240.8ab	184.4±9.9a	53.3±2.8ab
显著性检验						
年份（Y）			20.0**	ns	ns	50.2**
滴灌量（W）			5.8**	41.1**	8.3**	21.0**
施钾量（K）			5.4**	35.8**	24.7**	27.8**
Y×W			ns	ns	ns	ns
Y×K			ns	10.6**	ns	9.5**
W×K			ns	2.9*	5.6**	3.4*
Y×W×K			ns	3.2*	6.1**	ns

和过量施钾会影响植株块茎的形成。商品薯重、单个薯重和产量均达在 W_3K_2 处理下的最大值，2019 年分别为 2 600.2g/株、201.8g/个和 63.7kg/hm^2，2020 年分别为 2 063.5g/株、184.5g/个和 57.9kg/hm^2。

8.4.2　根系指标

年份对根干重有显著影响（$P<0.05$），但对其他指标没有显著影响（表 8-3）。而水分和钾肥两个单因素对根长密度、总表面积和根干重都有着极显著的影响（$P<0.01$），且两者对根系总体积（$P<0.01$）和根干重（$P<0.05$）有着显著的交互作用，年份、水和钾三者对根干重有极显著的交互作用（$P<0.01$）。同时从表 8-3 可以看出，根长密度随着水分的增加而增加，随着钾肥的增加而先增后减，在各个水分处理下都在 K_2 处理下最大。

表 8-3　2019 年和 2020 年不同水钾处理下马铃薯根系指标

年份	处理	根长密度	总表面积（cm^2）	平均直径（mm）	根系总体积（cm^3）	根干重（g）
2019	W_1K_0	1.17e	1089d	0.31a	9.26f	5.74e
	W_1K_1	1.47d	1140d	0.26a	7.31g	5.79e
	W_1K_2	1.52d	1465c	0.33a	13.87de	7.16d
	W_1K_3	1.28e	1343c	0.34a	12.11e	5.92e
	W_2K_0	1.47d	1474c	0.32a	14.95cd	5.78e
	W_2K_1	1.73c	1527c	0.3a	14.82cd	7.39d
	W_2K_2	1.9b	1942a	0.32a	17.29b	8.86ab
	W_2K_3	1.52d	1708b	0.37a	15.86bcd	7.14d
	W_3K_0	1.74c	1520c	0.29a	14.62cd	7.76cd
	W_3K_1	1.83bc	1884a	0.3a	17.34b	8.36bc
	W_3K_2	2.07a	2043a	0.25a	19.55a	9.39a
	W_3K_3	1.98ab	1926a	0.35a	16.49bc	8.46b
2020	W_1K_0	1.09g	889f	0.26a	8.55d	5.39f
	W_1K_1	1.42efg	1197ef	0.29a	9.7cd	5.95f
	W_1K_2	1.55cdef	1298de	0.26a	12.11c	7.62de
	W_1K_3	1.31fg	1207def	0.33a	10.81cd	7.12e
	W_2K_0	1.44def	1491cde	0.31a	14.84b	7.48e
	W_2K_1	1.66bcde	1439de	0.33a	14.72b	7.75cde
	W_2K_2	1.85ab	1874abc	0.31a	17ab	8.81ab
	W_2K_3	1.67bcd	1396de	0.3a	15.1b	7.26e
	W_3K_0	1.68bc	1620bcd	0.32a	14.85b	7.1e
	W_3K_1	1.86ab	1949ab	0.3a	17.29ab	8.23bcd
	W_3K_2	1.94a	2230a	0.25a	19.18a	9.18a
	W_3K_3	1.86ab	2003ab	0.3a	16.14b	8.39bc

续表

年份	处理	根长密度	总表面积（cm²）	平均直径（mm）	根系总体积（cm³）	根干重（g）
显著性检验						
年份（Y）		ns	ns	ns	ns	5.8*
滴灌量（W）		146.5**	107.5**	ns	184.3*	181.2**
施钾量（K）		35.6**	24.3**	ns	30.0**	86.8**
Y×W		ns	3.6*	ns	ns	7.8**
Y×K		ns	ns	ns	ns	ns
W×K		ns	ns	ns	3.8**	2.8*
Y×W×K		ns	ns	ns	ns	5.8**

8.4.3　品质

　　水分和钾肥单因素都对三个品质指标有极显著影响（$P<0.01$），且两者对还原性糖具有极显著的交互作用（$P<0.01$），年份和水分对维生素 C 有显著的交互作用（$P<0.05$），年份与钾肥及年份、水分与钾肥的交互作用都对还原性糖具有极显著影响（$P<0.01$）（表 8-1）。由图 8-7 可以看出，在两年份各个水分处理下，块茎淀粉含量随着施肥量的增加先增后减，且在 W_2 和 W_3 处理下在 K_2 处取得最大值，2019 年的 K_1、K_2 和 K_3 处理与 K_0 相比，平均淀粉值分别增加了 11.4%、11.7%和 8.1%。而 2020 年三个钾肥处理分别增加了 8.9%、11.2%和 3.8%。随着水分的增加，淀粉有着增加的趋势。与 W_1 处理相比，2019 年的 W_2 和 W_3 处理下的淀粉平均值分别增加了 4.2%和 6.3%；2020 年这两个值分别是 7.4%和 17.9%。说明

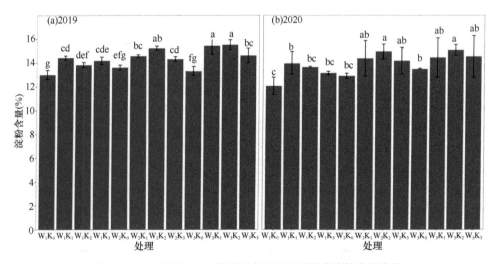

图 8-7　2019 年和 2020 年不同水钾处理下块茎淀粉含量变化

2020 年的水分对淀粉增加的影响更大。总体而言，块茎维生素 C 在两年不同水分和钾肥下的规律与淀粉的规律类似（图 8-8）。而还原性糖却与之相反。总体来看，块茎的还原性糖含量在同一钾肥用量下，随着滴灌量的增加而逐渐降低。除了 2020 年的 W_1 处理外，其他水分条件下还原性糖含量都是随施钾量的增加而先减后增，且在 2019 年的 W_1、W_3 处理下和 2020 年的 W_2、W_3 处理下都是在 K_2 处取得最小值（图 8-9）。

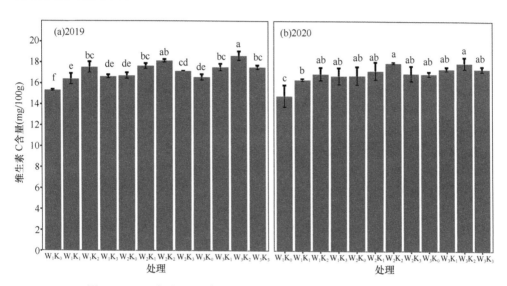

图 8-8　2019 年和 2020 年不同水钾处理下块茎维生素 C 含量变化

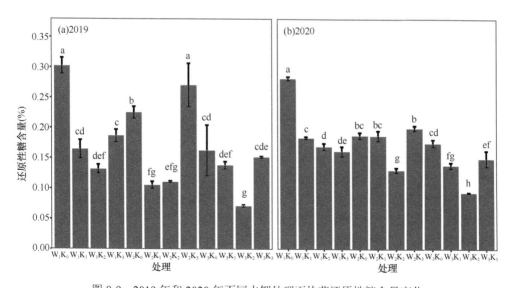

图 8-9　2019 年和 2020 年不同水钾处理下块茎还原性糖含量变化

8.5 水钾供应对滴灌马铃薯水肥利用与土壤养分残留的影响

由于肥料的过度使用，且大多肥料都是基施的，榆林地区的肥料利用率很低。且当地以大水漫灌为主，滴灌灌水及水肥一体化普及率很低，这种生产实践导致了严重的灌溉失水和灌溉用水效率低下。一些报道已经证明，过量的灌溉量和施钾量会刺激土壤剖面中速效钾的积累，降低地表和地下水资源，导致富营养化和无法饮用的水供应（Yan et al.，2021）。为了在减少水肥投入的同时提高马铃薯产量，保持作物的可持续生产，改善农田生态环境，需要发展高效节水的生产技术。作物的水肥高效利用一直是干旱半干旱地区追求的目标，该目标旨在节水的同时减少肥料的流失。同时减少由肥料淋失所带来的环境影响。合理施肥是保证马铃薯高产优质的基础，本章将从植株钾素和氮素吸收量及土壤钾素残留量，以及水分、钾素吸收利用效率方面来确定适合陕北地区的滴灌量和施钾量，为肥料高效管理提供数据支持和理论依据。

8.5.1 钾素吸收

由于同一处理下茎叶的钾素浓度相差不大，所以此次研究为简化计算，将茎叶的钾素浓度取均值，计算钾素在茎叶中的总累积量。总体来说，钾肥和灌溉对块茎钾素浓度、块茎钾累积吸收量、营养器官钾素浓度和营养器官钾累积吸收量的影响极显著（$P<0.01$）（表 8-4），而水钾互作对钾素浓度和钾积累的影响不显著。单因素滴灌量和年份对钾素收获指数影响极显著。总体而言，2020 年钾收获指数小于 2019 年，但 2020 年营养器官钾累积吸收量略高于 2019 年。在 2019 年，随着施钾量的增加，块茎钾素浓度先升高后降低（表 8-4），但在 2020 年，当灌溉水平为 W_1 和 W_2 时，块茎钾素浓度随着施钾量的增加而增加。在两年的 W_3 处理下 K_0、K_1、K_3 间的钾素浓度无显著差异；在 W_2 处理下，随着钾肥施用量的增加，营养器官钾素浓度先上升后下降，2019 年 W_1、W_3 处理下和 2020 年 W_1 处理下钾素浓度逐渐升高（表 8-4）。2019 年和 2020 年同一灌水水平下，块茎钾累积吸收量随施钾量的增加先上升后下降。在相同施钾量下，随着滴灌量的增加，块茎钾累积吸收量显著增加（$P<0.01$）。与不施钾相比，K_1、K_2 和 K_3 处理分别使 2019 年块茎平均钾累积吸收量增加了 7.5%、51.7% 和 10.3%，2020 年分别增加了 33.6%、80.9% 和 34.0%。与 W_3 处理相比，W_1 和 W_2 处理使块茎中平均钾累积吸收量在 2019 年分别减少 62.5% 和 19.9%，2020 年分别减少 37.6% 和 18.4%。在 W_2 和 W_3 处理下，营养器官钾累积吸收量在 2019 年达到 K_3 处理下的最大值，而 2020 年在 K_2 处理下达到最大值。在相同钾肥用量下，滴灌量越大，营养器官中钾累积吸收量一般越高。

表 8-4　2019 年和 2020 年不同水钾处理下块茎钾素浓度、营养器官钾素浓度、块茎和营养器官钾累积吸收量及钾收获指数

年份	滴灌量	施钾量	块茎钾素浓度（mg/g）	营养器官钾素浓度（mg/g）	块茎钾素累积量（kg/hm²）	营养器官钾累积吸收量（kg/hm²）	钾收获指数
2019	W₁	K₀	4.92d	5.59e	54.04f	17.85g	0.75abc
		K₁	5.8abcd	5.93e	76.76de	18.03g	0.81a
		K₂	6.07abcd	6.56de	98.05bc	30fg	0.77ab
		K₃	5.99abcd	6.71de	68.32ef	22.38fg	0.75abc
	W₂	K₀	5.03cd	8.41cd	66.79ef	32.53efg	0.67cd
		K₁	5.48abcd	9.17bc	86.77cde	44.89cde	0.66de
		K₂	6.46ab	10.73ab	116.84ab	61.46b	0.65de
		K₃	5.81abcd	10.08bc	74.93de	62.47b	0.55f
	W₃	K₀	5.22bcd	8.6bcd	70.82ef	34.96def	0.67cd
		K₁	5.52abcd	9.21bc	92.59cd	48.77bcd	0.66de
		K₂	6.65a	10.06bc	131.79a	58.39bc	0.69bcd
		K₃	6.33abc	12.5a	113.6ab	83.28a	0.58ef
2020	W₁	K₀	5.64e	6.37d	47.06e	29.19d	0.62a
		K₁	7.01abcd	6.51cd	71.03bcde	41.7cd	0.63a
		K₂	6.5cde	8.3abcd	76.35bcde	58.3bc	0.57a
		K₃	6.71bcde	8.41abc	63.34cde	52.62bcd	0.57a
	W₂	K₀	6.44de	7.36bcd	56.71de	44.73cd	0.55a
		K₁	7.16abcd	7.75abcd	90.23abcde	50.78bcd	0.64a
		K₂	7.61abc	8.71ab	110.73ab	67.19abc	0.62a
		K₃	7.72ab	8.16abcd	100.17abcd	47.44bcd	0.67a
	W₃	K₀	7.2abcd	8.03abcd	69.32bcde	50.17bcd	0.59a
		K₁	7.86ab	9.2ab	102.31abc	62.62abc	0.62a
		K₂	8.02a	9.71a	124.09a	86.58a	0.57a
		K₃	7.44abcd	9.35a	100.44abcd	71.92ab	0.58a
显著性检验							
年份（Y）			77.2**	ns	ns	22.1**	34.9**
滴灌量（W）			7.1**	41.4**	17.7**	39.6**	8.5**
施钾量（K）			10.6**	11.2**	21.5**	19.7**	ns
Y×W			3.5*	11.0**	ns	5.4**	12.1**
Y×K			ns	ns	ns	ns	ns
W×K			ns	ns	ns	ns	ns
Y×W×K			ns	ns	ns	ns	ns

8.5.2 氮素吸收

水分和钾肥两个单因素对植株氮素吸收的影响达到极显著水平（P＜0.01），且它们的交互作用对氮素吸收的影响也达到极显著水平（P＜0.01）。不同水钾处理下的植株氮累积吸收量存在显著差异（P＜0.05）（表8-1，图8-10），当钾肥用量保持不变时，马铃薯植株对氮和钾的吸收量随滴灌量的增加都有显著提升，表明水分是马铃薯植株营养元素累积量多少的决定因子。在整个生育期马铃薯植株对营养元素氮的吸收总量总体大于对钾的吸收量。除了2019年的W₂处理，其余水分处理下随着施钾量的增加，马铃薯植株对氮的吸收累积呈现先增后减的趋势，但在两年的W₃处理下K₂与K₃没有显著差异，2019年的W₂处理下，植株氮素吸收总量随施钾量的增加一直增加，以上说明钾促进了植株对氮的吸收利用。植株各器官对氮的吸收量的大小关系是：块茎＞叶＞茎＞根。叶片作为光合作用的主要器官，氮素吸收量比茎大。

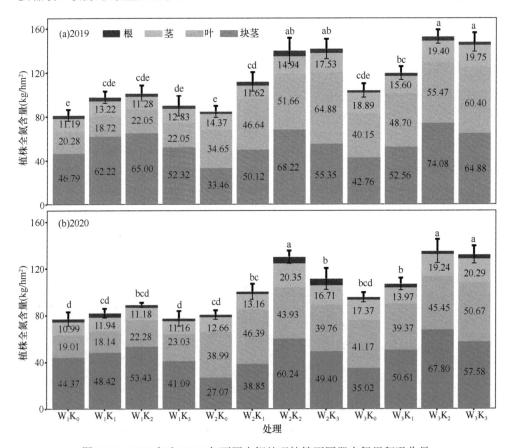

图8-10 2019年和2020年不同水钾处理植株不同器官氮累积吸收量

8.5.3　速效钾

从图 8-11 和图 8-12 可以看出，水分和钾肥的施用对土壤中残留钾素有显著的影响。速效钾含量的变化范围在 2019 年是 24.7～238.6mg/kg，2020 年是 36.4～260mg/kg。土壤速效钾含量随着施钾量的增加有所增加，而随着滴灌量的增加而减少。且滴灌量越大，土壤速效钾残留的聚集中心越往下移。如图 8-11 和图 8-12

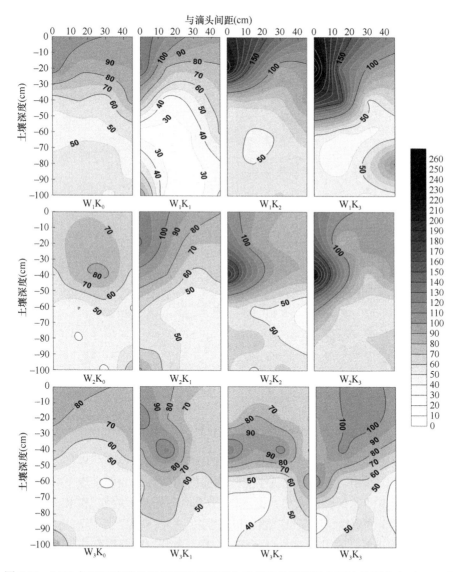

图 8-11　2019 年不同滴灌量和钾肥施用量下收获期马铃薯根区土壤速效钾分布（mg/kg）

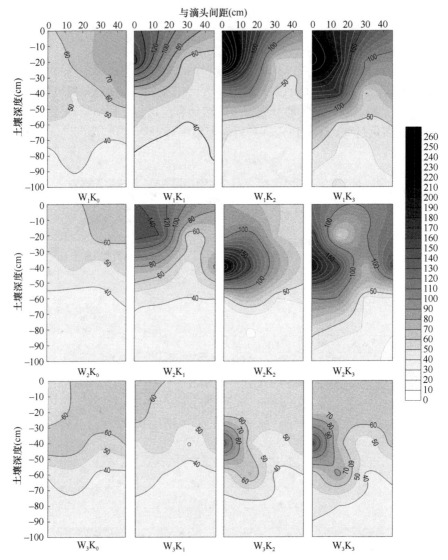

图 8-12　2020 年不同滴灌量和钾肥施用量下收获期马铃薯根区土壤速效钾分布（mg/kg）

所示，在 W_1 处理下，速效钾主要集中在 0～30cm，但在 W_2 和 W_3 处理下，大多都集中在 30～50cm。且 W_3 处理下土壤剖面的速效钾最大值出现下降，在 2019年的 W_3 处理下的速效钾分布广，但在 2020 年 W_3 处理下的 K_2 和 K_3 峰值出现集中。说明滴灌量的增加有利于速效钾往下运移。一般来说，距离滴头越远，速效钾的含量也就越低。同时在 60cm 以下的速效钾含量为整个垂直方向上的最低值，且没有出现峰值，这可能是由于从 60cm 开始为沙土，很难保水保肥，促使速效钾的纵向和横向的运移。同时从图 8-13 可以得知更为细节的速效钾沿竖向土层运移的规律。在 2019 年和 2020 年,W_2 处理与 W_1 处理相比,20～40cm 的钾累积吸收量在增加,而在表层 0～20cm 的钾累积吸收量在降低。且在 W_3 处理下的各个钾肥处理下的 0～60cm 各土层的钾累积吸收量都比 W_1 和 W_2 处理下的对应值要小。且从图 8-13 可以看出,土壤速效钾含量主要集中在 0～40cm。与图 8-11 和图 8-12 显示出的效果类似,总体而言,土壤速效钾含量随着施钾量的增加呈现增加的趋势,而随着滴灌量的增加呈现减少的趋势。说明过多的钾肥施用并不能使植株吸收多余的钾,马铃薯植株对钾肥的吸收是有一个限制的。灌水增加可能促进钾素在两个方向上的运移,同时也促进了植株对钾素的吸收同化(表 8-4)。

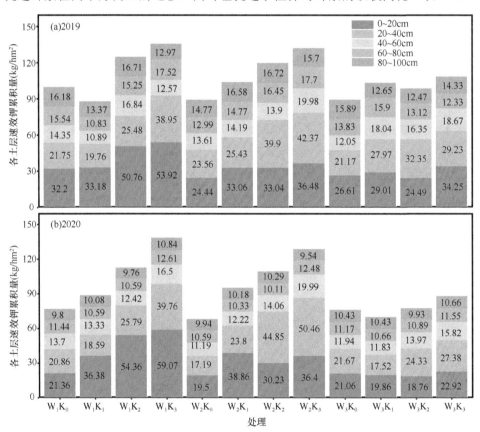

图 8-13 2019 年和 2020 年马铃薯收获期根区 0～100cm 土壤剖面中土壤速效钾累积量分布

8.5.4 水钾利用效率

年份对钾素利用效率(KUE)和灌溉水分利用效率(IWUE)有极显著的影响($P<0.01$),水分和钾肥两个单因素对 KUE、钾肥偏生产力(PFP)、IWUE 和水分利用效率(WUE)都有极显著的影响($P<0.01$),而水钾对 KUE 有极显

著的交互作用，并达到极显著水平（$P<0.01$）。年份、滴灌量和钾素三者对 KUE 有极显著的交互作用（$P<0.01$）（表 8-5）。作物全生育期耗水量呈现出在同一滴灌量下，随着施钾量的增加先增后减（2019 年 W_1 处理除外），且随着滴灌量的增加耗水量也增加。除了 2019 年和 2020 年的 W_1 处理，其他滴灌量处理下的 WUE 都是随着施钾量的增加而先增后减，随着滴灌量的增加呈现减小的趋势，两年的最大值都在 W_1K_3 处取得。一般来说 KUE 随着施钾量的增加呈现先减后增的趋势，但是在 2019 年 W_3 处理和 2020 年 W_1 处理下，KUE 随钾肥的增加呈现逐渐减小的趋势。且随着滴灌量的增加，同一钾肥处理下的 KUE 也逐渐降低。对于 IWUE 而言，一般来看，随着施钾量的增加，同一滴灌量下 IWUE 先增后减，但在 2020 年的 W_1 处理下，IWUE 随着施钾量的增加而逐渐增加。在同一施钾量下，随着滴灌量的增加 IWUE 有减小的趋势。同一灌水水平下，PFP 随着施肥量的增加而减少，且随着灌水水平的增加，同一钾肥水平下的 PFP 有增加的趋势。

表 8-5　不同水分和钾肥水平对 2019 年和 2020 年耗水量（*ET*）、水分利用效率（WUE）、灌溉水分利用效率（IWUE）、钾素利用效率（KUE）和钾肥偏生产力（PFP）的影响

年份	滴灌量	施钾量	ET (mm)	WUE (kg/m³)	IWUE (kg/m³)	KUE (kg/kg)	PFP (kg/kg)
2019	W_1	K_0	422.59	11.69ab	28.52bc	229.94a	
		K_1	430.24	11.13abc	27.64bc	217.69a	354.63b
		K_2	445.04	11.47ab	29.47ab	171.53bc	189.04d
		K_3	451.96	12.32a	32.16a	216.53a	137.52e
	W_2	K_0	486.99	9.73e	21.78ef	193.78b	
		K_1	492.21	9.95cde	22.51ef	171.9bc	362.86b
		K_2	522.67	11.55ab	27.73bc	143.31d	223.51c
		K_3	511.04	11.08abcd	26.02cd	192.26b	139.78e
	W_3	K_0	535.49	9.78de	20f	194.1b	
		K_1	540.42	10.03cde	20.68f	178.74b	401.34a
		K_2	558.39	11.4ab	24.3de	156.62cd	235.80c
		K_3	551.97	10.86bcde	22.88ef	148.35d	148.05e
2020	W_1	K_0	359.60	11.24cd	21.87bc	205.58a	
		K_1	367.03	11.47bc	22.79b	150.06bc	311.93b
		K_2	375.53	12.79ab	25.98a	142.34cd	177.85d
		K_3	370.34	13.37a	26.79a	141.03cd	122.22e
	W_2	K_0	428.56	9.65ef	16.78fg	163.75b	
		K_1	437.49	11.03cde	19.58cde	137.95cd	357.34a
		K_2	443.86	11.58bc	20.86bcd	139.64cd	190.33cd
		K_3	431.75	11.25cd	19.71cde	156.7bc	119.89e

续表

年份	滴灌量	施钾量	ET (mm)	WUE (kg/m³)	IWUE (kg/m³)	KUE (kg/kg)	PFP (kg/kg)
2020	W₃	K₀	480.16	9.4f	14.66g	151.27bc	
		K₁	506.63	9.91def	16.3fg	143.23cd	371.88a
		K₂	543.61	10.65cdef	18.8def	130.02d	214.40c
		K₃	515.33	10.34cdef	17.3ef	155.9bc	131.60e
显著性检验							
年份（Y）				ns	187.3**	158.0**	ns
滴灌量（W）				30.7**	136.5**	39.7**	15.8**
施钾量（K）				14.3**	25.6**	43.5**	694.2**
Y×W				ns	ns	9.3**	ns
Y×K				ns	ns	4.0*	ns
W×K				ns	ns	4.5**	ns
Y×W×K				ns	ns	6.4**	ns

8.6　产量及品质与各生长指标的关系

　　植物是一个有机的系统，各个指标间具有一定的联系，马铃薯产量和品质与地上生长指标、养分吸收、根系生长等因素具有很强的直线相关关系。另外产量、淀粉、植株钾素吸收量等指标与灌水加降水量和施钾量呈现的是二元二次的关系。支持向量机作为机器学习算法可以采用一部分数据进行数据训练，另一些数据进行数据预测。因此，本节将从产量与其他指标间的相关关系、灌水加降水量和施钾量与产量等指标的二维数值关系，以及通过粒子群算法优化支持向量机预测产量模型来汇总分析。

8.6.1　各指标的相关关系

　　各指标的相关关系（图 8-14）涵盖了地上部生长状况（株高、叶面积指数、干物质累积量和叶绿素含量）和地下部生长状况（块茎产量、根长密度、块茎的淀粉和还原性糖含量）及植株生物耗水量 ET 之间的关系，这些相关关系综合反映了植株在不同水钾处理下的生长、生理、品质、产量和水分利用的相互关系。从图 8-14 可以看出，产量与株高、LAI、干物质累积量、叶绿素含量、根长密度、淀粉含量和蒸散量都呈现出正相关的关系，但与此相反，还原性糖含量与其余 8 个因素的相关关系为负相关。其原因是还原性糖随着施钾量的增加而先减后增，低钾和高钾都会产生较大的还原性糖含量，这与其他指标所呈现的规律不一致。

具体来看，马铃薯产量与株高、干物质累积量、叶绿素含量、根长密度、淀粉含量及耗水量的相关关系较好，R^2 都大于 0.6。

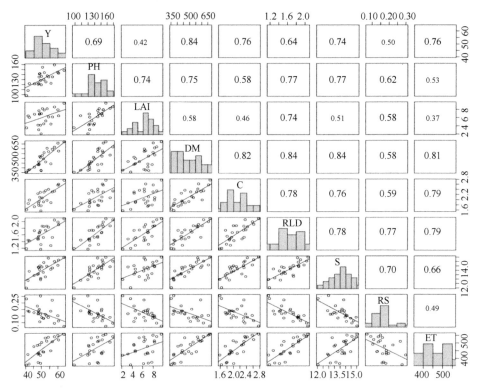

图 8-14　产量（Y）、株高（PH）、LAI、干物质累积量（DM）、叶绿素含量（C）、根长密度（RLD）、淀粉含量（S）、还原性糖（RS）、蒸散量（ET）9 个因素之间的相关关系

8.6.2　水钾管理方案优化

用水效率是节水农业的重要指标，高用水效率是缺水地区农业可持续发展的关键。植株钾素吸收量反映了植株利用钾肥的能力水平。而淀粉作为马铃薯的主要品质指标，与马铃薯的营养食用价值密切相关。因此，本研究选择了马铃薯产量、植株的钾累积吸收量、灌溉水分利用效率和块茎淀粉含量作为优化目标。本研究采用块茎产量、植株钾素累积总量、灌溉水分利用效率（IWUE）和淀粉含量作为因变量，两年全生育期水量输入总量（滴灌量加降水量）和钾肥施用量作为自变量，基于最小二乘法，使用 Mathematica 9.0 分析数据，并建立二元二次回归方程以计算使上述参数最大化的灌溉量和施肥量（表 8-6），制作三维曲面图（图 8-15）。

表 8-6　滴灌量加降水量和钾肥施用量与块茎产量、植物钾累积吸收量、IWUE 和淀粉含量之间的回归方程

因变量	回归方程	R^2	P
块茎产量	$Z_1=-171.069+0.871\ 16x-0.000\ 870\ 118x^2+0.049\ 458\ 2y+0.000\ 026\ 638\ 6xy-0.000\ 096\ 550\ 6y^2$ $Z_1(max)=57.213\ 1$, $\{x=505.587, y=325.872\}$	0.54	<0.01
植株钾累积吸收量	$Z_2=-439.356+1.994\ 93x-0.001\ 965\ 78x^2+0.096\ 887\ 6y+0.000\ 539\ 018xy-0.000\ 667\ 627y^2$ $Z_2(max)=121.154$, $\{x=547.673, y=293.647\}$	0.76	<0.01
IWUE	$Z_3=-2.121\ 84+0.152\ 945x-0.000\ 228\ 119x^2+0.041\ 725\ 4y-0.000\ 031\ 621\ 4xy-0.000\ 042\ 115\ 7y^2$ $Z_3(max)=29.418\ 3$, $\{x=308.936, y=379.388\}$	0.72	<0.01
淀粉	$Z_4=-16.616\ 6+0.121\ 817x-0.000\ 123\ 362x^2+0.010\ 695\ 9y+6.707\ 62\times10^{-6}xy-0.000\ 027\ 662\ 3y^2$ $Z_4(max)=15.235\ 6$, $\{x=500.646, y=254.029\}$	0.84	<0.01

注：x 和 y 分别代表滴灌量加降水量（mm）和钾肥施用量（kg/hm²）

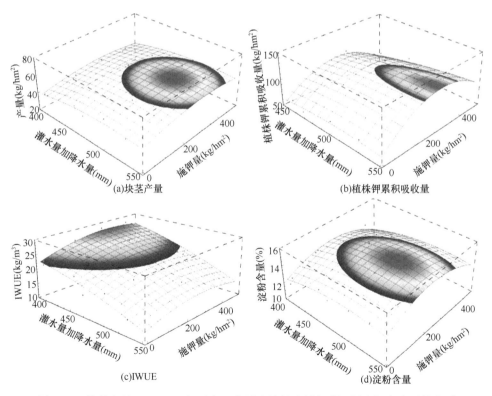

(a)块茎产量　　(b)植株钾累积吸收量　　(c)IWUE　　(d)淀粉含量

图 8-15　块茎产量、IWUE、钾累积吸收量和淀粉含量与灌溉量和钾素水平的关系

图中的红点表示两年中的测量值，蓝色区域代表最大值的 95％置信区间

由表 8-6 可以看出,4 个因变量与水和钾投入量之间的二维函数关系都具有显著性($P<0.01$),且 R^2 都大于 0.5,具有较好的拟合效果。许多研究人员通过多元回归和空间分析相结合的方法,建立了水和肥料投入与作物产量和质量之间的关系(杨慧等,2016;邢英英等,2015a)。本研究发现以上 4 个因变量同时取得最大值很难,IWUE 在相对低滴灌量高施钾量下取得最大值,淀粉和产量在相对高滴灌量低施钾量下取得最大值。通过求解最大值的 95%置信区间,发现 IWUE 达到最大值 95%时,没有与其他因变量达到最大值 95%置信区间所得出的总水量和施钾量相交。把 IWUE 剔除后,得出当块茎产量、植株钾累积吸收量和淀粉含量三者同时达到最大值的 95%时,总水量(滴灌量加降水量)的区间为 491~550mm,施钾量的区间为 196~389kg/hm²。

8.7 讨 论

8.7.1 不同滴灌量与施钾量下马铃薯的生长

Noor(2010)报道称,当 K_2O 施用量在 100~150kg/hm² 范围内时,会促进植物对 N 的吸收,从而产生最大株高。当 K_2O 水平超过 150kg/hm² 时,株高趋于稳定,并逐渐降低。这可能是因为高水平的 K_2O 使根系失活,减少了可能阻碍植物生长的氮供应(Daniel,2017)。这与本研究的结果类似,在生育前期高钾处理下的株高最高,但在大约 50DAE 后,高钾 K_3 处理株高的增加潜力没有 K_2 处理大。这可能是由于最开始的植株对钾肥需求量大,但后来钾肥施用超过 270kg/hm² 时,钾肥的效用性降低,导致株高与 K_2 处理相比降低。在沙土地,马铃薯作为水分敏感型作物对水分的要求很高,水分的多少对马铃薯的生长至关重要。此次研究表明随着滴灌量的增加株高呈现增加的规律,这与 Wang 等(2019)和张富仓等(2017)的研究结果一致。

在叶面施用钾肥与不施用钾肥相比,可显著改善马铃薯的营养生长指标,从而提高单株产量、总碳水化合物和干物质累积量(Grzebisz et al.,2020;Abd El-Gawad et al.,2017);增加土壤中钾肥(K_2SO_4)的施用量也会增加马铃薯植株的营养生长(Torabian et al.,2021)。有研究指出氮和钾肥的增加会影响叶片数量,因此得出的结论是,每公顷施用 N 150kg、P 50kg 和 K 75kg 是最佳剂量,在性能与利润方面更高(Kumar et al.,2017)。另一方面,Pettigrew(2003)与 Iqbal 和 Hidayat(2016)指出,棉花和玉米作物成熟较早与施用低剂量钾有关。张鹏等(2016a)研究发现施钾肥可以延长花生的苗期,最终保证较高的开花率和开花量。Zelelew 等(2016)证实,随着钾水平的增加,马铃薯品种的成熟度逐渐推迟。与此类似,在我们对于钾肥对马铃薯植株的叶面积指数影响的研究中得出低钾处理下的植株 LAI 最早达到最大值,尤其以低水处理下更为明显。同时我们还发现在低水处理下的 4 个钾肥处理叶面积增加的幅度最小,同时达到的峰值的时间也最早。由此得出的结论是水分亏缺和钾亏缺都不利于植株的生长发育导致成熟衰老较早,减少了最终光合干物质的累积,最后也可能导致作物的减产(表 8-2)。Torabian 等(2021)发现,增加土壤中钾肥(K_2SO_4)的施用量会导致马铃薯植株的营养生长增加,植株高度和叶面积指数增加,并且随着研究中灌水水平的增加(在消耗 50%和 75%的有效水后)而显著增加。

组成作物躯体的干物质,主要是由光合作用所合成的有机物。而叶绿素是植株生长的重要光合生理参数,为光合作用的物质基础,起着收集和转换光能的作用,它与光合特性紧密相关,在一定范围内与植株的光合速率呈正相关,其含量的高低将直接反映植物叶片光合能力的大小,还可反映叶片的衰老程度(刘世鹏等,2008;赵莉等,2012)。有文献记载,马铃薯植物的所有生理过程几乎都需要钾,如气孔的调节、酶活性的提高、蛋白质的改善、碳水化合物和脂肪的合成、光合物的形成(Abd El-Latif et al.,2011;Müller-Röber et al.,1995)。随着叶面施钾量的增加,植株高度、叶片数、叶面积、叶片相对含水量和叶绿素 a 浓度也显著增加(Bista and Bhandari,2019)。同样,钾也能延缓衰老,减少贮藏过程中的生理紊乱,最终延长马铃薯块茎的贮藏期(Bista and Bhandari,2019)。与此次研究类似,钾明显延后了叶绿素开始出现下降的时间,且在 W_2 和 W_3 处理下,各个施钾处理的叶绿素浓度都明显比低水处理大,说明灌水的增加提高了钾肥在叶面的效用性。周振江等(2012)研究表明,在各个灌水处理下,随着施氮量、施钾量、有机肥的增加,光合速率都呈先减小后增加的趋势。这与本研究结论有相似之处。钾素本身对光合作用有促进作用,而本试验得出在过量的钾肥处理(K_3)下叶绿素含量会降低。本研究中,钾肥过量同样会对植株的生长造成负面影响。供钾不足对马铃薯营养期的植株生长速率产生负面影响,并中断了茎和块茎之间的干物质分配(Jenkins and Mahmood,2003)。这与我们的研究结果类似,但我们还发现过量的钾素施用同样会造成干物质分配的混乱,2019年 W_2、W_3 处理和 2020年的 W_3 处理下的 K_3 营养生长好于其他钾肥处理,但是块茎的干物质量反而降低,最终导致了 K_3 处理的减产。

8.7.2　不同滴灌量与施钾量下马铃薯产量、根系指标和品质

水肥是限制作物生长的主要因素,马铃薯是块茎作物,对钾肥极为敏感。本研究结果表明,滴灌量和钾肥的综合效应可影响马铃薯产量。较高的钾含量提供了更好的产量属性和光合作用从源到库(块茎)的转移,从而导致大块茎的产量更高(Chaudhari et al.,2018)。这些发现证实了 Khandakhar 等(2000)的研究结

论。同样，Zelelew 等（2016）研究表明，超过 150kg K_2O/hm^2 的钾施用量可能会导致块茎产量下降。与本研究相似，在相同滴灌量下，施用钾肥可提高马铃薯产量和商品薯重，但到 K_2 处理时开始下降。此外，过量的钾还会导致植物大量吸收养分，影响块茎的正常生长发育（侯叔音等，2013）。本研究结果表明，滴灌量对马铃薯产量及其构成有显著影响，达到极显著水平。总体来说，滴灌量越高，产量表现越好。钾营养在提高马铃薯产量方面发挥着重要作用，这可能是由于形成了大块茎或增加了每株块茎的数量（Singh et al., 2020）。本研究发现，钾肥显著增加了块茎数（除 2019 年 W_1 处理外），滴灌量也能促进块茎数，均达到极显著水平（$P < 0.01$）（表 8-2）。除了单株马铃薯的数量外，单株马铃薯的重量也是决定马铃薯库容量的另一个因素。前者在花期前基本稳定，而后者随着生育期的推进逐渐增加。因此，单个马铃薯的重量成为制约马铃薯开花后库能力的主要因素（宁运旺等，2015）。2019 年 W_1 和 W_3 处理和 2020 年 W_2 和 W_3 处理马铃薯单株重量也呈现先增后减的趋势。灌溉对马铃薯单株重有极显著的促进作用（$P < 0.01$）。单株块茎数和单株薯重对库容有共同影响。灌溉量和施钾量对花生、棉花和甘薯的产量有交互作用（潘俊杰等，2019；张辉等，2016；张鹏等，2016a）。在本试验中，我们发现水钾互作对马铃薯产量及其组成成分也有显著的交互作用。增加滴灌量，增加作物对钾的吸收利用，最终形成产量优势。钾肥的增加也有利于植物吸收和利用水分。合理的钾水配施能发挥最佳的互作耦合效应，使马铃薯优质高产。本研究发现，年份对产量影响很大，达到极显著水平（$P < 0.01$）（表 8-2），2020 年产量比 2019 年低，这可能主要是由降雨和太阳辐射等环境因素影响造成的。

　　根系作为土壤—植物系统的重要组分，在以往的研究中备受学者们的关注，但是关于水钾互作对马铃薯根系形态及产量的影响的研究较少。有研究表明土壤水分亏缺条件下，花生根系形态特征会发生一系列的适应性调节，如通过增加深层土壤内根长、根系表面积和体积等方式来优化根系空间分布构型，以利于植株对水分最大限度地吸收（丁红等，2013）。而张鹏等（2016b）的研究显示当土壤水在 50% 的田间持水量左右时花生根系会向土壤深层生长，但是低于 50% 的田间持水量会严重抑制根系的发育。本研究的规律与后者类似，亏缺灌溉会严重抑制马铃薯根系的发育，并没有发生适应性调节。马铃薯植株的根系较浅，与其他农作物相似，这限制了其在土壤中对所需养分的清除能力（Singh et al., 2020）。有研究表明施用硫酸钾可增加根系的干重，促进根系生长发育（Ghannad et al., 2014）。当 K_2O 水平超过 150kg/hm^2 时，株高趋于稳定，并逐渐降低。这可能是因为高水平的 K_2O 使根系失活，减少了可能阻碍植物生长的氮供应（Daniel, 2017）。这与本研究结果一致，钾肥用量在 0～270kg/hm^2 下，根长密度、根表面积、根总体积和根干重随施钾量的增加而增加，当钾肥超过 270kg/hm^2 时，这些值出现降低。

　　淀粉是衡量马铃薯品质的主要指标。Carli 等（2014）发现，块茎形成后供水量的减少增加了淀粉含量，但降低了维生素 C 含量。然而，Singh 等（2007）证实马铃薯块茎的淀粉含量随着灌溉和施肥量的增加而增加。马铃薯块茎富含淀粉，因此比任何其他蔬菜作物都需要较高的钾含量（Bista and Bhandari，2019）。此外也有研究表明，在充分灌溉的条件下，淀粉和维生素 C 含量随施肥量的增加呈现"低—高—低"的变化趋势，还原性糖含量的变化与淀粉含量的变化相反（Wang et al.，2019）。与本次研究结果类似，在 2019 年和 2020 年的 W_2、W_3 处理下，淀粉含量随着施钾量的增加而呈现"低—高—低"的变化趋势。整体而言，随着滴灌量的增加，块茎淀粉含量有增加的趋势。

　　土壤中较高的 KCl 施肥率降低了 50%的维生素 C 含量（Manolov et al.，2015）。施钾显著提高了马铃薯块茎产量和维生素 C 含量等品质参数（Bista and Bhandari，2019）。Yang 等（2017）还观察到，块茎淀粉和维生素 C 含量随施肥量的增加先增加后降低。Khan 等（2012）报道了最佳剂量的钾（150kg/hm^2）可显著增加土豆中的维生素 C 含量，较高的比例没有产生显著的结果。在适宜的施钾水平下，维生素 C 含量较高，但施钾量越高，效果越不明显。本研究显示维生素 C 含量随着施钾量的增加先增后减，但在 2020 年的 W_2 和 W_3 处理下没有达到显著水平。总体来看，维生素 C 含量随着滴灌量的增加而呈现增加的趋势。

　　含糖量越低，薯片的块茎加工质量越好（Khan et al.，2012）。降低还原性糖含量是获得优质薯片的必要条件。钾的有效性也降低了还原性糖的浓度，改善了薯片的颜色和质量。与单独施用氮和磷相比，施用钾肥的块茎中的糖浓度更高（Khan et al.，2010）。Bansal 和 Trehan（2011）研究表明钾的应用降低了还原性糖含量并使薯片颜色变淡，同时降低了与钾相关的低营养水平。氮钾失衡的另一个缺点是块茎中还原性糖浓度高，对薯条的质量产生负面影响（Bansal and Trehan，2011）。钾水平 K_3（325kg K_2O/hm^2）和 K_2（275kg K_2O/hm^2）生产的块茎还原性糖含量分别比 K_1（225kg K_2O/hm^2）生产的块茎高 13.80%和 11.20%（Chaudhari et al.，2018）。钾还降低了还原性糖含量，改善了薯片的颜色和质量（Bista and Bhandari，2019）。马铃薯的品质与施肥量密切相关。Hannan 等（2011）和 Li 等（2015）发现，增加钾肥供应量可以提高淀粉含量，降低还原性糖含量。本次研究与之前的研究结果类似，高钾和不施钾都会导致块茎取得很高的还原性糖含量，除了 2019 年的 W_2 处理，其他水分条件下还原性糖含量都是在 K_2 处取得最小值。

8.7.3　不同滴灌量与施钾量下马铃薯水肥利用和土壤养分残留

　　已有的对养分吸收的研究表明，施钾不仅能使玉米籽粒中氮、磷、钾养分的分配比例提高，而且还能有效促使氮、磷、钾养分向籽粒的转运（李文娟等，2009）。

在马铃薯生育前期，各器官的钾累积吸收量主要集中在地上部，之后主要向块茎中分配和积累，在成熟期块茎中钾累积吸收量超过 60%（刘克礼等，2003）。这与本研究结果相似，本研究发现施钾增加了钾和氮向块茎的转运，而两者分配比例没有显著增加。而钾累积量在各土壤水分下均随钾肥施用量的增加呈现"低—高—低"的变化趋势，说明适当范围内增施钾肥能促进马铃薯植株对钾素的吸收，增加钾素累积总量，这与王志勇等（2012）和张鹏等（2017）的研究结果类似。与其他作物相比，马铃薯利用了更多的钾（Trehan and Claassen，2000），马铃薯植株的较高生长速率使其迅速吸收养分（氮、磷、钾肥料）（Singh et al.，1997）。氮、磷、钾和硫的吸收随着氮和钾施用量的增加而显著增加（Ali and Singh，2014）。有研究表明马铃薯对钾的需求量很大，而钾是马铃薯吸收量最大的营养元素（Ati et al.，2012），并在生长季节吸收大量钾（Bhattarai and Swarnima，2016；Haddad et al.，2016）。但本研究发现马铃薯植株对氮的吸收量要比对钾的吸收量大。刘克礼等（2003）研究表明，马铃薯植株的钾素浓度始终以茎部最高，以促进光合产物的运输，保持茎部的直立性和地上抗性。块茎形成后，钾在块茎中的分布增加，说明大量钾被转运到块茎中，供块茎形成和淀粉形成至成熟。这项研究得出了类似的结论，营养器官钾素浓度含量高于块茎，但块茎成熟期钾积累高于地上干物质。研究表明，钾肥（K_2SO_4）的用量不会影响块茎中的钾含量（Neshev and Manolov，2015）。但本研究发现，随着施钾量的增加，2019 年 W_1 和 W_3 条件下块茎中的钾素浓度先升高后降低，营养器官中的钾素浓度持续升高，均达到显著水平（$P<0.05$）。2020 年各水分处理中，随着施钾量的增加，块茎和营养器官中的钾含量先升高后降低。已有研究表明，在不同灌溉方法下，钾素浓度不会随含水量的增加而发生显著变化（Sarker et al.，2019）。但本研究结果表明，随着滴灌量的增加，土壤钾累积吸收量普遍增加。随着钾肥施用量的增加，营养器官和块茎中钾的积累呈增加趋势（Wang et al.，2015）。本研究发现，随着施钾量的增加，2019 年 W_2 和 W_3 条件下营养器官钾积累量增加，而块茎中钾积累量先增加后减少，在 K_2 条件下达到最大值。但在 2020 年不同水分处理下，块茎和营养器官中钾的累积量随施钾量的增加先增加后下降。这可能是由于块茎干重和钾素浓度随施钾量的增加先增加后降低。钾的积累量随水分的增加而逐渐增加，达到极显著水平（$P<0.01$）。已有研究表明叶片和叶柄中的钾素浓度随施钾量的增加而增加，随植株成熟度的增加而降低（Panique et al.，1997）。

增加灌溉水量有利于马铃薯等作物对氮、磷、钾的吸收（邢英英等，2015a）。高月（2017）研究也发现马铃薯植株氮、磷、钾吸收量随滴灌量的增加而呈现增大的趋势，但随着施肥量的增加呈现先增大后减小的规律。钾肥的施用对维持氮肥的有效利用至关重要，钾肥和氮肥的均衡管理可能会防止大量的氮素损失，并避免马铃薯过量施用氮肥的做法造成普遍的环境后果（Giletto and Echeverría，

2013）。张鹏等（2017）对花生养分吸收的研究发现在各个水分条件下，不施钾处理下的花生氮素吸收量大于施钾处理下的氮素吸收量，并解释为可能是由于植物对吸收铵态氮和钾离子的竞争关系，导致各施钾处理花生植株对氮素吸收累积量大幅降低。本研究结果与之相反，各个水分条件下，施钾处理明显比不施钾处理的氮素吸收利用量高，这可能是由于施钾处理下植株的营养生长和块茎生长都得到提升，光合产物也同化较多，导致氮吸收量也增加。而各个钾肥处理下，植株氮吸收量随着滴灌量的增加呈现增加的趋势。植株各器官对氮的吸收量的大小关系是：块茎＞叶＞茎＞根。这与王海东（2020）的研究结果一致，主要是由于块茎的干物质累积量较大，且叶的氮素浓度较大，导致叶的氮累积吸收量大于茎的累积量。

　　土壤速效养分含量（氮、磷、钾）是土壤含肥情况的反映，表示可被植株直接利用的土壤养分含量，也可表示土壤养分没被吸收利用状况，所以土壤速效养分含量与作物的生长发育密切相关，也可以反映作物肥料利用情况（陆欣，2011）。韦泽秀等（2009）认为，在水分亏缺状态下，土壤肥料挥发损失较多，而当土壤水分供应充足时，黄瓜植株生长旺盛，进而从土壤中吸收更多的氮、磷、钾。与此规律类似，土壤水分充足时（W_2、W_3 处理），植株从土壤中吸收携带的钾增加，同时水分的淋洗作用可能会导致施入的钾肥沿土壤深层渗漏，导致土壤中钾素残留减少。在各滴灌量条件下，施钾处理的小区剖面土壤速效钾含量明显高于不施钾肥的处理，且随钾肥施用量的增加而不断升高，这与谭德水等（2007）和张鹏等（2017）的研究结果一致。究其原因可能是在氮磷基础上配施钾肥可以减缓钾素耗竭和保持钾素平衡（孙丽敏等，2012）。与此次研究结果一致，钾肥的施用明显增加了初始土壤的速效钾含量。随着水分的淋洗作用，随滴灌量的增加，土壤剖面速效钾含量及累积量减少（图 8-11 至图 8-13），且各个钾肥下，随滴灌量的增加速效钾最大峰值有下移的趋势，这与王海东（2020）的研究结果一致。张皓等（2019）研究得出马铃薯土壤中速效钾含量随着施钾量的增大而增加。本研究也发现在 0～100cm 土层内，当施肥水平相同时，由于流失和植物吸收，速效钾含量随着滴灌量的增加而减小，在垂直深度上，随着滴灌量的增加土壤速效钾含量逐渐向下运移；速效钾的淋失量也随着滴灌量的增加而增大；当灌水水平相同时，速效钾累积量随着施肥量的增大而增大；总体而言，不施钾肥（K_0）的条件下，速效钾含量分布随着水平距离的增大有增加的趋势，滴头下 0cm 处的速效钾含量最低；并且在三个灌水水平下，速效钾含量分布随着垂直深度的增加而减小。在施肥水平 K_1、K_2 和 K_3 条件下，速效钾含量分布随着水平距离的增大而减小，滴头下 0cm 处的速效钾含量最高。高肥处理获得高产的同时增大了养分残留与流失的风险，对环境效益不利。

　　王海东（2020）研究发现耗水量在同一施肥水平下随着滴灌量的增加而增加，

随着施肥量的增加同一灌水水平下的耗水量呈现"低—高—低"的变化趋势。王立为等（2012）研究指出在一定施肥范围内，耗水量随着施肥量的增加而呈现上升的趋势，但施肥量达到一定程度时耗水量开始减少。我们的研究与之类似，生育期耗水量在同一滴灌量条件下，随着施钾量的增加而先增后减，在同一施钾量下随着滴灌量的增加而一直增加。Yurtseven（2005）研究表明土壤中钾水平的增加导致水分利用效率的下降，但我们的研究结果显示，施钾显著提高了水分利用效率。大多数情况下，随着施钾量的增加水分利用效率先增后减。在同一施钾水平下，随着滴灌量的增加，马铃薯耗水量变大，但灌溉水分利用效率降低。Saravia等（2016）指出，缺水导致氮素利用效率（NUE）急剧下降，而高施氮量可以克服这一问题。但本研究却发现低水条件下的钾素利用效率（KUE）反而是最高的。研究表明黄瓜、棉花、马铃薯等作物的肥料偏生产力在同一水分条件下均随着施肥量的增加而降低（梁锦秀等，2015；吴立峰，2015）。侯翔皓等（2019）研究发现马铃薯低肥处理的肥料偏生产力比中肥和高肥处理分别高出了 45.67% 和 78.99%。高月（2017）研究得出马铃薯肥料偏生产力随着滴灌量的增加而呈现增加的趋势，随着施肥量的增加而呈现降低的趋势。赵欢等（2015）研究表明钾肥农学效率与钾肥利用率均随着钾肥施用量的增加先增大后减小。但我们的研究发现，钾肥偏生产力随着施钾量的增加而呈现递减的趋势（表 8-5）。同时在钾素利用效率上，发现在不同的水分下有不同的规律。在 2019 年 W1 和 W2，钾素利用效率随着施钾量的增加而先减后增，在 2019 年 W_3 处理和 2020 年 W_1 处理下，KUE 随施钾量的增加一直在减少；但在其余水分处理下，KUE 随施钾量的增加而先减后增。

8.7.4 水钾供应下马铃薯产量、品质与各生长指标的相关关系

水分和钾肥共同影响了马铃薯植株的生长，适宜的滴灌量和施钾量可以显著促进植株的生长包括干物质的积累、光合产物的转运、根系的生长和钾素等养分的吸收，从而获得较大的产量和较好的品质，取得最大的经济效益和生态环境效益，反之，不适宜的滴灌量如低滴灌量和低施钾量对马铃薯的生长极为不利。因此我们发现，产量、干物质累积量、叶面积指数、叶绿素含量、淀粉含量、还原性糖含量、植株生育期总耗水量等指标具有很强的相关性。同时，产量、植株钾累积吸收量、灌溉水分利用效率（IWUE）和淀粉与滴灌量加降水量和施钾量可以拟合出二元二次回归方程，取得较好的拟合效果，最终得到使该地区马铃薯获得高产、吸收最多钾素、取得较优品质（三者都达到最大值的 95%）的滴灌量加降水量区间为 491～550mm，施钾量区间为 196～389kg/hm^2。最后采用粒子群算法优化支持向量机的相关参数，利用两年 24 组数据中的 18 组数据进行训练，再

用剩余的 6 组数据进行预测，取得较好的预测效果，并且所预测的精度比二元二次回归要高，具有一定的实用价值。

8.8 结 论

1）随着生育期的推进，株高逐渐增加，植株株高在苗期和块茎形成期增加最快，在块茎膨大期开始后，株高增长缓慢。随着滴灌量的增加，株高呈现出升高的趋势，随着施钾量的增加，株高有增加的趋势，但在 K_2 处取得最大值，且在 2020 年施钾的处理株高显著高于 K_0 处理。生育前期 LAI 在 K_3 处达每个灌水处理下的最大值，但是后期被 K_2 追上，且随着水分的增加，同一个钾肥处理下 LAI 增加的幅度越大。同样的规律出现在叶绿素上，W_1 处理下的钾肥施用使叶片叶绿素增加幅度较小，且 W_2 和 W_3 处理下的叶绿素在整个生育期的峰值往后推移，说明水分和钾肥的作用使得叶片的衰老延后。营养器官（茎+叶）在 2019 年 W_2 和 W_3 处理下和 2020 年的 W_3 处理下随着施钾量的增加而增加，但在其他滴灌量条件下，随着施钾量的增加而先增后减，说明施钾量的增加促进了马铃薯植株的营养生长，但是块茎的干物质量反而降低，这可能是由于过量的钾素施用同样会造成干物质分配的混乱。

2）水肥是限制作物生长的主要因素，马铃薯是块茎作物，对钾肥极为敏感。结果表明，滴灌量和钾肥的综合效应影响马铃薯产量。水分和钾肥共同影响马铃薯的生长，对马铃薯产量、商品薯重和单个薯重有显著的交互作用。总体而言，随着滴灌量的增加，产量呈现出增加的趋势，随着施钾量的增加，产量呈现出先增后减的规律。增加滴灌量，增加作物对钾的吸收利用，最终形成产量优势。钾肥的增加也有利于植物吸收和利用水分。合理的钾水配施能发挥最佳的互作耦合效应，使马铃薯优质高产。低水抑制马铃薯根系的生长，钾肥用量在 $0\sim270kg/hm^2$ 下，根长密度、根表面积、根总体积和根干重随施钾量的增加而增加，当钾肥超过 $270kg/hm^2$ 时，这些值出现降低。在两年的 W_2、W_3 处理下，淀粉含量随着施钾量的增加而先增后减。整体而言，随着滴灌量的增加，块茎淀粉含量和维生素 C 含量有增加的趋势。本研究显示维生素 C 含量随着施钾量的增加而先增后减，但在 2020 年的 W_2 和 W_3 处理下没有达到显著水平。本次研究还表明高钾和不施钾都会导致块茎取得很高的还原性糖含量

3）水分、肥料等资源的高效利用是农业可持续发展一直追求的目标。本研究发现，随着施钾量的增加，2019 年 W_1 和 W_3 条件下块茎中的钾素浓度先升高后降低，营养器官中的钾素浓度持续升高，均达到显著水平（$P<0.05$）。2020 年各水分处理中，随着施钾量的增加，块茎和营养器官中的钾含量先升高后降低。随着滴灌量的增加，土壤钾累积吸收量普遍增加。本研究发现，随着施钾量的增加，

2019 年 W_2 和 W_3 条件下营养器官钾积累量增加，而块茎中钾积累量先增加后减少，在 K_2 条件下达到最大值。但在 2020 年不同水分处理下，块茎和营养器官中钾的累积量随施钾量的增加先增加后下降。植株氮累积吸收量也呈现类似的规律。随着施钾量的增加土壤的速效钾残留逐渐增加，且随着滴灌量的增加，土壤剖面的速效钾残留量降低。总体来看，随着滴灌量增加，耗水量也逐渐增加，随着施钾量的增加，耗水量、水分利用效率（WUE）和钾素利用效率（KUE）先增后减。IWUE、KUE 和 WUE 随着滴灌量的增加逐渐减少。钾肥偏生产力（PFP）随着施钾量的增加先增后减，随着滴灌量的增加逐渐增加。

4）产量、干物质累积量、叶面积指数、叶绿素含量、淀粉含量、还原性糖含量、植株生育期总耗水量等指标具有很强的相关性。同时，产量、植株钾累积吸收量、灌溉水分利用效率（IWUE）和淀粉与滴灌量加降水量和施钾量可以拟合出二元二次回归方程，并取得较好的拟合效果，最终得到使该地区马铃薯获得高产、吸收最多钾素、取得较优品质（三者都达到最大值的 95%）的滴灌量加降水量区间为 491～550mm，施钾量区间为 196～389kg/hm²。

参 考 文 献

白艳菊, 李学湛, 文景芝, 等. 2006. 中国与荷兰马铃薯种薯标准化程度比较分析. 中国马铃薯, (6): 357-359.

曹正鹏, 刘玉汇, 张小静, 等. 2019. 亏缺灌溉对马铃薯生长产量及水分利用的影响. 农业工程学报, 35(4): 114-123.

丁红, 张智猛, 戴良香, 等. 2013. 不同抗旱性花生品种的根系形态发育及其对干旱胁迫的响应. 生态学报, 33(17): 5169-5176.

高月. 2017. 榆林沙土区不同水肥供应对马铃薯生长和水肥利用的影响. 西北农林科技大学硕士学位论文.

侯叔音, 张春红, 邱慧珍, 等. 2013. 高钾肥力土壤增施钾肥对马铃薯的生物效应. 干旱地区农业研究, 31(4): 172-176.

侯翔皓, 张富仓, 胡文慧, 等. 2019. 灌水频率和施肥量对滴灌马铃薯生长、产量和养分吸收的影响. 植物营养与肥料学报, 25(1): 85-96.

江贵波, 陈实. 2005. 钾、钙、镁对作物衰老的影响. 现代农业科技, (21): 47-48.

李文娟, 何萍, 金继运. 2009. 钾素营养对玉米生育后期干物质和养分积累与转运的影响. 植物营养与肥料学报, 15(4): 799-807.

梁锦秀, 郭鑫年, 张国辉, 等. 2015. 氮磷钾肥配施对宁南旱区马铃薯产量和水分利用效率的影响. 中国农学通报, 31: 49-55.

刘克礼, 张宝林, 高聚林, 等. 2003. 马铃薯钾素的吸收、积累和分配规律. 中国马铃薯, (4): 204-208.

刘世鹏, 曹娟云, 刘冲, 等. 2008. 水分胁迫对绿豆幼苗渗透调节物质的影响. 延安大学学报(自然科学版), 27(1): 55-58.

刘忠雄. 2011. 榆林市马铃薯产业发展现状及对策. 西北农林科技大学硕士学位论文.

陆欣. 2011. 土壤肥料学. 2 版. 北京: 中国农业大学出版社: 195-196.

马守臣, 张绪成, 段爱旺, 等. 2012. 施肥对冬小麦的水分调亏灌溉效应的影响. 农业工程学报, 28(6): 139-143.

宁运旺, 马洪波, 张辉, 等. 2015. 甘薯源库关系建立、发展和平衡对氮肥用量的响应. 作物学报, 41(3):432-439.

潘俊杰, 付秋萍, 赵桥, 等. 2019. 水钾耦合对北疆机采棉水钾利用效率及产量的影响. 灌溉排水学报, 38(1):42-48.

孙丽敏, 李春杰, 何萍, 等. 2012. 长期施钾和秸秆还田对河北潮土区作物产量和土壤钾素状况的影响. 植物营养与肥料学报, 18(5): 1096-1102.

谭德水, 金继运, 黄绍文. 2007. 长期施钾对东北春玉米产量土壤钾素状况的影响. 中国农业科学, 40(10): 2234-2240.

王海东. 2020. 滴灌施肥条件下马铃薯水肥高效利用机制研究. 西北农林科技大学博士学位论文.

王立为, 潘志华, 高西宁, 等. 2012. 不同施肥水平对旱地马铃薯水分利用效率的影响. 中国农业大学学报, 17(2): 54-58.

王志勇, 白由路, 杨俐苹, 等. 2012. 低土壤肥力下施钾和秸秆还田对作物产量及土壤钾素平衡的影响. 植物营养与肥料学报, 18(4): 900-906.

韦泽秀, 梁银丽, 井上光弘, 等. 2009. 水肥处理对黄瓜土壤养分、酶及微生物多样性的影响. 应用生态学报, 20(7): 1678-1684.

吴立峰. 2015. 新疆棉花滴灌施肥水肥耦合效应与生长模拟研究. 西北农林科技大学博士学位论文.

邢英英, 张富仓, 吴立峰, 等. 2015a. 基于番茄产量品质水肥利用效率确定适宜滴灌灌水施肥量. 农业工程学报, 31(S1): 110-121.

邢英英, 张富仓, 张燕, 等. 2015b. 滴灌施肥水肥耦合对温室番茄产量,品质和水氮利用的影响. 中国农业科学, 48(4): 713-726.

杨慧, 曹红霞, 李红峥, 等. 2016. 基于空间分析法研究温室番茄优质高产的水氮模式. 中国农业科学, 49(5): 896-905.

张富仓, 高月, 焦婉如, 等. 2017. 水肥供应对榆林沙土马铃薯生长和水肥利用效率的影响. 农业机械学报, 48(3): 270-278.

张皓, 周丽敏, 申双和, 等. 2019. 不同钾肥施用量对马铃薯产量、品质及土壤质量的影响. 江苏农业科学, 47(11): 116-119.

张辉, 朱绿丹, 安霞, 等. 2016. 水分和钾肥耦合对甘薯光合特性和水分利用效率的影响. 江苏农业学报, 32(6): 1294-1301.

张鹏, 包雪莲, 张玉龙, 等. 2017. 水钾耦合对褐土养分及花生养分累积的影响. 水土保持学报, 31(2): 272-278.

张鹏, 张玉龙, 迟道才, 等. 2016a. 水钾耦合对花生生理性状及产量的影响. 中国生态农业学报, 24(11): 1473-1481.

张鹏, 张玉龙, 邹洪涛, 等. 2016b. 水钾耦合对花生根系形态及产量的影响. 干旱地区农业研究, 34(4): 170-174.

张西露, 刘明月, 伍壮生, 等. 2010. 马铃薯对氮、磷、钾的吸收及分配规律研究进展. 中国马铃薯, 24(4):237-241.

赵欢, 芍久兰, 何佳芳, 等. 2015. 钾肥对马铃薯干物质积累、钾素吸收及利用效率的影响. 西南农业学报, (2): 206-211.

赵莉, 潘远智, 朱峤, 等. 2012. 6-BA、GA_3 和 IBA 对香水百合叶绿素含量及抗氧化物酶活性的影响. 草业学报, 21(5): 248-256.

周振江, 牛晓丽, 李瑞, 等. 2012. 番茄叶片光合作用对水肥耦合的响应. 节水灌溉, (2): 28-32+37.

Abd El-Gawad H G, Abu El-Azm N A I, Hikal M S. 2017. Effect of potassium silicate on tuber yield and biochemical constituents of potato plants grown under drought stress conditions. Middle East Journal of Agriculture Research, 6(3): 718-731.

Abd El-Latif K M, Osman E A M, Abdullah R, et al. 2011. Response of potato plants to potassium fertilizer rates and soil moisture deficit. Advances in Applied Science Research, 2(2): 388-397.

Ali J, Singh S P. 2014. Response of potato to nitrogen and potassium in alluvial soil of South-Western plain zone of Uttar Pradesh. Annual of Agriculture Research New Series, 33(1&2): 40-44.

Allen R G, Pereira L S, Raes D, et al. 1998. Crop Evapotranspiration: Guidelines for Computing Crop Water Requirements. Irrigation and Drainage Paper No 56. Rome: Food and Agriculture Organization of the United Nations (FAO).

Ati A S, Iyada A D, Najim S M. 2012. Water use efficiency of potato (*Solanum tuberosum* L.) under different irrigation methods and potassium fertilizer rates. Ann Agric Sci, 57(2): 99-103.

Bansal S K, Trehan S P. 2011. Effect of potassium on yield and processing quality attributes of potato. Karnataka Journal of Agriculture Science, 24(1): 48-54.

Bhattarai B, Swarnima K C. 2016. Effect of potassium on quality and yield of potato tubers: a review. International Journal of Agriculture & Environmental Science, 3(6): 7-12.

Bista B, Bhandari D. 2019. Potassium fertilization in potato. International Journal of Applied Sciences and Biotechnology, 7(2): 153-160.

Carli C, Yuldashev F, Khalikov D, et al. 2014. Effect of different irrigation regimes on yield, water use efficiency and quality of potato (*Solanum tuberosum* L.) in the lowlands of tashkent, uzbekistan: a field and modeling perspective. Field Crops Res, 163(1): 90-99.

Chaudhari H L, Chaudhari P P, Patel Sweta A. 2018. Effect of nitrogen and potassium levels on processing potato. International Journal of Chemical Studies, 6(2): 1507-1510.

Chen Q F, Dai X M, Chen J S, et al. 2016. Difference between responses of potato plant height to corrected FAO-56-recommended crop coefficient and measured crop coefficient. Agricultural Science & Technology, 17(3): 551-554.

Daniel Z. 2017. Potassium for improved potato productivity and tuber quality. MSc Thesis. Hamelmalo Agricultural College.

Djaman K, Irmak S, Koudahe K, et al. 2021. Irrigation management in potato (*Solanum tuberosum* L.) production: a review. Sustainability, 13: 1504.

Duan Y, Tuo D, Zhao P, et al. 2013. Response of potato to fertilizer application and nutrient use efficiency in Inner Mongolia. Better Crops, 97: 24-26.

Ghannad M, Ashraf S, Alipour Z T. 2014. Enhancing yield and quality of potato (*Solanum tuberosum* L.) tuber using integrated fertilizer management. International Journal of Agriculture and Crop Sciences, 7(10): 742-748.

Giletto C M, Echeverría H E. 2013. Nitrogen balance for potato crops in the southeast pampas region, Argentina. Nutrient Cycling in Agroecosystems, 95(1): 73-86.

Grzebisz W, Szczepaniak W, Bocianowski J. 2020. Potassium fertilization as a driver of sustainable management of nitrogen in potato (*Solanum tuberosum* L.). Field Crops Research, 254: 107824.

Haddad M, Bani-Hani N M, Al-Tabbal J A, et al. 2016. Effect of different potassium nitrate levels on yield and quality of potato tubers. Journal of Food, Agriculture and Environment, 14(1): 101-107.

Hannan A, Arif M, Ranjha A M, et al. 2011. Using soil potassium adsorption and yield response models to determine potassium fertilizer rates for potato crop on a calcareous soil in Pakistan. Communications in Soil Science and Plant Analysis, 42(6): 645-655.

Iqbal A, Hidayat Z. 2016. Potassium management for improving growth and grain yield of maize (*Zea mays* L.) under moisture stress condition. Scientific Reports, 6(1): 1-12.

Jenkins P D, Mahmood S. 2003. Dry matter production and partitioning in potato plants subjected to combined deficiencies of nitrogen, phosphorus and K. Annals of Applied Biology, 143(2): 215-229.

Kavvadias V, Paschalidis C, Akrivos G, et al. 2012. Nitrogen and potassium fertilization responses of potato (*Solanum tuberosum*) cv. Spunta. Commun Soil Sci Plant Anal, 43: 176-189.

Khan M Z, Akhtar M E, Mahmood-ul-Hassan M, et al. 2012. Potato tuber yield and quality as affected by rates and sources of potassium fertilizer. Journal of Plant Nutrition, 35(5): 664-677.

Khan M Z, Akhtar M E, Safdar M N, et al. 2010. Effect of source and level of potash on yield and quality of potato tubers. Pakistan Journal of Botany, 42(5): 3137-3145.

Khandakhar S, Rahman M M, Uddin M J, et al. 2000. Effect of lime and potassium on potato yield in acid soil. Pakistan Journal of Biological Sciences, 7: 380-383.

Kumar P, Kumar A, Kumar N, et al. 2017. Effect of integrated nutrient management on productivity and nutrient availability of potato. International Journal Current Microbiology Applied Sciences, 6(3): 1429-1436.

Li S T, Duan Y, Guo T W, et al. 2015. Potassium management in potato production in northwest region of China. Field Crops Research, 174: 48-54.

Manolov I, Neshev N, Chalova V, et al. 2015. Influence of potassium fertilizer source on potato yield and quality. Opatija: 50th Croatian and 10th International Symposium on Agriculture: 363-367.

Moinuddin, Singh K, Bansal S. 2005a. Growth, yield, and economics of potato in relation to progressive application of potassium fertilizer. J Plant Nut, 28(1): 183-200.

Moinuddin, Singh K, Bansal S K, et al. 2005b. Influence of graded levels of potassium fertilizer on growth, yield, and economic parameters of potato. J Plant Nutr. 27: 239-259.

Müller-Röber B, Ellenberg J, Provart N, et al. 1995. Cloning and electrophysiological analysis of KST1, an inward rectifying K^+ channel expressed in potato guard cells. The EMBO Journal, 14(11): 2409-2416.

Neshev N, Manolov I. 2015. Content and uptake of nutrients with plant biomass of potatoes depending on potassium fertilization. Agriculture and Agricultural Science Procedia, 6: 63-66.

Noor M A. 2010. Physiomorphological determination of potato crop regulated by potassium management. PhD Thesis. Institute of Horticultural Sciences University of Agriculture.

Panique E, Kelling K A, Schulte E E, et al. 1997. Potassium rate and source effects on potato yield, quality, and disease interaction. American Potato Journal, 74(6): 379-398.

Pervez M A, Ayyub C M, Shaheen M R, et al. 2013. Determination of physiomorphological characteristics of potato crop regulated by potassium management. Pakistan Journal of Agricultural Sciences, 50: 611-615.

Pettigrew W T. 2003. Relationships between insufficient potassium and crop maturity in cotton. Agronomy Journal, 95(5): 1323-1329.

Saravia D, Farfán-Vignolo E R, Gutiérrez R, et al. 2016. Yield and physiological response of potatoes indicate different strategies to cope with drought stress and nitrogen fertilization. Am J Potato Res. 93: 288-295.

Sarker K K, Hossain A, Timsina J, et al. 2019. Yield and quality of potato tuber and its water productivity are influenced by alternate furrow irrigation in a raised bed system. Agricultural Water Management, 224: 105750.

Singh A, Chahal H S, Chinna G S. 2020. Influence of potassium on the productivity and quality of potato: a review. Environment Conservation Journal, 21(3): 79-88.

Singh A K, Roy A K, Kaur D P. 2007. Effect of irrigation and N P K on nutrient uptake pattern and qualitative parameter in winter maize-potato inter cropping system. Int J Agric Sci, 3: 199-201.

Singh J P, Trehan S P, Sharma R C. 1997. Crop residue management for sustaining the soil fertility and productivity of potato-based cropping systems in Punjab. Journal of Indian Potato Association, 24: 85-99.

Torabian S, Farhangi-Abriz S, Qin R J, et al. 2021. Potassium: a vital macronutrient in potato production: a review. Agronomy, 11: 543.

Trehan S P, Claassen N. 2000. Potassium uptake efficiency of potato and wheat in relation to growth in flowing solution culture. Potato Research, 43: 9-18.

Wang H D, Wang X K, Bi L F, et al. 2019. Multi-objective optimization of water and fertilizer management for potato production in sandy areas of northern China based on TOPSIS. Field Crops Research, 240: 55-68.

Wang J D, Wang H Y, Zhang Y C, et al. 2015. Intraspecific variation in potassium uptake and utilization among sweet potato (*Ipomoea batatas* L.) genotypes. Field Crops Research, 170: 76-82.

Wilcox G E, Hilger J, Lam S L. 1968. Potassium builds potato quality. Better Crops, 52: 24-25.

Yan F L, Zhang F C, Fan X K, et al. 2021. Determining irrigation amount and fertilization rate to simultaneously optimize grain yield, grain nitrogen accumulation and economic benefit of drip-fertigated spring maize in northwest China. Agricultural Water Management, 243: 106440

Yang K J, Wang F X, Shock C C, et al. 2017. Potato performance as influenced by the proportion of wetted soil volume and nitrogen under drip irrigation with plastic mulch. Agricultural Water Management, 179: 260-270.

Yurtseven E, Kesmez G D, Ünlükara A. 2005. The effects of water salinity and potassium levels on yield, fruit quality and water consumption of a native central Anatolian tomato species (*Lycopersicon esculantum*). Agricultural Water Management, 78: 128-135.

Zelelew D Z, Lal S, Kidane T T, et al. 2016. Effect of potassium levels on growth and productivity of potato varieties. American Journal of Plant Sciences, 7(12): 1629-1638.

第9章 钾肥种类和滴灌量对滴灌马铃薯生长及水肥利用的影响

9.1 概 述

钾素营养和土壤水分是影响马铃薯生长及品质的重要因素。马铃薯是喜钾作物，钾肥可以明显促进马铃薯生长、提高产量和水分利用效率、改善品质、增强销售竞争能力（方晨成，2018）。钾是植物细胞质中最丰富的阳离子，与伴随阴离子共同作用影响细胞和组织的渗透势，同时钾参与光合作用、水分吸收运输等生理过程，故钾肥的有效性和作物产量直接与钾肥本身组成、形态及施入土壤的特性密切相关（Abbas et al.，2020）。在钾肥高效施用技术上，前期作物研究往往考虑以供钾水平来确定最佳施肥量，而不同钾肥种类对作物产量和品质的影响有显著差异，且不同钾肥对作物影响的研究存在争议。有研究表明施用硫酸钾作物增产效果优于氯化钾（龚成文等，2013），也有研究表明，氯化钾在一定的范围内不会对马铃薯产生毒害，其增产效果优于硫酸钾（刘汝亮等，2009）。受马铃薯"喜钾忌氯""硝酸钾烧苗"的影响，农民习惯施用昂贵的硫酸钾型肥料，放弃便宜且有效钾含量较高的氯化钾，限制了马铃薯种植效益的进一步提升（汤立阳，2018）。硝酸钾肥料水溶性强，易于被植物吸收，适用于任何农作物，且施用之后无残留（何志强，2018）。硝酸钾有利于作物生长发育，提高瓜果含糖量和蔬菜的维生素C含量，提高烤烟质量和产量，而有关硝酸钾对马铃薯作物的效应研究较少。滴灌施肥可以根据土壤的水分养分状况及作物水肥需求规律，适时、适量对作物进行灌溉施肥，可以满足作物生育期对水肥的需求，提高作物根区水肥分布的均匀度，显著提高作物产量和水肥利用效率（张富仓等，2018）。马铃薯是对水分非常敏感的作物，前人就滴灌施肥技术在马铃薯作物上的应用进行了大量研究，主要集中在水氮耦合、灌溉频率和施肥水平等方面。但是对水肥耦合模式下钾肥的研究不足。

目前陕北地区马铃薯施钾不足的农户高达96.9%（王小英等，2019），而对该地区马铃薯钾肥对马铃薯产量和品质的差异研究较少。由于马铃薯不同生育期需水量的不同，钾肥种类和灌水及其耦合效应对马铃薯的生长、产量和品质等影响会产生差异，而单一处理往往难以兼顾高产优质的多种目标，缺少基于产量品质和收益等多目标的水肥管理优化方法。本试验在大田滴灌施肥条件下，在施钾量相同的情况下，研究钾肥种类和滴灌量对马铃薯各生育期生长、产量、品质、水肥利用效率和经济效益的影响，并运用熵权法+理想点法（TOPSIS）对马铃薯经济效益、品质、农学效益的综合效益进行评价分析，以期获得沙土马铃薯生产最佳水钾管理模式，为陕北榆林马铃薯的优质、高产、高效施肥提供科学依据。

9.2　试验设计与方法

9.2.1　试验区概况

试验于 2020 年和 2021 年的 5～9 月在陕西省榆林市西北农林科技大学马铃薯试验站（北纬 38°23′、东经 109°43′，海拔为 1050m）进行。试验站属于干旱半干旱大陆性季风气候。榆林当地年平均气温为 8.6℃，年平均降水量为 371mm。试验站土壤是沙质土壤，适合马铃薯生长。试验地土壤 0～40cm 土层为沙壤土，40～100cm 土层为沙土。0～40cm 土壤容重为 1.73g/cm³，铵态氮含量为 6.35mg/kg，硝态氮含量为 11.45mg/kg，速效磷含量为 4.43mg/kg，速效钾含量为 107mg/kg，pH 为 8.1，土壤有机质含量为 4.31g/kg。图 9-1 为 2019 年和 2020 年马铃薯生育期的降雨量分布。

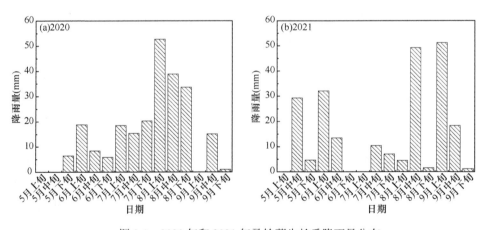

图 9-1　2020 年和 2021 年马铃薯生长季降雨量分布

9.2.2　试验设计

试验以当地主栽品种"青薯 9 号"为材料，在大田滴灌施肥条件下，控制相同的施钾量，设置 3 个灌水水平：W_1（60% ET_c）、W_2（80% ET_c）、W_3（100% ET_c）和 4 个钾肥种类：K_0（不施钾肥）、KCl（氯化钾）、K_2SO_4（硫酸钾）、KNO_3（硝酸钾），共 12 个处理。供试肥料为尿素（含 N 46.0%）、磷酸二铵（含 N 18%，含

P_2O_5 46%）、硫酸钾（含 K_2O 50%，含 S 16%）、氯化钾（含 K_2O 60%）和硝酸钾（含 K_2O 46%，含 N 13.5%）。根据前期水钾互作试验（张少辉，2021）确定施肥量为 N 200kg/hm^2、P_2O_5 80kg/hm^2、K_2O 270kg/hm^2（硝酸钾中的氮肥折算到总的施氮量）。滴灌量通过 FAO56-彭曼公式及马铃薯不同生育期作物系数计算得到。

参考作物蒸散量 ET_0 计算公式（Allen et al. 1998）见第 1 章式（1-1）和式（1-2）。

如图 9-2 所示，2020 年 W_1 处理的滴灌量为 198.4mm，W_2 处理的滴灌量为 246.2mm，W_3 处理的滴灌量为 294mm；2021 年 W_1 处理的滴灌量为 221mm，W_2 处理的滴灌量为 276mm，W_3 处理的滴灌量为 331mm。

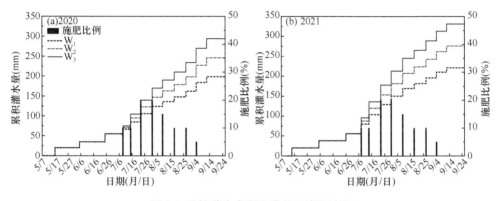

图 9-2　马铃薯生育期滴灌量和施肥过程

每个处理设置 3 个重复，共计 36 个小区。小区长 12m，宽 3.6m，小区面积为 43.2m^2。2020 年马铃薯于 5 月 8 日播种，9 月 26 日收获，采用机械起垄、人工种植的方式，行距 0.9m，株距约 25cm，密度约 44 444 株/hm^2。2021 年马铃薯于 5 月 12 日播种，9 月 26 日收获，采用机械起垄、机械种植的方式，行距 0.9m，株距约 21cm，密度约 52 910 株/hm^2。播种深度 8～10cm，出苗后机械覆土，覆土后垄高 40cm。

大田马铃薯的灌溉采用垄上滴灌方式，在每行垄上布设一条 16mm 的薄壁迷宫式滴灌带，滴头流量为 2L/h，间距为 30cm。滴灌施肥采用容量压差式施肥方式，灌水前一天将肥料溶解在 15L 的小型施肥罐中，用水表严格控制每个小区的滴灌量，灌溉施肥采用 1/4-1/2-1/4 模式，即前 1/4 水为灌清水，中间 1/2 打开施肥罐施肥，在灌水中期肥料随水滴施，后 1/4 再灌清水冲洗。除出苗水外，每 8 天进行一次灌水施肥，遇到降雨则推迟灌水，并从灌溉水量中减去此灌水周期内有效降水量。如果有效降水量大于灌溉量，则只灌水 20mm 进行施肥。2020～2021 年马铃薯生育季的灌溉和施肥过程如图 9-2 所示，共进行 12 次灌水，8 次施肥，苗期和块茎形成期肥料施用量为全生育期的 20%，块茎膨大期 55%，淀粉积累期 25%。

9.2.3 观测指标与方法

1. 生长指标

于马铃薯播种后 50d、70d、90d、110d、125d 和 140d，在每个小区随机选取具有代表性的 3 株植株。株高用卷尺测量，为茎基部到生长点的自然高度。茎粗用游标卡尺测量，为茎基部最粗处的数值。用打孔法测定单株叶面积（乔富廉，2002），并计算叶面积指数（LAI）（Watson，1947）：

$$叶面积指数 = 单株叶面积 × 单位土地面积植株数 ÷ 单位土地面积 \quad (9\text{-}1)$$

2. 干物质累积量

在马铃薯成熟期，每个小区随机挖取 3 株具有代表性的马铃薯植株，用剪刀将根、茎、叶、块茎分离，以清水洗净并用滤纸吸干水分，把块茎切片，分别装入档案袋中，放入烘箱在 105℃下杀青 30min，调至 75℃烘干至恒重，使用电子天平测定各部分重量。

3. 产量

马铃薯成熟后，在每个小区随机挖取具有代表性的 6 株马铃薯，统计单株马铃薯每个块茎的重量、数量和分级，记录单株薯重、商品薯重（单个块茎大于 75g）和大块茎重（单个块茎大于 150g）。最后随机选择两垄马铃薯，平行挖取 2m，测定面积为 $3.6m^2$，每个小区重复 3 次，测定马铃薯公顷产量。

4. 品质

取各小区成熟期马铃薯块茎，测定马铃薯淀粉和还原性糖含量，用碘比色法测定淀粉含量，3,5-二硝基水杨酸比色法测定还原性糖含量（张永成和田丰，2007）。

5. 植物养分

在成熟期取样测定干物质之后，将植物样品干燥后进行粉碎，过 0.5mm 筛子，用浓 H_2SO_4-H_2O_2 进行消煮后测定养分。植物各器官的全氮含量用连续流动分析仪进行测定，全钾用原子吸收分光光度计进行测定。

6. 土壤水分及养分

在马铃薯播种前和收获后，使用土钻进行取土，在垂直方向上每 20cm 取一次，共计 1m。在水平方向，以滴头正下方为起点，每隔 15cm 取点，每个小区取 4 个点。一部分土样采用烘干法测定土壤含水量；另一部分土样用连续流动分析仪测定土壤中硝态氮（NO_3^--N）的含量，用原子吸收分光光度计测定土壤中速效钾的含量。

7. 养分利用效率

氮素利用效率（NUE）：

$$NUE（kg/kg）= 产量（kg/hm^2）/植株总氮吸收量（kg/hm^2） \quad （9-2）$$

钾素利用效率（KUE）：

$$KUE（kg/kg）= 产量（kg/hm^2）/植株总钾吸收量（kg/hm^2） \quad （9-3）$$

8. 水分利用效率和灌溉水分利用效率

水分利用效率（WUE）和灌溉水分利用效率（IWUE）的计算公式见第 1 章式（1-8）和式（1-9）。

马铃薯生育期的耗水量 ET（mm），用水量平衡法计算（Oweis et al.，2011），公式见第 1 章式（1-6）和式（1-7）。

采用 Excel 进行数据整理，采用 SPSS 23.0 软件中的 ANOVA 进行方差分析，以 Duncan's 新复极差法进行法分析显著性。图形通过 Origin 9.0 软件绘制。

9.3　钾肥种类和滴灌量对马铃薯生长的影响

马铃薯是钾素敏感型作物，同时马铃薯根系较浅，对水分十分敏感，因此施用钾肥和灌水都会对马铃薯的生长发育产生影响，进而影响产量和品质的形成。株高和茎粗可以直观反映马铃薯的生长情况，直接影响产量的形成。叶片是进行光合作用的主要场所，叶面积指数是反映作物群体叶面积变化的重要参数，与植株光合作用密切相关。本章将对不同钾肥和灌水处理下马铃薯生育期的株高、茎粗和叶面积进行对比分析，为马铃薯高产优质建立理论基础。

9.3.1　株高

钾肥种类和滴灌量在整个生育期对株高有不同影响，在马铃薯播种后 50d（苗期），各处理株高差异不明显。随生育期的推进，不同钾肥和灌水处理下马铃薯株高呈现先增加后减小的趋势，各处理在播种后 125d 左右达到最大值（图 9-3）。在马铃薯生长前期，株高增长速度较快；播种后 110d 后株高增长速度达到最大，到播种后 125d 后，会出现一定程度的衰减。这是因为苗期至块茎形成期，植株以茎叶生长为主，茎秆生长迅速，后期转向地上部茎叶生长与地下块茎形成同时进行，出现物质转移，随后地上部分增长速度变缓，株高生长达到最高峰并趋于平衡，马铃薯株高在播种 110d 后缓慢生长，部分处理开始下降，水肥主要被块茎吸收，植株逐渐开始凋萎。

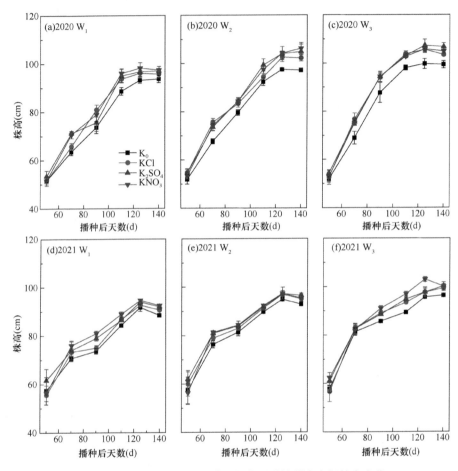

图 9-3 不同钾肥种类和滴灌量组合下马铃薯生育期株高变化

整体来看，同一钾肥处理下，株高随滴灌量的增加而增大，W_2、W_3 水平的株高在播种 70d 后高于 W_1 水平，说明较高的水分提高了肥料的有效性。在相同滴灌量下，施钾处理整体高于不施钾处理，三个钾肥种类间差异较小。不同滴灌量下钾肥种类的施用效果不同，总体而言，W_1 和 W_2 水平时，KCl 处理的株高低于 K_2SO_4 和 KNO_3 处理，W_3 水平时，三种钾肥处理的株高无明显差异。2020 年株高总体高于 2021 年，这是由于 2020 年 8 月降雨高于 2021 年，水分促进马铃薯的生长。2021 年 W_1 和 W_2 水分条件下，90～110d 株高生长速度总体高于 70～90d，这是 2021 年 7～8 月干旱天气造成，而 W_3 处理生长速度比较平缓，说明高水更有利于马铃薯的生长。

9.3.2 茎粗

不同钾肥种类和滴灌量下，马铃薯生育期茎粗的变化如图 9-4 所示。随生育期的推进，马铃薯茎粗呈现先增加后减小的趋势，和株高生长规律类似，各处理在播种后 100~125d（淀粉积累期）达到最大值。马铃薯茎粗在播种 110d 后缓慢生长，后期出现下降趋势。整体来看，不同水分条件下马铃薯的株高长势不同，同一钾肥处理下，W_2、W_3 水平的茎粗在播种 70d 后高于 W_1 水平，2020 年收获期 W_2 水平下茎粗大于 W_3 水平，这可能是 2020 年降雨过多促进茎粗生长，2021 年马铃薯收获期茎粗随滴灌量的增加而增加，说明较高的水分有利于马铃薯植株茎秆的生长。在相同滴灌量下，施钾处理整体高于不施钾处理，三个钾肥种类间差异较小。

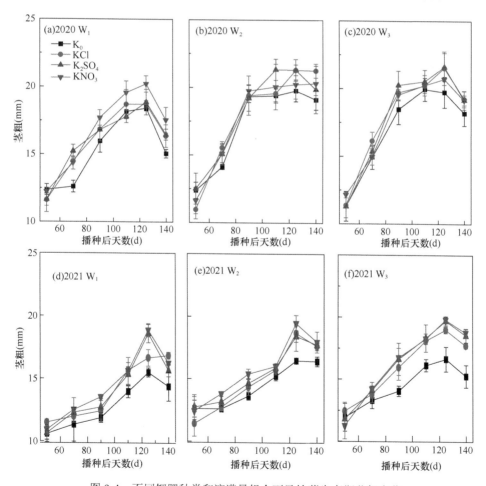

图 9-4 不同钾肥种类和滴灌量组合下马铃薯生育期茎粗变化

9.3.3 叶面积指数

钾肥种类和灌水处理下马铃薯生育期叶面积指数（LAI）的变化如图9-5所示。随生育期的推进，马铃薯LAI呈现先增加后减小的趋势。整体来看，同一钾肥处理下，LAI随滴灌量的增加而增大，W_2、W_3水平的LAI在播种70d后增长速度高于W_1水平，说明较高的水分提高了肥料的有效性；在相同滴灌量下，施钾显著增大LAI，总体而言在W_1和W_2水平时，KCl处理的LAI低于K_2SO_4和KNO_3，W_3水平时，三种钾肥处理的LAI无显著差异（$P>0.05$）。马铃薯LAI在后期开始下降，这是因为在生育后期，水肥主要被块茎吸收，叶片变黄而凋萎。2020年，马铃薯LAI在播种后70~90d增长速度最快，2021年马铃薯LAI在播种后90~110d增长速度最快，这是由于2021年7月干旱抑制马铃薯生长。2021年整体低于2020年，这是由2020年降雨高于2021年所致，说明雨水增多促进茎叶生长。

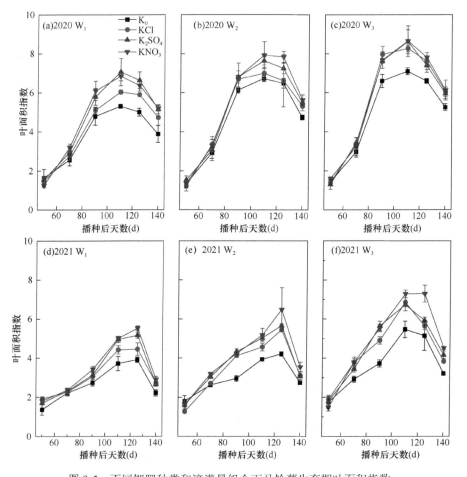

图9-5 不同钾肥种类和滴灌量组合下马铃薯生育期叶面积指数

9.3.4　干物质

钾肥种类和滴灌量对马铃薯成熟期干物质累积的影响如图 9-6 所示。各器官干物质累积表现为块茎>茎>叶>根，W_3+KNO_3 处理干物质累积量显著高于其他处理，2020 年为 23 389kg/hm^2，高于其他处理 4.4%～34.3%；2021 年为 24 808kg/hm^2，高于其他处理 12.7%～143.9%。相同钾肥处理下，成熟期干物质累积随滴灌量的增大而增大，2021 年趋势较 2020 年更为明显。2020 年，W_3 处理比 W_1、W_2 处理高 16.3%、6.3%，其中施用硝酸钾时 W_3 处理比 W_1、W_2 处理高 16.5%、5.6%；2021 年 W_3 处理比 W_1、W_2 处理高 79.6%、23.2%，其中施用硝酸钾时 W_3 处理比 W_1、W_2 处理高 89.4%、18.4%。相同滴灌量下，施钾处理的干物质累积显著高于不施钾处理，2020 年 W_1 水平时，K_2SO_4、KNO_3 处理显著高于 KCl 处理 4.8%、6.2%，2021 年 W_1 水平时，K_2SO_4、KNO_3 处理显著高于 KCl 处理 10.0%、11.7%。增大滴灌量，在 W_2 水平时，KNO_3>K_2SO_4>KCl>K_0，在 W_3 水平，KNO_3 显著高于 KCl 和 K_2SO_4 处理。2021 年在 W_2 和 W_3 处理下，块茎累积量高于 2020 年，茎叶累积量低于 2020 年，可能是 2020 年 8 月份的降雨较多促进了茎叶生长，地上部的生长会影响地下部块茎的膨大，说明 2021 年的气候和水肥状况更有利于块茎的形成。

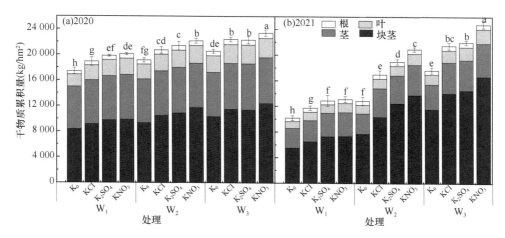

图 9-6　不同钾肥种类和滴灌量组合下马铃薯干物质累积量

不同小写字母表示差异显著（$P<0.05$）。下同

调节源库关系的平衡是马铃薯增产的保障。表 9-1 为 2020 年和 2021 年马铃薯干物质分配情况。在 W_1、W_2 和 W_3 灌水水平下，2020 年块茎占比分别为 48.7%、50.9%、51.4%；茎叶占比分别为 48.0%、45.8%、45.1%。2021 年块茎占比分别为 55.6%、63.2%、66.0%；茎叶占比分别为 39.4%、33.0%、30.7%。总体而言，随

着滴灌量的增加，块茎比重在增大，茎叶比重呈现减少趋势。2020 年 K_0 处理下平均块茎占比为 49.0%，KCl 处理下为 50.2%，K_2SO_4 处理下为 50.4%，KNO_3 处理下为 51.7%；K_0 处理下平均茎叶占比为 47.6%，KCl 处理下为 46.5%，K_2SO_4 处理下为 46.2%，KNO_3 处理下为 44.9%。2021 年 K_0 处理下平均块茎占比为 60.0%，KCl 处理下为 60.6%，K_2SO_4 处理下为 62.8%，KNO_3 处理下为 63.0%；K_0 处理下平均茎叶占比为 35.5%，KCl 处理下为 35.3%，K_2SO_4 处理下为 33.4%，KNO_3 处理下为 33.3%。施用钾肥整体增大了块茎的比重，不同钾肥随灌水情况有所差异，平均而言硝酸钾处理的块茎比重高于氯化钾和硫酸钾处理，茎叶比重低于氯化钾和硫酸钾处理，说明硝酸钾肥料更有利于块茎的形成。将 2020 年和 2021 年马铃薯干物质分配情况进行对比，在 2020 年，块茎的比重变化范围为 48.0%～53.0%，茎的比重变化范围为 30.7%～38.0%，2021 年块茎的比重变化范围为 54.1%～67.1%，茎的比重变化范围为 21.0%～29.9%，可以看出 2020 年有茎叶"疯长"现象出现，这可能与 2020 年 8 月份降雨较多，植株块茎的水分充足，过多的水分则促进了茎的生长。总体来看 2021 年马铃薯各器官物质分配更加合理，更容易促进块茎的形成。

表 9-1　马铃薯干物质各器官分配占比　　　　　　　　　（%）

滴灌量	钾肥处理	2020				2021			
		块茎	茎	叶	根	块茎	茎	叶	根
W_1	K_0	48.0	38.0	10.9	3.1	54.1	29.9	10.8	5.2
	KCl	48.5	36.1	12.3	3.2	55.4	28.0	11.4	5.2
	K_2SO_4	49.2	34.7	12.8	3.3	56.7	28.3	10.2	4.8
	KNO_3	49.1	34.7	12.7	3.5	56.1	28.2	10.9	4.8
W_2	K_0	48.8	35.7	12.2	3.4	60.4	24.5	10.5	4.7
	KCl	50.8	33.3	12.6	3.3	60.9	26.3	9.0	3.8
	K_2SO_4	50.9	33.2	12.6	3.3	65.7	23.0	7.9	3.4
	KNO_3	53.0	31.2	12.5	3.3	65.8	22.6	8.3	3.3
W_3	K_0	50.3	33.6	12.6	3.5	65.4	21.9	8.9	3.7
	KCl	51.3	31.9	13.3	3.5	65.4	22.5	8.7	3.3
	K_2SO_4	51.0	32.4	13.1	3.5	65.9	21.6	9.3	3.2
	KNO_3	53.0	30.7	12.9	3.4	67.1	21.0	8.9	2.9

9.4　钾肥种类和滴灌量对马铃薯产量、品质及经济效益的影响

随着人口不断增长和人们生活质量的提高，高产和优质成为马铃薯种植追求

的目标。水分和钾肥是影响马铃薯生长和品质的重要因素。植株的生长过程实际上就是干物质不断积累的过程,干物质积累是形成产量的物质基础,是增加作物产量的根本途径之一,单株产量、商品薯和大块茎的多少决定产量的高低。淀粉与还原性糖是马铃薯块茎品质的主要评判依据。实现较高的经济效益是农民的诉求。不同钾肥种类的价格有一定差异,增加滴灌量会增加投入,因此在不同处理下马铃薯增产效果和提质效果不同,会产生不同的经济效益。本章将对不同钾肥种类和滴灌量处理下马铃薯成熟期干物质累积量、产量及其构成要素和品质(淀粉含量、还原性糖含量)进行对比分析,计算净收益和产投比,比较分析提出适宜农民生产的施肥措施。

9.4.1　产量

钾肥种类和滴灌量对马铃薯产量及其构成要素的影响如表 9-2 所示。在 2020 年和 2021 年,钾肥种类、滴灌量及其交互作用对马铃薯公顷产量的影响达到极显著水平($P<0.01$)。2020 年和 2021 年均为 W_3+KNO_3 处理下产量最高,分别为 $61.76t/hm^2$、$77.40t/hm^2$,分别高于其他处理 9.2%~55.0%、13.8%~139.4%。相同

表 9-2　钾肥种类和滴灌量对马铃薯产量及其构成的影响

滴灌量	钾肥种类	产量（t/hm²）		单株块茎（g/株）		商品薯（g/株）		大块茎（g/株）	
		2020	2021	2020	2021	2020	2021	2020	2021
W_1	K_0	39.85f	32.33i	874.98h	695.32g	632.04g	352.59g	395.58j	141.17e
	KCl	45.68e	35.29h	1025.90g	826.51f	804.95f	549.28f	480.10i	266.74de
	K_2SO_4	47.57d	38.57g	1173.16e	891.54ef	932.28de	616.65ef	559.51gh	204.37de
	KNO_3	49.31d	37.97g	1207.80e	913.36e	966.98d	689.12e	604.06fg	181.72de
W_2	K_0	45.35e	42.38f	1081.32f	917.29e	882.10e	574.54ef	529.80hi	204.58de
	KCl	49.32d	46.46e	1286.32d	1214.41d	1102.81c	922.27d	675.22de	404.35d
	K_2SO_4	51.89d	58.51d	1323.44cd	1305.84c	1094.97c	1051.90c	636.73ef	725.09c
	KNO_3	55.44b	62.89c	1358.17c	1483.15b	1204.18c	1302.75b	722.69cd	811.23bc
W_3	K_0	51.57c	58.75d	1299.68d	1338.86c	1075.17c	1092.22c	665.02e	802.69bc
	KCl	56.56b	68.00b	1410.81b	1497.54b	1252.02b	1231.54b	787.40b	947.36b
	K_2SO_4	54.99b	66.96b	1412.44b	1557.29b	1234.24b	1318.30ab	738.41bc	1023.26b
	KNO_3	61.76a	77.40a	1526.60a	1685.39a	1367.56a	1435.88a	889.60a	1322.30a
显著性检验									
灌水水平（W）		**	**	**	**	**	**	**	**
钾肥种类（K）		**	**	**	**	**	**	**	**
W×K		**	**	**	**	*	**	*	**

注:*表示差异显著($P<0.05$);**表示差异极显著($P<0.01$)。下同

钾肥处理时，马铃薯公顷产量随滴灌量的增加而增大，2020 年 W_3 处理的产量分别比 W_1 和 W_2 处理高 23.3%和 11.3%，2021 年 W_3 处理的产量分别比 W_1 和 W_2 处理高 88.1%和 29.0%。施用钾肥明显增大马铃薯的产量，不同钾肥种类对产量提高的效果不同，说明肥料的有效性需要充足的水分，以水促肥，以肥调水，进而增加作物产量。W_1 和 W_2 水平时，表现为 KNO_3>K_2SO_4>KCl，在低水时，氯离子可能会对马铃薯生长产生一定的抑制作用。在 W_2 水平三种钾肥差异达到显著水平，滴灌量达到 W_3 水平时，硫酸钾和氯化钾处理无明显差异，硝酸钾产量明显高于氯化钾和硫酸钾处理。总体而言，2020 年 KNO_3 处理分别比 KCl、K_2SO_4 处理高 9.9%、7.8%，2021 年 KNO_3 处理分别比 KCl、K_2SO_4 处理高 19.0%、8.7%。2021 年 W_1 水平的产量低于 2020 年，这是因为 2021 年 7~8 月初的块茎形成期和块茎膨大期正是马铃薯作物的需水关键期，但其蒸发量较大，低水水分供应不足，不能满足植物生长所需，影响块茎的形成和膨大。

在 2020 年和 2021 年，钾肥种类、滴灌量及其交互作用对马铃薯单株块茎的影响达到极显著水平（P<0.01）。2020 年和 2021 年均为 W_3+KNO_3 处理下单株块茎最重，分别为 1526.60g/株、1685.39g/株。相同钾肥处理时，马铃薯公顷产量随滴灌量的增加而增大，2020 年 W_3 水平的单株块茎重分别比 W_1 和 W_2 水平高 31.9%和 11.9%，2021 年 W_3 水平的单株块茎重分别比 W_1 和 W_2 水平高 82.7%和 23.5%。施用钾肥明显增大马铃薯的单株块茎重量，不同钾肥种类对单株块茎重量提高的效果不同，W_1 和 W_2 水平时，表现为 KNO_3>K_2SO_4>KCl，滴灌量达到 W_3 水平时，硝酸钾产量明显高于氯化钾和硫酸钾处理，2020 年 KNO_3 处理分别比 KCl、K_2SO_4 处理高 8.2%、8.1%，2021 年 KNO_3 处理分别比 KCl、K_2SO_4 处理高 12.5%、8.2%，K_2SO_4 和 KCl 处理无明显差异。总体而言，2020 年 KNO_3 处理高于 KCl、K_2SO_4 处理 9.9%、4.7%，2021 年 KNO_3 处理比 KCl、K_2SO_4 处理高 15.4%、8.7%。

商品薯直接影响马铃薯的经济效益，这里将大于 75g 的块茎定义为商品薯。在 2020 年和 2021 年，钾肥种类、滴灌量对马铃薯商品薯的影响达到极显著水平（P<0.01），2020 年交互作用对商品薯影响显著（P<0.05），2021 年交互作用对商品薯影响极其显著（P<0.01）。2020 年和 2021 年均为 W_3+KNO_3 处理下商品薯最大，分别为 1367.56g/株、1435.88g/株。相同钾肥处理时，马铃薯商品薯重随滴灌量的增加而增大，2020 年 W_3 水平的商品薯重分别比 W_1 和 W_2 水平高 47.7%和 15.1%，2021 年 W_3 水平的商品薯重分别比 W_1 和 W_2 水平高 130.0%和 31.8%。说明水分对于商品薯的形成至关重要。施用钾肥明显增大马铃薯的商品薯重量，总体而言，硝酸钾处理的商品薯重高于硫酸钾和硝酸钾处理，2020 年 KNO_3 处理高于 KCl、K_2SO_4 处理 12.0%、8.5%，2021 年 KNO_3 处理比 KCl、K_2SO_4 处理高 26.8%、14.8%。说明施用不同钾肥种类和灌水通过增加商品薯的重量来提高产量。

大块茎为薯块重量大于 150g 的马铃薯。在 2020 年和 2021 年，钾肥种类、滴灌量对马铃薯大块茎的影响达到极显著水平（$P<0.01$），2020 年交互作用对大块茎影响显著（$P<0.05$），2021 年交互作用对大块茎影响极其显著（$P<0.01$）。2020 年和 2021 年均为 W_3+KNO_3 处理下大块茎最大，分别为 889.6g/株、1322.30g/株，W_1K_0 处理下大块茎最小，分别为 395.58g/株、141.17g/株。马铃薯大块茎和商品薯的规律大致相同，可以看出马铃薯通过增加商品薯和大块茎的重量来提高产量。相同钾肥处理时，马铃薯大块茎随滴灌量的增加而增大。施用钾肥明显增大马铃薯的大块茎重量，总体而言，硝酸钾处理的大块茎高于硫酸钾和硝酸钾处理，2020 年 KNO_3 处理高于 KCl、K_2SO_4 处理 14.1%、14.6%，2021 年 KNO_3 处理比 KCl、K_2SO_4 处理高 43.1%、18.6%。

9.4.2　品质

钾肥种类和滴灌量对马铃薯淀粉含量的影响如图 9-7 所示。2020 年和 2021 年均为 $W_3+K_2SO_4$ 处理淀粉含量最高，分别占块茎比重的 17.86%、17.51%；W_1K_0 处理淀粉含量最低，分别占 16.82%、15.96%。相同钾肥处理时，块茎淀粉含量随滴灌量的增加显著增加。总体而言，三种钾肥施用均提高了淀粉含量。W_1 水平时，KCl 处理的淀粉含量显著低于 K_2SO_4 和 KNO_3 处理，滴灌量增加到 W_2 和 W_3 水平时，三个钾肥种类无显著差异，总体变化趋势为 $K_2SO_4>KCl>KNO_3$。

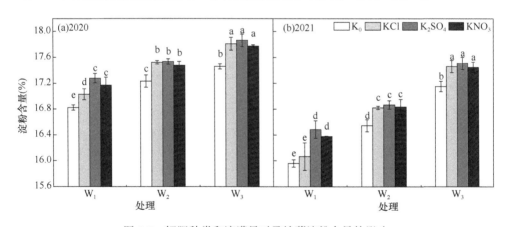

图 9-7　钾肥种类和滴灌量对马铃薯淀粉含量的影响

钾肥种类和滴灌量下马铃薯还原性糖含量的变化如图 9-8 所示。2020 年和 2021 年均为 $W_3+K_2SO_4$ 处理下最低，分别占块茎含量的 0.30%、0.29%；W_1K_0 处理还原性糖含量最高，分别占块茎含量的 0.44%、0.42%。相同钾肥处理时，还原性糖含量随滴灌量的增加而降低。W_1 和 W_2 水平时，KCl 处理的还原性糖含量显著高于 K_2SO_4 和 KNO_3 处理，滴灌量增加到 W_3 水平时，三个钾肥种类无显著差异，总体变化趋势为 $K_2SO_4 < KNO_3 < KCl$。

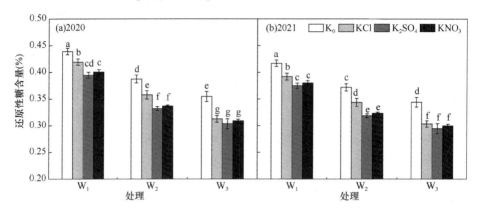

图 9-8　钾肥种类和滴灌量对马铃薯还原性糖含量的影响

9.4.3　经济效益

产量和生产投入共同决定种植马铃薯的经济效益。表 9-3 为钾肥种类和滴灌量对马铃薯经济效益的影响。净收益为总收益减去总投入，产投比为总收益比总

表 9-3　不同钾肥和滴灌量下马铃薯的经济效益

灌溉水平	钾肥	化肥投入（元/hm²）	总投入（元/hm²）		总收益（元/hm²）		净收益（元/hm²）		产投比	
			2020	2021	2020	2021	2020	2021	2020	2021
W₁	K₀	1 255	14 049	13 139	39 847f	32 333i	25 798i	19 194h	2.84f	2.46f
	KCl	2 290	15 084	14 174	45 681e	35 292h	30 597h	21 118gh	3.03e	2.49f
	K₂SO₄	3 145	15 939	15 029	47 569d	38 569g	31 630gh	23 540g	2.98e	2.57f
	KNO₃	3 728	16 522	15 612	49 319d	37 972g	32 797fg	22 360g	2.99e	2.44f
W₂	K₀	1 255	14 240	13 359	45 347e	42 375f	31 107gh	29 016f	3.18d	3.17e
	KCl	2 290	15 275	14 394	49 319d	46 458e	34 044ef	32 064e	3.23cd	3.23e
	K₂SO₄	3 145	16 130	15 249	51 889c	58 514d	35 759de	43 265d	3.22cd	3.84d
	KNO₃	3 728	16 713	15 832	55 444b	62 889c	38 731c	47 057c	3.32bc	3.97d
W₃	K₀	1 255	14 431	13 579	51 569c	58 750d	37 138cd	45 171cd	3.57a	4.33c
	KCl	2 290	15 466	14 614	56 556b	68 000b	41 090b	53 386b	3.66a	4.65b
	K₂SO₄	3 145	16 321	15 469	54 986b	66 958b	38 665c	51 489b	3.37b	4.33c
	KNO₃	3 728	16 904	16 052	61 764a	77 403a	44 860a	61 351a	3.65a	4.82a
显著性检验										
灌水水平（W）	—	—	—	**	**	**	**	**	**
钾肥种类（K）	—	—	—	**	**	**	**	**	**
W×K	—	—	—	**	**	**	**	**	**

注："—"表示未做显著性分析

投入。人工设施费用包括农药、种子、人工、滴灌设备等,2020 年每公顷共计 12 000 元,2021 年是机械种植,低于 2020 年,每公顷共计 11 000 元。水肥费用按照当地价格计算,马铃薯按照市场价格 1.0 元/kg 计算,得到其总投入与总收益。钾肥种类、滴灌量及其交互作用对马铃薯总收益、净收益和产投比影响极其显著($P<0.01$)。2020 年和 2021 年试验下 W_3-KNO_3 的总投入、净收益均达到最大值,2020 年分别为 16 904 元/hm^2、44 860 元/hm^2,2021 年分别为 16 052 元/hm^2、61 351 元/hm^2;W_1K_0 处理总投入、总收益和净收益低于其他处理。2020 年产投比在 W_3+KCl 处理达到最大值 3.66,W_1K_0 处理产投比最小为 2.84,显著低于其他处理。2021 年产投比在 W_3-KNO_3 处理达到最大值 4.82,W_1+KNO_3 产投比最小为 2.44。

在相同钾肥处理时,净收益随滴灌量的增加而增加,2020 年 W_3 处理平均净收益比 W_1、W_2 处理高 33.9%、15.8%,2021 年 W_3 处理平均净收益比 W_1、W_2 处理高 145.2%、39.6%。2020 年 K_0 处理下平均净收益为 31 348 元/hm^2,KCl 处理下为 35 244 元/hm^2,K_2SO_4 处理下为 35 351 元/hm^2,KNO_3 处理下为 38 796 元/hm^2。2021 年 K_0 处理下平均净收益为 31 127 元/hm^2,KCl 处理下为 35 522 元/hm^2,K_2SO_4 处理下为 39 431 元/hm^2,KNO_3 处理下为 43 589 元/hm^2。可以看出同一水分处理时,施钾显著提高净收益,W_3 水平时,2020 年 KNO_3 处理的净收益显著比 KCl 和 K_2SO_4 处理高 9.2% 和 16.0%,2021 年 KNO_3 处理的净收益显著比 KCl 和 K_2SO_4 处理高 14.9% 和 19.2%。总体而言,W_3+KNO_3 处理总投入最大,其产量较大,故总收益和净收益高于其他处理。

2020 年 W_1 处理下平均产投比为 2.96,W_2 处理下为 3.24,W_3 处理下为 3.56;2021 年 W_1 处理下平均产投比为 2.49,W_2 处理下为 3.55,W_3 处理下为 4.53。可以看出在相同钾肥处理时,产投比随滴灌量的增加而增加。2020 年 K_0 处理下平均净收益为 3.20,KCl 处理下为 3.30,K_2SO_4 处理下 3.19,KNO_3 处理下为 3.32。2021 年 K_0 处理下平均净收益为 3.32,KCl 处理下为 3.46,K_2SO_4 处理下 3.58,KNO_3 处理下为 3.74。施钾总体可以提高马铃薯的产投比;在 2020 年,W_3+KCl 处理产投比最高,而在 2021 年,W_3+KNO_3 处理产投比最高,在 2020 年 W_3+KCl 处理与 W_3+KNO_3 处理的产投比之间无显著性差异。

9.5　钾肥种类和滴灌量对马铃薯养分吸收及水肥利用的影响

不同钾肥种类和滴灌量处理下马铃薯的生长指标、产量及品质会随着生育期的推进而出现不同的变化。氮素可以促进作物叶片生长,合成较多蛋白质,促进植株细胞分裂和增长,在提高产量与品质方面具有非常重要的作用。钾素有助于植株的呼吸过程，有利于核酸和蛋白质的形成，促进植株叶片碳水化合物的运输，延缓植株衰老，提高作物光合作用，合理施钾可以明显提高马铃薯的产量。植株长势不同，马铃薯吸收的养分有所不同。分析不同钾肥和灌水组合下成熟期马铃薯各器官的氮、磷、钾的吸收和分配情况，可为钾肥高效管理提供理论依据。提高作物水分生产力和肥料利用效率是保障西北等缺水地区农业可持续发展的关键，希望节水与减少肥料流失的同时可以减少肥料淋失所带来的环境影响。本章将以各处理植株的养分吸收和土壤养分残留为研究对象，计算水肥利用效率，研究不同钾肥种类和滴灌量对榆林农田残留及植株养分吸收的影响，综合考虑水分和养分的利用情况，探讨适宜的滴灌施肥制度，为陕北沙土马铃薯滴灌施肥管理提供理论依据。

9.5.1 氮素吸收

由图 9-9 可知，在相同钾肥处理时，总体而言随着滴灌量的增加，氮累积吸收量呈现增加趋势。在 2020 年植株吸收的氮素多用于地上部茎叶生长，2021 年植株累积吸收的氮素主要促进块茎生长。在 2020 年，成熟期植株氮素吸收主要集中在茎，占总累积吸收量的 31.3%～41.7%，块茎累积吸收量占 29.8%～34.5%，叶累积吸收量占 24.4%～30.2%，根累积吸收量占 4.1%～4.7%。2020 年块茎干物质累积高于茎，但由于茎的氮素浓度高于块茎，故氮素吸收量高于块茎。2021 年，氮累积吸收量主要集中在块茎，块茎累积吸收量占总累积吸收量的 44.0%～57.4%，茎累积吸收量占 20.5%～29.8%，叶累积吸收量占 17.8%～23.4%，根累积吸收量占比最小，为 3.2%～5.3%。

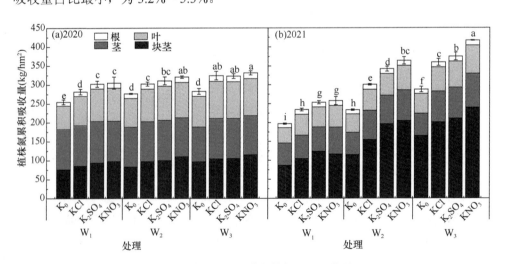

图 9-9　收获期马铃薯植株氮累积吸收量

9.5.2　钾素吸收

在相同钾肥处理时，随着滴灌量的增加，钾累积吸收量呈现增加的趋势。2020年变化幅度小于 2021 年，这主要是由于 2020 年茎的干物质累积总体高于 2021年（图 9-10）。在 2020 年，成熟期钾素主要集中在茎，占总累积吸收量的 46.8%～55.1%，块茎累积吸收量占 33.5%～38.0%，叶累积吸收量占 9.0%～13.4%，根累积吸收量占 2.1%～2.4%。2020 年干物质累积中块茎高于茎，但是由于茎的钾素浓度高于块茎，故钾素吸收量高于块茎。2021 年，钾累积吸收量主要集中在块茎，块茎累积吸收量占 43.8%～57.3%，茎累积吸收量占 31.4%～45.0%，叶累积吸收量占 7.1%～9.4%，根累积吸收量占比最小，为 1.9%～2.9%。2020 年和 2021 年相比，2020 年茎叶钾累积吸收量较大，2021 年中高水处理下的块茎钾累积吸收量高于 2020 年。

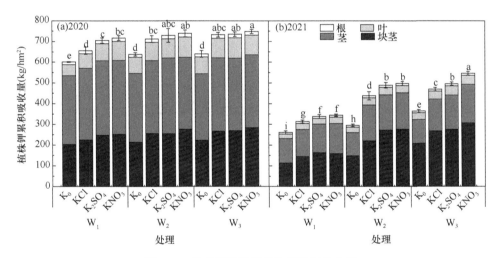

图 9-10　收获期马铃薯植株钾累积吸收量

9.5.3　土壤硝态氮

如图 9-11 所示，2020 年和 2021 年均为 W_3+KNO_3 处理下硝态氮含量最低，分别为 32.3kg/hm²、35.9kg/hm²。2020 年土壤硝态氮累积变化范围是 32.3～71.6kg/hm²，2021 年土壤硝态氮累积变化范围是 35.9～87.9kg/hm²。在不同钾肥和滴灌处理下，农田硝态氮含量主要集聚在 0～60cm 土层。W_1 水平时，土层硝态氮含量集聚在 0～40cm 土层。不同处理下 2020 年 0～40cm 土层硝态氮含量达到 18.2～38.6kg/hm²，2021 年 0～40cm 土层硝态氮含量达到 16.6～48.2kg/hm²。随着滴灌量的增大，硝态氮含量集中到 20~60cm 土层，硝态氮含量随着土壤深度的增加而减少。2020 年 60~80cm 土层土壤硝态氮累积量为 4.4~11.8kg/hm²，80~100cm 土层累积量为 3.8~10.9kg/hm²。2021 年 60~80cm 土层土壤硝态氮累积量为 5.4~13.9kg/hm²，80~100cm 土层累积量为 3.8~9.4kg/hm²。可以看出，60~100cm 土层硝态氮差异不大，这是由于 60cm 以下为沙土，保水保肥性较差。总体而言，随着土壤深度的增加，土壤硝态氮含量呈现减少的趋势。施用钾肥处理的硝态氮含量低于不施钾处理，在相同滴灌量下，硝酸钾处理的硝态氮含量均低于氯化钾和硫酸钾处理。

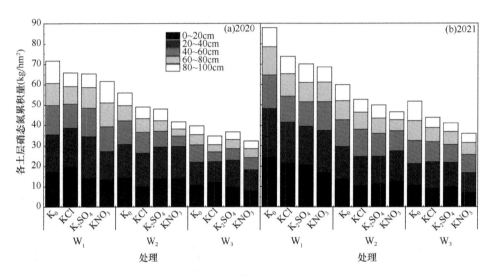

图 9-11　不同处理下收获期土壤硝态氮累积量

9.5.4　土壤速效钾

土壤剖面的速效钾运移与灌溉施肥方式及土壤结构密切相关。图 9-12 和图 9-13 分别为 2020 年和 2021 年不同处理下农田土壤剖面的速效钾分布，可以看出不同钾肥和灌水组合对收获期农田中残留速效钾含量有明显影响。

2019 年土层速效钾含量的变化范围是 21.5~246.0mg/kg，2021 年是 44.5~221.5mg/kg。总体而言，土壤速效钾含量随滴灌量的增加呈现减小的趋势，随着水分的增大向四周移动。在 W₁ 水平时，速效钾主要集中于 0~40cm，滴灌量增大到 W₂ 和 W₃ 水平时，主要集中在 40~60cm。说明较高的滴灌量促进土壤速效钾向下层土壤移动。总体而言，60cm 以下土壤的速效钾含量没有明显变化，这是由于 60cm 以下为沙土，保水保肥性较差，使得土壤速效钾进行横向和纵向运移。

与不施钾肥相比，钾肥的施用提高了成熟期土壤速效钾含量。2021 年速效钾含量高于 2020 年，一方面是 2020 年马铃薯钾肥吸收量较大，另一方面可能是 2020 年 8 月的大雨使速效钾转移到深层土壤。

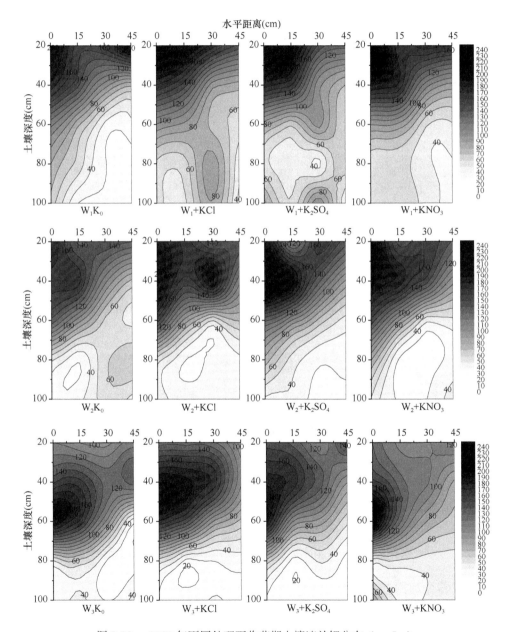

图 9-12　2020 年不同处理下收获期土壤速效钾分布（mg/kg）

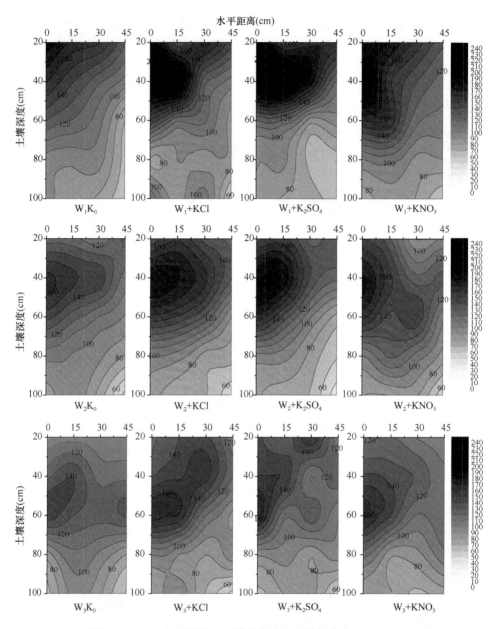

图 9-13　2021 年不同处理下收获期土壤速效钾分布（mg/kg）

9.5.5 养分利用效率

钾肥种类和滴灌量对马铃薯养分利用效率的影响如表 9-4 所示。滴灌量、钾肥种类及两者交互均对马铃薯氮素利用效率影响极其显著（$P < 0.01$）。2020 年

W_3+KNO_3 处理下的氮素利用效率最大，为 186.48kg/kg，2021 年 W_3K_0 处理下最大，为 204.38kg/kg。2020 年 W_1 水平下平均氮素利用效率为 159.36kg/kg，W_2 水平下为 166.75kg/kg，W_3 水平下为 178.46kg/kg。2021 年 W_1 水平下平均氮素利用效率为 153.64kg/kg，W_2 水平下为 170.02kg/kg，W_3 水平下为 189.40kg/kg。可以看出相同钾肥时，氮素利用效率随滴灌量的增加而增大。2020 年和 2021 年不同钾肥种类在不同水分条件下的氮素利用效率有所不同，在 W_1 水平时三种钾肥无明显差异（$P>0.05$），在 W_2 水平下，2021 年的 KCl 处理显著低于 K_2SO_4 和 KNO_3 处理（$P<0.05$），在 W_3 水平时，2020 年 KNO_3 处理显著高于 KCl 和 K_2SO_4 处理，2021 年 KCl>KNO_3>K_2SO_4。平均而言，2020 年 KCl 处理为 166.60kg/kg，K_2SO_4 处理为 164.87kg/kg，KNO_3 处理为 173.68kg/kg；2021 年 KCl 处理为 164.90kg/kg，K_2SO_4 处理为 167.29kg/kg，KNO_3 处理为 168.59kg/kg，可以看出平均而言硝酸钾处理的氮素利用效率最高。

表 9-4　不同钾肥种类和滴灌量组合下马铃薯的养分利用效率　　（kg/kg）

滴灌量	钾肥种类	氮素利用效率		钾素利用效率	
		2020	2021	2020	2021
W_1	K_0	156.40g	164.15f	66.35e	124.08d
	KCl	162.18efg	150.78g	69.60cd	112.70efg
	K_2SO_4	157.28fg	152.18g	67.45de	114.43ef
	KNO_3	161.58efg	147.43g	68.78cde	110.53fg
W_2	K_0	163.85def	181.38bcd	71.13c	143.73b
	KCl	163.15efg	154.78g	69.25cde	105.95g
	K_2SO_4	167.03cde	171.13ef	71.10c	119.68de
	KNO_3	172.98bc	172.80def	75.03b	126.45d
W_3	K_0	182.58a	204.38a	80.60a	161.73a
	KCl	174.48b	189.15b	77.18b	144.73b
	K_2SO_4	170.30bcd	178.55cde	74.80b	135.00c
	KNO_3	186.48a	185.53bc	82.50a	141.70b
显著性检验					
灌水水平（W）		**	**	**	**
钾肥种类（K）		**	**	**	**
W×K		**	**	**	**

滴灌量、钾肥种类及两者交互均对马铃薯钾素利用效率影响显著（$P<0.01$）。2020 年 W_3+KNO_3 处理下钾素利用效率最大，为 82.50kg/kg，2021 年 W_3K_0 处理最大，为 161.73kg/kg。2020 年 W_1 水平下平均钾素利用效率为 68.05kg/kg，W_2 水平下为 71.63kg/kg，W_3 水平下为 78.77kg/kg。2021 年 W_1 水平下平均钾素利用

效率为 115.43kg/kg，W_2 水平下为 123.95kg/kg，W_3 水平下为 145.79kg/kg。可以看出增大滴灌量提高了钾素利用效率，2020 年和 2021 年不同钾肥在不同水分条件下的钾素利用效率有所不同，在 W_1 水平时三种钾肥无明显差异（$P>0.05$），在 W_2 水平下，2020 年和 2021 年均表现为 $KCl<K_2SO_4<KNO_3$，在 W_3 水平时，2020 年 KNO_3 处理显著高于 KCl 和 K_2SO_4 处理，2021 年表现为 $KCl>KNO_3>K_2SO_4$。说明水分的增大促进了养分的吸收利用，不同水分条件下肥料的有效性不同。2021 年的钾素利用效率高于 2020 年，这是由于 2020 年植株茎叶累积较多，植株钾素吸收过多，导致钾素利用效率降低。平均而言，2020 年 KCl 处理为 72.01kg/kg，K_2SO_4 处理为 71.12kg/kg，KNO_3 处理为 75.44kg/kg，2021 年 KCl 处理为 121.12kg/kg，K_2SO_4 处理为 123.04kg/kg，KNO_3 处理为 126.22kg/kg，可以看出平均而言硝酸钾处理的钾素利用效率最高。

9.5.6 水分利用效率

表 9-5 为钾肥种类和滴灌量对马铃薯水分利用效率的影响。钾肥种类、滴灌量及其交互作用对马铃薯耗水量的影响均达到极显著水平（$P<0.01$）。不同钾肥种类和滴灌量下马铃薯的耗水量不同。2020 年 W_1 灌水水平时平均耗水量为

表 9-5　不同钾肥种类和滴灌量组合下马铃薯的水分利用效率

滴灌量	钾肥种类	耗水量（mm）		WUE（kg/m³）		IWUE（kg/m³）	
		2020	2021	2020	2021	2020	2021
W_1	K_0	376.41	467.12	10.59e	6.92g	20.09e	14.63g
	KCl	384.44	487.03	11.89abc	7.25g	23.03c	15.97ef
	K_2SO_4	402.80	491.38	11.81bcd	7.85f	23.98b	17.46d
	KNO_3	402.95	487.49	12.24a	7.79f	24.86a	17.18d
W_2	K_0	445.96	517.95	10.17fg	8.18f	18.42g	15.36fg
	KCl	457.79	532.15	10.78e	8.73e	20.04e	16.83de
	K_2SO_4	453.89	531.46	11.43d	11.01c	21.08d	21.20b
	KNO_3	462.74	541.12	11.98ab	11.62b	22.52c	22.79a
W_3	K_0	512.29	558.90	10.07g	10.51d	17.54h	17.75d
	KCl	528.16	579.11	10.71e	11.74b	19.24f	20.54bc
	K_2SO_4	524.54	566.88	10.48ef	11.81b	18.70fg	20.23c
	KNO_3	536.46	588.53	11.51cd	13.15a	21.01d	23.39a
显著性检验							
灌水水平（W）		**	**	**	**	**	**
钾肥种类（K）		**	**	**	**	**	**
W×K		**	**	**	**	**	**

391.65mm，W_2 水平下为 455.06mm，W_3 水平下为 525.36mm。2021 年 W_1 灌水水平时平均耗水量为 483.26mm，W_2 水平下为 530.67mm，W_3 水平下为 573.36mm。随着滴灌量的增加，耗水量呈增大的趋势，说明增大灌水，促进植株生长，增大耗水量。就钾肥种类而言，2020 年 K_0 处理平均耗水量为 444.89mm，KCl 处理下为 456.80mm，K_2SO_4 处理下为 460.41mm，KNO_3 处理下为 467.38mm。2021 年 K_0 处理平均耗水量为 514.66mm，KCl 处理下为 532.76mm，K_2SO_4 处理下为 529.91mm，KNO_3 处理下为 539.04mm。可以看出施用钾肥增大了耗水量，三种钾肥处理下差异不大，总体而言硝酸钾处理下耗水量最大。

　　钾肥种类、滴灌量及其交互作用对马铃薯 WUE 的影响均达到极显著水平（$P<0.01$）。2020 年和 2021 年的 WUE 变化规律有所不同，2020 年 W_1+KNO_3 处理 WUE 高于其他处理 2.2%～21.6%，为 12.24kg/m³。2021 年 W_3+KNO_3 处理下的 WUE 明显高于其他处理 11.3%～90.0%，为 13.15kg/m³，这主要是由于 2021 年 W_3+KNO_3 处理下产量较高。相同钾肥处理时，2020 年 WUE 随滴灌量增加而降低，2020 年 W_1 水平的 WUE 比 W_2、W_3 水平高 4.9%、8.8%，而在 2021 年呈现相反的规律，WUE 随着滴灌量的增大而增大，2021 年 W_3 水平的 WUE 比 W_1、W_2 水平高 58.4%、19.4%，这主要是由两年的产量差异造成，2021 年相较于产量增加的幅度，其耗水量增加的幅度较小，故高水的 WUE 增大。施钾明显增大 WUE，三种钾肥在不同的灌水条件下 WUE 有所差异，总体而言，硝酸钾处理下的 WUE 高于氯化钾和硫酸钾处理。

　　钾肥种类、滴灌量及其交互作用对马铃薯灌溉水分利用效率（IWUE）的影响均达到极显著水平（$P<0.01$）。2020 年和 2021 年的 IWUE 变化规律有所不同，2020 年 W_1+KNO_3 处理 WUE 高于其他处理 3.7%～41.7%，为 24.86kg/m³。2021 年 W_3+KNO_3 处理下的 WUE 明显高于其他处理 2.6%～59.9%，为 23.39kg/m³，这主要是由于 2021 年 W_3+KNO_3 处理下产量较高。相同钾肥处理时，2020 年 IWUE 随滴灌量增加而降低，而在 2021 年呈现相反的规律，IWUE 随着滴灌量的增大而增大，和 WUE 规律一致，这主要是由两年的产量差异造成。施钾明显增大 IWUE，三种钾肥在不同的灌水条件下 IWUE 有所差异，总体而言，硝酸钾处理下的 WUE 均高于氯化钾和硫酸钾处理。

9.6　基于 TOPSIS 和熵权法的马铃薯水钾组合综合评价分析

　　相关分析可以反映两个随机变量间的相关关系，描述客观事物相互间关系的密切程度。植物各指标间具有一定的联系，研究马铃薯产量、品质与生长指标间的关系，可以为高产优质马铃薯种植提供科学依据。单一处理往往不能兼顾所有指标，故本章基于高产优质高效的生产目标，主要利用熵权法+TOPSIS 法对不同钾肥种类和滴灌量下马铃薯的产量（公顷产量和商品薯）、经济效益（净收益和产投比）、品质（淀粉含量和还原性糖含量的倒数）、水分利用率（WUE 和 IWUE）和养分利用率（NUE 和 KUE）以上参数进行分析评价，通过客观评价不同处理对马铃薯的作用效果，为陕北沙土马铃薯的种植模式提供理论参考。

9.6.1 相关性分析

表 9-6 为各指标间的相关性分析，综合反映了马铃薯植株在不同钾肥和滴灌量下的生长（成熟期株高 PH、成熟期茎粗 SD、成熟期叶面积指数 LAI、干物质累积量 DMA）、产量及其构成要素（商品薯重 CT、大块茎重 LT、单株薯重 PT、产量 Y）、养分吸收（植株氮素吸收量 TN、植株钾素吸收量 TK）和品质（淀粉含量 S、还原性糖含量 RS）之间的相关关系。

表 9-6 马铃薯性状之间的皮尔逊相关关系

指标	PH	SD	LAI	DMA	CT	LT	PT	TN	TK	S	RS	Y
PH		0.838**	0.832**	0.860**	0.812**	0.678**	0.763**	0.623**	0.811**	0.933**	−0.641**	0.617**
SD			0.676**	0.728**	0.711**	0.565**	0.663**	0.581**	0.683**	0.737**	−0.585**	0.506*
LAI				0.736**	0.545**	0.418*	0.460*	0.329	0.967**	0.832**	−0.189	0.285
DMA					0.934**	0.892**	0.907**	0.862**	0.793**	0.928**	−0.635**	0.835**
CT						0.935**	0.989**	0.922**	0.582**	0.853**	−0.833**	0.926**
LT							0.952**	0.929**	0.465*	0.767**	−0.754**	0.971**
PT								0.940**	0.500*	0.817**	−0.863**	0.958**
TN									0.429*	0.687**	−0.787**	0.948**
TK										0.823**	−0.179	0.338
S											−0.611**	0.699**
RS												−0.827**
Y												

成熟期干物质累积和成熟期株高、茎粗呈极显著正相关。植株氮素吸收量与成熟期株高、茎粗、干物质累积量、商品薯重、大块茎重和单株薯重呈极显著正相关；植株钾素吸收量与成熟期株高、茎粗、叶面积指数、干物质累积量和商品薯重呈极显著正相关，与大块茎重、单株薯重和植株氮素吸收量呈显著正相关，说明植株氮素吸收和钾素吸收相互促进。淀粉含量与成熟期株高、茎粗、叶面积指数、干物质累积量、大块茎重、商品薯重、单株薯重、植株氮素吸收量和植株钾素吸收量呈极显著正相关；产量与成熟期株高、干物质累积量、商品薯重、大块茎重、单株薯重、植株氮素吸收量、淀粉含量呈极显著正相关，与茎粗呈显著正相关，与叶面积指数、植株钾素吸收量呈正相关，与还原性糖含量呈极显著负

相关。说明在不同的钾肥种类和滴灌量下，马铃薯植株长势越好，叶面积指数增大，获取较多的光照，促进光合作用积累更多干物质，植株吸收更多的肥料，促进淀粉的合成，并且通过增大块茎来提高产量。

9.6.2　多目标评价

熵权法是根据各指标的变化程度，利用信息熵计算各指标的熵权，再通过熵权对各指标的权重进行修正，从而得到更客观的指标权重（Cheng et al.，2021）。理想点法（technique for order preference by similarity to ideal solution，TOPSIS）是一种根据评价对象与理想目标的接近程度进行排序的方法，用来评价现有对象的相对优势和劣势。

1. 建立综合性能评价指标体系

以小区试验 12 个处理（$n=12$）为可行性方案，以产量（X_1）、商品薯重（X_2）、净收益（X_3）、产投比（X_4）、淀粉含量（X_5）、还原性糖含量的倒数（X_6）、WUE（X_7）、IWUE（X_8）、NUE（X_9）和 KUE（X_{10}）10 个指标（$m=10$）为目标变量构建原始矩阵 $\boldsymbol{R}=[r_{ij}]_{n\times m}$。

2. 应用熵权法确定各指标权重值

熵权法是利用信息熵，根据各指标的变化程度计算各指标的熵权，然后通过熵权对各指标的权重进行修正，从而得到更客观的指标权重。对原矩阵 $\boldsymbol{R}=[r_{ij}]_{n\times m}$ 进行无量纲处理，得到矩阵 $\boldsymbol{Y}$，然后确定各指标的熵权 W_j。

$$y_{ij} = \frac{r_{ij} - \min(r_j)}{\max(r_j) - \min(r_j)}, j = 1, 2, \cdots, m \tag{9-4}$$

$$p_{ij} = \frac{y_{ij}}{\sum\limits_{i=1}^{n} y_{ij}} \tag{9-5}$$

$$E_j = -\ln(n)^{-1} \sum\limits_{i=1}^{n} p_{ij} \ln(p_{ij}) \tag{9-6}$$

$$W_j = \frac{I - E_j}{m - \sum E_j} \tag{9-7}$$

式中，p_{ij} 是第 i 个评估对象在第 j 个指标下的比重；E_j 是第 j 个指标的熵值。

3. TOPSIS 效益评价及水钾供应模式筛选

TOPSIS 的基本思想是通过定义决策问题的理想解与负理想解，然后在可行方案中集中找到一个方案，使其既距理想解的距离最近又离负理想解的距离最远，然后对可行方案进行筛选。首先对原始矩阵 $\boldsymbol{R}=[r_{ij}]_{n \times m}$ 进行归一化处理，得到矩阵 $\boldsymbol{B}=[b_{ij}]_{n \times m}$，再乘以熵权，得到加权矩阵 $\boldsymbol{Z}$，然后计算各目标值与理想点之间的欧氏距离 S_i^* 和 S_i^-，以及各目标的相对贴近度 C_i^*（表 9-7）：

$$b_{ij} = \frac{r_{ij}}{\sqrt{\sum_{i=1}^{n} r_{ij}^2}}, j = 1, 2, \cdots, m \tag{9-8}$$

$$z_{ij} = W_j b_{ij} \tag{9-9}$$

$$S_i^* = \sqrt{\sum_{j=1}^{m} \left(z_{ij} - z_j^* \right)^2}, i = 1, 2, \cdots, n \tag{9-10}$$

$$S_i^- = \sqrt{\sum_{j=1}^{m} \left(z_{ij} - z_j^- \right)^2}, i = 1, 2, \cdots, n \tag{9-11}$$

$$C_i^* = \frac{S_i^-}{S_i^* + S_i^-} \tag{9-12}$$

表 9-7　各目标值与理想点之间的欧氏距离 $\boldsymbol{S_i^*}$ 和 $\boldsymbol{S_i^-}$ 及相对贴近度 $\boldsymbol{C_i^*}$

滴灌量	钾肥种类	2020				2021			
		S_i^*	S_i^-	C_i^*	排名	S_i^*	S_i^-	C_i^*	排名
W_1	K_0	0.028	0.004	0.129	12	0.063	0.005	0.074	12
	KCl	0.021	0.012	0.353	10	0.059	0.006	0.089	11
	K_2SO_4	0.020	0.014	0.410	9	0.055	0.010	0.151	9
	KNO_3	0.018	0.016	0.463	7	0.057	0.010	0.149	10
W_2	K_0	0.022	0.008	0.276	11	0.048	0.018	0.272	8
	KCl	0.017	0.014	0.442	8	0.044	0.022	0.334	7
	K_2SO_4	0.014	0.016	0.540	5	0.027	0.038	0.585	6
	KNO_3	0.010	0.020	0.682	2	0.021	0.045	0.683	4
W_3	K_0	0.016	0.020	0.522	6	0.023	0.043	0.648	5
	KCl	0.011	0.022	0.662	3	0.013	0.052	0.806	2
	K_2SO_4	0.013	0.020	0.598	4	0.015	0.050	0.763	3
	KNO_3	0.006	0.027	0.813	1	0.006	0.063	0.918	1

4. 根据方案的相对贴近度对方案进行排序，形成决策依据

本研究以小区试验 12 个处理为可行方案，以产量（X_1）、商品薯重（X_2）、净收益（X_3）、产投比（X_4）、淀粉含量（X_5）、还原性糖含量的倒数（X_6）、WUE（X_7）、IWUE（X_8）、NUE（X_9）和 KUE（X_{10}）10 个指标构建原始矩阵，进行归一化处理，通过熵权法得到各个指标的权重，最后通过 TOPSIS 计算得到 2020 年各处理优劣顺序为 W_3+KNO_3>W_2+KNO_3>W_3+KCl>W_3+K_2SO_4>W_2+K_2SO_4>W_3K_0>W_1+KNO_3>W_2+KCl>W_1+K_2SO_4>W_1+KCl>W_2K_0>W_1K_0，2021 年各处理优劣顺序为 W_3+KNO_3>W_3+KCl>W_3+K_2SO_4>W_2+KNO_3>W_3K_0>W_2+K_2SO_4>W_2+KCl>W_2K_0>W_1+K_2SO_4>W_1+KNO_3>W_1+KCl>W_1K_0。综上所述，当滴灌量为 W_3 水平、施用硝酸钾时各目标最佳。

9.7　讨　　论

9.7.1　马铃薯生长对钾肥种类和滴灌量的响应

植物形态建成是产量形成的基础。张富仓等（2017）将马铃薯产量与株高、叶面积指数和干物质累积进行线性拟合，结果表明合理调控马铃薯的株高、叶面积指数及干物质累积可以提高马铃薯的产量。马铃薯株高和主茎茎粗生长趋势基本一致，幼苗期—块茎形成期缓慢生长，膨大期迅速生长，并达到最高峰，进入淀粉积累期又缓慢生长，生长曲线近似单峰曲线（李晶等，2017）。

本研究变化趋势和前人研究结果类似。随着生育期的推进，马铃薯生长指标（株高、茎粗、LAI）具有协同作用，株高、茎粗和 LAI 呈现先增长，到达峰值，然后减少的规律。在马铃薯生长前期，植株生长速度较缓慢；块茎形成期后增长速度达到最大，到淀粉积累期后会出现一定程度的衰减。这是因为苗期至块茎形成期，马铃薯植株以茎叶生长为主，生长迅速，后期转向地上部茎叶生长与地下块茎形成同时进行，出现物质转移，随后地上部分增长速度变缓，株高生长达到最高峰并趋于平衡，而后出现衰减。本试验 2020 年株高茎粗在 70～90d 生长速度大于 90～110d，2021 年相反，这是由于 2020 年雨水较多，而 2021 年 7～8 月初蒸发量大，有效降雨较少，低水和中水并不能满足植物生长所需，导致土壤中水分不足，而此时正是植株生长需要水分的重要时期，叶片不能充分展开，影响植株光合作用和对养分的吸收，从而生长缓慢（张庆霞等，2010）。

叶片作为源器官是进行光合作用的主要场所，叶片光合能力的强弱、叶面积的动态变化、叶面积指数的大小等都直接关系到源活性的高低，故叶面积直接影响植物光合产物的合成与积累，进而影响作物干物质的积累和产量（Ierna et al.，2011）。水分可以延长绿叶面积的持续时间，有利于块茎产量的形成（李晶等，2017）。生育期内任何时期的水分胁迫都会明显减少马铃薯的群体叶面积和产量，且随着胁迫时间的延长影响效应加重。

本试验不同滴灌量对马铃薯叶面积指数有极显著影响（$P<0.01$），均随滴灌量的增加而增加，说明充足的灌水有助于植株生长，这与前人研究结果一致（王英等，2019）。钾元素可以通过植物细胞内气孔关闭和水势大小来调节植物生长过程中的光合作用及其产物的运输。钾在植物体内以离子形式和无机盐的形式存留细胞液和原生胶体表面，由于其小分子状态可以直接穿过生物膜并以催化剂的形式参与酶促反应。施用钾肥能够促进茎叶的生长，推迟生长中心和营养中心的转移时间，显著促进块茎膨大（方晨成，2018；汤立阳，2018）。本研究不同钾肥种类对马铃薯株高、茎粗和 LAI 均有一定的增加作用，在不同水分条件下马铃薯的株高、茎粗和 LAI 变化不同，说明肥料的有效性和水分密切相关。

9.7.2 马铃薯产量、品质及经济效益对钾肥种类和滴灌量的响应

高产是农业生产追求的目标。干物质是在作物光合作用、同化作用和物质转移等过程中形成的，是作物产量形成的基础物质。马铃薯是喜温凉作物，低温促进块茎干物质形成，在长期高温条件下，马铃薯的干物质转移会受到阻碍，使小块茎增多，降低大块茎的比重。水分显著影响马铃薯的生长，水分亏缺会明显减少马铃薯产量及其构成要素（Woli et al.，2016）。在苗期和盛花时期，对马铃薯进行合理灌溉施肥可以大幅提高马铃薯产量。本试验成熟期干物质累积量、商品薯重、大块茎重均随着滴灌量的增加而增加，与前人结果研究一致。施用钾肥促进马铃薯块茎增长，这可能是源库调节光合产物分配的结果。本试验施用钾肥促进了马铃薯植株生长，增加成熟期干物质累积。不同钾肥在不同灌水条件下有所差异，这可能与其伴随离子相关。在 W_1 水平时，氯化钾处理的干物质累积和产量显著低于硫酸钾和硝酸钾处理。随着滴灌量的增大，氯化钾处理和硫酸钾无明显差异，这可能是由于低水时根区氯化钾浓度过高，根区保护酶系统防御功能减弱，进而影响作物根系的生长发育（张舒涵等，2018）。本试验 W_3+KNO_3 处理的成熟期干物质累积和产量显著高于其他处理，2020 年成熟期干物质累积和产量分别高于其他处理 4.4%~34.3%和 9.2%~55.0%，2021 年成熟期干物质累积和产量分别高于其他处理 12.7%~143.9%和 13.8%~139.4%。这说明高水与硝酸钾组合的水钾互作效应更好，通过促进作物生长和增大薯块来提高产量。硝酸钾处理显著优于其他两种钾肥，一方面可能是本试验土质为沙土，保水保肥性较差，滴灌施肥周期为 8d 的土壤湿润深度 0~40cm 与马铃薯根系集中层吻合，分次施肥满足作物不同生育期对水肥的需要（Wang et al.，2019）；另一方面硝酸钾中的硝酸根能够为作物提供易被植物吸收的硝态氮，作为信号因子的硝酸根能够促进细胞分裂素的产生，进而促进细胞膨大和碳水化合物的积累（周鹏等，2017）。此外，硝酸钾处理土壤中同时存在尿素和硝态氮两种氮素形态，可能更有利于作物生长

（许丽，2016；Souza et al.，2020）。

马铃薯具有典型的源库关系，源库关系决定作物的产量形成。Li 等（2016）研究表明马铃薯块茎膨大期，源对产量的限制大于库，同化物源供应不足会影响库的生长。Chaudhari 等（2018）研究表明较高的钾含量提供了良好的产量属性和光合作用从源到库（块茎）的转移，从而导致大块茎的形成，进而产量更高。块茎膨大期的降水量影响商品薯的形成，从 2020 年和 2021 年马铃薯生长情况来看，降水量和降雨时期都对农业生产产生严重影响，过多雨水会造成马铃薯地上部的"疯长"，导致 2020 年马铃薯地下部产量低于 2021 年。

品质是决定作物经济效益的重要因素。马铃薯淀粉直接影响食用的口感和加工情况，还原性糖含量越高，马铃薯越不易储存。本试验在相同钾肥处理下，马铃薯的淀粉含量随滴灌量的增大而增加，还原性糖随滴灌量的增大而减小，说明充足的灌水更适宜提高马铃薯品质，与前人研究结果一致（王英等，2019；宋娜等，2013）。两年比较而言，2021 年的淀粉含量和还原性糖含量总体上低于 2020年，这可能是因为沙土保水能力较差，2020 年在淀粉积累期水分更加充足。

马铃薯的施肥状况与品质形成密切相关。植物需要钾来进行糖的转运和淀粉的合成，马铃薯块茎富含淀粉，对钾有较高的需求。钾素的供应不仅可以通过促进碳水化合物的合成和运输来增加块茎内淀粉含量，同时有利于氮的代谢，可诱导硝酸还原酶与谷酰胺合成酶的产生，促进蛋白质的合成（汤立阳，2018）。适量的钾肥不仅可以降低还原性糖含量（Yakimenko and Naumove，2018），而且可以增加马铃薯蛋白质、维生素 C 和淀粉含量（方晨成，2018；汤立阳，2018）。不同形态氮肥配施（硝态氮肥和氨态氮肥）有利于提高百合切花品质，延缓切花衰老（魏贵玉等，2017）。本试验施用钾肥均可以改善马铃薯品质，提高淀粉含量，降低还原性糖含量，与前人研究结果一致（张少辉，2021），而不同钾肥种类对马铃薯品质的改善效果略有差异。本研究总体而言三种钾肥的淀粉含量无显著差异，$W_3+K_2SO_4$ 处理下淀粉含量最高，还原性糖含量最低，这可能是钾肥促进植物生长，吸收更多的氮肥，而氮素营养通过影响淀粉合成酶的活性和积累促进淀粉的合成（马均等，2005）。本研究与谷贺贺等（2020）、Singh 等（2020）研究硫酸钾对作物品质的改善效果整体上优于氯化钾一致，而王小英等（2019）研究表明硝酸钾降低了马铃薯淀粉含量，陈广侠等（2021）研究表明氯化钾处理下淀粉含量高于硫酸钾处理，这可能是由水分设置和马铃薯品种不同造成的。因此，不同钾肥对马铃薯品质的作用机制有待进一步研究。由于获得高产与优质（高淀粉含量、低还原性糖含量）的最佳钾肥不一致，生产上要根据生产用途综合考虑钾肥种类。

合理的滴灌施肥措施可以提高马铃薯的产量，提高市场价值，促进农民增产增收。陈广侠等（2021）研究表明氯化钾处理下的经济效益高于硫酸钾处理，这

是由于硫酸钾处理下产量较低且价格较贵。马铃薯对水钾较为敏感。本研究 2020
年和 2021 年试验下 W_3+KNO_3 处理的总投入、净收益均达到最大值。2020 年产投
比在 W_3+KCl 处理达到最大值。2021 年产投比在 W_3+KNO_3 处理达到最大。在相
同钾肥处理时，净收益和产投比均随滴灌量的增加而增加。同一水分处理时，
施钾显著提高净收益。虽然硝酸钾肥的施用增加了成本投入，但同时由于产量
的增加，净收益明显增加，在高水时，2020 年净收益达 44 860 元/hm^2，2021 年
净收益达 61 351 元/hm^2。在滴灌施肥条件下选择适宜的钾肥可以有效提高马铃
薯的经济效益和净收益，增加农民的经济收入。施用硝酸钾肥料可以取得增产
提效的效果。

9.7.3 马铃薯养分吸收及水肥利用对钾肥种类和滴灌量的响应

马铃薯植株的养分含量是反映马铃薯植株长势情况的重要指标。施用钾肥能
提高马铃薯对养分的吸收，这可能是由于钾素能增强根系对硝酸盐等的吸收，提
高进入叶片的流量，使叶片硝酸盐的流量增加，活化氮素代谢中的天冬酰胺酶，
影响叶片蛋白质合成，提高净碳交换速率，促进同化物提早运输。施用钾肥有利
于提高氮素积累和运转，促进氮素吸收，加快氨基酸合成蛋白质（史春余等，2002）。
本研究与前人研究结果一致，施用钾肥促进作物对氮素和钾素的吸收，施用不同
钾肥时，马铃薯养分吸收情况有所不同。植株成熟期干物质累积越多，植株吸收
养分含量越高，进而土壤残留的养分含量越少。W_3+KNO_3 处理养分吸收含量最高，
土壤硝态氮含量更少，这是由于充足的水分和硝酸钾处理下植物长势较好，加大
了对养分的吸收。当钾肥含量相同时，植物养分吸收随滴灌量的增大而增大，这
是由于充足的水分促进作物生长，增大了对养分的吸收。

研究表明，马铃薯生育期植株各器官的氮含量表现为叶片最高，地上茎高于
块茎，成熟期氮素主要分配在块茎（许丽，2016）。侯翔皓等（2019）研究表明马
铃薯各器官氮累积吸收量表现为块茎>叶片>茎>根，而钾素在各器官的累积分
配为块茎>茎>叶片>根。本研究 2020 年茎秆吸收养分较多，钾素吸收高于 2021
年，这主要是由于茎秆干物质积累较多，且茎的钾素含量较高。2020 年钾素吸收
高于 2021 年，但 2021 年的土壤速效钾含量高于 2020 年，这是由于降雨造成养分
淋失。本研究总体而言钾素吸收高于氮素吸收。不同处理、不同年份降雨和不同
品种差异影响马铃薯的各器官累积分配，进而对养分吸收造成影响。

农田土壤质地影响土壤的湿润程度，湿润距离随着滴灌量的增加而增大（陆
军胜等，2020）。本研究与不施钾肥相比，施用钾肥增加了收获期土壤的速效钾含
量，和 Zhang 等（2022）研究结果一致。施肥水平一定时，增加滴灌量会促使硝
态氮向土壤深处运移，减少作物对硝态氮的吸收利用（张雨新等，2017）。本研究

在收获后 0~100cm 土层中，由于植物吸收和部分流失，硝态氮累积量、速效钾含量均随着滴灌量的增加呈现较小的趋势，W_1、W_2 水平主要集聚在 0~40cm 土层，W_3 水平主要集聚在 40~60cm 土层，土壤速效钾随滴灌量的增加向下层和周围土壤移动，土壤硝态氮在垂直方向随滴灌量的增加向下层移动。施用钾肥增加了收获期土壤速效钾含量，降低了农田硝态氮含量。硝酸钾处理的硝态氮累积量低于氯化钾和硫酸钾处理。

提高水肥利用效率是半干旱区水资源短缺情况下作物增产的主要研究方向。水分影响土壤养分的有效性，土壤养分则促进植株生长发育，影响水分的吸收、利用。合理的水肥调控可以达到以肥调水、以水促肥的目的，进而提高水肥利用效率（张富仓等，2018）。Badr 等（2012）研究发现严重的水分亏缺会降低马铃薯的养分吸收，当水分充足时，随着施肥量的增大，养分吸收随之增加，当水分亏缺时产量降低，使得养分利用效率降低。相比于氯化钾，马铃薯施用硫酸钾肥料的钾素吸收利用率更大（王丽丽，2014）。本研究中，相同钾肥处理下，随滴灌量的增加，氮素利用效率呈现增大的趋势，就钾肥作用而言，2020 年和 2021 年不同钾肥种类在不同水分条件下的氮素利用效率和钾素利用效率有所不同，这表明钾可以通过渗透调节和气孔调节来提高对水分的吸收利用（张舒涵等，2018），不同水分条件下肥料的有效性不同，较多的土壤水分利于肥料作用的发挥。

本试验与张富仓等（2017）研究结果一致，灌溉和施肥对 WUE 有交互作用。2020 年 W_1+KNO$_3$ 处理 WUE 最高，为 12.24kg/m^3，但减产幅度较大，并不利于实际生产，2021 年 W_3+KNO$_3$ 处理下的 WUE 最高，为 13.15kg/m^3，产量最大，符合实际中的高产目标，这是由于 2020 年和 2021 年马铃薯生长季的水文年不一致，使耗水量和产量不一样，导致水分利用效率的拐点不一致。相同钾肥处理时，2020 年 WUE 和 IWUE 均随滴灌量增加而降低，2021 年 WUE 和 IWUE 均随滴灌量增加而增加，这主要是由于 2021 年在不同水分条件下马铃薯的产量差距较大，作物增产的幅度大于水分增加的幅度。钾肥可以提高作物的 WUE（张少辉，2021）。本研究施用钾肥显著增加了 WUE 和 IWUE，就钾肥处理而言，硝酸钾处理的 WUE 和 IWUE 总体好于硫酸钾和氯化钾处理，硫酸钾和氯化钾处理差异不大，这主要是由于硝酸钾处理下产量较高，故 WUE 和 IWUE 较高。

9.7.4 马铃薯灌溉与施肥模式优选

正常条件下，块茎鲜重、块茎干重与株高、地上茎鲜重、叶干重呈正相关（$P<0.05$）（何天久等，2021）。文国宏等（2018）研究表明对于陇薯系列马铃薯，其块茎淀粉含量与钾含量、干物质含量呈极其显著的正相关。本研究产量与马铃薯成熟期株高、干物质累积量、商品薯重、大块茎重、单株薯重、植株氮素吸收

量、淀粉含量呈极显著正相关，与茎粗呈显著正相关，与叶面积指数、植株钾素吸收量呈正相关，与还原性糖含量呈极显著负相关。说明在不同的钾肥种类和滴灌量下，马铃薯植株长势好，叶面积指数增大，获取较多的光照，促进光合作用积累更多干物质，植株吸收更多的肥料，促进淀粉的合成，并且通过增大块茎来提高产量。

单一处理往往难以兼顾高产优质的多种目标，TOPSIS 方法已广泛应用于各领域进行多目标优化（王煜等，2020；Rasool et al.，2020）。而在 TOPSIS 计算过程中，重要的是确定各指标的权重。Wang 等（2019）和 Rasool 等（2020）设置各指标权重相等。熵权法是一种典型的基于多样性的加权方法，根据方案之间数据属性的多样性计算权值属性，采用熵权法可以构造权重矩阵，确定各指标的权重。本研究将熵权法与理想点法相结合，对马铃薯产量（公顷产量和商品薯重）、经济效益（净收益和产投比）、品质（淀粉含量和还原性糖含量的倒数）、水分利用率（WUE 和 IWUE）和养分利用率（NUE 和 KUE）进行了综合评价分析，得出 W_3+KNO_3（100% ET_c，硝酸钾）为陕北马铃薯高产优质高效的最佳水钾滴灌施肥模式，本研究结果将为陕北马铃薯水肥管理提供科学依据。

9.8 结　论

1）钾肥种类与滴灌量及交互作用对马铃薯生长、干物质累积量、产量及其构成要素和经济效益有显著影响。增加灌水有助于马铃薯叶片生长，明显增加成熟期干物质累积量、产量和净收益。施用钾肥明显促进马铃薯生长和块茎增大，W_1水平时，KCl 处理的产量低于 K_2SO_4 和 KNO_3 处理，W_2 和 W_3 水平时，KNO_3 处理的马铃薯产量、商品薯重和净收益显著高于 KCl 和 K_2SO_4，K_2SO_4 和 KCl 处理之间无明显差异。就水钾交互作用而言，W_3+KNO_3 处理的成熟期干物质累积量、产量和经济效益显著高于其他处理。

2）滴灌量和钾肥种类对淀粉和还原性糖含量影响达到极显著水平，交互作用对淀粉和还原性糖含量无显著影响。相同钾肥处理时，块茎淀粉含量随滴灌量的增加显著增加；还原性糖含量随滴灌量的增加而降低。W_1 水平时，KCl 处理的淀粉含量显著低于 K_2SO_4 和 KNO_3 处理，增加灌水，三个钾肥种类无显著差异，变化趋势为 K_2SO_4>KNO_3>KCl；W_1 和 W_2 水平时，KCl 处理的还原性糖含量显著高于 K_2SO_4 和 KNO_3，W_3 水平时，三个钾肥种类无显著差异，变化趋势为 K_2SO_4<KNO_3<KCl。从钾肥种类和滴灌量的耦合效应看，W_3+K_2SO_4 处理淀粉含量最高，还原性糖含量最低。

3）施用钾肥促进马铃薯植株对养分（氮素和钾素）的吸收，增加了土壤速效钾残留，降低了土壤硝态氮残留量，施用不同钾肥时，马铃薯养分吸收情况有所不同。硝酸钾处理下，土壤硝态氮累积量低于氯化钾和硫酸钾处理。植株成熟期干物质累积越多，植株吸收养分含量越高，进而土壤残留的养分含量越少。从钾肥种类和滴灌量的耦合效应看，W_3+KNO_3 处理养分吸收含量最高，土壤硝态氮含量最少。

4）滴灌量、钾肥种类及两者交互均对马铃薯氮素利用效率与钾素利用效率影响显著。相同钾肥处理时，养分利用效率随滴灌量的增加而增大，水分的增大促进了养分的吸收利用，不同水分条件下肥料的有效性不同，总体而言 KNO_3 处理的养分利用效率较高。

5）钾肥种类、灌水及其交互作用对马铃薯 WUE 的影响均达到极显著水平。相同钾肥处理时，2020 年 WUE 随滴灌量的增加而降低，2021 年 WUE 随滴灌量的增加而增加。滴灌量相同时，施用钾肥显著增加了 WUE，就钾肥处理而言，硝酸钾处理的 WUE 总体好于硫酸钾和氯化钾处理，硫酸钾和氯化钾处理差异不大。

考虑马铃薯生长、产量、经济效益、水肥利用效率和品质等因素，本研究综合熵权法+TOPSIS 得出 W_3+KNO_3 处理（施用硝酸钾，滴灌量为 $100\% ET_c$）可在较高的经济效益下，获得高产优质的马铃薯，且水肥利用效率较高。

参 考 文 献

陈广侠, 孔金花, 孔海明, 等. 2021. 不同钾肥对马铃薯产量、品质、光合作用以及经济效益的影响. 湖北农业科学, 60(24): 59-62+183.

方晨成. 2018. 钾肥对马铃薯生长发育影响及钾相关基因的表达分析. 四川农业大学硕士学位论文.

龚成文, 冯守疆, 赵欣楠, 等. 2013. 不同钾肥品种对甘肃中部地区马铃薯产量及品质的影响. 干旱地区农业研究, 31(3): 112-117.

谷贺贺, 李静, 张洋洋, 等. 2020. 钾肥与我国主要作物品质关系的整合分析. 植物营养与肥料学报, 26(10): 1749-1757.

何天久, 夏锦慧, 邓禄军. 2021. 贵州省冬作马铃薯产量形成与植株形态关系//金黎平, 吕文河. 马铃薯产业与绿色发展(2021). 哈尔滨: 黑龙江科学技术出版社: 329-336.

何志强. 2018. 浅议我国钾肥生产技术现状及未来展望. 盐科学与化工, 47(8): 1-5.

侯翔皓, 张富仓, 胡文慧, 等. 2019. 灌水频率和施肥量对滴灌马铃薯生长、产量和养分吸收的影响. 植物营养与肥料学报, 25(1): 85-96.

李晶, 张恒嘉, 周宏. 2017. 土壤水分调亏处理膜下滴灌马铃薯耗水特征及生长动态. 干旱地区农业研究, 35(3): 80-87.

刘汝亮, 李友宏, 王芳, 等. 2009. 两种钾源对马铃薯养分累积和产量的影响. 西北农业学报, 18(1): 143-146.

陆军胜, 张富仓, 范军亮, 等. 2020. 不同滴头流量和灌水量下农田土壤湿润体特征及其估算模型. 干旱地区农业研究, 38(4): 19-26.

马均, 明东风, 马文波, 等. 2005. 不同施氮时期对水稻淀粉积累及淀粉合成相关酶类活性变化的研究. 中国农业科学, (2): 290-296.

乔富廉. 2002. 植物生理学实验分析测定技术. 北京: 中国农业科学技术出版社.

史春余, 王振林, 赵秉强, 等. 2002. 钾营养对甘薯块根薄壁细胞微结构、^{14}C 同化物分配和产量的影响. 植物营养与肥料学报, (3): 335-339.

宋娜, 王凤新, 杨晨飞, 等. 2013. 水氮耦合对膜下滴灌马铃薯产量、品质及水分利用的影响. 农业工程学报, 29(13): 98-105.

汤立阳. 2018. 钾素对马铃薯生长、产量及品质的影响. 东北农业大学硕士学位论文.

王丽丽. 2014. 施钾对膜下滴灌马铃薯产质量及钾素吸收利用的影响. 内蒙古农业大学硕士学位论文.

王小英, 方玉川, 高青青, 等. 2019. 不同钾肥品种对马铃薯农艺性状、产量和品质的影响. 陕西农业科学, 65(11): 27-31.

王英, 张富仓, 王海东, 等. 2019. 滴灌频率和灌水量对榆林沙土马铃薯产量、品质和水分利用效率的影响. 应用生态学报, 30(12): 4159-4168.

王煜, 俞双恩, 丁继辉, 等. 2020. 基于熵权 TOPSIS 模型评价不同施氮水平下水稻灌排模式. 排灌机械工程学报, 38(7): 720-725.

魏贵玉, 方泽涛, 李伏生. 2017. 不同氮肥种类和亏缺灌溉对切花百合品质的影响. 植物营养与肥料学报, 23(1): 244-253.

文国宏, 李高峰, 李建武, 等. 2018. 陇薯系列马铃薯品种营养品质评价及相关性分析. 核农学报, 32(11): 2162-2169.

许丽. 2016. 氮素形态及氮磷钾配比对春、秋马铃薯养分积累及产量构成的影响. 四川农业大学硕士学位论文.

张富仓, 高月, 焦婉如, 等. 2017. 水肥供应对榆林沙土马铃薯生长和水肥利用效率的影响. 农业机械学报, 48(3): 270-278.

张富仓, 严富来, 范兴科, 等. 2018. 滴灌施肥水平对宁夏春玉米产量和水肥利用效率的影响. 农业工程学报, 34(22): 111-120.

张庆霞, 宋乃平, 王磊, 等. 2010. 马铃薯连作栽培的土壤水分效应研究. 中国生态农业学报, 18(6): 1212-1217.

张少辉. 2021. 陕北榆林滴灌施肥马铃薯水钾互作效应研究. 西北农林科技大学硕士学位论文.

张舒涵, 张俊莲, 王文, 等. 2018. 氯化钾对干旱胁迫下马铃薯根系生理及形态的影响. 中国土壤与肥料, (5): 77-84.

张永成, 田丰. 2007. 马铃薯试验研究方法. 北京: 中国农业科学技术出版社.

张雨新, 张富仓, 邹海洋, 等. 2017. 生育期水分调控对甘肃河西地区滴灌春小麦氮素吸收和利用的影响. 植物营养与肥料学报, 23(3): 597-605.

周鹏, 彭福田, 魏绍冲, 等. 2017. 氮素形态对平邑甜茶细胞分裂素水平和叶片生长的影响. 园艺学报, (2): 269-274.

Abbas M S, Gaber E I, Zied S T A, et al. 2020. Evaluation of potassium sources, rates and pattern on the yield and quality traits of fertigated wheat grown in sandy soil. Pakistan Journal of Biological Sciences, 23(3): 213-222.

Allen R G, Pereira L S, Raes D, et al. 1998. Crop Evapotranspiration: Guidelines for Computing Crop Water Requirements. Irrigation and Drainage Paper No 56. Rome: Food and Agriculture Organization of the United Nations (FAO).

Badr M A, El-Tohamy W A, Zaghloul A M. 2012. Yield and water use efficiency of potato grown under different irrigation and nitrogen levels in an arid region. Agricultural Water Management, 110: 9-15.

Chaudhari H, Chaudhari P, Patel S A. 2018. Effect of nitrogen and potassium levels on processing potato. International Journal of Chemical Studies, 6(2): 1507-1510.

Cheng M H, Wang H D, Fan J L, et al. 2021. Effects of soil water deficit at different growth stages on maize growth, yield, and water use efficiency under alternate partial root-zone irrigation. Water, 13(2): 148.

Ierna A, Pandino G, Lombardo S, et al. 2011. Tuber yield, water and fertilizer productivity in early potato as affected by a combination of irrigation and fertilization. Agricultural Water Management, 101(1): 35-41.

Kassem M A. 2008. Effect of drip irrigation frequency on soil moisture distribution and water use efficiency for spring potato planted under drip irrigation in a sandy soil. Irrigation and Drainage, 25(4): 1256-1278.

Li W T, Xiong B L, Wang S W, et al. 2016. Regulation effects of water and nitrogen on the source-sink relationship in potato during the tuber bulking stage. PLoS ONE, 11(1): 1-18.

Oweis T Y, Farahani H J, Hachum A Y. 2011. Evapotranspiration and water use of full and deficit irrigated cotton in the Mediterranean environment in northern Syria. Agricultural Water Management, 98(8): 1239-1248.

Rasool G, Guo X P, Wang Z C, et al. 2020. Coupling fertigation and buried straw layer improves fertilizer use efficiency, fruit yield, and quality of greenhouse tomato. Agricultural Water Management, 239: 106239.

Singh A, Chahal H S, Chinna G S, et al. 2020. Influence of potassium on the productivity and quality of potato: a review. Environment Conservation Journal, 21(3): 79-88.

Souza E F C, Soratto R P, Sandana P, et al. 2020. Split application of stabilized ammonium nitrate improved potato yield and nitrogen-use efficiency with reduced application rate in tropical sandy soils. Field Crops Research, 254: 107847.

Wang H D, Wang X K, Bi L F, et al. 2019. Multi-objective optimization of water and fertilizer management for potato production in sandy areas of northern China based on TOPSIS. Field Crops Research, 240: 55-68.

Watson D J. 1947. Comparative physiological studies in the growth of field crops: I. Variation in net assimilation rate and leaf area between species and varieties, and within and between years. Annals of Botany, 11: 41-76.

Wei S W, Wang S M, Dong X C, et al. 2019. The effect of different potassium fertilizers on fruit flavor quality of 'Xinliqihao' pear. Agricultural Biotechnology, 8(5): 79-85.

Woli P, Hoogenboom G, Alva A. 2016. Simulation of potato yield, nitrate leaching, and profit margins as influenced by irrigation and nitrogen management in different soils and production regions. Agricultural Water Management, 171: 120-130.

Yakimenko V N, Naumove N B. 2018. Potato tuber yield and quality under different potassium application rates and forms in West Siberia. Agriculture (Pol'nohospodárstvo), 64(3): 128-136.

Zhang S H, Fan J L, Zhang F C, et al. 2022. Optimizing irrigation amount and potassium rate to simultaneously improve tuber yield, water productivity and plant potassium accumulation of drip-fertigated potato in northwest China. Agricultural Water Management, 264: 107493.

第 10 章　滴灌量和生物炭施用量对沙土性质及马铃薯生长的影响

10.1　概　　述

随着马铃薯主粮化战略的实施，作为我国主要粮食作物之一，马铃薯在保障粮食安全方面作出了重大贡献（杨雅伦等，2017）。陕西省榆林市作为我国马铃薯主要生产地区，光照充足，气候温凉，平均海拔高，昼夜温差大，比较适宜玉米、马铃薯、杂粮等粮食作物的生长。但该地区干旱少雨及土壤沙化是影响马铃薯等作物生长的主要因素，所以采用合理的水肥处理方式对节约该地区水资源、减少化肥施用量、提高沙土土壤的持水保肥能力、提高马铃薯产量和品质及保护环境具有重要的意义。

作为一种高效节水灌溉技术，滴灌可以直接向根区提供水分和肥料，充分利用水肥资源，增产效果明显（Pavel et al.，2017），因此被广泛应用于农业生产来缓解农业中面临的水资源短缺的压力。生物炭是在部分缺氧或完全缺氧的条件下，将农作物秸秆、禽畜粪便等有机质在高温条件下裂解产生的，具有容重小、比表面积大、吸附能力和稳定性强等特点，而且自身含有养分元素，施入土壤具有改变土壤理化特性，提高作物生产能力的潜力（Shi et al.，2020；Purakayastha et al.，2019）。所以在滴灌施肥的基础上，引入改良剂生物炭，探究滴灌施肥条件下生物炭在榆林沙土地节水保肥增产方面的应用效果，对解决该地区土壤沙化、土壤保水保肥能力低、水肥利用效率低等问题具有重要意义。

10.2　试验设计与方法

10.2.1　试验区概况

大田试验于 2020 年和 2021 年的马铃薯生长季 5 月初到 9 月底在陕西省榆林市西北农林科技大学马铃薯试验站进行。该地区雨水主要集中在 6~8 月，无霜期为 167d，2020 年整个马铃薯生育期日平均温度为 20℃，总降水量 234.90mm，2021 年整个马铃薯生育期日平均气温为 21℃，总降水量为 223.20mm，马铃薯生育期内每天的最低、最高及平均气温如图 10-1 所示。供试土壤为沙壤土，2020 年试验开始前土壤基本理化性质为：0~40cm 土壤容重 1.62g/cm³，土壤 pH 为 28.1，土壤有机质含量为 4.31g/kg，土壤硝态氮含量为 11.35mg/kg，土壤氨态氮含量为 6.35mg/kg，土壤速效磷含量为 10.80mg/kg，土壤速效钾含量为 107mg/kg。

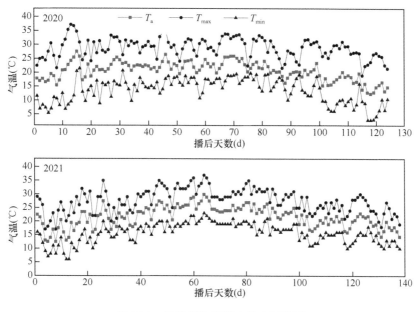

图 10-1 马铃薯生育期内的大气温度

T_a 为平均气温；T_{max} 为最高气温；T_{min} 为最低气温

10.2.2 试验设计

试验设置滴灌量和生物炭施用量 2 个因素，滴灌量设置 2 个水平：W_1（80% ET_c）和 W_2（100% ET_c），生物炭施用量设置 5 个水平：B_0（0t/hm²）、B_{10}（10t/hm²）、B_{20}（20t/hm²）、B_{30}（30t/hm²）和 B_{50}（50t/hm²），共 10 个处理，每个处理重复 3 次。小区长 12m，宽 3.6m，面积 43.2m²。试验采用机械起垄种植的方式，垄距 0.9m，株距 25cm，播种深度 8~10cm。为了避免不同处理间的相互影响，相邻处理之间和试验地两端均设置保护行。

供试马铃薯品种为"青薯 9 号"，所用的生物炭从天津博尔迈环保科技有限公司购买，pH 为 5~7，比表面积大于 80m²/g，有机质含量为 764.31g/kg，速效钾含量为 625.49mg/kg。生物炭在马铃薯种植的第一年，每个小区按照施用量人工进行撒施、翻耕，使其与土壤 0~20cm 耕层混合均匀，第二年不再撒施生物炭。试验所用的氮（N）、磷（P）、钾（K）肥分别为尿素（N 46%）、磷酸二铵（N 18%，P_2O_5 46%）、硝酸钾（K_2O 46%，N 13.5%），每个处理氮、磷、钾肥施用量相同，每公顷均为 N:P_2O_5:K_2O=150kg:60kg:225kg，块茎形成阶段的肥料施用量为全生育期的 20%，块茎膨大阶段的肥料施用量为全生育期的 55%，淀粉积累阶段的肥料施用量为 25%。

2020 年 5 月 15 日播种，9 月 23 日收获；2021 年 5 月 12 日种植，9 月 26 日收获。马铃薯的灌溉采用垄上滴灌方式，在每行马铃薯垄上布设一条 16mm 的薄壁迷宫式滴灌带，滴头流量 2L/h，滴头间距 30cm，每个小区的滴灌量由独立配备的水表和阀门控制，滴灌施肥系统由水泵、施肥罐（容积 15L）和输配水管道组成。2020 年马铃薯生育期内共灌水 12 次，施肥 8 次，灌水施肥周期为 8d，马铃薯全生育期 W$_1$ 和 W$_2$ 处理的灌水总量分别为 256.20mm 和 304.00mm；2021 年马铃薯全生育期共灌水 12 次，施肥 8 次，马铃薯全生育期 W$_1$ 和 W$_2$ 处理的灌水总量分别为 276.00mm 和 331.00mm。灌水时期和灌水累积量如图 10-2 所示。马铃薯蒸散量 ET_c 的计算公式见第 1 章式（1-2），其中马铃薯全生育期内作物系数 K_c 苗期取 0.5、块茎形成期取 0.8、块茎膨大期取 1.2、淀粉积累期取 0.95、成熟期取 0.75。

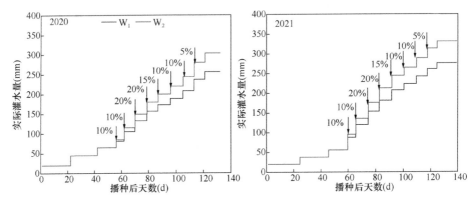

图 10-2　马铃薯生育期内实际滴灌量和施肥比例

图中百分数为是施肥比例

滴灌施肥采用容量压差式施肥方式，储存肥料的容器为 15L 的小型施肥罐，每个施肥罐控制 1 个处理，并采用肥料利用效率高的 1/4-1/2-1/4 模式，即前 1/4 时间灌清水，中间 1/2 时间打开施肥罐施肥，后 1/4 时间再灌清水冲洗。每次灌水时的肥料施用比例如图 10-2 所示。

10.2.3　观测指标与方法

1. 土壤指标

1）土壤容重、孔隙度的测定

用环刀法测定土壤容重，在每个小区挖 0.5m 深的土壤剖面，然后将 50mm ×

50mm 的环刀分别插入每个小区 0～10cm、10～20cm、20～30cm、30～40cm 土层取土，带回烘干后，称量环刀与土的总重再减去环刀重，即土的重量，然后计算单位容积土体的质量，即容重，土壤孔隙度的计算公式为

$$土壤孔隙度 = 1 - BD_m / BD_p \qquad (10\text{-}1)$$

式中，BD_m 为土壤容重（g/cm³）；BD_p 为土壤颗粒密度，取 2.65g/cm³。

2）土壤有机碳、含水量、速效钾、硝态氮含量

马铃薯收获期，在每个处理的小区内用土钻取土，水平方向分别在距滴灌带 0cm、15cm、30cm、45cm 这 4 个点取样，土壤剖面在 0～20cm、20～40cm、40～60cm、60～80cm、80～100cm 的范围内取土样，所取土样一部分用烘干法测定土壤含水量，另一部分土样自然风干后磨细过筛，用 1mol/L 的中性 NH_4OAc 溶液（干土 5g，土液比 1∶10）浸提，振荡 30min 后过滤得到上清液，然后用原子吸收分光光度计（Z-2000 系列，日本）测定土壤速效钾的含量，用 2mol/L 的 KCl 溶液浸提（干土 5g，土液比 1∶10），通过连续流动分析仪（Auto Analyzer-III，德国 Bran Luebbe 公司）测定土壤中硝态氮（$NO_3^- \text{-N}$）的含量。取每个小区 0～20cm 土样，采用重铬酸钾氧化外加热法测定土壤有机碳的含量。

2. 马铃薯生长和生理指标

在马铃薯生长的各个生育期内，从每个小区随机取 3 株马铃薯植株，用卷尺测量株高，用游标卡尺测量茎粗，然后去除表面污垢后分别将根、茎、叶、块茎（苗期无）分开，先在烘箱中 105℃下杀青 30min，然后在 75℃下烘干至恒重，用天平称其质量并计算单株干物质累积量。用钻孔法测量叶面积（即打 100 个孔，并重复 3 次，放置在烘箱 105℃下杀青 30min，然后 75℃下烘干至恒重，再通过每次取样时的叶子干重换算成该时期的叶面积，叶面积指数为叶面积除以小区面积）。用浸提法测定马铃薯叶片的叶绿素含量。取马铃薯叶，先去掉叶脉后剪碎，然后用称量纸在天平上称取 0.1g 碎叶后，加入 10mL 96%的乙醇溶液后进行避光处理，待叶片完全变白后，再重新定容至 25mL，静置使叶片沉淀后分别在波长 665nm、649nm 和 470nm 下比色，最后进行计算。

3. 产量及其构成要素

收获时，每个处理随机选取 2 垄，平行取 2m 的距离，挖取所有马铃薯，称重测其产量，每个小区重复 3 次。最后一次取样时，分别称取 3 株植株的每个马铃薯鲜重，计算商品薯重（单个块茎大于 75g）、大薯重（单个块茎大于 150g）及单株马铃薯重。

4. 植株氮、磷、钾吸收量

将成熟期马铃薯各组织器官的干物质磨碎，并过 0.5mm 筛，用浓 $H_2SO_4-H_2O_2$ 消煮后，氮素、磷素用连续流动分析仪测定，钾素用原子吸收分光光度计测定。

5. 农田耗水量和水肥利用效率

马铃薯耗水量的计算公式见第 1 章式（1-6）。

马铃薯水分利用效率及氮素、磷素、钾素利用效率的计算公式见第 1 章式（1-8）及式（1-10）至式（1-12）。

采用 Excel 对数据进行初步的处理与分析；利用 SPSS 22.0 软件中的 ANOVA 进行方差分析，采用 Duncan's 新复极差法进行显著性方差分析；利用 Origin 8.0 软件进行图形的绘制。

10.3 滴灌量和生物炭施用量对土壤理化性质的影响

土壤理化性质能够反映土壤综合肥力的高低，关系着土壤的持水能力及土壤各养分元素的有效性。土壤的物理性质（如土壤水分、土壤孔隙度、温度等）与土壤化学性质（氮磷钾含量、有机碳含量等）也相互影响，共同影响着土壤肥力状况和土壤养分的有效性。生物炭具有轻质多孔性，能够稀释土壤容重，提高土壤孔隙度（Zhang et al., 2020），施入能够改善土壤理化性质，提高土壤质量，促进植物对养分的吸收利用（纪立东等，2021；张海晶等，2021），适量的生物炭施入能够有效提高土壤耕层的土壤含水量（胡敏等，2018）。另外，生物炭本身含碳量高，含有氮、磷、钾等矿质养分（王萌萌和周启星，2013），施入土壤后能够直接增加土壤氮、磷、钾含量，而且具有吸附性和化学反应性，有助于延迟土壤养分的释放和减少养分淋失，起到节约肥料资源、保护环境的作用。滴灌量也会直接或间接地影响土壤各理化指标参数。所以，本节主要介绍在无机肥氮、磷、钾施肥量相同的情况下，土壤容重、孔隙度、含水量、有机碳及土壤硝态氮、速效钾含量对不同滴灌量和生物炭施用量的响应规律。

10.3.1 土壤容重和孔隙度

从图 10-3 可以看出，生物炭施用量对 2020 年 0～20cm 土层、2021 年 0～30cm 土层土壤容重和孔隙度有显著影响（$P<0.05$），生物炭施入土壤能够显著降低土壤容重，增加土壤孔隙度，而滴灌量对土壤容重和孔隙度总体无显著影响（$P>0.05$），仅对 2020 年 10～20cm 土层 B_0 处理的土壤容重和孔隙度及 B_{30} 处理的土

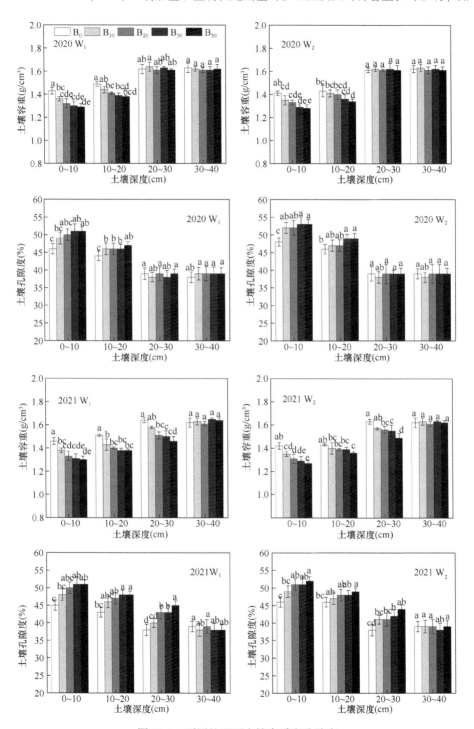

图 10-3　不同处理下土壤容重和孔隙度

不同小写字母表示差异显著（$P < 0.05$）。下同

壤孔隙度影响显著。生物炭施用量和滴灌量对 2020 年 20～40cm 土层、2021 年 30～40cm 土层土壤容重和土壤孔隙度没有影响。

在 2020 年，与 B_0 相比，生物炭处理 B_{10}、B_{20}、B_{30}、B_{50} 的 0～20cm 土层土壤容重平均减小了 3.50%～9.48%，相应的土壤孔隙度平均增加了 2.93%～10.54%；2021 年，与 B_0 相比，生物炭处理 B_{10}、B_{20}、B_{30}、B_{50} 的 0～30cm 土层土壤容重平均降低了 4.03%～9.97%，相应的土壤孔隙度平均增加了 5.58%～12.19%。2020 年 W_1 处理的 0～20cm 土层平均土壤容重和孔隙度分别为 1.38g/cm³ 和 47.59%，W_2 处理的 0～20cm 土层平均土壤容重和孔隙度分别为 1.33g/cm³ 和 49.41%；2021 年 W_1 处理的 0～20cm 土层平均土壤容重和孔隙度分别为 1.39g/cm³ 和 47.62%，W_2 处理的 0～20cm 土层平均土壤容重和孔隙度分别为 1.36g/cm³ 和 48.64%，所以增加滴灌量也有使土壤容重降低、孔隙度增大的趋势。

10.3.2 土壤含水量

滴灌量和生物炭施用量对 2020 年和 2021 年收获期各水平方向的 0～100cm 土层土壤含水量的影响如图 10-4 所示，在垂直方向 0～100cm 土层范围内，滴灌量和生物炭施用主要影响 0～60cm 土层土壤含水量，而对 60～100cm 土层土壤含水量没有显著影响。

生物炭施用量相同时，土壤含水量主要与滴灌量及取样点距滴灌带的距离有关，滴灌量的大小决定着土壤水分的入渗深度和水平分布，由于每次的滴灌量有限，所以灌溉之后主要影响 0～60cm 土层土壤含水量，而由于土面的蒸发，垂直

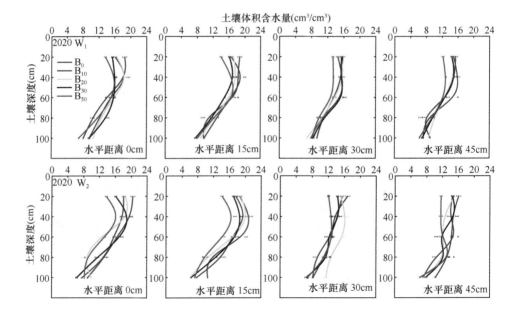

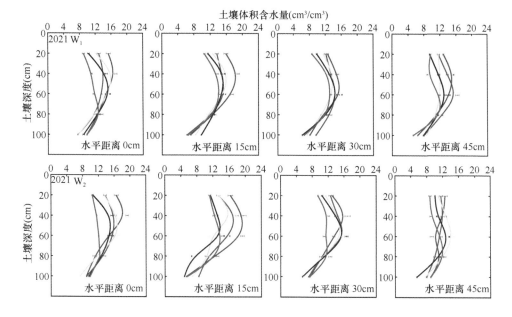

图 10-4　不同处理下土壤含水量

方向 0～20cm 土层土壤含水量普遍小于 20～40cm 土层。同一灌水水平下，由于滴灌量有限，以及马铃薯根系发展不到水平 30cm 和 45cm 处，没有马铃薯根系对土壤的吸收和储存，土壤中的水分持续下渗，因此距滴头水平距离 0cm 和 15cm 处的土壤含水量均大于 30cm 和 45cm 处，总体来看，0～60cm 土层土壤含水量表现为 $W_2 > W_1$，而水平方向上则表现为 0cm > 15cm > 30cm > 45cm。

滴灌量相同时，2020 年生物炭主要影响 0～20cm 土层土壤含水量，0～20cm 土层土壤体积含水量随着生物炭施用量的增加呈先增加后减小的趋势，各处理均在 B_{10} 处达到最大值，20～40cm 土层土壤体积含水量也随之有增大的趋势，在 2021 年由于再次起垄生物炭进入土壤深层而影响 0～40cm 土层土壤含水量，但在各方向上仍普遍遵循 $B_{10} > B_{20} > B_0 > B_{30} > B_{50}$ 的规律，说明少量的生物炭施入沙土土壤中，可以增加土壤含水量，起到保持土壤水分的作用，而过量的生物炭施用可能会使土壤通气孔隙过大，土壤蒸发量变大，土壤含水量降低，保水效果减弱甚至消失。施用生物炭对两年土壤含水量的影响总体表现为 2021 年大于 2020 年，这可能是由于生物炭施入壤对土壤特性的影响存在时间效应。

10.3.3　土壤有机碳

由于本试验中滴灌量对土壤有机碳含量没有显著影响，本小节主要探究生物炭施用量对 2020 年和 2021 年 0～20cm 土层土壤有机碳含量的影响。如图 10-5

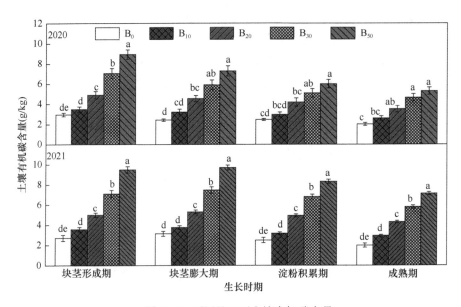

所示，在 2020 年和 2021 年马铃薯不同生育期内，生物炭施用量对 0～20cm 土层土壤有机碳均有显著影响（$P<0.05$），生物炭施用量越大，0～20cm 土层土壤有机碳含量的增幅效果越明显。2020 年和 2021 年各处理的 0～20cm 土层土壤有机碳含量均随着马铃薯生育期的推进逐渐降低，并且在同一时期，各处理之间土壤有机碳含量的差值逐渐减小，但仍表现为 B_{50} 处理的土壤有机碳含量高于其他处理。

图 10-5　不同处理下土壤有机碳含量

2020 年，在块茎形成期，B_{10}、B_{20}、B_{30}、B_{50} 处理分别平均比 B_0 处理高 18.01%、65.77%、138.38%和202.04%；在块茎膨大期，B_{10}、B_{20}、B_{30}、B_{50} 处理分别平均比 B_0 处理高 32.20%、87.45%、144.01%和200.81%；在淀粉积累期，B_{10}、B_{20}、B_{30}、B_{50} 处理分别平均比 B_0 处理高 16.94%、70.09%、107.06%和144.97%；在成熟期，B_{10}、B_{20}、B_{30}、B_{50} 处理分别平均比 B_0 处理高 29.67%、75.36%、132.82%和165.67%。2021 年，在块茎形成期，B_{10}、B_{20}、B_{30}、B_{50} 处理分别平均比 B_0 处理高 31.92%、45.75%、162.36%和250.18%；在块茎膨大期，B_{10}、B_{20}、B_{30}、B_{50} 处理分别平均比 B_0 处理高 19.94%、69.22%、138.60%和208.93%；在淀粉积累期，B_{10}、B_{20}、B_{30}、B_{50} 处理分别平均比 B_0 处理高 27.20%、98.00%、172.00%和232.20%；在成熟期，B_{10}、B_{20}、B_{30}、B_{50} 处理分别平均比 B_0 处理高 48.87%、117.63%、192.44%和258.69%。

10.3.4　速效钾

从图 10-6 可以看出，不同的滴灌量和生物炭施用量下 2020 年和 2021 年收获

期土壤速效钾含量在水平方向和垂直方向均有差异，生物炭施用量对水平方向
0～20cm 土层土壤速效钾含量均有显著影响（$P<0.05$），滴灌量对 0～20cm 土层
土壤速效钾含量总体无显著影响，仅对 2020 年距滴灌带 30cm 处的 B_0 和 B_{10} 处理
影响显著（$P<0.05$）。2020 年和 2021 年的 0～20cm 土层土壤速效钾含量均与生
物炭施用量呈正比，由于生物炭本身含有的钾素持续被植株吸收消耗而使得

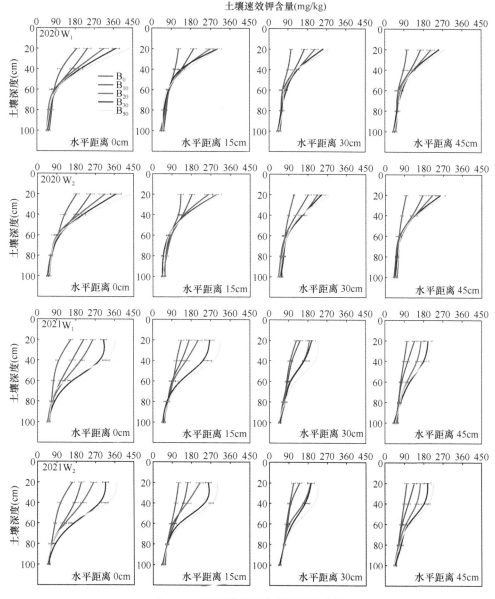

图 10-6　不同处理下土壤速效钾含量

2021 年土壤速效钾含量低于 2020 年。滴灌量对 2020 年和 2021 年土壤速效钾含量的影响主要表现为随着滴灌量的增大，土壤速效钾含量有增大及向土壤深层移动的趋势。

在灌水水平为 W1 时，成熟期速效钾含量主要集中在 0～60cm 土层，并且在同一土壤深度上，各处理土壤速效钾含量在水平方向有向远离滴灌带先减小后不变的趋势；而在 W2 水平时，各处理在垂直方向上土壤残留的速效钾含量有向下层移动的趋势，而且随着滴灌量的增加，土壤钾素的固定释放和土壤钾离子的扩散发生了变化，所以 W2 水平的土壤速效钾含量略大于 W1 水平，水平方向土壤速效钾含量分布规律与 W1 水平相似。2020 年，与 B0 相比，B10、B20、B30、B50 处理的 0～20cm 土层土壤速效钾含量分别平均提高了 49.47%、94.04%、122.57% 和 147.24%；2021 年，与 B0 相比，B10、B20、B30、B50 处理的 0～20cm 土层土壤速效钾含量分别平均提高了 28.92%、63.99%、90.90% 和 118.11%。

通过计算水平方向各处理 0～20cm 土层土壤速效钾含量可知，在 2020 年 B0 时，距滴灌带 0cm 和 15cm 处的平均速效钾含量比 30cm 和 45cm 处高 49.75mg/kg，而在 B10、B20、B30、B50 处理下，距滴灌带 0cm 和 15cm 处的平均速效钾含量分别比 30cm 和 45cm 处高 55.53mg/kg、70.63mg/kg、143.38mg/kg 和 93.00mg/kg，在 2021 年 B0 时，距滴灌带 0cm 和 15cm 处的平均速效钾含量比 30cm 和 45cm 处高 54.55mg/kg，而在 B10、B20、B30、B50 处理下，距滴灌带 0cm 和 15cm 处的平均速效钾含量分别比 30cm 和 45cm 处高 49.10mg/kg、60.25mg/kg、96.25mg/kg 和 116.75mg/kg，说明各施炭处理下土壤速效钾含量的增加不仅是由于生物炭自身含有钾素，而且生物炭施入土壤改善了土壤的理化特性，增加了土壤保肥效果。

10.3.5 土壤硝态氮

从图 10-7 可以看出，不同的滴灌量和生物炭施用量下 2020 年和 2021 年收获期土壤硝态氮含量在水平方向和垂直方向均有差异，生物炭施用量对水平方向 0～20cm 土层土壤硝态氮含量有显著影响（$P<0.05$），滴灌量对土壤硝态氮含量总体无显著影响，仅对 2020 年距滴灌带 45cm 处的 B0 处理影响显著。由于植物的吸收消耗，2021 年土壤硝态氮含量低于 2020 年。滴灌量对 2020 年和 2021 年土壤硝态氮含量的影响主要表现为随着滴灌量的增大，土壤硝态氮有向土壤深层移动的趋势。

相同灌水条件下，0～20cm 土层土壤硝态氮含量随着生物炭施用量的增加先增加后减少，土壤硝态氮含量最大值出现在生物炭施用量为 30t/hm² 处，在水平方向的同一土壤深度上，各处理土壤硝态氮含量在水平方向有向远离滴灌带先减小后不变的趋势。在灌水水平为 W1 时，成熟期土壤硝态氮含量主要集中在 0～60cm

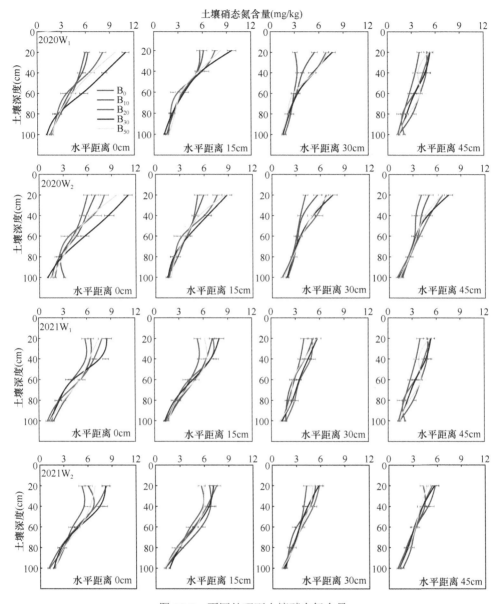

图 10-7　不同处理下土壤硝态氮含量

土层，而在 W_2 水平时，各土壤深度上土壤残留的硝态氮含量有向下层移动的趋势，可能是由于沙土地随着滴灌量的增加，土壤硝态氮含量会随着水分垂直运动，使得土壤硝态氮向深层移动。W_1 和 W_2 水平的土壤硝态氮含量在水平方向上的分布规律相似。2020 年，与 B_0 相比，B_{10}、B_{20}、B_{30}、B_{50} 处理的 0～20cm 土层土壤硝态氮含量分别平均提高了 23.58%、55.31%、87.97%和 69.81%；2021 年，与 B_0

相比，B_{10}、B_{20}、B_{30}、B_{50} 处理的 0～20cm 土层土壤硝态氮含量分别平均提高了 23.26%、36.43%、40.73% 和 21.96%。

通过计算水平方向各处理 0～20cm 土层土壤硝态氮含量可知，在 2020 年 B_0 时，距滴灌带 0cm 和 15cm 处的平均硝态氮含量比 30cm 和 45cm 处高 1.55mg/kg，而 B_{10}、B_{20}、B_{30}、B_{50} 处理下，距滴灌带 0cm 和 15cm 处的平均硝态氮含量分别比 30cm 和 45cm 处高 1.07mg/kg、2.16mg/kg、2.60mg/kg 和 1.73mg/kg；在 2021 年 B_0 时，距滴灌带 0cm 和 15cm 处的平均硝态氮含量比 30cm 和 45cm 处高 1.34mg/kg，而 B_{10}、B_{20}、B_{30}、B_{50} 处理下，距滴灌带 0cm 和 15cm 处的平均硝态氮含量分别比 30cm 和 45cm 处高 1.47mg/kg、2.34mg/kg、2.42mg/kg 和 1.48mg/kg，两年水平方向的差值均说明适量的生物炭施入土壤后，可以减少土壤硝态氮的损失而使土壤硝态氮含量增加。

10.4 滴灌量和生物炭施用量对马铃薯生长指标的影响

在土壤肥力低、保水保肥能力差的沙土地，采用合理的水肥管理措施能够有效缓解过量的灌溉施肥带来的水肥资源浪费、土壤肥力退化、环境污染问题。生物炭主要是通过改变土壤通气状况，提高土壤水分和养分的可用性来促进作物生长。研究发现，在马铃薯植株受到干旱胁迫时，施入生物炭能够减小干旱对叶片光合特性的影响，同时，生物炭添加能够增加各器官干物质累积量（付春娜，2016）。张伟明等（2020）指出在连续两年的连作沙质土壤中施用玉米芯生物炭能够显著提高马铃薯株高及茎、叶干物质累积，促进马铃薯早发快长。而汤云川等（2020）研究却表明，叶片的叶绿素含量随着生物炭施用量的增加反而有降低的趋势。李正鹏等（2020）指出生物炭仅在马铃薯生长的淀粉积累后期和成熟期对干物质累积的影响显著。另外，马铃薯对水分也比较敏感，缺水可能会限制马铃薯的生长，张富仓等（2017）的试验结果表明滴灌量对马铃薯株高、茎粗、干物质等生长指标及产量和肥料利用效率均有显著影响，各指标均随着滴灌量的增大而增大，本节主要介绍在 2 个灌水水平下，5 个生物炭施用量对榆林沙土地马铃薯生长指标（株高、茎粗、叶面积、干物质累积）及生理指标（叶绿素含量）的影响。

10.4.1 株高

图 10-8 为 2020 年和 2021 年不同滴灌量和生物炭施用量条件下马铃薯株高在整个生育期的变化过程。总体来看，马铃薯株高随生育期的推进不断增加，苗期各处理之间株高差异比较小，之后逐渐增大，马铃薯株高在 90d 之前增长速度比较快，之后增长速度逐渐减小甚至为负值，可能的原因是成熟期伴随着植株的衰

老。2020 年和 2021 年马铃薯株高最大值分别介于 123.74～130.31cm 和 89.74～103.62cm，2020 年植株株高最大值较 2021 年平均高出 31.38%，这可能是在 2020 年 7 月、8 月降水量较大，极大地促进了马铃薯植株地上部的过度生长所导致。

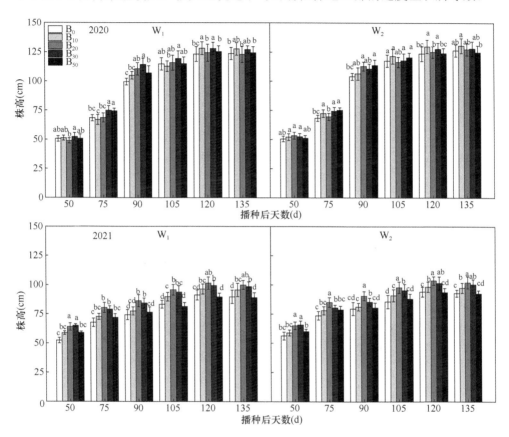

图 10-8　不同处理下马铃薯株高

同一滴灌量条件下，2020 年株高最大值在不同处理之间没有显著差异，而在 2021 年整个生育期内株高最大值总体呈现 B_{20}>B_{30}>B_{10}>B_{50}>B_0 处理，各施炭处理的株高均大于未施炭处理，且增加生物炭施用量，株高先增加后降低，在 50d 时，B_{20} 和 B_{30} 处理的株高分别平均比 B_0 处理高 18.69% 和 20.31%；在 75d 时，B_{20} 和 B_{30} 处理的株高分别平均比 B_0 处理高 16.98% 和 12.74%；在 90d 时，B_{20} 和 B_{30} 处理的株高分别平均比 B_0 处理高 14.80% 和 10.25%；在 105d 时，B_{20} 和 B_{30} 处理的株高分别平均比 B_0 处理高 14.46% 和 11.81%；在 120d 时，B_{20} 和 B_{30} 处理的株高分别平均比 B_0 处理高 10.57% 和 8.28%；在 135d 时，B_{20} 和 B_{30} 处理的株高分别平均比 B_0 处理高 10.55% 和 8.88%。生物炭施用量相同时，2020 年由于降水量较大，两个水处理之间没有显著差异，2021 年，马铃薯株高随着滴灌量的增大而增大，W_2 处理的株高最大值平均比 W_1 高 2.82%。

10.4.2 茎粗

图 10-9 为 2020 年和 2021 年不同滴灌量和生物炭施用量条件下马铃薯茎粗在整个生育期的变化过程。整体来看，2020 年整个生育期内马铃薯茎粗随着生育期的推进不断增加，而在 2021 年茎粗有先增大后减小的趋势，成熟期茎粗有下降的趋势，这可能与 2021 年的缺水和后期马铃薯植株的衰老缩水有关。马铃薯茎粗在 90d 之前（也就是苗期和块茎形成期）增量最大，之后增量逐渐减小。2020 年和 2021 年马铃薯植株茎粗的最大值分别介于 2.03～2.14cm 和 1.59～1.87cm，2020 年茎粗最大值较 2021 年平均高 20.6%，所以 2020 年地上部有过度生长的现象。

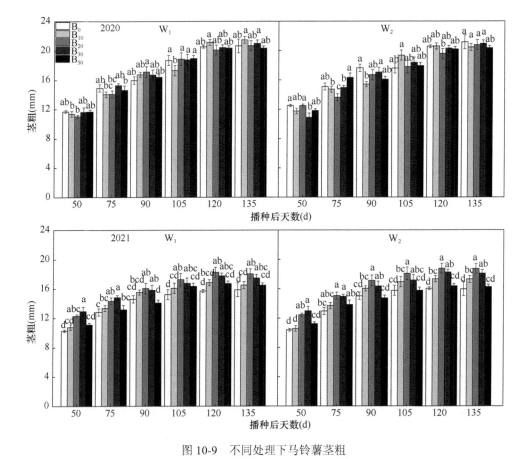

图 10-9　不同处理下马铃薯茎粗

2020 年 7 月、8 月降水量较大，降水和养分充足使得 2020 年茎粗最大值在各处理之间没有显著差异，而在 2021 年整个生育期内，各施炭处理的茎粗高于未施炭处理，其中在作物生长前期，茎粗的最大值出现在 B_{30} 处理，而在后期茎粗最大值在 B_{20} 处理，但都显著高于 B_0 处理，这可能是因为后期随着养分的累积，B_{30} 处理的土壤速效钾含量显著高于 B_{20} 处理，过量的速效钾供给可能会造成营养富集的现象，从而对作物生长产生负面的影响。在 50d 时，B_{20} 和 B_{30} 处理的茎粗分别平均比 B_0 处理高 19.78% 和 25.35%；在 75d 时，B_{20} 和 B_{30} 处理的茎粗分别平均比 B_0 处理高 13.99% 和 15.53%；在 90d 时，B_{20} 和 B_{30} 处理的茎粗分别平均比 B_0 处理高 12.00% 和 8.61%；在 105d 时，B_{20} 和 B_{30} 处理的茎粗分别平均比 B_0 处理高 13.92% 和 9.42%；在 120d 时，B_{20} 和 B_{30} 处理的株茎粗分别平均比 B_0 处理高 16.61% 和 13.40%；在 135d 时，B_{20} 和 B_{30} 处理的茎粗分别平均比 B_0 处理高 15.59% 和 11.82%。生物炭施用量相同时，2020 年由于降水量较大，两个水处理之间没有显著差异，而在 2021 年，马铃薯茎粗随着滴灌量的增大而增大，W_2 处理的茎粗最大值平均比 W_1 高 2.29%。

10.4.3　叶面积指数

图 10-10 为 2020 年和 2021 年不同滴灌量和生物炭施用量条件下马铃薯叶面积指数在整个生育期的变化过程。各处理马铃薯叶面积指数在全生育的变化趋势相同，均表现为先增加后减小的趋势，在 105d 左右出现峰值。总体来看，2020 年

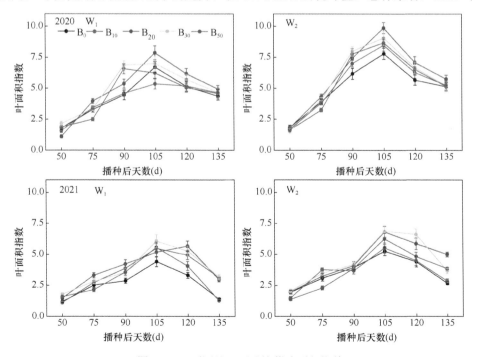

图 10-10　不同处理下马铃薯叶面积指数

马铃薯的 LAI 高于 2021 年，可能与 2020 年水和养分含量均大于 2021 年有关。在全生育期的最大叶面积指数中，2020 年的 LAI 平均比 2021 年高 36.3%，就生育期后期 LAI 的降幅而言，2021 年的 LAI 降幅大于 2020 年，可能是因为 2020 年土壤含水量大，土层比较湿润，延缓了植株叶片的衰老。

2020 年，50d 时各处理之间没有显著差异；75d 时，B_{20} 处理的 LAI 高于其他处理，平均比 B_0 高出 15.31%；90d 时，B_{30} 处理的 LAI 高于其他处理，平均比 B_0 高出 35.12%；105d 之后，均为 B_{20} 处理的 LAI 高于其他处理，B_{20} 处理平均比 B_0 高出 19.76%。2021 年，B_{10}、B_{20}、B_{30}、B_{50} 处理在整个生育期内分别平均比 B_0 高 17.68%、35.18%、34.26%、10.60%，总体来看，在整个生育期内马铃薯的 LAI 随着生物炭施用量的增加先增大后减小，这可能与土壤硝态氮的含量也随着施炭量的增大先增加后减小有关，B_{20} 处理和 B_{30} 处理的 LAI 均显著高于其他处理，说明适量的生物炭添加有利于马铃薯的生长，而过量的生物炭添加反而会抑制马铃薯的生长。

10.4.4　叶绿素含量

图 10-11 为 2020 年和 2021 年不同处理下条件下马铃薯叶片叶绿素含量在整个生育期的变化过程。总体来看，在本试验中适量的生物炭添加对叶片叶绿素含

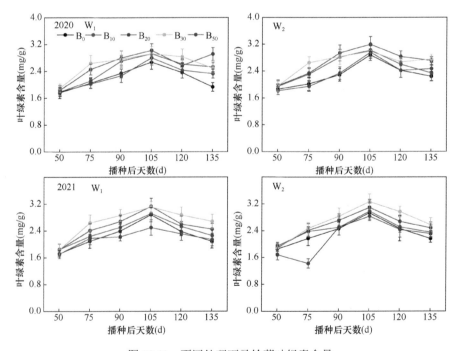

图 10-11　不同处理下马铃薯叶绿素含量

量具有促进作用，而过量的生物炭添加反而会降低叶绿素含量，灌水能够增加叶绿素含量，但是影响不显著。在整个生育期内，2020 年和 2021 均在 105d 左右取得最大值，2020 年，W_1 处理下，B_0、B_{10}、B_{20}、B_{30} 和 B_{50} 叶绿素含量平均值分别为 2.18mg/g、2.45mg/g、2.60mg/g、2.59mg/g 和 2.27mg/g；W_2 处理下，B_0、B_{10}、B_{20}、B_{30} 和 B_{50} 叶绿素含量平均值分别为 2.28mg/g、2.51mg/g、2.67mg/g、2.64mg/g 和 2.33mg/g。2021 年，W_1 处理下，B_0、B_{10}、B_{20}、B_{30} 和 B_{50} 叶绿素含量平均值分别为 2.26mg/g、2.39mg/g、2.52mg/g、2.64mg/g 和 2.18mg/g；W_2 处理下，B_0、B_{10}、B_{20}、B_{30} 和 B_{50} 叶绿素含量平均值分别为 2.34mg/g、2.45mg/g、2.56mg/g、2.66mg/g 和 2.20mg/g；各处理之间的差异虽然不显著，但总体上，滴灌量和生物炭施用量均促进了叶片叶绿素含量的提高，滴灌量差异小可能是因为 80% ET_c 和 100% ET_c 之间滴灌量的差值较小，而叶绿素含量随着生物炭施用量的增加有先增大后减小的趋势，可能与生物炭对土壤硝态氮含量的影响有关。

10.4.5　干物质累积量

图 10-12 为不同的滴灌量和生物炭施用量条件下 2020 年和 2021 年马铃薯全生育期干物质累积量的变化过程。从图 10-12 可以看出，添加生物炭在两年内均未改变马铃薯的生育进程，各处理的马铃薯干物质累积量累积规律相似，在播后 50d、75d、90d、105d、120d、135d 中，马铃薯植株干物质累积量均呈慢—快—慢的 "S" 形的增长趋势。总体来看，2020 年生物炭施用量仅对生长后期马铃薯干物质累积具有显著影响（$P<0.05$），而在 2021 年，不同的生物炭施用量和滴灌量对整个生育期的干物质累积都有显著影响（$P<0.05$）。2020 年由于 7 月、8 月的降水量大，土壤水分比较充足，所以 W_1 和 W_2 处理之间无显著影响，而在 2021 年降水量较小，两个灌水处理之间的差异显著。两年的马铃薯干物质累积量相比，2021 年的 B_{10}、B_{20}、B_{30} 处理的干物质累积量大于 2020 年，可能是由于 2020 年营养器官（茎和叶）的过度生长，在成熟期随着茎叶的老化衰落，而 2021 年地下部干物质累积量较多。

在 2020 年，120d 时，B_{10}、B_{20}、B_{30}、B_{50} 处理马铃薯干物质累积量平均分别比 B_0 高 12.73%、26.41%、22.15% 和 5.87%；135d 时，B_{10}、B_{20}、B_{30}、B_{50} 处理马铃薯干物质累积量分别平均比 B_0 高 13.25%、24.63%、27.39% 和 3.51%。而在 2021 年，各个生育时期各施炭处理对马铃薯干物质累积量的影响总体表现为 $B_{20}>B_{30}>B_{10}>B_{50}>B_0$，$B_{20}$ 和 B_{30} 处理均显著提高了马铃薯干物质累积量，75d 时 B_{20} 处理平均比 B_0 提高了 56.89%，90d 时 B_{20} 处理平均比 B_0 提高了 61.90%，105d 时 B_{20} 处理平均比 B_0 提高了 59.14%，120d 时 B_{20} 处理平均比 B_0 提高了 33.43%，135d 时 B_{20} 处理平均比 B_0 提高了 37.95%；75d 时 B_{30} 处理平均比 B_0 提高了 53.35%，

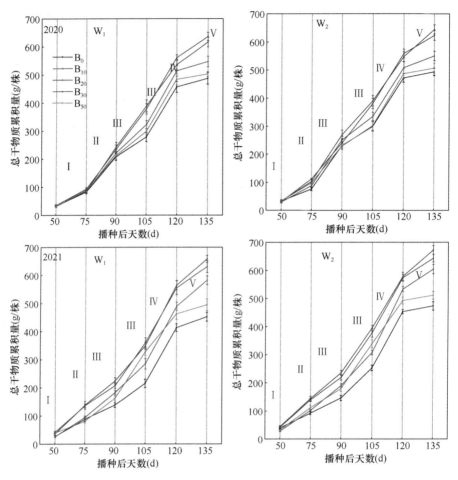

图 10-12 不同处理下马铃薯总干物质累积量

Ⅰ～Ⅴ分别代表苗期、块茎形成期、块茎膨大期、淀粉积累期、成熟期

90d 时 B_{30} 处理平均比 B_0 提高了 50.41%，105d 时 B_{30} 处理平均比 B_0 提高了 57.90%，120d 时 B_{30} 处理平均比 B_0 提高了 28.96%，135d 时 B_{30} 处理平均比 B_0 提高了 35.13%。2021 年成熟期 W_2 处理的平均干物质累积量比 W_1 处理高 3.75%。2020 年与 2021 年的两个马铃薯生育期的干物质累积量差异可能主要是由于生物炭对作物生长的影响存在时间效应。

10.4.6 干物质分配

表 10-1 为滴灌量和生物炭施用量对 2020 年和 2021 年马铃薯收获期各器官干物质分配的影响。滴灌量和生物炭施用量均会增加马铃薯植株总干物质累积量。其中，B_{20} 和 B_{30} 处理与对照相比差异显著（$P < 0.05$），2020 年 B_{20} 和 B_{30} 处理分

别平均比对照增加了 25%和 22%；2021 年 B$_{20}$ 和 B$_{30}$ 处理分别平均比对照增加了
39.04%和 37.00%。2020 年收获期马铃薯植物各器官占总干物质的比例平均为：
块茎（63%～69%）＞茎（20%～25%）＞叶（8%～10%）＞根（2%～3%），而在
2021 年收获期各处理植物各器官占总干物质的比例平均为：块茎（90%～81%）＞
茎（11%～19%）＞叶（4%～9%）＞根（2%～4%），2021 年的块茎干物质累积
量大于 2020 年，茎叶的干物质累积量小于 2020 年，这可能是由于 2021 年 7 月、
8 月降水量较小，营养器官（茎和叶）生长量减少，有利于后期块茎干物质累积
量的提高。

表 10-1 滴灌量和生物炭施用量对收获期马铃薯干物质分配的影响 （t/hm^2）

年份	滴灌量	施炭量	总干物质累积量	各器官干物质累积量			
				根	茎	叶	块
2020	W$_1$	B$_0$	17.32cd	0.37c	4.38a	1.56b	11.01cd
		B$_{10}$	17.95bcd	0.41bc	4.39a	1.72ab	11.43cd
		B$_{20}$	21.38ab	0.52abc	4.41a	1.81a	14.64a
		B$_{30}$	21.06ab	0.53abc	4.42a	1.80a	14.31a
		B$_{50}$	18.92b	0.56ab	4.35a	1.64ab	12.37b
	W$_2$	B$_0$	17.53cd	0.44bc	4.37a	1.57ab	11.15d
		B$_{10}$	18.46bc	0.47bc	4.38a	1.74ab	11.87c
		B$_{20}$	21.91a	0.54ab	4.42a	1.73ab	15.22a
		B$_{30}$	21.48a	0.55ab	4.39a	1.81a	14.73a
		B$_{50}$	18.81bc	0.57ab	4.43a	1.77ab	12.04b
2021	W$_1$	B$_0$	16.55d	0.43b	2.57c	0.69e	12.86c
		B$_{10}$	20.56bc	0.56ab	3.88ab	1.55bc	14.57abc
		B$_{20}$	23.05a	0.58ab	4.46a	1.46c	16.55ab
		B$_{30}$	22.72ab	0.65ab	4.43a	1.56bc	16.08ab
		B$_{50}$	17.97d	0.68ab	2.37c	0.64e	14.28bc
	W$_2$	B$_0$	17.04d	0.45b	2.03c	0.80e	13.76c
		B$_{10}$	20.65ab	0.53ab	2.82bc	1.20d	16.10ab
		B$_{20}$	23.65a	0.61ab	4.30a	2.25a	16.49ab
		B$_{30}$	23.27a	0.67ab	4.21a	1.66bc	16.73a
		B$_{50}$	18.68cd	0.80a	2.91bc	1.74b	13.23c

注：不同小写字母表示差异显著（$P<0.05$）

在两年的马铃薯生长季内，生物炭的施用明显增加了马铃薯地下部块茎和根
的干物质累积量，2020 年 B$_{20}$ 和 B$_{30}$ 处理的块茎干物质累积量分别平均比 B$_0$ 增加
了 34%和 31%，B$_{20}$ 和 B$_{30}$ 处理的根的干物质累积量分别平均比 B$_0$ 增加了 31%和
33%。同理，2021 年 B$_{20}$ 和 B$_{30}$ 处理的块茎干物质累积量分别比 B$_0$ 增加了 24.10%

和 23.23%，根的干物质累积量也比 B_0 分别增加了 36.01%和 49.21%。说明生物炭主要通过改变土壤物理特性而影响植株地下部的生长，因此有利于马铃薯等块茎作物的地下部生长，从而有益于此类作物产量的提高。

10.5 滴灌量和生物炭施用量对马铃薯产量及水肥利用效率的影响

合理的灌水施肥是确保马铃薯高产、节约水肥的基础，但是在种植马铃薯及水肥管理过程中，往往存在水肥施用量过高的情况，尤其是作物生长所必需的三大营养元素氮、磷、钾的过量施用。而陕西省榆林市，土壤沙化，容易出现漏水漏肥现象，土壤表现出较差的物理特性及较低的保水保肥能力，所以控制好氮、磷、钾肥用量，并协调好它们之间的施用比例是保证马铃薯高产、提高肥料利用效率的首要条件（孔凡娟，2016）。作为土壤改良剂，生物炭能够显著改善土壤特性，提高作物产量，张伟明等（2020）研究表明在连作沙质土壤施用玉米芯生物炭后，马铃薯作物早发快长，对马铃薯的增产提质具有积极效应。同时，也有大量研究表明，生物炭能够提高土壤含水量，增加作物水分利用效率（于玲玲等，2022；孙海妮等，2018）。在榆林沙土地合理的滴灌量也能提高马铃薯的水肥利用效率（侯翔皓，2017；王海东，2020）。本节将分析不同滴灌量和生物炭组合对马铃薯产量、氮磷钾养分吸收及在各器官中的分配、水肥利用效率的影响，为提高马铃薯种植中的肥料高效管理提供依据。

10.5.1 产量

表 10-2 为滴灌量和生物炭施用量对马铃薯产量及产量构成的影响。从表 10-2 可以看出，生物炭施用量对 2020 年的马铃薯块茎产量和单株产量及 2021 年的单株产量、商品薯重及大薯重均有极显著影响（$P < 0.01$），对 2021 年块茎产量及 2020 年商品薯重和大薯重均有显著影响（$P < 0.05$）。滴灌量对 2020 年马铃薯单株产量和商品薯重均有显著影响（$P < 0.05$），对 2020 年大薯重有极显著影响（$P < 0.01$）。两年内水炭交互作用对马铃薯产量及产量构成没有显著影响。总体来看，2021 年产量及产量构成要素显著大于 2020 年，可能是由于 2020 年水肥比较充足，马铃薯植株营养器官过度生长，导致地下部产量低于 2021 年。马铃薯块茎产量、单株产量、商品薯重及大薯重随着生物炭施用量的增加先增大后减小，随着滴灌量的增大而增大（2020 年施炭量为 B_{20} 的处理除外）。

表 10-2　不同处理下马铃薯产量及其构成要素

处理	块茎产量（kg/hm²）		单株产量（g/株）		商品薯重（g/株）		大薯重（g/株）	
	2020	2021	2020	2021	2020	2021	2020	2021
W_1B_0	40 888.89e	55 680.56d	1 183.75d	1 396.25d	984.93c	1 180.87de	726.46d	992.27c
W_1B_{10}	45 041.66de	58 930.56cd	1 240.62cd	1 678.13bc	1 051.75c	1 372.51cd	755.29cd	1 118.28bc
W_1B_{20}	56 138.89ab	72 819.44abc	1 653.75a	1 874.38a	1 398.43a	1 548.74a	764.55bcd	1 206.35ab
W_1B_{30}	57 180.55a	69 402.78bc	1 627.53a	1 729.38abc	1 403.43ab	1 409.48bc	754.86cd	1 108.68bc
W_1B_{50}	47 194.45d	67 013.89bcd	1 330.26cd	1 433.75cd	1 359.87ab	1 255.32d	746.79cd	1 040.34c
W_2B_0	44 416.66de	57 805.56cd	1 362.57bcd	1 466.25cd	1 170.86bc	1 243.36d	742.10cd	825.05d
W_2B_{10}	50 236.11bcd	60 888.89cd	1 463.75abc	1 788.13ab	1 257.19bc	1 427.14bc	798.85abc	1 029.73c
W_2B_{20}	55 472.22abc	77 027.78a	1 611.87a	1 888.75a	1 458.72a	1 563.77a	821.79a	1 357.65a
W_2B_{30}	58 263.89a	74 263.89ab	1 657.51a	1 720.00abc	1 436.82a	1 456.53ab	814.70ab	1 213.48ab
W_2B_{50}	49 083.33cd	70 333.33bc	1 599.37ab	1 636.25bc	1 317.62ab	1 348.15cd	765.23bcd	1 018.62c
显著性检验								
灌水	3.774	1.169	5.379*	1.320	1.929*	1.257	15.823**	0.016
生物炭	19.029**	5.230*	6.887**	5.860**	4.372*	5.797**	2.905*	14.023**
灌水×生物炭	0.608	0.350	1.14	0.320	0.833	0.067	0.596	3.120

注：*表示差异显著（$P<0.05$）；**表示差异极显著（$P<0.01$）。下同

2020 年，W_2B_{30} 处理的块茎产量和单株产量最大，为 58 263.89kg/hm²、1657.51g/株，而 W_2B_{20} 处理的商品薯重和大薯重最大，为 1458.72g/株、821.79g/株，所以马铃薯产量及产量构成的最大值出现在生物炭施用量为 B_{20}（20t/hm²）和 B_{30}（30t/hm²）的处理。其中，B_{20} 处理的平均单株产量、平均块茎产量、平均商品薯重、平均大薯重比 B_0、B_{10}、B_{50} 高 11.42%～28.25%、15.67%～30.44%、6.71%～32.18%和 2.86%～8.70%；B_{30} 处理的平均单株产量、平均块茎产量、平均商品薯重、平均大薯重比 B_0、B_{10}、B_{50} 高 11.43%～28.76%、19.24%～35.17%、6.53%～31.38%和 1.85%～6.46%。2021 年，马铃薯块茎产量、单株产量、商品薯重、大薯重均在 W_2B_{20} 处理取得最大值，但其单株产量、块茎产量、商品薯重、大薯重与 W_1B_{20}、W_1B_{30}、W_2B_{30} 无显著差异。其中，B_{20} 处理的平均单株产量、平均块茎产量、平均商品薯重、平均大薯重比 B_0、B_{10}、B_{50} 高 9.04%～31.42%、9.52%～32.23%、11.03%～28.27%和 19.43%～41.62%；B_{30} 处理的平均单株产量、平均块茎产量、平均商品薯重、平均大薯重比 B_0、B_{10}、B_{50} 高 3.79%～21.96%、5.34%～27.13%、2.67%～18.69%和 8.04%～28.32%，说明适量的生物炭施用有利于马铃薯块茎的形成，但过多的生物炭施用量反而会抑制块茎的生长。

2020 年，W_2 处理的平均块茎产量、单株产量、商品薯重和大薯重比 W_1 处理高 4.11%、7.74%、7.35%和 5.81%，而在 2021 年，W_2 处理的平均块茎产量、单

株产量、商品薯重和大薯重比 W_1 处理高 4.36%、5.23%、5.71%和3.21%，虽然 80% ET_c 和100% ET_c 滴灌量差异不大，马铃薯各产量构成要素仍随着滴灌量的增加而增大，说明马铃薯对水分变化比较敏感。

10.5.2 氮素吸收

2020年和2021年不同的滴灌量和生物炭施用量对成熟期马铃薯植株各器官氮素浓度的影响如表10-3所示。从表中可以看出，不同处理下马铃薯植株叶片氮素浓度均高于根、茎和块茎。2020年马铃薯植株的根、茎、叶器官氮素浓度大都高于2021年（其中，马铃薯叶片的 W_1B_0、W_1B_{30}、W_1B_{50}、W_2B_0 处理除外），且各器官氮素浓度均随着生物炭施用量的增加有先增大后减小的趋势，这可能与土壤硝态氮的年际变化及生物炭施用量对土壤硝态氮的影响结果有关，说明土壤养分含量可能直接影响植株养分的吸收利用。马铃薯各器官的氮素浓度均有随着生物炭施用量的增大先增大后减小、随滴灌量的增大有降低的趋势，但大都无显著差异，生物炭施用量仅对2021年根和茎秆的氮素浓度具有极显著影响（$P<0.01$），滴灌量仅对2020年根及2021年根和叶的氮素浓度具有显著影响（$P<0.05$）。总体来看，较高的生物炭处理（B_{20}、B_{30}）均明显地增加了马铃薯植株的氮素浓度，而少量或过量的生物炭均不利于植株氮素的吸收。2020年时，B_{20} 处理的根、茎、

表 10-3 不同处理下马铃薯各器官氮素浓度 （g/kg）

处理	根		茎		叶		块茎	
	2020	2021	2020	2021	2020	2021	2020	2021
W_1B_0	18.79a	11.48c	14.83ab	11.25de	31.31ab	31.71ab	9.11a	12.63ab
W_1B_{10}	19.43a	13.51abc	14.90ab	14.47abc	32.52ab	31.72ab	10.00a	14.02ab
W_1B_{20}	20.73a	14.20ab	15.55a	15.10ab	33.70a	32.62a	9.96a	14.87a
W_1B_{30}	20.74a	14.48ab	16.58a	11.93cde	33.03a	33.20a	10.26a	15.35a
W_1B_{50}	19.67a	13.14abc	13.44b	11.83de	30.85ab	32.38a	8.43a	13.53ab
W_2B_0	18.05a	12.39bc	14.41ab	10.16e	30.43ab	30.47ab	8.23a	12.20ab
W_2B_{10}	18.98a	14.56ab	14.61ab	13.23bcd	31.19ab	29.67b	8.04a	12.74ab
W_2B_{20}	19.01a	15.48a	16.04a	14.29abc	31.95ab	31.04ab	9.19a	12.51ab
W_2B_{30}	19.80a	15.46a	17.16a	16.11a	33.12a	32.01a	9.92a	13.76ab
W_2B_{50}	18.47a	14.44ab	15.79a	12.69cde	32.43ab	29.78b	8.91a	14.27a
显著性检验								
灌水	4.457*	5.657*	0.552	0.425	0.457	4.698*	2.570	2.512
生物炭	0.783	5.494**	1.483	6.049**	1.041	0.695	1.703	1.289
灌水×生物炭	0.235	0.029	0.462	3.039	0.433	0.272	0.896	0.733

叶、块茎各器官的氮素浓度分别平均比 B_0 高 7.85%、8.03%、6.33%、10.40%；B_{30} 处理的根、茎、叶、块茎各器官的氮素浓度分别平均比 B_0 高 10.01%、15.41%、7.13%、16.39%。2021 年时，B_{20} 处理的根、茎、叶、块茎各器官的氮素浓度分别平均比 B_0 高 24.37%、37.32%、8.80%、10.25%，B_{30} 处理的根、茎、叶、块茎各器官的氮素浓度分别平均比 B_0 高 25.45%、31.00%、11.29%、17.22%。

2020 年和 2021 年不同的滴灌量和生物炭施用量对成熟期马铃薯各器官氮累积吸收量的影响如图 10-13 所示，与马铃薯各器官氮素浓度相比，生物炭施用显

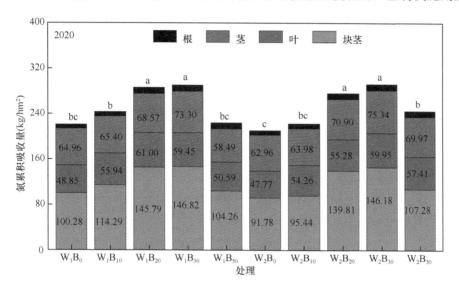

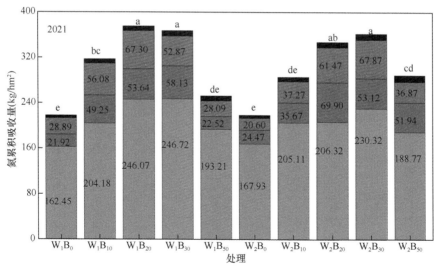

图 10-13　不同处理下马铃薯各器官氮累积吸收量

著提高了植株氮累积吸收量，且 2021 年马铃薯全氮总吸收量略大于 2020 年，主要是由于 2021 年成熟期块茎干物质累积量大于 2020 年。2020 年不同处理下马铃薯不同器官的氮累积吸收量总体表现为块茎＞茎＞叶＞根，而在 2021 年茎和叶累积量相差不多。两年内马铃薯各器官氮累积吸收量随着生物炭施用量的增加先增加后减小，随滴灌量的增加而增大，2020 年氮素总累积量在 B_{30} 处达到最大值，而在 2021 年在 W_1B_{20} 和 W_2B_{30} 处达到最大值。与不施生物炭相比，施用生物炭显著提高了成熟期马铃薯植物氮累积吸收量，2020 年，B_{10}、B_{20}、B_{30}、B_{50} 处理的氮素总累积量平均比 B_0 高 8.04%、30.33%、30.13%和 8.81%；2021 年，B_{10}、B_{20}、B_{30}、B_{50} 处理的氮素总累积量平均比 B_0 高 38.02%、65.40%、66.86%和 24.04%。

10.5.3　磷素吸收

2020 年和 2021 年不同的滴灌量和生物炭施用量对成熟期马铃薯植株各器官磷素浓度的影响如表 10-4 所示。从表中可以看出，不同处理下马铃薯植株叶片磷素浓度均高于根、茎和块茎，且在两年内生物炭施入使得马铃薯各器官磷素浓度都有不同程度的增加，但各处理之间大多没有显著差异。生物炭施用量仅对 2020 叶片和块茎及 2021 年块茎有极显著影响（$P<0.01$），滴灌量对大多各器官磷素浓度也没有显著影响，仅对 2020 年叶的磷素浓度具有极显著影响（$P<0.01$），

表 10-4　不同处理下马铃薯各器官磷素浓度　　　　　　　　（g/kg）

处理	根		茎		叶		块茎	
	2020	2021	2020	2021	2020	2021	2020	2021
W_1B_0	2.38ab	1.22c	1.49b	1.46bc	2.37c	2.88a	2.21abc	2.51bc
W_1B_{10}	2.10b	1.61bc	1.75ab	1.76ab	3.05b	2.75a	2.49ab	2.80abc
W_1B_{20}	2.19b	2.65ab	1.99ab	2.05ab	3.23ab	3.13a	2.21abc	3.15ab
W_1B_{30}	2.81a	2.23ab	2.48a	1.64abc	2.94b	3.12a	2.56ab	3.30a
W_1B_{50}	2.07b	1.71bc	1.36b	1.53bc	3.60a	3.08a	2.37ab	2.85abc
W_2B_0	2.17b	1.88bc	1.90ab	1.36c	2.26c	2.59a	1.80c	2.41c
W_2B_{10}	2.01b	2.37ab	1.44b	1.52bc	2.31c	2.85a	2.27abc	2.84abc
W_2B_{20}	2.00b	3.08a	1.56b	1.82ab	2.20c	3.22a	2.15bc	2.99abc
W_2B_{30}	2.24b	2.70ab	1.73ab	2.27a	2.45cc	2.76a	2.75a	3.03abc
W_2B_{50}	2.30ab	2.42ab	1.80ab	1.71ab	2.38c	2.85a	2.51ab	2.97abc
显著性检验								
灌水	3.693	2.440	0.677	0.151	74.451**	0.985	0.434	0.366
生物炭	3.034	1.938	1.464	2.657	6.722**	1.178	4.609**	4.051**
灌水×生物炭	1.397	2.300	2.272	1.714	5.513**	0.465	0.298	0.321

二者相互作用仅对 2020 年叶片磷素浓度具有极显著影响（$P<0.01$）。2020 年时，B_{20} 处理的根、茎、叶、块茎各器官的磷素浓度分别平均比 B_0 高 1.47%、4.55%、17.19%、8.67%；B_{30} 处理的根、茎、叶、块茎各器官的磷素浓度分别平均比 B_0 高 11.26%、23.91%、16.54%、32.17%。2021 年时，B_{20} 处理的根、茎、叶、块茎各器官的磷素浓度分别平均比 B_0 高 84.71%、37.27%、15.96%、24.83%；B_{30} 处理的根、茎、叶、块茎各器官的磷素浓度分别平均比 B_0 高 58.91%、38.84%、7.47%、28.68%。

2020 年和 2021 年不同的滴灌量和生物炭施用量对成熟期马铃薯各器官磷累积吸收量的影响如图 10-14 所示，与马铃薯各器官磷素浓度相比，生物炭施用显

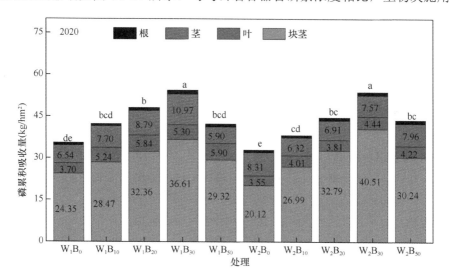

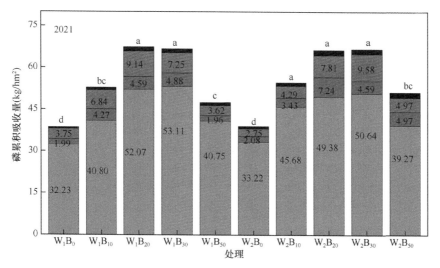

图 10-14　不同处理下马铃薯各器官磷累积吸收量

著提高了植株磷累积吸收量，且 2021 年马铃薯各器官全磷总吸收量略大于 2020 年，主要是由于 2021 年成熟期块茎干物质累积量大于 2020 年。两年内不同处理下马铃薯不同器官的磷累积吸收量均表现为块茎＞茎＞叶＞根。马铃薯植株磷累积吸收量随着生物炭施用量的增加先增加后减少，2020 年磷素总累积量在 B_{30} 处理下达到最大值，而在 2021 年分别在 W_1B_{20} 和 W_2B_{30} 处理下达到最大值。与不施生物炭相比，施用生物炭显著提高了成熟期马铃薯植物磷累积吸收量，2020 年，B_{10}、B_{20}、B_{30}、B_{50} 处理的磷素总累积量平均比 B_0 高 17.77%、35.54%、58.07% 和 25.74%；2021 年，B_{10}、B_{20}、B_{30}、B_{50} 处理的磷素总累积量平均比 B_0 高 38.87%、72.70%、72.25% 和 27.44%。

10.5.4 钾素吸收

2020 年和 2021 年不同的滴灌量和生物炭施用量对成熟期马铃薯植株各器官钾素浓度的影响如表 10-5 所示，不同滴灌量和生物炭施用量处理下马铃薯各器官钾素浓度均有不同的差异，且马铃薯植株叶片和茎秆钾素浓度均高于根和块茎。2020 年马铃薯植株根、茎、叶器官钾素含量均大于 2021 年，并且生物炭施用量增大，马铃薯各器官钾素浓度有增大的趋势，这可能与土壤钾素的年际变化及含量有关，说明土壤养分含量可能会直接影响植株养分的吸收利用。总体来看，马铃薯各器官的钾素浓度均随着生物炭施用量的增大而增大，但生物炭施用量仅对 2021 年根的钾素浓度具有极显著影响（$P<0.01$），对 2021 年块茎钾素浓度具有

表 10-5 不同处理下马铃薯各器官钾素浓度 　　(g/kg)

处理	根		茎		叶		块茎	
	2020	2021	2020	2021	2020	2021	2020	2021
W_1B_0	19.24ab	10.30d	32.06a	23.00d	33.85ab	19.75ab	3.03ab	17.77b
W_1B_{10}	20.08ab	10.93d	32.69a	24.67cd	34.62ab	21.44ab	23.42ab	19.41ab
W_1B_{20}	22.23a	12.29cd	33.25a	26.21bcd	34.92a	23.52a	24.12ab	20.21ab
W_1B_{30}	22.46a	15.68abc	33.70a	26.62cbd	35.54a	23.82a	24.84a	21.38a
W_1B_{50}	23.99a	18.14a	34.21a	27.92bc	36.08a	24.05a	25.46a	21.40a
W_2B_0	18.09b	10.87d	32.85a	25.40bcd	32.94ab	20.97ab	21.07b	16.84b
W_2B_{10}	18.40ab	13.03bcd	32.89a	27.84bc	33.80ab	21.14ab	21.67b	17.09b
W_2B_{20}	16.85b	13.35bcd	34.01a	29.25ab	33.81ab	21.99ab	20.92b	18.46ab
W_2B_{30}	17.10b	17.45ab	34.75a	29.98ab	34.39ab	22.59ab	22.93ab	19.78ab
W_2B_{50}	20.69ab	18.77a	33.38a	31.08a	35.30a	22.48a	23.47ab	20.36ab
显著性检验								
灌水	5.672*	1.918	0.060	4.332*	0.304	0.277	5.034*	5.078*
生物炭	0.803	11.108**	0.146	1.399	0.198	0.795	0.910	3.999*
灌水×生物炭	0.394	0.118	0.800	0.156	0.002	0.167	0.074	0.139

显著影响（$P<0.05$），而滴灌量对植株各器官钾素浓度影响不一，仅对 2020 年的根、块茎及 2021 年茎、块茎的钾素浓度具有显著影响（$P<0.05$）。2020 年时，B_{20} 处理的根、茎、叶、块茎各器官的钾素浓度分别平均比 B_0 高 4.70%、3.61%、2.90%、2.12%；B_{30} 处理的根、茎、叶、块茎各器官的钾素浓度分别平均比 B_0 高 5.98%、5.43%、4.68%、8.34%。2021 年时，B_{20} 处理的根、茎、叶、块茎各器官的钾素浓度分别平均比 B_0 高 21.06%、14.55%、11.77%、11.75%；B_{30} 处理的根、茎、叶、块茎各器官的钾素浓度分别平均比 B_0 高 56.45%、16.93%、13.98%、18.96%。

2020 年和 2021 年不同的滴灌量和生物炭施用量对成熟期马铃薯各器官钾累积吸收量的影响如图 10-15 所示，与马铃薯植株总氮磷累积量不同，2021 年马铃

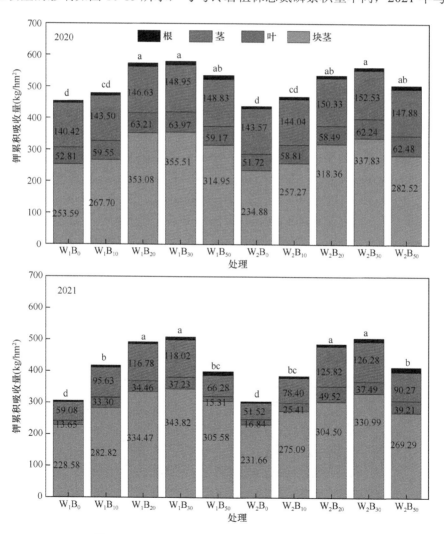

图 10-15　不同处理下马铃薯各器官钾累积吸收量

薯钾素总累积量小于 2020 年，这是由于 2020 年各器官钾素含量大于 2021 年，但两年内不同处理下马铃薯各器官钾累积吸收量仍表现为块茎＞茎＞叶＞根。马铃薯植株钾累积吸收量随着生物炭施用量的增加先增加后减少，2020 年和 2021 年钾素总累积量均在 B₃₀ 处达到最大值，与不施生物炭相比，施用生物炭显著提高了成熟期马铃薯植株钾累积吸收量，2020 年，B₁₀、B₂₀、B₃₀、B₅₀ 处理的钾素总累积量平均比 B₀ 高 6.24%、24.51%、28.05%和 16.70%；2021 年，B₁₀、B₂₀、B₃₀、B₅₀ 处理的钾素总累积量平均比 B₀ 高 31.61%、60.02%、66.33%和 33.16%。

10.5.5 耗水量

2020 年和 2021 年滴灌量和生物炭施用量对马铃薯耗水量的影响如图 10-16 所示。马铃薯耗水量随着滴灌量的增加而增大，随着生物炭施用量的增加，先增大后减小。2020 年，滴灌量为 W₁ 水平时的平均耗水量为 441.02mm，滴灌量为 W₂ 水平时的平均耗水量为 500.74mm。W₁ 水平时，B₁₀、B₂₀、B₃₀、B₅₀ 处理的耗水量分别比 B₀ 增加了 3.37%、5.22%、6.61%和 3.90%；W₂ 水平时，B₁₀、B₂₀、B₃₀、B₅₀ 处理的耗水量分别比 B₀ 增加了 5.31%、7.30%、8.36%和 7.66%。2021 年，滴灌量为 W₁ 水平时的平均耗水量为 442.98mm，滴灌量为 W₂ 水平时的平均耗水量为 504.03mm。W₁ 水平时，B₁₀、B₂₀、B₃₀、B₅₀ 处理的耗水量分别比 B₀ 增加了 3.43%、7.11%、5.65%和 2.69%；W₂ 水平时，B₁₀、B₂₀、B₃₀、B₅₀ 处理的耗水量分别比 B₀ 增加了 1.59%、8.22%、6.34%和 5.04%。2020 年耗水量最大值在 W₂B₃₀ 处理，2021 年耗水量最大值在 W₂B₂₀ 处理，所以适量的生物炭施用量有利于提高马铃薯生育期耗水量，而过量的生物炭施用量可能会影响马铃薯生长发育，使水分不能充分被马铃薯吸收利用，导致耗水量降低。

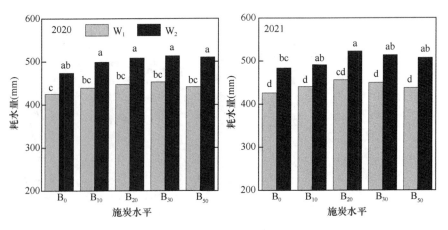

图 10-16　不同处理下马铃薯耗水量

10.5.6　水肥利用效率

2020 年和 2021 年不同的滴灌量和生物炭施用量对水分及氮素、磷素、钾素利用效率的影响如表 10-6 所示。两年内生物炭施用量对马铃薯水分利用效率均有极显著影响（$P<0.01$），滴灌量对马铃薯水分利用效率影响不显著，生物炭施用量和滴灌量的交互作用仅对 2020 年水分利用效率具有显著影响（$P<0.05$）。水分利用效率随着滴灌量的增大而增大，随着生物炭施用量的增加先增大后减小。2020 年，与 W_1 处理相比，W_2 处理的水分利用效率平均降低了 4.72%；B_{30} 的平均水分利用效率最大，分别平均比 B_0、B_{10}、B_{30}、B_{50} 高 32.51%、19.44%、0.42% 和 21.70%；2021 年，与 W_1 处理相比，W_2 处理的水分利用效率平均降低了 6.99%；滴灌量相同时，水分利用效率最大值也出现在 B_{20} 处理，分别平均比 B_0、B_{10}、B_{30}、B_{50} 高 35.55%、28.54%、7.67% 和 14.31%。

表 10-6　不同处理下马铃薯水分及氮素、磷素、钾素利用效率

处理	水分利用效率（kg/m³）		氮素利用效率（kg 产量/kg N）		磷素利用效率（kg 产量/kg P）		钾素利用效率（kg 产量/kg K）	
	2020	2021	2020	2021	2020	2021	2020	2021
W_1B_0	8.63d	9.59c	185.41b	255.79ab	1156.98bc	1448.36a	90.19cd	183.07ab
W_1B_{10}	9.50cd	10.20bc	185.91b	187.13e	1066.61c	1119.59b	94.30bcd	141.20de
W_1B_{20}	12.49a	13.65a	196.59b	194.53e	1170.21bc	1082.73bc	98.04abc	147.96de
W_1B_{30}	12.41a	12.60ab	197.67b	189.31e	1055.58c	1041.78bc	98.62abc	136.49e
W_1B_{50}	10.35bc	12.28abc	210.44ab	265.77a	1118.68bc	1417.15a	88.06d	168.19bc
W_2B_0	9.27cd	9.68c	211.76ab	264.74a	1355.15a	1491.02a	101.49ab	190.68a
W_2B_{10}	10.36bc	10.12bc	227.81a	236.90bc	1315.36a	1118.80b	107.42a	158.36cd
W_2B_{20}	11.22b	12.47abc	201.53b	222.23cd	1246.68ab	1162.24b	103.68ab	158.36cd
W_2B_{30}	11.31ab	11.66abc	199.49b	205.81de	1086.19c	1117.76b	103.76ab	146.78de
W_2B_{50}	9.14cd	10.57bc	200.96 b	243.83abc	1124.61bc	1377.07a	97.38bc	170.35bc
显著性检验								
灌水	2.744	1.919	6.718*	9.141**	16.193**	1.316	23.724**	5.965*
生物炭	18.093**	5.201**	0.539	23.107**	5.549**	34.963*	3.506*	17.184**
灌水×生物炭	3.345*	0.382	3.340*	4.820**	2.922**	0.703	0.726	0.388

2020 年的滴灌量及滴灌量和生物炭施用量的交互作用对马铃薯氮素利用效率均有显著影响（$P<0.05$），2021 年滴灌量、生物炭施用量及滴灌量和生物炭施用量的交互作用均对马铃薯氮素利用效率有极显著影响（$P<0.01$）。2020 年，在 W_1 处理下，氮素利用率随着生物炭施用量的增大而增大，最大值出现在施炭量 B_{50} 处理；而 W_2 处理下，最大值出现在生物炭施用量为 B_{10} 的处理，但其与 B_0

处理之间无显著差异，而显著高于 B_{20}、B_{30} 和 B_{50}；且 W_2 处理的氮素利用效率均大于 W_1 处理（B_{50} 处理除外）。2021 年，W_1 处理下，氮素利用效率的最大值也出现在 B_{50} 处理，显著高于 B_{10}、B_{20} 和 B_{30} 处理；而 W_2 处理下，最大值在 B_0 处理下，显著高于 B_{10}、B_{20} 和 B_{30} 处理，且 W_2 处理的氮素利用效率均大于 W_1 处理（B_{50} 处理除外）。

2020 年的滴灌量、生物炭施用量及滴灌量和生物炭施用量的交互作用对马铃薯磷素利用效率均有极显著影响（$P<0.01$），2021 年生物炭施用量对马铃薯磷素利用效率有显著影响（$P<0.05$）。2020 年两个灌水水平下，生物炭施用量 B_0、B_{10}、B_{20} 与 B_{30} 之间马铃薯磷素利用效率均没有显著差异，在 2021 年 W_1 和 W_2 处理下均表现为 B_0 处理显著高于 B_{10}、B_{20} 和 B_{30} 处理。

2020 年的滴灌量和 2021 年的生物炭施用量对马铃薯钾素利用效率均具有极显著性影响（$P<0.01$），2021 年的滴灌量和 2020 年的生物炭施用量对马铃薯钾素利用效率均具有显著性影响（$P<0.05$），而二者的交互作用对两年内马铃薯钾素利用效率均无显著性影响（$P>0.05$）。2020 年马铃薯钾素利用效率在 W_1 灌水水平下，随着生物炭施用量的增加呈先增大后减小的趋势，且最大值出现在 B_{30} 处理；在 W_2 灌水水平下，最大值出现在 B_{10} 处理。而在 2021 年，两个灌水水平下均在 B_0 处取得最大值，并显著高于 B_{10}、B_{20} 和 B_{30} 处理。

10.5.7 产量与土壤指标间的相关关系

本研究前面已经分析了滴灌量和生物炭使用量对土壤各指标的影响，研究结果表明各土壤指标对不同滴灌量和生物炭施用量组合的响应并不相同，但未明确土壤各指标间及其与产量间的相关关系，所以本小节对 0~40cm 土层平均土壤容重、孔隙度、有机碳含量、速效钾含量、硝态氮含量、含水量及产量等指标进行两两皮尔逊相关分析（表 10-7）。2020 年的分析结果表明，马铃薯产量（Y）随着土壤硝态氮（NN）含量的增加而极显著增加（$P<0.01$），随土壤速效钾（SAP）含量和土壤孔隙度（SP）的增加而显著增加（$P<0.05$），随土壤容重（SBD）的增加而显著降低（$P<0.05$）。NN 含量随着土壤有机碳（SOC）含量和 SAP 含量的增加极显著增加（$P<0.01$），随 SP 的增大显著增加（$P<0.05$），随 SBD 的增加极显著减小（$P<0.01$）。SAP 含量随 SOC 含量和 SP 的增加极显著增加（$P<0.01$），随 SBD 的增加极显著减小（$P<0.01$）。SOC 含量随 SP 的增加极显著增加（$P<0.01$），随 SBD 的增加极显著下降（$P<0.01$）。SBD 随 SP 的增加极显著负降低（$P<0.01$）。

2021 年的分析结果表明，马铃薯 Y 随着 NN 含量和 SP 的增加而极显著增加（$P<0.01$），随 SAP 含量和 SOC 含量的增加而显著增加（$P<0.05$），随 SBD 的增加而极显著降低（$P<0.01$）。土壤含水量（SWC）随着 SAP 含量和 SOC 含量的

表 10-7　马铃薯产量与各土壤指标之间的相关关系

2020	Y	NN	SWC	SAP	SOC	SBD	SP
Y	1						
NN	0.806**	1					
SWC	0.252	−0.271	1				
SAP	0.648*	0.832**	−0.438	1			
SOC	0.616	0.884**	−0.587	0.936**	1		
SBD	−0.665*	−0.803**	0.374	−0.960**	−0.909**	1	
SP	0.665*	0.722*	−0.143	0.833**	0.719**	−0.912**	1
2021							
Y	1						
NN	0.806**	1					
SWC	0.312	−0.190	1				
SAP	0.685*	0.580	−0.740**	1			
SOC	0.662*	0.562	−0.780**	0.986**	1		
SBD	−0.801**	−0.620	0.414	−0.877**	−0.852**	1	
SP	0.766**	0.622	−0.464	0.903**	0.892**	−0.991**	1

注：Y 表示产量，NN 表示土壤硝态氮，SWC 表示土壤含水量，SAP 表示土壤速效钾，SOC 表示土壤有机碳，SBD 表示土壤容重，SP 表示土壤孔隙度

增加而极显著降低（$P<0.01$）。SAP 含量随着 SOC 含量和 SP 的增加极显著增加（$P<0.01$），随 SBD 的增加极显著降低（$P<0.01$）。SOC 含量随着 SP 的增加极显著增加（$P<0.01$），随 SBD 的增加极显著降低（$P<0.01$）。SBD 随 SP 的增加极显著降低（$P<0.01$）。说明在生物炭作用下各土壤指标之间也相互影响，共同影响着土壤的综合肥力，共同影响马铃薯的生长指标和产量的变化。

10.5.8　产量与生长指标间的相关关系

本小节对两年马铃薯成熟期马铃薯产量、株高、茎粗、叶面积指数、叶绿素含量、干物质累积量等指标进行两两皮尔逊相关分析（表 10-8）。2020 年的分析结果表明，Y 随 DM 的增加极显著增加（$P<0.01$），随 LAI 和 C 的增加显著增加（$P<0.05$）。PH 随 SD 的增加极显著增加（$P<0.01$）。SD 随 C 的增加显著增加（$P<0.05$）。LAI 随 C 和 DM 的增加显著增加（$P<0.05$）。C 随着 DM 的增加极显著增加（$P<0.01$）。

表 10-8　马铃薯产量与各生长指标之间的相关关系

2020	Y	PH	SD	LAI	C	DM
Y	1					
PH	0.234	1				
SD	0.297	0.781**	1			
LAI	0.665*	0.107	0.487	1		
C	0.718*	0.361	0.688*	0.703*	1	
DM	0.901**	0.211	0.483	0.659*	0.913**	1
2021						
Y	1					
PH	0.648*	1				
SD	0.807**	0.914**	1			
LAI	0.656*	0.806**	0.672*	1		
C	0.754*	0.631	0.713*	0.462	1	
DM	0.759*	0.948**	0.943**	0.738*	0.761**	1

注：Y 表示产量，PH 表示株高，SD 表示茎粗，LAI 表示叶面积指数，C 表示叶绿素含量，DM 表示干物质累积量

2021 年分析结果表明，Y 随 SD 的增加极显著增加（$P<0.01$），随 PH、LAI、C 和 DM 的增加显著增加（$P<0.05$）。PH 随 SD、LAI 和 DM 的增加极显著增加（$P<0.01$）。SD 随 DM 的增加极显著增加（$P<0.01$），随 LAI 和 C 的增加显著增加（$P<0.05$）。LAI 随 DM 的增加显著增加（$P<0.05$）。C 随 DM 的增加极显著增加（$P<0.01$）。综合两年的分析结果来看，马铃薯产量与各生长指标相互影响，合理的水肥供应才能保证马铃薯产量与各生长指标保持良好的相关关系，实现马铃薯营养生长与生殖生长的合理分配，有效地提高马铃薯产量。

10.6　讨　　论

10.6.1　水炭耦合对土壤理化性质的影响

土壤容重和孔隙度是反映土壤潜在生产力的参数和指标，土壤容重小、孔隙度大，土壤质地较不紧实，土壤的水分状况良好，有利于作物的生长及产量的提高（Li et al.，2020）。生物炭施入土壤后能够改变土壤物理特性。例如，生物炭施入后对土壤容重具有稀释效应（Liang et al.，2021），能够显著降低土壤容重（Blanco-Canqui，2017）、调节土壤通气状况及增加土壤含水量。生物炭尤其能够改善退化或贫瘠土壤的理化性质，对减小土壤容重、提高土壤孔隙度具有积极影

响（Aruna et al.，2020；Zhang et al.，2020），本试验结果与之类似，在马铃薯两年生长季内，与 B_0 处理相比，生物炭处理（B_{10}、B_{20}、B_{30}、B_{50}）均明显降低了容重，增大了孔隙度。这可能是因为生物炭的容重远小于土壤容重，施入土壤中对土壤容重具有稀释效应（Liang et al.，2021），以及土壤孔隙度增大，改变了土壤的通气状况，提高了土壤微生物活性，从而降低土壤容重（Blanco-Canqui，2017）；同时，土壤中添加生物炭可以产生新的团聚体。其次，在本研究中，增加滴灌量也有使土壤容重降低、孔隙度增大的趋势，与 Jin 等（2018）的研究结果相似，其进行了 5 年的田间试验，结果表明灌溉对土壤孔隙度具有显著影响。

　　土壤水分是影响土壤肥力指标的主要因素，土壤含水量的变化往往会影响土壤空气、热量及土壤养分循环状况，从而影响作物对水肥的吸收利用和自身生长，王海东（2020）研究表明随着滴灌量从 60% ET_c 到 100% ET_c，各土层土壤体积含水量也增大。本研究也得到了类似的结果，本研究结果表明，0～20cm、20～40cm土层土壤体积含水量均随着滴灌量的增大而增大。大量的研究结果表明生物炭施入土壤可以增加土壤持水性，有利于土壤含水量的提高（Zhang et al.，2020），Liu 等（2017）研究表明生物炭施入土壤能够改善田间持水量和凋萎系数点，而在本研究中，生物炭施用量为 10t/hm² 和 20t/hm² 时土壤含水量均高于对照处理，而生物炭施用量为 30t/hm² 和 50t/hm² 时土壤含水量均低于对照处理，表明过量的生物炭施用反而会降低土壤含水量，这是由于生物炭可能具有一定的疏水性，以及过量的生物炭施用会增加土壤温度和孔隙度，从而加大了土壤的蒸发损失，导致土壤含水量减少。

　　生物炭由于本身含碳量高，并含有氮、磷、钾等矿质养分（王萌萌和周启星，2013），施入土壤后能够增加土壤养分及提高土壤生产能力。此外，生物炭具有高吸附性和化学反应性，能够吸附土壤肥料养分，减缓氮、磷、钾等养分的释放，降低肥料损失，所以生物炭的施入对土壤养分的提高也具有一定的影响。本研究结果表明，生物炭均显著增加了两个马铃薯生长季的土壤有机碳含量，这与 Jin 等（2019）为期 5 年的田间试验结果类似，且随着马铃薯生育期的推进，植株不断吸收，各处理的土壤有机碳含量降低，这与 Hu 等（2021）的研究结果相似，有机碳含量随着作物生长有先降低后不变的趋势。在本研究中滴灌量对两年内马铃薯生育期土壤有机碳均无影响，而王浩（2015）研究表明土壤有机碳含量会随着水分的增加而略有上升。

　　钾素作为植物生长所需的主要元素之一，对植物生长发育、代谢、抗病性等生理过程有重要影响（Volker and Kirkby，2010），而马铃薯需钾量最大，需氮磷次之，所以土壤中钾肥含量对马铃薯的生长至关重要。而生物炭具有长期效应，高含钾量的生物炭可以长期用来补充土壤中消耗的钾肥（Liu et al.，2016）。本研究发现，生物炭施用量从 B_0 到 B_{50}，土壤速效钾含量显著增加，而且通过计算 0～

20cm 土层土壤速效钾含量发现，B_{10}、B_{20}、B_{30}、B_{50} 处理在距滴灌带 0cm 和 15cm 处的平均速效钾含量与距滴灌带 30cm 和 45cm 处的差值均大于 B_0 处理，说明生物炭施入土壤后土壤速效钾含量的增加，不仅是由于生物炭自身含有钾素，还可能是生物炭的施入使得土壤温度升高，增加了土壤中钾离子活度和钾素扩散系数，提高了土壤的供钾能力（Sparks and Liebhardt，1982），同时改变了土壤环境和性质，影响了根系的生长和活动，从而改变了根系对钾素的吸收。

土壤氮素含量会影响作物的生长发育，从而影响产量的提高和品质的好坏，对作物的生长具有重要意义，研究表明在中高热解温度下秸秆和木质原料制备的生物炭能够减少土壤硝态氮的淋失（姜志翔等，2022）。肖茜等（2015）研究表明一定量的生物炭添加有利于固定土壤氮素，减少氮素淋溶损失量。本研究中，生物炭施用量增加，土壤硝态氮先增大后减小，在生物炭施用量为 30t/hm² 处取得最大值，这与魏永霞等（2020）的研究结果类似，其研究指出生物炭对减少氮素损失具有显著效果，说明一定量的生物炭施入土壤后，可能会因为生物炭自身含有氮素和生物炭可以减少土壤硝态氮的损失而使土壤硝态氮含量增加，而过量的生物炭施入土壤会导致土壤硝态氮含量降低。滴灌量对土壤养分的影响主要表现在沙土地中随着滴灌量的增大，土壤速效钾和硝态氮含量随着水流有向深层移动的趋势，这与前人的研究结果一致（张少辉，2021；严富来等，2020）。

10.6.2 水炭耦合对马铃薯生长指标的影响

研究表明，土壤中施入生物炭能够改善土壤质量并有效地促进作物生长，从而提高作物产量（文中华等，2020；屈忠义等，2016；张伟明等，2013）。李天鹤（2019）研究指出施用生物炭对马铃薯脱毒苗的株高和茎粗等指标均有显著影响，同时，生物炭添加能够增加根系活力，从而影响根系对养分的吸收。生物炭添加能够提高马铃薯生长初期的抗旱性和光合累积能力，也可以提高初花期株高、主茎数和叶绿素含量等指标（付春娜等，2016）。同时，付春娜（2016）的研究还表明三个品种盆栽马铃薯植株的株高、主茎数、茎粗在生物炭的作用下均呈现显著增加的趋势，并且在水分充足的条件下增加效果更加显著。而张晗芝等（2010）的研究指出生物炭可能会抑制玉米苗期的生长，而且生物炭施用量越大，抑制效果越明显。而在本研究中，第一年（2020 年）生物炭施用量对株高、茎粗没有显著影响，而 2021 年总体来看，马铃薯植株的株高和茎粗随着生物炭施用量的增加均呈先增大后减小的趋势，总体表现为 $B_{20} > B_{30} > B_{10} > B_{50} > B_0$ 的趋势，这与肖茜（2017）的研究结果相似，其研究指出 20t/hm² 的生物炭添加量在添加初期促进了玉米的生长，而 30t/hm² 的生物炭添加量在初期抑制了玉米根和地上部的生长，随着生育期的推进，抑制作用逐渐消失。生物炭处理的前期对植株地上部分没有显著影响甚至产生抑制作用的原因可能是生物炭含碳量较大，施入土壤造成土壤的 C：N 升高，C：N 超过了微生物活动和分解的最佳比例，使得微生物活性降低，分解能力也下降，造成微生物与植株竞争氮素，土壤中氮素减少，影响作物生长（Haefele et al.，2011；Deenik et al.，2010；Asai et al.，2009）。水分对作物的生长起到重要的作用，在本研究中，2020 年由于降水量的影响，W_1 和 W_2 处理之间的株高和茎粗没有显著影响，而在 2021 年株高和茎粗随着滴灌量的增大而增大，这与 Wang 等（2019）的研究结果一致。

叶绿素起着收集和同化转换光能的作用，植株叶片叶绿素含量的大小反映植株光合速率的高低。有研究表明，生物炭处理的番茄植株的叶绿素含量显著降低，但由于生物炭改变了植株对水分的吸收而未对番茄的产量和品质产生不利影响，并认为叶绿素含量指数的降低是由生物炭降低了叶片氮含量所致（Akhtar et al.，2014），而王浩（2015）的研究指出在高粱生长的苗期，叶片的叶绿素含量随着生物炭施用量的增加先增大后减小，陈可欣等（2021）研究也表明适量的生物炭施用量对叶片的衰老有明显的抑制作用，从而增加叶片的叶绿素含量。朱士江等（2018）研究表明生物炭对水稻株高、叶面积、有效分蘖数、千粒重具有显著影响，且均随着生物炭施用量的增大而增大。而在本研究中，适量的生物炭添加有利于马铃薯叶片叶绿素含量和叶面积指数的提高，过量的生物炭添加反而使叶绿素含量和叶面积指数减小，这可能与土壤过量的钾素可能对植株的生长产生抑制作用有关。同时，增加滴灌量也有使叶面积和叶绿素含量增加的趋势。

在马铃薯生长发育进程中，干物质累积、分配是块茎产量形成的基础（高聚林等，2003），各生育期合理的灌水施肥有利于协调马铃薯的源库关系，可以有效地调节马铃薯营养和生殖器官在干物质上的合理分配，从而达到增加地下部干物质累积的目的。而生物炭作为一种土壤改良剂，被广泛认为能够促进植株干物质的累积，提高产量。李明阳等（2020）的研究指出生物炭对大豆的地上和地下部分均有影响。而在 Van Zwieten 等（2010）研究表明生物炭能够增加萝卜生物量却对小麦的生长不起作用。而肖茜（2017）的研究指出 30t/hm^2 生物炭添加量抑制了第 1 季生育初期玉米的生长，而在第 2 季和第 3 季玉米生长过程中，添加生物炭不同程度地增加了玉米植株干物质累积量。在本研究中，2020 年生物炭仅对生长后期（90d 之后）的马铃薯干物质累积具有显著影响，而在 2021 年，生物炭施用量对整个生育期的干物质累积都有显著影响，这与李正鹏等（2020）的研究结果相似，其研究表明生物炭仅在马铃薯生长的淀粉积累后期和成熟期对干物质累积有显著影响，说明生物炭对作物生长、产量和土壤肥力有长期的有益影响。在本研究收获期马铃薯干物质分配中，根和块茎的干物质累积量随着生物炭施用量的增加而增加，这与 Xiang 等（2017）的研究结果相似。这可能是由于生物炭施入降低了土壤容重，更有利于根系和地下部分的生长。同时，2021 年马铃薯干物质累积量随着滴灌量的增大而增大。

10.6.3 水炭耦合对马铃薯产量及水肥利用效率的影响

生物炭施入能够改变土壤环境，提高土壤养分含量，从而影响作物的生长和产量的提高，而与其他粮食作物不同，马铃薯等作物的块茎直接与土壤生物炭相接触，所以生物炭施入土壤可能更有利于此类作物的生长和产量的提高。张伟明等（2020）通过在连作沙质土壤中施入玉米芯生物炭的研究表明生物炭明显增加了马铃薯产量。王贺东等（2017）的研究指出马铃薯产量与生物炭施用量和施用年限有关，在马铃薯种植的第一年，低剂量的生物炭施用量对产量的提高有促进效果，而在第二年却对马铃薯产量没有影响。而本研究结果表明，生物炭施用量为 B_{20} 和 B_{30} 的处理能够显著提高马铃薯产量，2020 年马铃薯产量最大值出现在 B_{30} 处理，而 2021 年马铃薯产量最大值出现在 B_{20} 处理，$50t/hm^2$ 的生物炭施用量却降低了马铃薯产量。从本章 10.3 节生物炭施用量对土壤理化特性的影响来看，虽然高剂量的生物炭使土壤容重小、孔隙度大，土壤质地较不紧实，而且增加了土壤有机碳和速效钾含量，但却降低了土壤硝态氮含量、土壤含水量，提高了土壤的 C:N，可能使得某些元素的生物有效性降低，导致微生物与植物争氮，植株对氮素的需求得不到满足，进而影响了块茎的形成，不利于马铃薯生长和产量提高，所以只有适量的生物炭施入才可以提高土壤综合肥力，提高作物产量。滴灌量对马铃薯生长和产量的提高具有重要影响，马铃薯生育期内合理的灌溉有益于马铃薯营养和生殖器官的合理分配，提高产量。在本研究中，2020 年由于 7 月、8 月降雨较多，地上部分过度的生长，导致产量低于 2021 年。但是总体在两年内马铃薯产量及产量构成均随着滴灌量的增大而增大，这与张富仓等（2017）的研究结果，即马铃薯的块茎产量和经济效益随着滴灌量的增大而增大相似。

由于生物炭施入土壤能够改善土壤理化特性，减少水肥流失，可以使土壤养分长期保留在根层土壤，从而提高土壤养分供应能力，所以生物炭被广泛认为施入土壤能够促进根系对水分和养分的吸收，从而提高作物对氮、磷、钾等养分的吸收量（梁锦秀等，2018；王耀锋等，2015；陈心想，2014）。本研究中，成熟期不同处理的马铃薯植株叶片氮、磷、钾素浓度总体上均高于根、茎和块茎，这与胡文慧（2017）的研究结果不同，其研究结果表明在整个生育期内马铃薯植株叶片氮含量均大于根、茎和块茎，而磷素浓度表现为块茎大于茎、叶和根，钾素浓度表现为茎大于根、叶和块茎。在本研究中，各器官氮素浓度均随着生物炭施用量的增加有先增大后减小的趋势，但各处理之间没有显著差异，这与肖茜（2017）的研究结果不同，其研究表明生物炭添加促进了玉米植株对养分吸收，这可能是由于在本研究中，生物炭最大施用量为 50t/hm², 而肖茜（2017）的研究中为 30t/hm²。王卫民等（2018）的研究指出适量的生物炭基肥能够促进烤烟植株对磷的吸收。而高林等（2017）的研究结果则表明，生物炭和化肥配施在一定程度上能够促进烤烟植株对氮钾的吸收，但不利于磷在烤烟中的累积。本研究结果表明，两年内马铃薯植株磷素浓度在各处理之间均无显著差异，而马铃薯植株的钾素浓度随着生物炭施用量的增大而增大，这可能主要与土壤速效钾含量随着生物炭施用量的增大而增大有关。张少辉（2021）和王海东（2020）的研究结果表明马铃薯植株各器官对养分的吸收量的大小关系为：块茎＞叶＞茎＞根，因为块茎的干物质累积量较大，以及叶片氮素浓度较大，最终导致叶的氮累积吸收量大于茎的累积量。而在本研究中，两年内马铃薯各器官磷和钾累积吸收量的关系为：块茎＞茎＞叶＞根，这可能是因为马铃薯品种不同，植株地上部茎秆占干物质比重较大，以及马铃薯生长后期叶片脱落严重导致，而在 2021 年马铃薯植株氮累积吸收量块茎＞叶＞茎＞根，主要是由于 2021 年茎秆干物质累积量占总干物质累积量的比例减小。对于马铃薯植株总的养分累积量来说，马铃薯植株氮、磷、钾累积吸收量均随着生物炭施用量的增加先增加后减小，这主要是由于马铃薯干物质累积量也随着生物炭施用量的增加先增大后减小。在本研究中，马铃薯植物氮素、磷素浓度随着滴灌量的增大有减小的趋势，但均未达到显著影响，而增加滴灌量对植株钾素浓度影响不一，这与王浩（2015）的研究结果相似，其研究结果表明水分作用下高粱苗期的氮素、磷素、钾素浓度没有明显差异。而王淑君等（2017）的研究指出在中度水分胁迫下花生植株地上部分的单株养分吸收显著提高，与常规控水无显著差异。

水肥利用效率的提高是农业可持续发展的必要条件，李昌见等（2014）研究表明生物炭能明显提高水肥利用效率。同时吕一甲（2014）研究表明生物炭施用与常规的普通施肥相比，在一定程度上能够提高玉米的水肥利用效率。在本研究中，生物炭施用量及生物炭施用量和滴灌量的交互作用对马铃薯氮素、磷素、钾素利用效率均有不同程度的增加。另外，在本研究中，滴灌量增加，马铃薯耗水量增加，生物炭施用量增加，马铃薯耗水量先增加后减小，这与胡剑和孟维忠（2020）的研究结果类似，所以适量的生物炭施用量有利于提高马铃薯生育期耗水量，而过量的生物炭施用量可能会影响马铃薯生长发育，导致水分不能充分被马铃薯吸收利用，导致耗水量降低。同时，本研究中，生物炭施用量增加，水分利用效率也先增加后减小，这与丰国福（2020）的研究结果一致。肖石江等（2021）的研究指出，滴灌量增大，马铃薯水分利用效率先增加后减小，与本研究结果类似，在本研究中，W₁ 处理的水分利用效率大于 W₂ 处理，说明随着滴灌量的增加，水分利用效率呈下降的趋势。

10.7 结　　论

1）生物炭施用量和滴灌量对各土壤指标均有不同程度的影响。与不施生物炭相比，施用生物炭能够降低土壤容重，增大土壤孔隙度、土壤有机碳及土壤速效钾含量，且均在 B_{50} 处理获得最大变化量。与不施生物炭相比，适量的生物炭施用能够显著提高土壤含水量和土壤硝态氮含量，且它们均随着生物炭施用量的增加先增加后减少，土壤含水量在生物炭施用量为 $10\sim20t/hm^2$ 获得最大值，土壤硝态氮含量在生物炭施用量为 $30t/hm^2$ 时获得最大值。随着滴灌量增加，土壤含水量增大，土壤容重有降低、土壤孔隙度和土壤速效钾有增大的趋势，且土壤速效钾和硝态氮随着水流有向深层移动的趋势。

2）生物炭对马铃薯生长的影响与生物炭施用量和施用年限有关。在第一年（2020 年）马铃薯生长的前期，马铃薯各生长指标随着生物炭施用量的增大没有发生显著变化，生物炭的施用仅对生长后期马铃薯干物质累积量及叶面积和叶绿素含量促进效果显著，均表现为随着生物炭施用量的增加先增加后减少，而对株高和茎粗没有显著影响。2021 年，由于生物炭施入土壤的时间增加，生物炭对全生育期马铃薯各生长指标均表现出显著影响，并且在 2021 年马铃薯株高、茎粗、叶面积、叶绿素、干物质累积量的影响表现为 $B_{20}>B_{30}>B_{10}>B_{50}>B_0$ 处理。与2020 年相比，2021 年收获期各处理马铃薯块茎干物质累积量占总干物质累积量的比例增加，茎的占比显著降低，主要是由于 2020 年 7 月、8 月水肥比较充足，过多地促进了马铃薯的营养生长，导致块茎累积量减少。2020 年由于降雨较多，两个滴灌量对马铃薯各生长指标没有显著影响，而 2021 年马铃薯各生长指标随着滴灌量的增大而增大。

3）滴灌量和生物炭施用量对马铃薯产量、植株氮磷钾养分吸收及水肥利用效率均有不同程度的影响。随着滴灌量的增大，马铃薯产量和耗水量增大，水分利用效率减小，随着生物炭施用量的增大，马铃薯产量、耗水量及水分利用效率先增大后减小，适量的生物炭（$20\sim30t/hm^2$）添加能够对水分起到吸持作用，使水分能够被根系充分吸收，从而促进马铃薯植株的生长和产量的提高。与对照相比，随着生物炭施用量的增大，马铃薯各器官氮素浓度有先增大后减小、钾素浓度有增大的趋势，但各处理之间无显著差异，但由于马铃薯干物质累积量随着生物炭施用量的增加先增大后减小，所以马铃薯植株氮、磷、钾累积吸收量也随着生物炭施用量的增大先增加后减小，马铃薯各器官磷和钾累积吸收量表现为块茎>茎>叶>根，而马铃薯植株氮累积吸收量表现为块茎>叶>茎>根，在马铃薯肥料利用效率中，磷素利用效率显著大于氮素和磷素。

4）滴灌量和生物炭施用量作用于土壤，影响了土壤各理化参数指标，并且各指标之间相互影响，共同决定土壤综合肥力，过量的生物炭添加会导致钾素过量、土壤含水量和硝态氮过低、产量及水利用效率降低，以及植株养分吸收降低等问题，过量的水肥也会导致干物质在马铃薯各器官的不合理分配，影响产量的提高，所以从马铃薯产量、水分利用效率、马铃薯植物养分吸收及经济的角度考虑，建议 W_1B_{20} 处理可作为本试验条件下较适宜的水炭组合。

参 考 文 献

陈可欣, 张文哲, 李林艳, 等. 2021. 灌水量和生物炭施用量对温室番茄植株叶片叶绿素含量的影响. 南方农机, 52(18): 64-66.

陈心想. 2014. 生物炭对土壤性质、作物产量及养分吸收的影响. 西北农林科技大学硕士学位论文.

丰国福, 王效瑜, 张国辉. 2020. 马铃薯不同种植模式下生物炭对土壤水分动态影响的研究. 农业科技通讯, (5): 145-149.

付春娜. 2016. 生物炭对不同马铃薯品种生长及产量的影响. 东北农业大学硕士学位论文.

付春娜, 张丽莉, 黄越, 等. 2016. 生物炭与干旱对马铃薯初花期生长特性的影响. 贵州农业科学, 44(10): 18-21.

高聚林, 刘克礼, 张宝林, 等. 2003. 马铃薯干物质积累与分配规律的研究. 中国马铃薯, (4): 209-212.

高林, 王瑞, 张继光, 等. 2017. 生物炭与化肥混施对烤烟氮磷钾吸收累积的影响. 中国烟草科学, 38(2): 19-24.

侯翔皓. 2017. 滴灌频率和施肥量对马铃薯生长和养分吸收的影响. 西北农林科技大学硕士学位论文.

胡剑, 孟维忠. 2020. 调亏灌溉和施用生物炭对大豆根系生长及耗水的影响. 农业科技与装备, (5): 3-6.

胡敏, 苗庆丰, 史海滨, 等. 2018. 施用生物炭对膜下滴灌玉米土壤水肥热状况及产量的影响. 节水灌溉, (8): 9-13.

胡文慧. 2017. 种植模式和施肥量对马铃薯产量和养分吸收的影响. 西北农林科技大学硕士学位论文.

纪立东, 柳骁桐, 司海丽, 等. 2021. 生物炭对土壤理化性质和玉米生长的影响. 干旱地区农业研究, 39(5): 114-120.

姜志翔, 崔爽, 张鑫, 等. 2022. 基于 Meta-analysis 的生物炭对土壤硝态氮淋失和磷酸盐固持影响. 环境科学, 14(3): 1-15.

孔凡娟. 2016. 浅析氮磷钾施肥量对马铃薯产量的影响. 中国农业信息, (16): 80.

李昌见, 屈忠义, 勾芒芒, 等. 2014. 生物炭对土壤水肥利用效率与番茄生长影响研究. 农业环境科学学报, 33(11): 2187-2193.

李明阳, 王丽学, 姜展博, 等. 2020. 调亏灌溉和生物炭对大豆生长、产量及水分利用效率的影响. 生态学杂志, 39(6): 1966-1973.

李天鹤. 2019. 生物炭对马铃薯脱毒苗生长及产量品质的影响. 吉林农业大学硕士学位论文.

李正鹏, 宋明丹, 韩梅, 等. 2020. 覆膜与生物炭对青藏高原马铃薯水分利用效率和产量的影响. 农业工程学报, 36(15): 142-149.

梁锦秀, 郭鑫年, 任福聪, 等. 2018. 生物炭对宁夏扬黄灌区春小麦产量及养分吸收利用的影响. 宁夏农林科技, 59(10): 1-6.

吕一甲. 2014. 生物炭肥对土壤性质、玉米生长及水肥利用效率影响试验研究. 内蒙古农业大学硕士学位论文.

屈忠义, 高利华, 李昌见, 等. 2016. 秸秆生物炭对玉米农田温室气体排放的影响. 农业机械学报, 47(12): 111-118.

孙海妮, 王仕稳, 李雨霖, 等. 2018. 生物炭施用量对冬小麦产量及水分利用效率的影响研究. 干旱地区农业研究, 36(6): 159-167.

汤云川, 陈涛, 桑有顺, 等. 2020. 生物炭在马铃薯生产中的应用研究. 四川农业科技, (4): 23-26.

王海东. 2020. 滴灌施肥条件下马铃薯水肥高效利用机制研究. 西北农林科技大学博士学位论文.

王浩. 2015. 不同水分条件下生物炭对土壤特性和高粱生长的影响. 山西大学硕士学位论文.

王贺东, 吕泽先, 刘成, 等. 2017. 生物质炭施用对马铃薯产量和品质的影响. 土壤, 49(5): 888-892.

王萌萌, 周启星. 2013. 生物炭的土壤环境效应及其机制研究. 环境化学, 32(5): 768-780.

王淑君, 夏桂敏, 李永发, 等. 2017. 生物炭基肥和水分胁迫对花生产量、耗水和养分吸收的影响. 水土保持学报, 31(6): 285-290.

王卫民, 张保全, 程昌合, 等. 2018. 根区穴施生物炭对烤烟生长及养分吸收的影响. 湖北农业科学, 57(3): 32-35.

王耀锋, 刘玉学, 吕豪豪, 等. 2015. 水洗生物炭配施化肥对水稻产量及养分吸收的影响. 植物营养与肥料学报, 21(4): 1049-1055.

魏永霞, 石国新, 冯超, 等. 2020. 黑土区施加生物炭对土壤综合肥力与大豆生长的影响. 农业机械学报, 51(5): 285-294.

文中华, 刘喜雨, 孟军, 等. 2020. 生物炭和腐熟秸秆组配基质对水稻幼苗生长的影响. 沈阳农业大学学报, 51(1): 10-17.

肖茜. 2017. 生物炭对旱作春玉米农田水氮运移、利用及产量形成的影响. 西北农林科技大学博士学位论文.

肖茜, 张洪培, 沈玉芳, 等. 2015. 生物炭对黄土区土壤水分入渗、蒸发及硝态氮淋溶的影响. 农业工程学报, 31(16): 128-134.

肖石江, 普红梅, 王鑫, 等. 2021. 水肥耦合对冬马铃薯产量和水分利用效率的影响. 中国土壤与肥料, (2): 133-140.

严富来, 张富仓, 范兴科, 等. 2020. 水氮互作对宁夏沙土春玉米产量与氮素吸收利用的影响. 农业机械学报, 51(7): 283-293.

杨雅伦, 郭燕枝, 孙君茂. 2017. 我国马铃薯产业发展现状及未来展望. 中国农业科技导报, 19(1): 29-36.

于玲玲, 赵贵元, 崔婧婧, 等. 2022. 施用生物炭对玉米田土壤呼吸及水分利用效率的影响. 江苏农业科学, 50(3): 209-213.

张富仓, 高月, 焦婉如, 等. 2017. 水肥供应对榆林沙土马铃薯生长和水肥利用效率的影响. 农业机械学报, 48(3): 270-278.

张海晶, 王少杰, 田春杰, 等. 2021. 生物炭用量对东北黑土理化性质和溶解有机质特性的影响. 土壤通报, 52(6): 1384-1392.

张晗芝, 黄云, 刘钢, 等. 2010. 生物炭对玉米苗期生长、养分吸收及土壤化学性状的影响. 生态环境学报, 19(11): 2713-2717.

张少辉. 2021. 陕北榆林滴灌施肥马铃薯水钾互作效应研究. 西北农林科技大学硕士学位论文.

张伟明, 孟军, 王嘉宇, 等. 2013. 生物炭对水稻根系形态与生理特性及产量的影响. 作物学报, 39(8): 1445-1451.

张伟明, 吴迪, 张鉷贵, 等. 2020. 连续施用农用玉米芯炭的马铃薯生物学响应. 农业环境科学学报, 39(8): 1843-1853.

朱士江, 叶晓思, 王斌, 等. 2018. 不同水分调控、生物炭配比对水稻产量与水分利用效率的影响. 节水灌溉, (1): 1-5.

Akhtar S S, Li G T, Andersen M N, et al. 2014. Biochar enhances yield and quality of tomato under reduced irrigation. Agricultural Water Management, 138: 37-44.

Aruna O A, Taiwo M A, Adeniyi O, et al. 2020. Effect of biochar on soil properties, soil loss, and cocoyam yield on a tropical sandy loam alfisol. The Scientific World Journal, (2): 1-9.

Asai H, Samson B K, Stephan H M, et al. 2009. Biochar amendment techniques for upland rice production in Northern Laos Soil physical properties, leaf SPAD and grain yield. Field Crops Research, 111: 81-84.

Blanco-Canqui H. 2017. Biochar and Soil Physical Properties. Soil Science Society of America Journal, 81: 687-711.

Deenik J L, McClellan T, Uehara G, et al. 2010. Charcoal volatile matter content influences plant growth and soil nitrogen transformations. Soil Fertility & Plant Nutrition, 74: 1259-1270.

Haefele S M, Konboon Y, Wongboon W, et al. 2011. Effects and fate of biochar from rice residues in rice-based systems. Field Crops Research, 121: 430-440.

Hu Y J, Sun B H, Wu S F, et al. 2021. After-effects of straw and straw-derived biochar application on crop growth, yield, and soil properties in wheat -maize rotations: a four-year field experiment. Science of the Total Environment, 780: 146560.

Jin Q, Hou M M, Zhang F L. 2018. Effects of drip irrigation and bio-organic fertilizer application on plant growth and soil improvement. Fresenius Environ Bull, 27: 6993-7002.

Jin Z W, Chen C, Chen X M, et al. 2019. The crucial factors of soil fertility and rapeseed yield: a five year field trial with biochar addition in upland red soil, China. Science of the Total Environment, 649: 1467-1480.

Li B, Huang W H, Elsgaard L, et al. 2020. Optimal biochar amendment rate reduced the yield-scaled N_2O emissions from Ultisols in an intensive vegetable field in South China. Science of the Total Environment, 723: 138161.

Liang J P, Li Y, Si B C, et al. 2021. Optimizing biochar application to improve soil physical and hydraulic properties in saline-alkali soil. The Science of the total environment, 771: 144802-144802.

Liu C, Liu F, Ravnskov S, et al. 2017. Impact of wood biochar and its interactions with mycorrhizal fungi, phosphorus fertilization and irrigation strategies on potato growth. Journal of Agronomy and Crop Science, 203: 131-145.

Liu Y X, Lu H H, Yang S M, et al. 2016. Impacts of biochar addition on rice yield and soil properties in a cold waterlogged paddy for two crop seasons. Field Crops Research, 191: 161-167.

Pavel T, Naftali L, Gilboa A. 2017. Increasing water productivity in arid regions using low-discharge drip irrigation: a case study on potato growth. Irrigation Science, 35(4): 287-295.

Purakayastha T J, Bera T, Debarati B, et al. 2019. A review on biochar modulated soil condition improvements and nutrient dynamics concerning crop yields: pathways to climate change mitigation and global food security. Chemosphere, 227: 345-365.

Shi W, Ju Y Y, Bian R J, et al. 2020. Biochar bound urea boosts plant growth and reduces nitrogen leaching. The Science of the Total Environment, 701: 134424.

Sparks D L, Liebhardt W C. 1982. Temperature effects of potassium exchange and selectivity in delaware soils. Soil Science, 133(1): 10-17.

Van Zwieten L, Kimber S, Morris S, et al. 2010. Effects of biochar from slow pyrolysis of papermill waste on agronomic performance and soil fertility. Plant and Soil, 327: 235-246.

Volker R, Kirkby E A. 2010. Research on potassium in agriculture: needs and prospects. Plant and Soil, 335(1-2): 155-180.

Wang H D, Wang X K, Bi L F, et al. 2019. Multi-objective optimization of water and fertilizer management for potato production in sandy areas of northern China based on TOPSIS. Field Crops Research, 240: 55-68.

Xiang Y Z, Deng Q, Duan H L, et al. 2017. Effects of biochar application on root traits: a meta‐analysis. GCB-Bioenergy, 9(10): 1563-1572.

Zhang C, Li X Y, Yan H F, et al. 2020. Effects of irrigation quantity and biochar on soil physical properties, growth characteristics, yield and quality of greenhouse tomato. Agricultural Water Management, 241: 106263.